网络空间拟态防御原理

——广义鲁棒控制与内生安全（第二版）

下册

邬江兴　著

科学出版社

北　京

内 容 简 介

针对网络空间基于目标对象软硬件漏洞后门等暗功能的安全威胁问题，本书从“结构决定安全”的哲学层面诠释了改变游戏规则的“网络空间拟态防御”思想与理论形成过程、原意与愿景、原理与方法、实现基础与工程代价以及尚需完善的理论和方法等。在理论与实践结合的基础上，证明了在创新的“动态异构冗余”构造上运用生物拟态伪装机制可获得内生性的“测不准防御”效应。在不依赖关于攻击者的先验知识和行为特征信息的情况下，按照可量化设计的指标管控拟态界内未知的未知攻击或者已知的未知失效引起的广义不确定扰动影响，并能以一体化的方式处理信息系统传统与非传统安全问题。建立了拟态构造模型，并就抗攻击性和可靠性等问题给出了初步的定量分析结论以及第三方完成的“白盒实验”结果。

本书可供信息技术、网络安全、工业控制等领域科研人员、工程技术人员以及普通高校教师、研究生阅读参考。

图书在版编目（CIP）数据

网络空间拟态防御原理：广义鲁棒控制与内生安全. 下 / 邬江兴著. —2 版. —北京：科学出版社，2018.11

ISBN 978-7-03-059096-1

Ⅰ. ①网… Ⅱ. ①邬… Ⅲ. ①计算机网络－安全技术－研究 Ⅳ. ①TP393.08

中国版本图书馆 CIP 数据核字（2018）第 236580 号

责任编辑：任 静 / 责任校对：郭瑞芝

责任印制：徐晓晨 / 封面设计：迷底书装

科学出版社出版

北京东黄城根北街 16 号

邮政编码：100717

http://www.sciencep.com

北京虎彩文化传播有限公司印刷

科学出版社发行 各地新华书店经销

*

2017 年 12 月第 一 版 开本：720×1 000 1/16

2018 年 11 月第 二 版 印张：22

2020 年 1 月第三次印刷 字数：442 000

定价：135.00 元

（如有印装质量问题，我社负责调换）

作者简介

邬江兴，1953年生于浙江省嘉兴市。现任国家数字交换系统工程技术研究中心(NDSC)主任、教授，2003年当选中国工程院院士。先后担任国家“八五”“九五”“十五”“十一五”高技术研究发展计划(863计划)通信技术主题专家、副组长、信息领域专家组副组长，国家重大专项任务“高速信息示范网”“中国高性能宽带信息网——3Tnet”“中国下一代广播电视网——NGB”“新概念高效能计算机体系结构研究与系统开发”总体组组长，“新一代高可信网络”“可重构柔性网络”专项任务编制组负责人，移动通信国家重大专项论证委员会主任，国家“三网融合”专家组第一副组长等职务。20世纪80年代中期发明了软件定义功能、复制T型数字交换网络、逐级分布式控制构造等程控交换核心技术，90年代初主持研制成功具有自主知识产权的中国首台大容量数字程控交换机——HJD04，带动了我国通信高技术产业在全球的崛起。21世纪初先后发明了全IP移动通信、不定长分组异步交换网络、可重构柔性网络架构、基于路由器选择发送广播机制的IPTV等网络通信技术，主持开发成功世界首套基于全IP的复合移动通信系统CMT、中国首台高速核心路由器、世界首个大规模汇聚接入路由器——ACR等信息通信网络核心装备。2010年提出了面向高效能计算的“基于主动认知的多维可重构软硬件协同计算构造——拟态计算构造”。2013年在全球首次推出基于拟态构造的高效能计算机原型系统并通过了国家验收，被中国科学院和中国工程院两院院士评为2013年度“中国十大科技进展”。同年，创立了网络空间拟态防御理论，2016年完成原理验证系统国家测试评估，2017年12月出版《网络空间拟态防御导论(上、下)》专著。先后获得国家科技进步奖一等奖3项，国家科技进步奖二等奖4项。曾获得1995年度和2015年度何梁何利基金科学与技术进步奖、科学与技术成就奖。其领衔的网络与交换研究团队还获得2015年度国家科技进步奖创新团队奖。

更名出版说明

本书主要内容源自2017年12月由科学出版社出版发行的《网络空间拟态防御导论(上、下)》。一年多来，拟态防御基本理论与方法借助国家工业和信息化部专项试点计划的推动，快速步入实用化阶段。继2018年1月13日，世界首台拟态构造的域名服务器在中国联合通信公司河南分公司上网运行，4月14日又有多种基于拟态构造的Web服务器、路由/交换系统、云服务平台、防火墙等网络装置在河南景安网络科技公司体系化地投入线上运营服务。5月11日，基于拟态构造的COST级信息通信网络设备，作为中国南京拟态防御首届国际精英挑战赛——“人机大战”的目标设施，与包括全国第二届“强网杯”前20名网络战队和特邀的6支国外顶级团队在内的豪华阵容开展了激烈的人机博弈，并首次增加了“线下白盒”注入式攻击比赛内容，用“改变了的游戏规则”检验了拟态防御技术对抗植入式后门或恶意代码的能力。比赛结果证明，拟态构造的网络服务设备不仅能自然阻断基于软硬件代码漏洞的攻击，而且对白盒条件下由各战队现场植入的“自主编制测试例”也有着超乎寻常的抑制能力。截至7月底，网上试点应用积累了大量现有安全防御手段未能感知的“已知的未知”或“未知的未知”攻击场景快照(也包括目标设备软硬件自身的偶发性故障)，采集到了可供进一步分析的高价值问题场景数据，甚至发现了一些利用尚未公布或披露的漏洞后门、病毒木马实施网络攻击的可复现场景，以线上服务的统计数据诠释了拟态防御构造内生安全机制，在抑制拟态界内包括未知安全威胁在内的广义不确定扰动的独特功效，有力佐证了建立在系统工程理论基础之上的拟态构造，能够使信息系统全生命周期内达成高可靠、高可用、高可信“三位一体”的技术经济目标。其“改变游戏规则”的变革意义，预示着“可设计、可验证”的内生安全必将成为新一代信息系统的标志性功能之一。

从科学研究程序意义或技术发展实践意义上说，拟态防御只是初步完成了“发现、认知、度量、控制”四个阶段的基础性研究工作。换言之，也只是将基于目标对象漏洞后门等的防御问题从定性、描述性研究阶段提升到可定量设计、实验验证的研究阶段。但是，高性价比、低使用门槛的工程实现技术，特别是领域专用软硬模块和设计工具的开发，仍是降低拟态构造应用复杂度需要努力克服的技术瓶颈。2018年5月在南京正式成立的全国“拟态技术与产业创新联盟”，将担负起“众人拾柴成就燎原大火”的重任，以开放、开源模式致力于打造全球化的产业技术命运共同体，并联合保险业等社会金融资本营造起合作多赢的商业生态环境。

本书是作者在《网络空间拟态防御导论(上、下)》一书的基础上完成的，对相当一部分内容做了重要的更正和修订完善，调整和补充了一些章节内容，并力争做到文字表述的严谨性。为突出拟态防御原理的工程应用意义，作者结合近年来在产品技术研发方面的具体案例，专门增加了“拟态防御应用示范与现网测试”章节。以“网络空间拟态防御原理——广义鲁棒控制与内生安全”为标题，更名出版。

邬江兴

2018 年 9 月于郑州

Preface 序言

中国有句古话：它山之石可以攻玉。

记得10年前，我在主持国家高技术研究发展计划(863计划)重大专项任务——“新概念高效能计算机体系结构研究与系统开发”时，最具挑战性的问题是，在排除物理、工艺和资源管理机制等改良或改进因素外，如何以系统结构技术的创新，显著提升计算或处理效能。

“结构决定功能，结构决定性能”是众所周知的公理。据此，探讨结构、功能与效能之间的关系应当是破解当前研究难题的切入点。幸运的是，“给定功能条件下往往存在不同的实现结构”且“不同实现结构往往具有不同的性能与效能”也是路人皆晓的常识。于是，“功能等价条件下，结构可以决定性能，结构同样可以决定效能”就是一个自然而然的推论。基于这个推论构造的计算或处理系统应具备3个基本特征：首先是系统需要预先配置多种不同能效比的功能等价处理模块(或算法)，其次是系统要能够实时感知计算任务关于时间的负载分布和能耗状况，再者系统要能联合调度合适的软硬件功能模块(算法)，协同完成当前的计算任务以拟合期望的能效曲线。于是，同一任务在不同时段、不同负载、不同资源、不同运行场景等情况下，系统能够通过主动认知的方式选择合适能效比模块或算法来获得理想的任务处理效能。出于对条纹章鱼(俗称拟态章鱼)神奇功能的赞叹和受到生物拟态现象的灵感激发，我将这种功能等价条件下，基于主动认知的动态变结构协同计算命名为拟态计算(Mimic Structure Calculation，MSC)。

2013年7月，国家科技部在上海组织了世界上首台拟态计算原理验证系统的测试评估。结果表明，基于计算密集、存储密集和输入输出密集三类十余项经典测试用例，在排除其他节能降耗因素后，参照当时主流服务器的能效比，拟态计算系统具有数十到数百倍以上的比较优势，开创了运用功能等价动态变结构协同计算技术解决信息处理系统能效问题的新方法和新途径。需要强调的是，这种指向能效的变结构协同计算可以容易地转换为针对性能的变结构协同处理，因而拟态计算架构具有效能和性能目标间自由转换以及联合优化与管理的功能。

众所周知，传统计算处理系统采用面向性能的主体设计思想，缺乏安全性分析和相关设计指标体系，例如缓冲行为、分支预测器、存储管理、debug 模式、BIOS 自举机制以及功耗和内部传感器等对安全性的影响。加之体系结构设计对软件开发者的“黑盒”效应，导致系统构建时存在一些错误的安全性假设，既无法实现效能与性能联合优化及可信性管理，也无法证明自身的安全性。而拟态计算系统具有基于主动认知的多样性、动态性和随机性的协同处理场景，其任务功能与算法结构间的非确定性关系，恰好能弥补传统信息处理系统在应对基于漏洞后门等攻击时的静态性、确定性和相似性安全缺陷。一个直观的推论就是，针对攻击者利用目标对象未知漏洞后门实施的“里应外合”式蓄意行动，有意识地运用功能等价动态变结构处理场景的非确定性关系，应当可以扰乱或瓦解基于漏洞后门等攻击链的稳定性与有效性，创造出以内生的“测不准”机制应对网络空间安全威胁的新型构造技术。以变结构协同计算的“它山之石”来打磨目标场景不确定改变的“防御之玉”，这就是网络空间拟态防御最初的构想。读者将不难发现，拟态计算和拟态防御本质都是功能等价条件下的变结构协同处理技术，只不过后者的经典应用模式需要有包括共识机制在内的多模裁决算法而已。因此，将拟态防御视为主动认知的拟态计算场景在时空维度上的变换，也许更能凸显两者之间“大道至简”的哲学意义。

需要特别指出的是，随着“万物互联”、云计算、大数据时代的来临，微电子和虚拟化等技术的不断进步，拟态防御理论不仅能给高可靠、高可用、高可信的信息系统或控制装置架构技术带来“改变网络空间游戏规则”的变革，而且能使新一代信息技术产品获得不可或缺的广义鲁棒控制功能，对于从源头治理软硬件产品安全漏洞污染网络环境问题具有里程碑意义。

在国家科技部和上海市科学技术委员会为时十年的长期支持下，在国家数字交换系统工程技术研究中心(NDSC)、复旦大学、上海交通大学、浙江大学、中兴通讯、烽火科技、成都迈普、中国电子科技集团第 32 所等研究机构和企业科研人员的不懈努力下，网络空间拟态防御理论体系得以创立，2016 年原理验证系统通过了国家组织的权威性测试评估。其独特的基于广义鲁棒控制架构技术的内生防御机制突出表现在五个方面：首先是能将针对拟态括号内执行体个体未知漏洞后门的隐匿性攻击，转变为拟态界内攻击效果不确定的事件；其次是能将效果不确定的攻击事件归一化为具有概率属性的广义不确定扰动问题；三是基于拟态裁决的策略调度和多维动态重构负反馈机制能呈现出攻击者视角下的“测不准”效应；四是借助“相对正确”公理的逻辑表达机制，可以在不依赖攻击者先验知识或行为特征信息情况下提供高置信度的敌我识别功能；五

1
2
3
4
5
6
7
8
9
10
11
12
13
14

是能将非传统安全威胁归一化为广义鲁棒控制问题并实现一体化的处理。为此，我将生物拟态伪装机制赋予动态异构冗余架构所获得的测不准效应，用于化解或防范基于目标系统漏洞后门等“已知的未知风险”或“未知的未知威胁”的原理与方法，称之为网络空间拟态防御(Cyberspace Mimic Defense，CMD)。

令人振奋的是，随着基于拟态防御原理的信息系统或控制装置不断进入各个应用领域，“改变网络空间游戏规则”的广义鲁棒控制构造及其内生安全效应正不断彰显出其勃勃生机与旺盛活力，有望在信息系统软硬构件供应链可信性不能确保的全球化生态环境下，以创新的系统构造技术开辟出一条破解软硬构件“自主可控、安全可信”难题的新途径。

作者深信，随着拟态防御理论的不断完善和应用技术的持续创新，我们将迎来以目标对象内生安全功能为核心的网络空间防御技术新时代。网络攻防代价严重失衡的战略格局有望从根本上得到逆转，“安全性与开放性”“先进性与可信性”严重对立状况将能在经济技术全球化环境中得到极大统一，基于目标对象软硬件代码缺陷的攻击理论及方法将受到颠覆性的挑战，信息技术与产业也将由此迸发出裂变式的创新活力并迎来强劲的市场升级换代需求。具有广义鲁棒控制构造和内生安全功能的新一代信息系统、工业控制装置、网络基础设施等必将重塑网络空间安全新秩序。

邬江兴

2018 年 9 月于郑州

Foreward 前言

今天，人类社会正以前所未有的速度迈入数字经济时代，数字革命推动的信息网络技术全面渗透到人类社会的每一个角落，活生生地创造出一个万物互联、爆炸式扩张的网络空间，一个关联真实世界与虚拟世界的数字空间正深刻改变着人类认识自然与改造自然的能力。然而不幸的是，网络空间的安全问题正日益成为信息时代或数字经济时代最为严峻的挑战之一。正是人类本性之贪婪和科技发展的阶段性特点，使得人类所创造的虚拟世界不可能成为超越现实社会的圣洁之地。不择手段地窥探个人隐私与窃取他人敏感信息，肆意践踏人类社会的共同行为准则和网络空间安全秩序，谋取不正当利益或非法控制权，已经成为当今网络空间发展的“阿喀琉斯之踵”。

网络空间安全问题尽管多种多样，攻击者的手段和目标也日新月异，对人类生产与生活造成的威胁之广泛和深远更是前所未有，但其基本技术原因则可以简单地归结为以下五个方面：一是，人类现有的科技能力尚无法彻底避免信息系统软硬件设计缺陷可能导致的漏洞问题；二是，经济全球化生态环境衍生出的信息系统软硬件后门问题不可能从根本上杜绝；三是，现阶段的科学理论和技术方法尚不能有效地彻查软硬件系统中的漏洞后门等“暗功能”；四是，上述原因致使软硬件产品设计、生产管理和使用维护等环节缺乏有效的安全质量控制手段，造成信息技术产品的漏洞后门问题随着数字经济或社会信息化的加速而严重污染整个网络世界并使之陷入万劫不复的境地；五是，相对补救性质的防御代价而言，网络攻击的技术门槛之低，似乎任何具备网络知识或对目标系统软硬件漏洞具有发现和利用能力的个人或组织，都可以成为随意跨越网络空间诚信准则的“黑客”。

如此悬殊的攻防不对称代价和如此之大的利益诱惑，很难相信网络空间技术先行者们或市场垄断企业，不会处心积虑地利用全球化形成的国家间分工、产业内部分工乃至产品构件分工机会，施以“隐匿漏洞、预留后门、植入病毒木马”等全局性控制手段，谋求在市场直接产品利润之外，通过掌控用户“数据资源”和敏感信息获取不当或不法利益。作为一种可以影响个人、企业、地区、国家甚至全球社会的超级威胁或恐怖力量，网络空间漏洞后门等暗功能事实上已成为战略性资源，不仅会被众多不法个体或有组织的犯罪团伙或恐怖势力觊觎和利用，而且毫无疑问会成为各国政府谋求“网络威慑能力”“网络反制能力”或“制网络权、制信息权”的战力建设与运用目标。事实上，网络空间早已成为常态化、白热化、无硝烟的战场，各利益攸关方的博弈无所不用其极。但是，目前的态势仍然是“易攻难守”。

现行的主被动防御理论与方法大多以威胁的精确感知为基本前提，遵循“威胁感知，认知决策，问题移除”的边界防御理论和技术模式。实际上，当前情况下无论是网元设备还是附加型防护设施，不论是基于 Intranet 的区域防护还是基于“Zero Trust Architecture”的全面身份认证措施，由于都无法彻底排除或杜绝软硬件设备漏洞后门之类的影响，因而对于“已知的未知”安全风险或者“未知的未知”安全威胁，不仅边界防御在理论层面已经难以自洽，就是实践意义上也无合适的技术手段进行效果可量化的设计布防。更为严峻的是，迄今为止，既未找到任何不依赖于攻击特征或行为信息的威胁感知新思路，也未找到技术上有效与经济上可承受且能普适化运用的防御新方法。以美国人提出的“移动目标防御（Moving Target Defense, MTD）”为代表的各种动态防御技术，在干扰或阻断基于目标对象漏洞之攻击链可靠性方面确能取得不错的功效。但在应对潜藏于目标系统内部的暗功能或基于软硬件后门等的未知攻击方面，即使运用加密认证类的底线防御手段，也无法彻底避免被宿主对象内部漏洞后门功能“旁路、短路或反向加密”的风险，2017 年发现的基于 Windows 漏洞的勒索病毒 WannaCry 就是反向加密的典型案例。事实上，基于边界防御的理论和定性描述的技术体系，无论是支持“云-网-端”新型使用模式还是在零信任安全框架部署方面都已经遭遇难以克服的挑战。

生物免疫学知识告诉我们，脊椎生物的特异性抗体只有受到抗原的多次刺激后才能形成，当同种抗原再度入侵机体时方能实施特异性清除。这与网络空间现有防御模式极其相似，我们不妨将其类比为“点防御”。同时，我们也注意到，脊椎动物所处环境中，时时刻刻存在形态、功能、作用各异，数量繁多的其他生物，也包括科学上已知的有害生物抗原。但健康生物体内并未发生显性的特异性免疫活动，绝大部分的入侵抗原应当是被与生俱来的非特异性选择机制清除或杀灭的，生物学家将这种通过先天遗传机制获得的神奇能力，命名为非特异性免疫。我们不妨将其类比为“面防御”。生物学的发现还揭示，特异性免疫是以非特异性免疫为基础的，后者触发或激活前者，而前者的抗体只有通过后天获得，且生物个体间存在质和量上的差异，迄今未发现关于特异性免疫的任何遗传学证据。至此，我们知道脊椎动物因为具有点面结合的双重免疫机制，才获得了抵御已知或未知抗原入侵的能力。令人沮丧的是，人类在网络空间并未创造出这种“具有通杀性质的非特异性免疫机制”，总是以点防御的办法竭力去应对面防御任务。理性预料和严酷现实表明，“堵不胜堵、防不胜防、漏洞百出”是必然之结局，战略上不可能摆脱被动应付的局面。

造成这种尴尬局面的核心问题是，科技界至今未搞清楚非特异性免疫是如何做到精准“敌我识别”的。按常理推论，连机体特异性免疫形成的有效信息都不能携带的生物遗传基因，不可能拥有未来所有可能入侵的细菌、病毒、衣原体等抗原特征信息。就如同网络空间基于已发现的漏洞后门或病毒木马等行为特征形成的各种漏洞或攻击信息库那样，今天的库信息中不可能包括明天可能发现的漏洞后门或病毒木马等特征信息，更无法囊括未来什么形式的攻击特征信息。我们这样提出问题的目的不是企图弄明白“造物主如何使脊椎生物具有对入侵抗原实施与生俱来的非特异性选择清除能力”，而是想知道在网络空间是否也存在类似的敌我识别机制，以及能有效抑制包括已知的未知风险或未知的未知威胁在内的广义不确定扰动的控制构造，并能获得不依赖（但不排斥）任何附加式防御技术有效性的内生安全效应。运用这样的机制、构造和效应可以将基于漏洞后门或病毒木马等攻击事件归一化为传统的可靠性问题，借助成熟的鲁棒控制与可靠性理论和方法，使得信息系统或控制装置能同时获得管控软硬件故障和人为攻击影响的稳定鲁棒性与品质鲁棒性，即需要从理论和方法层面找到统一处理可靠性与可信性问题的解决途径。

首先要克服的挑战是如何感知未知的未知威胁，也就是说在不依赖攻击者先验知识或攻击行为特征信息的情况下，怎样才能实现最低虚警、漏警、误警率的敌我识别。其实，哲学意义上本来就没有绝对的已知或毫无悬念的确定性，“未知”或“不确定性”总是相对的或有界的，与认知空间和感知手段强相关。诸如，“人人都有这样或那样的缺点，但独立完成同样任务时，在同一个地点、同时犯完全一样的错误属于小概率事件”的公知（作者将其称为“相对正确”公理，业界也有共识机制的提法），就对未知或不确定的相对性认知关系给出了具有启迪意义的诠释。相对正确公理的一种等价逻辑表达——异构冗余构造和多模共识机制，能够在功能等价条件下，将单一空间下的未知问题场景转换为功能等价多维异构冗余空间共识机制下的可感知场景，将不确定性问题变换为可用概率表达的可靠性问题，将基于个体的不确定行为认知转移到关于群体（或元素集合）行为层面的相对性判识上来，进而将多数人的认知或共识结果作为相对正确的置信准则（这也是人类社会民主制度的基石）。需要强调的是，凡是相对性判识就一定存在如同量子叠加态的“薛定谔猫”效应，正确与错误总是同时存在，只是概率不同而已。相对正确公理在可靠性工程领域的成功应用，就是20 世纪 70 年代首先在飞行控制器领域提出的非相似余度构造。基于该构造的目标系统在一定的前提条件下，即使其软硬构件存在分布形式各异的随机性失效，或者存在未知设计缺陷导致的统计意义上的不确定失效，也可以被多模表决机制变换为能用概率表达的可靠性事件，从而使我们不仅能通过提高或改善构件质量的方式提高系统可靠性，也能通过构造技术的创新来显著地增强系统的可靠性与可信性。对于利用软硬件系统漏洞后门的不确定(或缺乏先验知识的人为攻击)威胁而言，非相似余度构造也具有与敌我识别作用相同或相似的功效。尽管不确定威胁的攻击效果对于异构冗余个体而言往往不是概率问题，但是这些攻击事件在群体层面的反映，常常取决于攻击者能否协调一致的实现多模输出矢量时空维度上的共识表达，而这恰恰属于典型的概率问题。不过，在小尺度空间上，一定时间内，基于非相似余度构造的目标对象，虽然能够抑制包括未知的人为攻击在内的广义不确定扰动，且具有可设计标定、验证度量的品质鲁棒性。但是，其构造的静态性、相似性和确定性等基因缺陷，决定了自身漏洞后门等仍然具有相当程度的可利用性，“试错式”或“排除法”等攻击手段，常常会破坏目标对象的稳定鲁棒性。

其次，如果从鲁棒控制的观点视之，网络空间绝大多数安全事件也可以认为是由针对目标对象软硬件漏洞后门等攻击引起的广义不确定扰动。换言之，由于人类目前尚不具备管控或抑制软硬件产品暗功能的能力，所以原本属于设计或制造过程中的安全质量问题，因为存在“无法突破的技术瓶颈”，就“万般无奈地溢出”成为网络空间最主要的安全污染。由此，生产厂家不承诺软硬件产品安全质量，或者不对产品安全质量引起的后果承担任何法律责任的行为，似乎都可以心安理得地归结为“世界性难题”所致。经济技术全球化时代，恢复产品质量神圣承诺和商品经济基本秩序，从源头治理被污染的网络空间生态环境，需要创造出一套能够有效管控“试错式攻击”的新型鲁棒控制构造，以及由生物拟态伪装策略驱动的反馈控制机制产生的测不准效应，为软硬件系统提供稳定鲁棒性和品质鲁棒性。

再者，即使我们不能指望广义鲁棒控制构造和拟态伪装机制产生的内生安全效应能够解决网络空间所有的安全问题，甚至都不敢奢望能彻底解决目标对象软硬件漏洞后门等引发的全部安全问题。但是，我们仍然期望创新的广义鲁棒构造能够从机理上自然融合（吸纳）现有或未来的网络安全技术。无论是导入静态防御、动态防御或是主动防御还是被动防御的技术元素，都应当能使目标对象的防御能力获得指数量级增长。实现信息系统或控制装置“服务提供、

1
2
3
4
5
6
7
8
9
10
11
12
13
14

可信防御、鲁棒控制”一体化的经济技术目标，实践“大道至简”的技术憧憬。

最后，还需要从理论和应用的结合上完成体系架构设计、共性技术开发、原理验证到应用试点、行业示范全过程的工程实践。

“网络空间拟态防御”就是上述思想不断迭代发展与实践层面不懈探索的结果。

2016 年 1 月，国家科技部委托上海市科学技术委员会组织了全国 10 余家权威测评机构和研究单位的上百名专家，对“拟态防御原理验证系统”进行了历时 4 个多月的众测验证与技术评估，结果表明：“被测系统完全达到理论预期，原理具有普适性。”

2017 年 12 月，《网络空间拟态防御导论(上，下)》，由科学出版社出版发行。

为了便于读者理解拟态防御原理和体现循序渐进的表述特点，本书分为上、下册，共 14 章。第 1 章“基于漏洞后门的安全威胁”由魏强负责编撰，从漏洞后门的不可避免性分析入手，着重介绍了漏洞后门的防御难题，指出网络空间绝大部分的信息安全事件都是攻击者借助软硬件漏洞后门发起的，通过感悟与思考方式提出了转变防御理念的初衷。第 2 章“网络攻击形式化描述”由李光松、吴承荣、曾俊杰负责编撰，概览或试图总结目前存在的典型网络攻击形式化描述方法，并针对动态异构冗余的复杂网络环境提出了一种网络攻击形式化分析方法。第 3 章“传统防御技术简析”由刘胜利、光焱负责编撰，从不同角度分析了目前网络空间三类防御方法，并指出传统网络安全框架模型存在的四个方面问题，尤其是，目标对象和防御系统对自身可能存在的漏洞后门等安全威胁没有任何的防范措施。第 4 章“新型防御技术及思路”、第 5 章“多样性、随机性和动态性分析”由程国振、吴奇负责编撰，概略性地介绍了可信计算、定制可信空间、移动目标防御以及区块链等新型安全防御技术思路，并指出了存在的主要问题。初步分析了多样性、随机性和动态性等方法对于破坏攻击链稳定性的作用与意义，同时指出了面临的主要技术挑战。第 6 章“异构冗余架构的启示”由斯雪明、贺磊、杨本朝、王伟、李光松、任权等共同参与撰写，概述了基于异构冗余技术抑制不确定性故障对目标系统可靠性影响的作用机理，指出异构冗余架构与相对正确公理逻辑表达等价，具有将不确定问题变换为可控概率事件的内在属性。用定性和定量的方法，分析了非相似余度架构的容侵属性以及至少 5 个方面的挑战，并提出在此架构中导入动态性或随机性能够改善其容侵特性的设想。第 7 章“广义鲁棒控制与动态异构冗余架构”由刘彩霞、斯雪明、贺磊、王伟、任权等共同参与撰写，提出了一种称之为“动态异构冗余”的信息系统广义鲁棒控制架构，并用定量分析证明了内生性防御机制能够在不依赖攻击者任何特征信息的情况下，迫使基于目标对象漏洞后门的攻击行为，必须面对“非配合条件下，动态多元目标协同一致攻击”难度的挑战。第 8 章“拟态防御原意与愿景”由赵博等共同参与撰写，提出了在动态异构冗余架构基础上引入生物拟态伪装机制形成测不准效应的设想，期望造成攻击者对拟态括号内防御环境(包括其中的漏洞后门等暗功能)的认知困境，以便显著地提升跨域多元动态目标协同一致攻击难度。第 9 章“网络空间拟态防御原理”、第 10 章“拟态防御工程实现”、第 11 章“拟态防御基础与代价”由贺磊、胡宇翔、李军飞、任权等共同参与撰写，系统地介绍了拟态防御基本原理、方法、构造和运行机制，对拟态防御的工程实现做了初步的探索研究，就拟态防御的技术基础和应用代价问题进行了讨论，并指出一些亟待解决的科学与技术问题。第 12 章“拟态原理应用举例”由马海龙、郭玉东、张铮撰写，分别介绍了拟态防御原理在路由交换系统、Web 服务器和网络存储系统中的验证性应用实例。第 13 章“拟态原理验证系统测试评估”由伊鹏、张建辉、张铮、庞建民等撰写，分别介绍了路由器场景和 Web 服务器场景的拟态原理验证测试情况。第 14 章“拟态防御应用示范与现网测试”专门介绍了路由/交换机、Web 服务器、域名服务器等拟态构造产品现网使用和测试情况。

读者不难看出全书的逻辑安排是：指出漏洞后门是网络空间安全威胁的核心问题；分析现有防御理论方法在应对不确定性威胁方面的基因缺陷；从基于相对正确公理的非相似余度构造出发，获得无先验知识条件下将随机性失效转换为概率可控的可靠性事件的启示；提出了基于多模裁决的策略调度和多维动态重构负反馈机制的动态异构冗余构造，并指出在该构造基础上导入拟态伪装机制能够形成攻击者视角下的测不准效应；发现这种类似脊椎动物非特异性和特异性双重免疫机制的广义鲁棒控制架构，具有内生的安全功能和防御效果，可独立应对基于拟态括号内漏洞后门等已知的未知安全风险或未知的未知安全威胁，以及传统的不确定扰动因素影响；系统地阐述了网络空间拟态防御原理、方法、基础与工程实现代价；给出了带有原理验证性的应用实例；介绍了原理验证系统的测评情况与验证结果；最后，给出了拟态构造网络产品现网试点使用情况。

毫无疑问，基于动态异构冗余构造的拟态防御，在带来独特技术优势的同时必然会增加设计成本、体积功耗、使用维护方面的开销。与所有安全防御技术的“效率与成本”规律相同，“防护效率、防御成本与贴近目标对象的程度呈正比”，拟态防御也不例外。事实上，任何防御技术都是有代价的且不可能泛在化使用，所以“隘口部署、要点防御”才得以成为军事教科书上的金科玉律。通信网络领域的初步应用实践表明，拟态防御技术增加的成本相对于目标系统全生命周期获得的综合收益而言，远不足以削弱其广泛应用的价值。此外，当

前　言

今时代微电子、软件可定义、硬件可重构以及虚拟化等技术手段和开发工具的持续进步，开源社区模式的广泛应用，以及不可逆转的全球化趋势，使得目标产品市场价格只与应用规模强相关而与复杂度相对解耦，“牛刀杀鸡”和模块化集成已成为抢占市场先机的首选模式。更由于“绿色高效、安全可信”使用观念的不断升华，在追求信息系统或控制装置更高性能、更灵活功能的同时，更注重应用的经济性和服务的可信性，促使人们传统的成本价值观念与投资理念转向更加关注系统全生命周期(包括安全防护等在内)的综合投资和使用效益方面。因而作者相信，随着拟态防御理论和方法的不断完善与持续进步，网络空间游戏规则即将发生深刻变革，新一代具有内生安全功能的软硬件产品呼之欲出，拟态技术创新之花必将蓬勃绽放。

目前，拟态防御只是完成了理论自洽、原理工程验证和共性技术突破，正在结合相关行业特点展开有针对性的应用研究开发，一些试点和示范应用项目已取得重要进展并获得了宝贵的工程实践经验。毫无疑问，书中所涉及的内容肯定会存在理论和技术初创阶段无法回避的完备性与成熟性问题，一些技术原理尚未完全脱离“思想实验”阶段，稚嫩和粗糙的表述在所难免。此外，书中也给出了一些理论和实践层面亟待解决的科学与技术问题。不过，作者深信，任何理论或技术的成熟都不可能在书房或实验室里完成，尤其像拟态防御或广义鲁棒控制这类与应用场景、工程实现、等级保护、产业政策等强相关，跨领域、改变游戏规则的挑战性理论与技术，必须经历严格的实践检验和广泛的应用创新才能修成正果。本书的出版发行就是秉承这一理念，以期获得抛砖引玉的功效，达成“众人拾柴火焰高”的目的。衷心欢迎广大读者通过本书提供的拟态防御网站(http://mimictech.cn)，开展多种形式的理论辨析与技术探讨，由衷期望拟态防御理论和基本方法能为当今网络空间“易攻难守”的战略格局带来革命性变化，“结构决定安全”、可量化设计、可实验验证的广义鲁棒控制架构能够为新一代 IT、ICT 或 CPS 以及相关产业带来强劲的创新活力与旺盛的市场换代需求。

本书适合作为网络安全学科研究生教材或相关学科参考书，对有兴趣实践拟态防御应用创新或有志向完善拟态防御理论与方法的科研人员具有入门指南意义。为使读者全面了解本书各章节衔接关系，便于专业人士选择性阅读，特附“各章关系视图”。

作　者

2018 年 9 月于郑州

各章关系视图

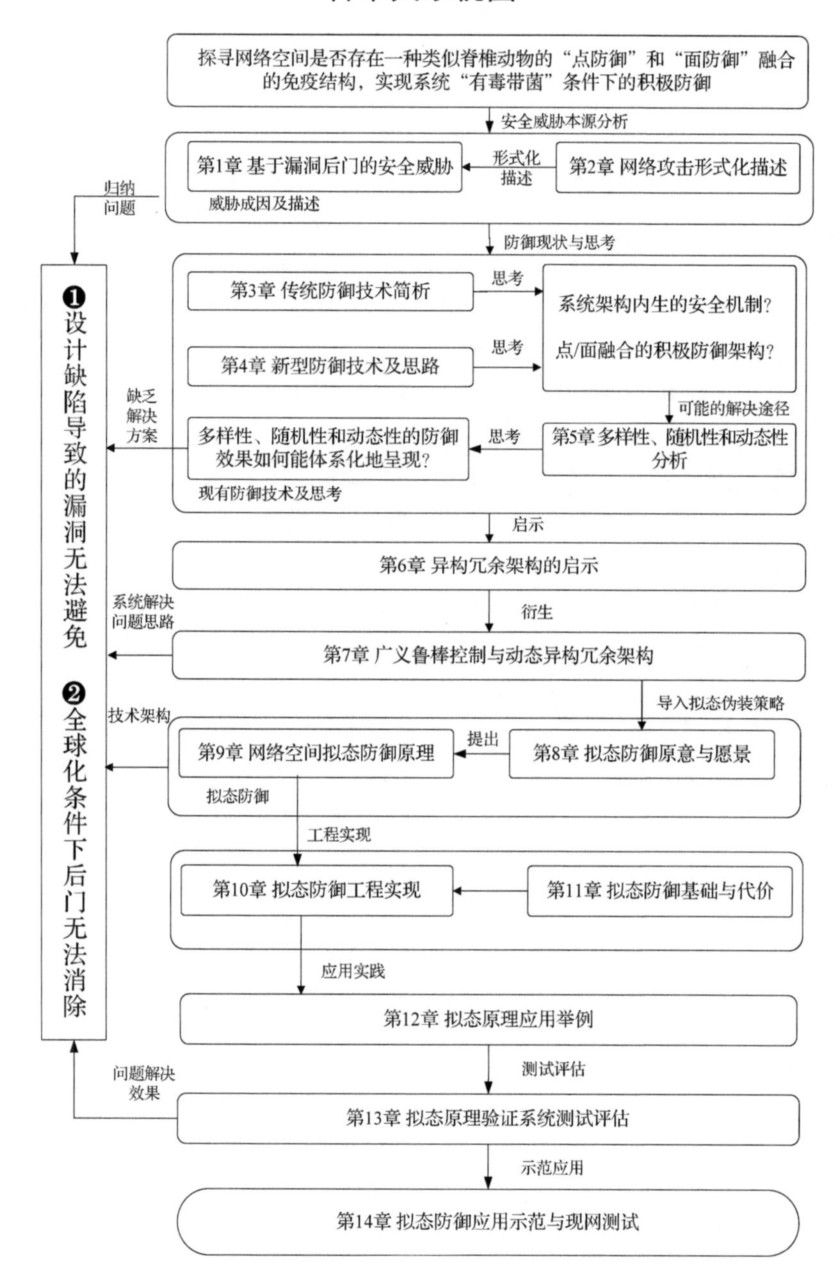
探寻网络空间是否存在一种类似脊椎动物的“点防御”和“面防御”融合的免疫结构，实现系统“有毒带菌”条件下的积极防御
安全威胁本源分析
第1章 基于漏洞后门的安全威胁
形式化描述
第2章 网络攻击形式化描述
威胁成因及描述
归纳问题
防御现状与思考
第3章 传统防御技术简析
思考
系统架构内生的安全机制？
点/面融合的积极防御架构？
第4章 新型防御技术及思路
思考
可能的解决途径
缺乏解决方案
多样性、随机性和动态性的防御效果如何能体系化地呈现？
思考
第5章 多样性、随机性和动态性分析
现有防御技术及思考
启示
第6章 异构冗余架构的启示
衍生
系统解决问题思路
第7章 广义鲁棒控制与动态异构冗余架构
导入拟态伪装策略
技术架构
第9章 网络空间拟态防御原理
提出
第8章 拟态防御原意与愿景
拟态防御
工程实现
第10章 拟态防御工程实现
第11章 拟态防御基础与代价
应用实践
第12章 拟态原理应用举例
测试评估
问题解决效果
第13章 拟态原理验证系统测试评估
示范应用
第14章 拟态防御应用示范与现网测试
❶设计缺陷导致的漏洞无法避免
❷全球化条件下后门无法消除

Thanks 致 谢

非常感谢对本书出版工作做出贡献的各位同仁。特别要对直接或间接参与撰写或修订补充工作的同事们致以最诚挚的谢意，除了本书再版前言部分提到的负责或共同参与本书相关章节编撰的同事外，还要由衷感谢第 1 章撰写组的柳晓龙，总结了漏洞利用缓解机制的相关材料，麻荣宽、宋晓斌、耿洋洋进行了收集漏洞类型及实例统计分析等工作；第 3 章撰写组的何康、潘雁、李玎等负责相关素材的搜集工作，尹小康负责整章格式的调整和修改；第 4～5 章撰写组的王涛、林键等收集并整理了大量新型防御方面的资料；第 8 章撰写组的刘勤让参与了相关内容的编写工作；第 12 章和第 13 章撰写组的张杰鑫参与了 Web 服务器验证性应用实例和 Web 服务器场景的拟态原理验证测试情况撰写。中国联通河南分公司、河南景安网络科技公司、北京润通丰华公司、北京天融信公司、中兴通讯、烽火科技、成都迈普等参与了第 14 章相关内容的撰写工作。此外，季新生全程参与了本书策划、写作思路设计和修订等工作；祝跃飞、陈福才、扈红超等对本书的写作思路和部分内容安排提供了宝贵建议；陈福才、扈红超、刘文彦、霍树民、梁浩、彭建华等参与了本书的审阅过程。

特别感谢国家科技部高新技术发展及产业化司冯记春司长、秦勇司长、杨贤武副司长、强小哲处长、问斌处长，上海市科学技术委员会寿子琪主任、陈克宏副主任、干频副主任、缪文靖处长、聂春妮处长、肖菁副处长，中共中央网络安全和信息化领导小组办公室王秀军副主任，原总参谋部通信与信息化部黄国勇副部长等长期以来对本研究方向始终不渝的支持。

由衷感谢国家高技术研究发展计划（863 计划）、国家自然科学基金委员会、中国工程院、上海市科学技术委员会等对本项研究工作的长期资助。

最后，我要诚挚地感谢国家数字交换系统工程技术研究中心（NDSC）全体同仁以及我的妻子陈红星女士，他们多年来全力以赴、始终如一地参与和支持这项研究工作。

Contents 目 录

上 册

目　录

下 册

第8章

拟态防御原意与愿景

DHR作为一种创新的、大道至简的系统架构能够提供传统技术所不具备的广义鲁棒控制功能。可以在不依赖任何先验知识及附加安全技术支撑的情况下，将架构内的随机性故障或者蓄意行为导致的不确定扰动归一化为经典的可靠性问题并统一处理之，其固有的“测不准”效应，可以为DHR构造获得内在的“隐身”防御功能。不过，其隐身性能除了与功能等价条件下执行体的冗余度和异构性相关外，还与多模裁决算法丰度、执行体调度策略、清洗恢复与重组重构机制以及传统安全技术的运用技巧强关联。那么用什么样的博弈策略和机制才能使之获得期望的隐身防御效果呢？有着数亿年自然演化经历的生物界往往能为我们提供重要的解题思路。

8.1　拟态伪装与拟态防御

8.1.1　生物拟态现象

1998年，澳洲墨尔本大学的马克·诺曼，在印度尼西亚苏拉威西岛水域发现了一种拟态章鱼，学名条纹章鱼，堪称自然界的模仿大师，如图8.1(a)所示。遇到鲨鱼的时候，它会将触手并在一起，组成椭圆形，贴在海底缓慢游动，就像比目鱼一样。由于比目鱼有专门对付鲨鱼的毒液，鲨鱼不敢冒险进攻。在开阔水域中游动时，它会将触手均匀地散开，看上去就像一条多刺又有毒的蓑鲉，能有效地吓走敌人。拟态章鱼的另一个把戏是将六只触腕放入一个洞穴里，然后伸出剩余的两只触腕，就像一条灰蓝扁尾海蛇，当然，这种海蛇也是有毒的。除此之外，它还能模仿礁石和要猎食的鱼类等，结合它的变色能力，更让这些模仿天衣无缝。研究表明，它不仅能主动地改变自身体色和纹理，还能模仿其他生物的形状和行为方式，在沙砾海底和珊瑚礁环境中完全隐身，条纹章鱼至少可以模拟 15 种海洋生物。它以本体构造相近或相似的参照物，用色彩、纹理、外观和行为的仿真或模拟来隐匿本征体的外在表象(包括形态和行为等)，用视在的特征或功能造成掠食对象的认知困境或认知误区，以此获得生存优势和安全保障。

漫长的进化和变异过程，为众多生物赢得了天然“伪装大师”的美称，如图 8.1(b)的竹节虫，图 8.1(c)的隐形蛙，图 8.1(d)的格纹鹰鱼等。生物利用其自身结构及生理特性“隐真示假”，与军事隐身的初衷如出一辙。形形色色的生物伪装伴随着物竞天择与适者生存的自然规律不断演进，有着与生命史一般久远的发展历程，生物学将这种现象称为“拟态现象”。拟态现象广泛存在于生物界，能够有效提高防御能力或攻击能力。生物的拟态分为缪氏拟态(Müllerian mimicry)、贝氏拟态(Batesian mimicry)、瓦氏拟态(Wasmannian mimicry)、波氏拟态(Poultonian mimicry)等。其中，缪氏拟态中的模拟者和被模拟者都是有

(a)条纹章鱼又称拟态章鱼

(b)竹节虫的伪装

(c)隐形蛙的伪装

(d) 藏身于红珊瑚丛中的格纹鹰鱼

图 8.1 生物界的拟态现象

1
2
3
4
5
6
7
8
9
10
11
12
13
14

毒、不可食的，它们彼此之间的模拟可以互相降低在取食期间的死亡率，对双方物种都有利。贝氏拟态中的被模拟者是有毒的和不可食的，而模拟者则是无毒的和可食的[1]。广义的瓦氏拟态是指昆虫模拟生存环境的现象，如枯叶蝶模拟树叶、竹节虫模拟树枝等，而狭义的瓦氏拟态则特指寄生性昆虫模拟宿主的现象。波氏拟态是指有毒害的昆虫模拟无毒害生物的现象，是一种攻击性拟态，通过拟态隐藏伪装自己，迷惑猎物[2]。

生物拟态的两个核心是内生和模拟。内生，即生物拟态依赖的是自身具备的体态特征或功能行为，而不用借助其他外在的工具或设施。模拟，即参照其生存环境中的物体、天敌、宿主或其他生物特征，形成与之相似的形态、色彩、纹理或行为特征，达到迷惑其他生物、提高自体生存性的目的。

生物拟态通常可以分为两类：静态拟态和动态拟态。其中静态拟态仅在特定环境和场景下有效，例如，枯叶蝶在落叶林里能很好地隐藏自己，而在针叶林里便格外醒目。静态拟态通常没有感知、认知、决策和执行的过程。相对地，动态拟态的呈现形态不固定，会根据所处环境的特点动态决定拟态目标，当环境变化时，拟态目标和拟态行为也随之改变。动态拟态的生物环境适应性较强，可在多种复杂环境下拥有较好的生存性，如前面提到的拟态章鱼。动态拟态的生物需要感知环境的变化并提取特征信息，然后决定拟态行为，有完整的感知、认知、决策和执行的过程。动态拟态是拟态的高级形态。

8.1.2　拟态伪装与拟态防御

从防御角度看，我们将生物内生的拟态行为称为拟态伪装（Mimic Disguise，MD）。拟态伪装可以根据所处环境隐匿或隐身本体外在形态和特征，包括尽可能地掩饰本体固有的功能、性能，本质上就是增加视在的不确定度，以降低攻击的有效性，达到提高自身安全性或生存优势的目的。

拟态伪装的性质可以归纳为以下 5 点：

（1）拟态伪装对于生物本体或元功能具有透明性，不会因为拟态呈现的多样性而改变自身的基本功能，即元功能不变性。

（2）拟态伪装是其元功能不可分割的一部分，伪装的效果不依赖于附加的物理装置和工具，属于内生性功能。

（3）拟态伪装具有明确的指向性，是对确定目标或环境的模仿。

（4）拟态伪装对于所模仿对象的色彩、纹理、外形和行为具有相同性或相似性。

（5）拟态伪装的有限性使之可模仿对象或种类受限，且与自身基本构造和所处环境强相关。

借鉴自然界生物拟态伪装的概念，我们将计算机系统、智能控制装置、网络、平台、模块等软硬件系统通过设计内生防护机制来提高自体生存性和抵御外界攻击的能力称为狭义拟态防御(Narrow Mimic Defense，NMD)。需要指出，NMD 虽然包括拟态伪装的含义，但是拟态伪装却不是拟态防御的全部内涵，原因有二：

(1)生物的拟态伪装会尽可能地掩饰本体固有的功能、性能及外在特征，以增加视在的不确定度。而计算机和网络空间大多数信息处理系统的对象实体与服务功能是不允许或不能够隐匿的。例如 Web 服务、路由交换、文件存储、数据中心等网络服务功能，不但不能伪装隐身，还要尽可能地让用户清晰明了其功能、性能和使用方式，任何附加的防护措施都应尽可能地不触动或不改变用户原有的操作使用习惯等。

(2)计算机执行进程、资源占用情况和服务状态等运行环境是不断变化的，潜在的攻击威胁和安全风险对防御方而言常常是未知的。在这种情况下，基于目标或环境感知的拟态伪装就难以有效抵御攻击者的高级持续性入侵。

这就是说，NMD 一方面强调不能影响到目标对象给定服务功能和性能的正常提供或呈现；另一方面又要求具有视环境情况实施拟态伪装的能力，包括隐匿目标对象自身的系统架构、运行机制、实现方法、异常表现以及可能存在的已知或未知漏洞后门或病毒木马等。因此，NMD 可以视为隐匿目标对象服务功能除外的主动式拟态伪装。

8.1.3 两个基本安全问题和两个严峻挑战

当前，网络空间安全问题正日益受到社会各阶层的高度关注，各种创新的网络安全技术也不断涌现。然而，漏洞和后门的数量反而呈越来越多的趋势。根据国家互联网应急中心发布的《中国互联网网络安全报告》[3]和《中国互联网网络安全态势综述》[4]，自 2013 年以来，国家信息安全漏洞共享平台收录安全漏洞数量年平均增长率为 21.6%，但 2017 年较 2016 年收录安全漏洞数量增长了 47.4%，达 15955 个，收录安全漏洞数量达到历史新高。其中，高危漏洞收录数量高达 5615 个(占 35.2%)，同比增长 35.4%；“零日”漏洞 3854 个(占 24.2%)，同比增长 75.0%。安全漏洞主要涵盖 Google、Oracle、Microsoft、IBM、Cisco、Apple、WordPress、Adobe、HUAWEI、ImageMagick、Linux 等厂商产品。信息系统存在安全漏洞是诱发网络安全事件的重要因素，而 2017 年，CNVD“零日”漏洞收录数量同比增长 75.0%，这些漏洞给网络空间安全带来严重安全隐患，加强安全漏洞的保护工作显得尤为重要。根据影响对象的类型，漏洞可分为：应用程序漏洞、Web 应用漏洞、操作系统漏洞、网络设备漏洞(如路由器、交换机等)、安全产品漏洞(如防火墙、入侵检测系统等)、数据库漏洞。事实上，网络空间面临的安全形势比这些公布的数据更为严峻，就如同浩瀚的宇宙空间，我们已发现的漏洞后门或病毒木马充其量只能算作是一点点星际尘埃，绝大多数是我们未认知的或被人为隐藏的或正在这个世界上有意、无意地创造与生产着，不能也不可能给出任何统计意义上的数据和评估。更为严峻的是，由于软硬件产品广义鲁棒控制功能的缺位，漏洞后门问题会随着信息化产品的日益丰富和数字经济发展程度的加速发展，迅速扩散或弥漫到整个网络空间，使得安全问题陷入万劫不复、恶性循环的境地。

正如本书第 1 章所述，漏洞是可被攻击者恶意利用的设计或实现缺陷。理论上，用形式化的正确性证明技术(Formal Correctness Proof Techniques，FCPT)，就一个给定的规范，可以找出并消除软硬件设计中所有的错误，也就是说，能够彻底地杜绝所有漏洞。然而在工程实践中，试图构建不含缺陷(因此不含安全漏洞)的复杂软硬件系统，几乎是不可能实现的任务。第一，给定规范的正确性认知(尤其是明确严谨的假设)可以随技术发展阶段而改变，过去不是缺陷的代码可能成为将来的漏洞。第二，实际上难以为复杂系统制定出科学的形式化检查规范，因为复杂系统的形式化检查规范更是复杂巨系统，很难保证检查规范自身工程设计的正确性和完整性。第三，实践中发现，缺陷或错误(包括特定的安全漏洞，如缓冲区溢出等)的形式化验证工具，受待检对象代码规模、复杂度和状态爆炸等条件约束，通常不得不在完整性、完备性、遍历性方面进行折中处理。第四，设计缺陷能否成为可利用的漏洞与攻击者拥有的资源和经验有关，而且还与其所处的运行环境和资源配置强相关。第五，人类科学技术发展具有阶段性，很难超越认知的时代局限性，我们不能也不可能识别出将来可能被利用的漏洞。因此，漏洞问题本质上是目前人类科学技术尚不能完全避免的问题。而后门问题的实质则是全球价值链形成与发展过程中，由于国家间分工、产业内部分工乃至产品构件分工造成的相互依存格局，导致了数字经济生态环境中难以消除的“恶性肿瘤”，尤其对技术后进国家和国际市场依赖者的危害更为巨大。糟糕的是，无论漏洞还是后门，迄今为止除了亡羊补牢式的打补丁、贴膏药、封门堵漏或基于经验的查找方式，尚无彻底检出和排除这两类问题的技术手段与工程措施，更无法对给定软硬件系统作出不存在漏洞后门的科学诊断。上述原因最终导致软硬件产品的设计、生产、供应、维护和使用过程中难以实施有效的安全质量控制，致使网络空间基本安全问题无法从软硬件产品源头进行管控或治理，安全生态圈陷入恶性循环的境地。

漏洞后门存在的客观性与必然性使得信息系统或控制装置构件、部件、器件等在理论上就不可能是“无毒无菌”的。因而，信息化建设面临两个严峻挑战：一方面，自主可控战略在相当长的时期内，尚不能及时地、全方位地、可持续地提供信息化建设所需要的成熟稳定与高性能的器件、部件、构件等基础性或支撑性的软硬件产品，况且自主可控也无法从根本上杜绝漏洞和彻底管控后门；另一方面，全球化时代要完全彻底地解决设计链、工具链、制造链、供应链、服务链等的“自主可控、安全可信”问题，除了科学技术方面要有重大突破外，还涉及一系列多边贸易、意识形态、国家利益和网络经济学方面的艰难挑战。事实上，网络空间安全问题很大程度上是由于信息技术和产业发展模式所造成的。如果说在过去相当长的历史时期内因为硬件处理能力一直是“高端紧俏资源”而无力考虑安全性能实属无奈之举的话，那么在摩尔定律持续有效超过半个世纪的情况下，业界一直将软硬构件自身的安全性与可信性设计始终排除在信息技术和产品追求的功能性能指标之外，就没有任何合理性可言了。作者以为，自主可控的本意是为了打破技术和市场垄断，寻求经济技术共同发展格局的建设性做法，初衷只是为解决产品供应链的安全问题，不能也不可能彻底解决信息安全或网络安全的问题，更不应该成为贸易保护主义和“去全球化”思潮的借口。网络空间安全呼唤信息技术发展观念的转变和设计理念的创新，数字经济时代期盼“改变游戏规则”的技术变革和产业模式创新。

为此，需要正视“你中有我、我中有你”的产业和技术现状，适时地转变传统安全防护的设计理念，用创新的鲁棒控制架构和内生的安全机制，破解软硬组件、部件、构件等可信性不能确保供应链的“自主可控、安全可信”难题。换言之，就是要借助系统工程理论和方法，开拓以构造层技术抵消或降低目标对象软硬构件暗功能影响的新途径，研究如何通过鲁棒控制构造和机理的内生效应，抑制或阻断包括未知安全威胁在内的广义不确定扰动之新方法。

8.1.4　一个切入点：攻击链的脆弱性

时至今日，尽管网络空间安全防御领域已发展出静态防御、动态防御、被动防御、主动防御以及组合式防御等多种研究方向，也取得了不容忽视的技术进步。但由于上述两个基本安全问题和两个严峻挑战，网络空间安全态势仍无法得到根本性改观。急需发展颠覆性的、具有包容性、开放性、融合性的新型防御技术体系，用信息系统或控制装置架构技术的变革或创新，终结目前基于目标对象软硬件代码的攻击威胁，极大地削弱全球化时代、开放式产业链给网络空间安全带来的“负能量”，显著地抵消任何基于“预留后门”和“隐匿漏洞”等网络攻击行动的有效性，大幅度提高网络攻击门槛与实现代价，彻底改变某个“电脑神人”、几个网络黑客、一些网络犯罪组织乃至政府机构等利用未知漏洞后门或恶意代码就能挑战网络世界基本秩序的“悲惨”现状。

从第 2 章内容可知，实施网络攻击往往需要多个步骤，包括系统扫描探测、特征识别、映射关联、协调控制、漏洞挖掘和攻击、攻击效果评估、信息获取和传播等环节，业界将其称为攻击链，如图 8.2 所示。

图 8.2　典型的攻击链

攻击链的每一个环节通常都与目标对象的实现结构(算法)、资源配置、运行机制等情况密切相关。对于两个完全异构的执行体，即使功能相同或等价，二者的攻击链很可能完全不同。因此，在攻击实施的每个步骤中，攻击者都要依赖目标对象运行环境的静态性、确定性和相似性才能达成攻击的有效性和稳定性。例如，使用网络扫描和数字指纹等探查工具获得 IP 地址、平台类型、版本信息、协议端口和资源占用等情况，乃至用于发现目标系统漏洞、防火墙规则缺陷等。一个自然的联想就是，倘若可以在保证目标对象当前网络服务功能和性能的前提下，导入基于内生安全机理的拟态伪装或隐形欺骗功能，造成攻击者对目标对象的认知困境，或者误导攻击者不断地跟随目标对象的欺骗性防御行动，或者使之无法感知与评估攻击效果，扰乱攻击计划，瓦解攻击链的稳定性。动态异构冗余架构 DHR 就具有这样的功能以及内生的隐身机制，其视在的测不准效应能有效掩饰防御行为和安全性弱点，提高攻击链的构造难度。

8.1.5 构建拟态防御

如果说自然界是造物主构建的一个现实世界的话，那么现有网络空间可以认为是计算机与通信领域专家合力打造的一个虚拟世界。与自然界中存在各种不确定威胁一样，网络世界也存在包括已知的未知风险和未知的未知威胁。如果我们重新审视对自然界中不确定威胁与网络空间现实或潜在威胁的处置方法时，可以发现一些具有启迪意义的现象，深入思考能够获取解决棘手问题的灵感。

漏洞挖掘、特征提取、入侵检测、入侵预防、入侵容忍等主被动防御手段在过去很长一段时间始终无法摆脱的一个基本思维定式就是，必须精准地获得关于攻击方法和行为特征等先验知识才能实施有效的防御，即需要获取特征信息甚至需要通过历史数据分析，方能基于特征匹配或模式识别等技术进行有针对性的设防。即便如此，也只能在一定程度上防御已知的或确定的攻击，而对网络空间天文数字般的已知的未知安全风险或未知的未知安全威胁，除了使用条件苛刻且不够人性化的加密认证手段外基本无计可施。随着网络攻防博弈的白热化，一方面，防御方获得的攻击特征库(例如，漏洞后门、病毒木马、黑白名单等)急剧膨胀，防御资源开销和处理复杂度急剧增加，特征库的管理与及时更新不仅关系到防御的有效性也给安全维护和保障工作带来极大的负担与压力。另一方面，攻击手段层出不穷，攻击模式不断推陈出新，防御者面对攻击特征或信息库中没有收集到的攻击模式几乎束手无策。目前的基本态势仍然是“道高一尺魔高一丈”,无论是经典的主被动防御还是形形色色的动态防护措施，本质上并未改变到处设防、被动防御的局面，亡羊补牢和威胁预警仍是主要的技术策略。这种防御模式非常类似脊椎动物的特异性免疫机制(详见第 9 章)，由于特异性免疫抗体仅能清除特定的抗原，其多样性与感染过的抗原种类强相关，功能上属于点防御性质。不幸的是，网络空间除了基于感知认知的点防御手段外，几乎没有任何有效的面防御机制，对于未知的未知安全威胁除了应用界面不够友好的加密认证措施和相关的动态防御手段外，几乎不设防。更为严重的是，附加安全防御设施自身也无法避免漏洞后门乃至病毒木马的影响，因而常常使人们陷入不知所措的境地。

我们知道，自然界环境中时时刻刻存在形态、功能、作用各异，数量繁多的其他生物，包括科学界已知或未知的有害生物抗原，但健康生物体内并未出现频发的特异性免疫活动。究其原因是绝大部分的入侵抗原被脊椎动物体内一种与生俱来的非特异性选择清除机制拒止，即具有“除了不伤及自身外，通杀任何抗原”的“敌我识别”能力，生物学家将这种先天性的自卫机制命名为非特异性免疫(详见第 9 章)。该机制对入侵抗原具有非特异性选择清除能力，属于生物机体的面防御功能，并能为特异性免疫提供不断学习完善和自我改进或增强的基础。

近些年来，以移动目标防御(Moving Target Defense, MTD)、可信计算和定制可信网络空间理论与技术为代表的新型防御逐渐兴起，核心思想都是充分运用动态、随机、多样化的手段和非公开性机制来改善现有目标系统静态、确定、相似等体制性缺陷(本书第 3、4、5 章中有相关介绍)。基本方法都是给攻击者造成认知困境或呈现防御行为不可预测为出发点，试图在网络空间构建一种具有不确定属性的目标场景，以便获得不依赖攻击者先验知识或行为特征的面防御能力。或者通过缩小攻击表面的相关方法和措施，显著地增加攻击难度和代价。

网络空间防御的艰难历程告诉我们，若要真正摆脱当前以点防御技术去应对面威胁问题的窘境，目标对象必须具有类似脊椎生物非特异性和特异性一体化免疫功能的内生防御机制，形成点面结合的融合式防御体系，才能有效应对已知的未知安全风险或未知的未知网络威胁，这是被生物演化历史反复证明的真理。

在思考和探索解决上述问题时，生物拟态伪装机制给我们提供了重要的启迪。首先，拟态伪装的内生机制是通过事先的环境(而非威胁)感知和自身的形态伪装来造成攻击者的认知困境，属于主动防御的范畴，可有效解决被动防御在攻击发生前无所作为的问题。其次，基于拟态伪装的 NMD 体制能够集本征功能与安全防护功能提供为一体，改变了安全防御功能需要通过附加、外挂、寄生或共生等传统配置或部署方式获得的形态，以集约化构造效应降低目标对象全生命周期包括网络安全防护和信息安全保障功能在内的使用成本与代价。因此，借鉴拟态伪装机制及其内在的构造效应来抵御或防范网络空间确定或不确定威胁与风险似乎是不二的选择。但是，首先是要找到合适的物理或逻辑构造(算法)才能产生期望的“内生安全”效应。NMD 功能是本体内生功能的有机组成部分，相对于传统防御功能的附加配置模式，具有集约化的可设计功效，其防御表现更加多样化，防御效果主要由内生机制决定。例如，静态防御与动态防御的结合，被动防御与主动防御的结合等。不过，NMD 从生物学意义上说仍然依赖于先验知识，需要在威胁发生之前感知所处环境才能决定自身的拟态变化，这种变化的目的之一就是要尽可能地隐匿包括本征功能在内的外在形态。而网络空间目标对象所提供的服务功能通常是不可以隐匿的，且攻击者利用目标对象内在漏洞后门等发动“单向透明、里应外合”攻击，常常不以显式的破坏效果为目的，主要是有计划地获取、篡改、利用甚至是“锁死”目标对象的敏感信息(例如“勒索”病毒所为)。这就决定了网络攻击(而非反制或威慑)行动一般具有隐蔽性或隐匿性，攻击行动或效果往往是未知的或无感的，这将迫使狭义拟态防御要么仍然需要依赖威胁场景感知和攻击特征提取等先验知识,要么盲目增加目标对象资源开销做效率低下的动态或随机变化(诸如移动目标防御那样，增加指令、地址、数据和端口随机化、动态化的强度)。

从前述章节内容可知，利用功能等价条件下的动态异构冗余架构(Dynamic Heterogeneous Redundancy, DHR)和基于多模裁决的策略调度和多维动态重构负反馈机制，可以感知或发现目标系统内部未知缺陷导致的随机性差模故障，或者基于漏洞后门等暗功能的非协同攻击行为。即在不知道架构内何时、何处、发生何种故障或攻击的情况下，利用 DHR 架构点面融合的内生防御效应，能将随机发生的故障或“单向透明，里应外合”的不确定性威胁，归一化为系统层面概率可控的可靠性事件。由于这种技术架构的反馈控制实现能够很好地利用拟态伪装机制以及自然地融合或接纳已有的各种安全技术，形成具有非线性复杂度或视在不确定性的防御环境，从而可以在网络空间构建起一个功能等价条件下，不依赖关于攻击者先验知识和行为特征的、融合式的广义拟态防御体系，我们称之为网络空间拟态防御(Cyberspace Mimic Defense，CMD)。后续章节出现的拟态防御术语一般是指 CMD。

概念上，网络空间拟态防御体系建立在一个公理和两个基本原理之上。首先是应用相对正确公理的逻辑表达，使得功能等价异构冗余场景下，非协同的人为攻击可以变换为与差模失效影响等价的可靠性问题并能归一化地并案处理之。其次是借鉴生物界拟态伪装机制，形成内生的隐身效应，使攻击者难以对目标对象做出清晰认知，陷入“瞎子摸象”的防御迷雾。再者就是利用 DHR 架构，使防御者在即使没有掌握或拥有关于攻击特征信息的情况下，也能基于多模裁决的策略调度和多维动态重构负反馈机制，使攻击者陷入“非配合条件下，动态多元目标协同一致攻击的困境”。三者的结合形态就构成了基于 DHR 架构的拟态防御体制，其抗攻击性能和可靠性指标可设计、可度量，能够支撑高可靠、高可用、高可信三位一体的广义鲁棒性应用场景。形象化的表述就是，如果将 DHR 架构比作 6 自由度的“魔方”的话，那么拟态伪装机制就是玩魔方的“玩家”，而攻击者只能成为这场眼花缭乱魔方表演的“看家”了。

显然，在 DHR 架构基础上引入拟态伪装机制是构建目标对象包括安全防御在内的广义鲁棒控制功能的核心所在。CMD 的提出，使得网络空间防御除了“探测感知→判断决策→问题移除”经典被动模式和以 MTD 为代表的主动模式之外，拓展出了“动态异构冗余→多模策略裁决→清洗重构重建”的新模式。与精确威胁感知作为传统防御有效性的前提条件不同，CMD 的有效性既不以获得实时行为信息或先验知识为基础，也不需要像移动目标防御那样对指令、地址、端口和数据等施以“动态加密”之类的机制。DHR 架构的服务场景只根据“裁决状态驱动的反馈控制环路作收敛式的动态迁移，或者依据时间、频度和策略不确定的外部控制指令作强制性的改变”，以达成增强多样化防御场景下“非配合条件下，多元动态目标协同一致”攻击难度的目标。与孤立或开环式的使用动态、多样和随机等基础防御元素不同，CMD 的闭环负反馈机制不仅能有针对性地指示“异常或疑似问题”执行体改变其防御环境，而且可实时评估决策当前防御场景的迁移或切换行动的有效性，并能自主决策是否需要继续进行改变运行环境的操作，并能在构造层面上使攻击逃逸概率可设计、可度量。由于 DHR 控制环路与执行体的功能复杂度弱相关，因而在执行体中增加可重构功能或附加检错纠错、入侵检测与预防等传统安全技术，能从机理上扩大执行体间的相异度，从而可以显著增强目标系统对未知威胁或故障的感知能力。不同于高可靠或高可用性服务提供与高可信性服务保障分离实现的传统部署方式，CMD 能使目标系统一体化地提供高可靠、高可用、高可信的鲁棒性服务功能。综上所述，我们有理由期待，网络空间导入 CMD 技术就犹如隐身技术导入军事领域一样，将有力地挑战现有的基于软硬件漏洞后门的攻击理论与方法，彻底改变传统的防御理念并逆转当前易攻难守的战略碾压态势，抵消目前攻防博弈技术存在的“代际差”，实现网络空间安全格局的再平衡。

8.1.6　拟态防御原意

宇宙运行法则告诉我们，“变是绝对的，不变是相对的”，“正确与错误、已知与未知皆是相对的”。只有用“攻击者看到的不确定防御才能有效应对防御者感到的不确定威胁”，用“相对正确公理将不确定因素转换为概率可控的可靠性事件”。因此，必须从根本上转变网络空间防御理念，不再追求建立一种无漏洞、无后门、无缺陷、无毒无菌、完美无瑕的运行场景或防御环境来对抗网络空间的各种安全威胁，而是旨在软硬件系统中采取一种可迭代收敛的广义动态化控制策略，构建一种基于多模裁决的策略调度和多维动态重构负反馈机制。以大道至简的构造模型统一静态、动态、被动、主动等传统防御理论与技术，以内在的非线性效应融合动态性、多样性和随机性等基本安全元素。能够将不确定威胁的防御问题归一化为可靠性理论与技术可以有效处理的对象，形成在攻击者看来不确定而防御者却可管可控的体制和机制，造成“探测难、渗透难、攻击激励难、攻击利用难、攻击评估难、攻击维持难”的隐身防御迷雾，并能借助成熟的可靠性验证理论和方法，通过类似注入测试的“白盒插桩”验证方法，对目标系统设计的安全等级进行可量化的测试与评估。

期望在 DHR 架构基础上，导入拟态伪装机制增强攻防博弈的狡黠性。应用基于多模裁决的负反馈控制策略，驱动广义动态化机制获得目标对象防御场景的测不准效应；利用“非配合条件下，多元动态目标协同一致攻击难度”，对确定或不确定性威胁、随机性失效或故障等广义不确定扰动提供点面融合式的鲁棒控制功能；用多模裁决的相异性结果触发策略调度和多维动态重构机制，将复杂且难以达成的问题归零处理转化为相对简单的问题规避处理，从而能够经济有效地利用有限软硬件资源增大防御场景的熵空间；基于拟态防御的体系化效应，使得多模输出矢量裁决状态中包含的叠加态错误概率低于给定的阈值目标。

正如非相似余度架构(Dissimilar Redundancy Structure, DRS)，给目标系统带来高可靠、高可用性的同时也增加了设计复杂度、设备造价、能耗损失和维护保障负担，拟态防御构造和机制的建立也需要付出必要的代价。异构执行体的“替换和迁移”或者执行体本身的重构重组功能在给攻击者制造测不准困境的同时，不可避免地会增加系统自身设计、工程实现、应用部署和升级维护的复杂度。特别是在开放式供应链情况下，可能会面临诸多的技术挑战，包括异构执行体功能、性能等价性的测试评估、执行体的快速清洗恢复、防御场景迁移与同步、重构重组操作涉及的相关问题，以及多模输出矢量的归一化处理与策略裁决复杂性和时效性问题等。尽管这些代价对于提供敏感信息的共享服务平台或高价值的控制装置而言，如数据中心、云计算/服务、信息基础设施等往往是可以承受的(因为当前还没有一种防御技术能够在性价比方面可以与之比肩)，但是异构冗余资源的配置或部署代价，的确也是工程实践中需要仔细考虑的问题。不过，倘若拟态防御只是在目标系统中扮演要地防御或隘口设防的角色，成本增加问题应当不会成为主要的应用障碍。特别是，当防御架构内的软硬构件主要由 COTS 级产品组成时，我们可以切实地感受到摩尔定律和追求标准化、规模化、多样化市场的 IT 产业所带来的物美价廉效应。即便如此，对于如何锁定问题场景、选择好设防地点，兼顾好设计复杂度、维护便捷性以及体积功耗、综合成本等多方面的因素，还是需要作深入细致的分析研究和精打细算的实践探索。

8.2 拟态计算与内生安全

8.2.1 HPC 功耗之殇

高性能计算(High Performance Computing，HPC)是计算机科学与工程的一个重要分支，主要是指从体系结构、并行算法和软件开发等多个方面研究开发高性能计算机的技术[5]。高性能计算应用涉及核武器研究、核材料储存仿真、石油勘探、生物信息技术、医疗和新药研究、计算化学、气象、天气和灾害预报、工业过程改进和环境保护等诸多领域，已经成为推动科技创新、社会进步的重要工具。

北京时间2017年6月19日于德国法兰克福举行的国际超算大会(ISC2017)公布了新一期的全球高性能计算机(HPC) TOP500 榜单。由中国国家并行计算机工程技术研究中心研制、部署于国家超级计算无锡中心的“神威·太湖之光”超级计算机再次加冕世界超算冠军，实现“三连冠”的荣耀[6]。“神威·太湖之光”由40个机柜，总共160个超级节点组成，每个超级节点含256个计算节点，每个计算节点配备一颗1.45GHz、260核的申威26010处理器。全系统总峰值性能125.4359PFLOPS，Linpack 实测性能值为93.0146PFLOPS，是当时世界排名第二的“天河二号”系统 Linpack 测试值的2.75倍[7]。高性能计算机的计算能力达到100P级别。

2018年6月，美国能源部下属橡树岭国家实验室宣布已研发出被命名为“顶点-Summit”的超级计算机，这台由IBM公司研制的计算机的浮点运算峰值可达每秒20亿亿次，几乎比“神威·太湖之光”超级计算机快60%。中国超算连续5年世界第一的地位被取代。

与此同时，一个无法忽视的重要事实是，高性能计算机的功耗巨大，不但运行成本高，而且带来散热、可靠性、可维性、可用性等一系列问题。随着HPC的速度向着E级甚至Z级目标迈进，功耗问题正成为最大的拦路虎之一。尽管采用了多层次全方位的降功耗工艺和技术，P级高性能计算机的运行功耗仍高达17MW左右。

目前，在世界排名前几位的高性能计算机系统中，功耗最大的是中国广州超算中心的“天河二号”，整机功耗(不包括空调等辅助设施)17.81MW。功耗最小的 HPC 是瑞士的“Piz Daint”，整机功耗 2.272MW[8]。美国劳伦斯・伯克利国家实验室的豪斯・费姆尼教授认为，最近几年超算技术的进展，都不足以突破 E 级超算的障碍。原先认为 2018 年就能实现 1000P 级别的超算，现在看来要推迟到 2020 年，甚至 2022 年前都无法实现。目前面临的挑战首先是功耗控制难，现有的 IC 工艺水平和此前相比，并没有根本性的改善。据推测，如果基于现有的计算机架构和实现技术与工艺，则未来的 E 级超级计算机功耗很可能接近百兆瓦，建造费用也将超过数亿美元。功耗成为工程实现挑战性问题的同时，应用的经济性问题也随之凸显。例如，“天河二号”一年仅电费就要 1 亿元人民币，如果全速运行，电费更高达 1.5 亿元。降低单位计算性能的能量消耗，提高计算效能已成为高性能计算机发展中最需关注的方向之一。

8.2.2 拟态计算初衷

计算机应用实践表明，在硬件架构固定不变的情况下，通过软件算法的改进在一定程度上可获得等效处理速度和计算效能的提升。常识告诉我们，一个问题往往存在多个不同的解决或实现方案，每个方案的不同阶段、不同时段常常存在多种可供选择的实现算法，每个方案的特点和属性不同，对计算环境和计算代价的要求差异很大，相应的计算性能和运行效能也大不相同。若能在恰当的场合、恰当的时机选择恰当的实现方案或算法，就可能在约束条件下逼近计算效能的最优值。

在当今技术和工艺及可接受的成本条件下，软硬件系统也可以由事先设计好的多种功能等价、效能不同的执行变体或计算方案中智能化地选择生成。实际运行中，系统可以根据应用需求，在恰当的场合、恰当的时机，选择恰当的方案自动生成恰当的计算或执行环境，通过基于主动认知的动态变结构协同计算获得比纯软件算法更高的能效比。目前正在发展之中的用户可定制计算、可重构计算、CPU+FPGA 融合架构、软件定义硬件(Software Define Hardware，SDH)以及领域专用软硬件协同计算(DSA)或联合管理技术都可以很好地支持这一想法。

我们把这种功能等价条件下，包含多种软件和硬件变体或基础模块的多维动态重构函数化体系结构，称之为拟态架构的计算(Mimic Structure Calculation，MSC)，简称拟态计算。它能根据当前运行状况的认知信息选择或生成适宜的功能等价计算环境。对于一个确定的可计算问题，在拟态架构计算中可以由多种功能等价、解算效能不同的硬件变体和软件变体来协同实现，在时空维度上根据目标能效和环境认知产生的智能决策选择合适的执行变体或模块，灵活地使用基于指令流的传统计算和基于数据流、控制流的流水线处理模式，甚至使用神经网络加速或非冯氏的领域专用软硬件协同计算模式，以便最大限度地提高系统计算效能(相对于纯物理手段或纯软件手段)，这就是拟态计算的原始想法。

需要强调的是，与当前 CPU+GPU 或 CPU+FPGA 或 CPU+OTP 或 CPU+GPU+ FPGA 的用户可编程或可定制异构加速计算不同，MSC 是关于最优能效拟合的自适应变结构计算，功能等价条件下的软硬算法和计算模式的设计与部署都必须服从能效比最高的原则。

8.2.3 拟态计算愿景

MSC 并不企图独立地构建任何高效能的计算系统，也不排除器件工艺进步和材料技术或资源管理等引入的节能降耗增益，更不拒绝优化软件算法提高计算效能的益处，而是要借助“应用决定结构、结构决定效能”的公理，通过基于认知决策的多维动态重构机制组成相应的运算结构、执行环境或计算模式，达成系统运行能效最优化的目标。

借助多维动态重构的函数化体系结构，使得应用问题可因地制宜地选择或生成相对理想的解算环境和计算模式，包括计算和控制、存储与缓存、交换与互连、输入与输出等软件可定义、可重构、可重组的功能部件；任务或作业也可以根据不同时段、不同资源情况、不同服务质量要求、不同处理负荷、不同运行效能等因素，在多种功能等价、效能不同的硬件执行体(或环境)以及相关的多样化软件变体间进行联合管理与协同调度，以实现任务或作业的跨环境动态迁移，包括混合使用指令流和控制流计算模式等。

然而，硬件系统的结构变换或重组最终受到器件技术、设计复杂度、结构变换开销和价格因素的限制，不可能做到随意或任意变化。借用生物学的拟态概念来表征有限程度、有限规模的结构动态变化可能是不错的选择：一方面“结构适配应用”，要求系统具有“形状”相似的能力；另一方面“结构动态变化”，要求系统具有“行为”相同的能力。因此，拟态的相似性、相同性和有限性，正好刻画出基于多维动态重构的函数化(也可称为拟态变换)体系架构能够在专用领域获得高效能计算的本质。此外，功能等价的多变体执行环境具有天然的冗余属性和内在的高可靠性、高安全性优势。

功能等价条件下的多维动态变结构协同计算就是一种有效性已被证明的“结构适应应用”的实现途径，大致经历了三个演进阶段：可变结构又称异构计算(CPU+XPU+FPGA)；变计算模式计算，即在多个设定的计算模式间进行动态选择性切换或迁移；拟态化环境计算，即根据一组确定的结构方案集合，由一个元结构池智能化地生成或变换所需的计算环境，如图 8.3 所示。拟态架构计算一般包含有 N 个计算性能或效能不同但功能等价的计算构件组成的元结构，一个能够通过运行环境参数策略选取元结构中合适计算构件的智能调度器，以及一个在结构粒度、结构层次、时间维度上可实时重构的运算结构(按照模板动态生成的实体计算环境)。不难看出，拟态架构计算通过功能等价条件下的动态变结构和软硬件协同计算可以同时获得处理的高性能和高效能。

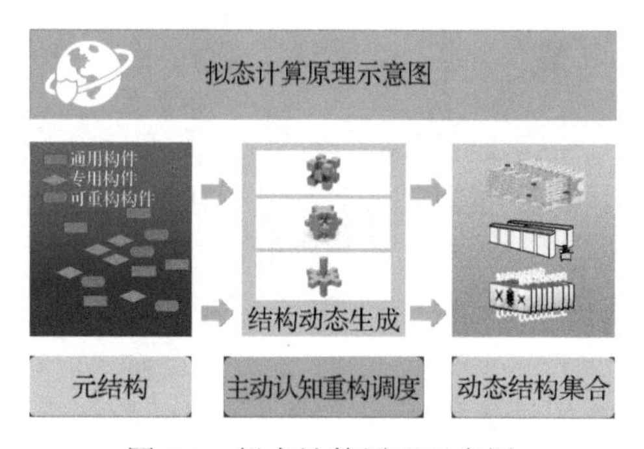

图 8.3　拟态计算原理示意图

值得关注的是，随着摩尔定律和登纳德缩放比例定律(Dennard Scaling)的放缓乃至停滞，单处理器的核心性能提升已降为每年 3%左右。强调领域专用体系架构(Applicaition Specific IC/Architecture)和专用编程语言(Domain Specific)的开发，对于提升特定领域计算性能、效能和系统开发速度，走出摩尔定律当前困境具有重要意义。与此同时，2018 年爆发的基于计算机体系结构设计缺陷的“幽灵”和“熔断”漏洞充分表明，体系结构的安全性问题几十年来从来没有得到体系结构研究者和设计者的关注与重视。

图 8.4 为典型的拟态化系统结构，包括处理器级拟态重构、存储器级拟态重构和互连网络级拟态重构。针对不同应用的差异化处理需求，基本处理(可能为领域专用)算子通过拟态化重构，成为适配应用特定处理要求的粒度可变、数量可变、结构可变的处理构件；基本的存储单元通过拟态化重构，成为最适合于特定应用存储需求的种类和容量可变、结构可变、编址及访问模式可变的存储模组，甚至可以是带有处理(如堆栈、数组、指针链表等)功能的结构化的存储构件；基本的网络互连单元通过拟态化重构，成为互连拓扑可变、互连协议可变、互连带宽可变、传输中内容可处理的适合于特定应用互连需求的连接构件。

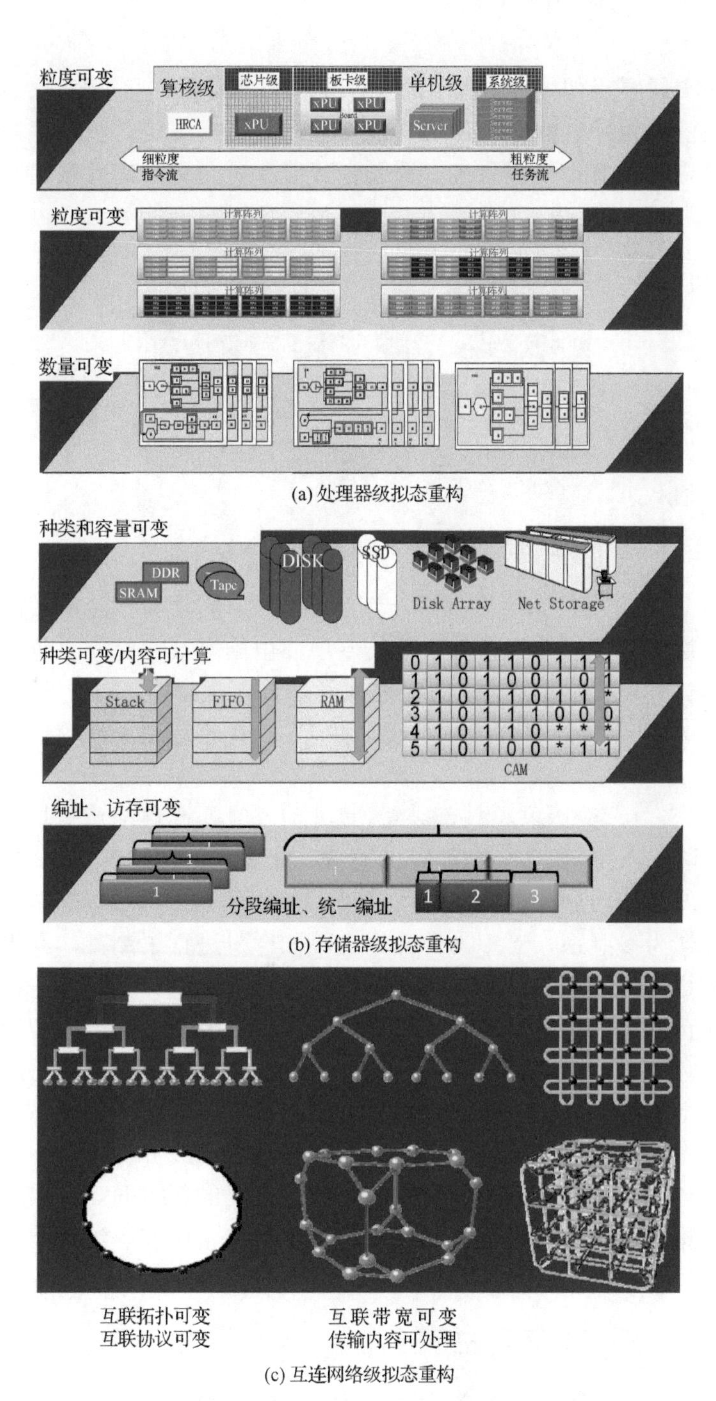

(a) 处理器级拟态重构

(b) 存储器级拟态重构

互联拓扑可变
互联协议可变

互联带宽可变
传输内容可处理

(c) 互连网络级拟态重构

图 8.4　典型的拟态化系统结构

拟态计算的实现要点如图 8.5 所示，以有限的处理资源、存储资源、互连资源，通过拟态化重构为特定的软硬件协同处理场景，在提高资源利用率的同时，减少所需资源总量，增强处理系统资源联合管理和协同运作的效能。

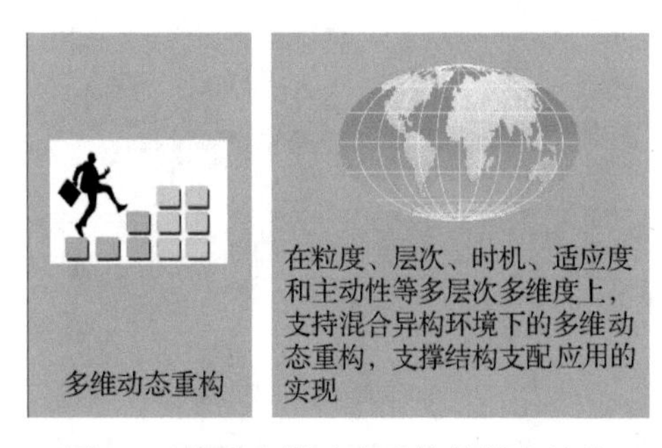

图 8.5　基于多维动态重构的拟态计算

2008 年，国家高技术研究发展计划(863 计划)将“新概念高效能计算机体系结构及系统研究开发”列为重大科技专项，由国家数字交换系统工程技术研究中心(NDSC)、复旦大学、上海交通大学、同济大学、中国电子科技集团第 32 研究所等单位组成的联合团队承研，并于 2010 年启动原理验证样机的研制工作。

2013 年 5 月，受国家科技部委托，“天河二号”高性能计算机 Linpack 测试团队，选取输入/输出密集型的 Web 服务、计算密集型的 N-body 问题和存储密集型的图像处理问题三种典型应用，500 余种场景，并以同年 IBM 公司最高性能的服务器为参照系，对拟态计算原理验证样机进行了测试，结果表明拟态计算能效比达到 13.6～315 倍。同时证明，对于给定的计算任务，根据处理资源、服务质量、运行时段、执行阶段等的不同，通过动态生成或智能变换相应的计算结构(模式、环境)和执行变体的技术思路与方法，可以获得很高的处理效能，有力地诠释了“结构决定效能”公理的工程实践意义。拟态计算架构作为一种集指令流和控制流驱动、数据并行处理与流水线并行处理为一体的创新的领域专用计算架构，开辟了计算机体系研究发展的新方向。目前看来，领域专用计算架构和软硬件协同设计必将成为走出摩尔定律和登纳德缩比困境的新途径。

8.2.4　变结构计算与内生安全

我们知道，主动认知动态变结构的拟态计算，能根据不同任务、不同时段、不同负载情况、不同效能要求、不同资源占用状况等条件或参数，动态地构成与之相适应的解算环境。尽管其初衷只是为了提升系统的处理效能，但在结构变化的同时客观上也造成了运行环境的非规律性改变，等效地扰乱或瓦解了攻击链所依赖的目标对象运行环境的静态性、确定性和相似性，使得攻击链失去必要的稳定性条件或环境，客观上增强了防御迷雾，增加了攻击复杂度和成本代价。

从安全防御的角度观察，拟态计算系统是典型的“时变计算结构”装置，具有动态性和随机性的内涵与外延。在攻击者眼里，拟态计算系统似乎以无规律方式在多样化、动态化的计算环境间实施基于时间维度上的主动跳变或快速迁移，表现出很强的动态性、异构性、随机性等不确定性防御特点，其计算环境难以观察，运行机制难以预测，软硬件代码漏洞难以发现与锁定，从而增大了基于目标对象暗功能的攻击链创建难度和利用与保持难度。读者不难推论，凡是异构计算、变计算模式计算与拟态计算等主动变结构计算环境，应该都具有程度不同的视在不确定性以及动态防御的基本属性。

令人欣慰的是，近年来计算机体系结构设计缺陷，诸如幽灵漏洞(Spectre)和熔断漏洞(Meltdown)造成的负面影响，终于使业界认识到体系结构安全性的重要意义，尝到了几十年来只关注性能不重视安全的体系结构设计思想的恶果。既没能建立起可量化的安全性指标，也无法实现性能、效能和安全性的联合优化。因此，发展具有安全性能保证的计算机体系结构已经变得十分紧迫。早在2012年，作者就提出，用变结构拟态计算体系架构获得传统防御技术无法比拟的内生安全功能的设想。2016年，“拟态防御原理的验证系统”通过了国家科技部组织的测试评估，结果表明“验证系统从功能和性能上完全符合理论预期”，从理论和实践的结合上证明了四年前极富想象力的前瞻性设想。

8.3 拟态防御愿景

网络空间拟态防御既没有包罗万象的安全目标也没有泛在化部署的应用意愿，只是试图在“隘口设防、要地防御”的场景下，解决基于目标对象软硬件漏洞后门等暗功能的不确定威胁问题(不包括缺乏多元化或不能满足异构冗余条件的软硬构件之漏洞后门问题)，不能也不可能解决“协议漏洞后门”“防间反谍、内鬼作祟”“口令暴力破解或密码算法解译”以及用户合规性操作审计等相关问题。期望能发明一种具有普适意义的广义鲁棒控制架构和相关机制，既可为软硬件部件、设备、系统或控制装置提供高可靠、高可用、高可信三位一体的鲁棒性服务与控制功能，也能以内生的构架效应提供不依赖于传统安全手段的点面融合式的防御机制，可以自然地接纳现有或未来的安全技术获得“超非线性”的防御功效。希望能通过可量化设计的系统构造使得目标对象获得内生的测不准或隐身属性，显著增加攻击链的创建和利用难度，大幅度地降低攻击链的可靠性，极大地削弱“0day”漏洞或隐匿后门等暗功能的可利用价值。旨在以系统构造技术的变革来破解软硬构件供应链可信性不能确保之世界性难题，突破软硬件产品普遍缺乏广义鲁棒控制功能的困局，使得信息系统的可信性能像可靠性那样既能设计标定也能验证度量。

拟态防御期望创建一种能够统一静态或动态防御、被动或主动防御的理论体系，在工程上能够将目标对象的不确定威胁问题归一化为经典可靠性问题的技术架构。以相对正确公理的逻辑表达实现不依赖攻击者先验知识或行为特征信息的敌我识别机制；以动态异构冗余架构内在的隐身功能改变防御环境的静态性、相似性和确定性；用给定矢量空间策略裁决机制形成“非配合条件下，动态多元目标协同一致攻击难度”以实现面防御功能；用基于输出矢量裁决的策略调度和多维动态重构负反馈机制提供点防御功能；用点面融合防御功能形成的测不准场景，防御或拒止针对目标系统执行体暗功能的试错式攻击；以简洁的广义鲁棒控制架构和机制使得目标对象具有高可靠、高可信、高可用三位一体的特性。

8.3.1 颠覆“易攻难守”格局

拟态防御应能获得以下颠覆性的技术优势。

(1) 使目标对象防御场景获得视在的测不准或隐形效应：

① 在功能等价条件下，利用多样性结构或算法的不确定改变，使目标系统的呈现结构尽可能地与其外在功能解耦，使攻击者很难针对 I【P】O 目标系统对象功能与结构或算法之间的映射关系，发现或利用目标系统内部可能存在的漏洞后门等暗功能，或使防御行为与环境变得难以探测或预测。

② 能在不依赖攻击者先验知识或相关行为信息的情况下，使目标对象内部具有可靠的敌我识别能力和内生的点面融防御能力，能够容忍基于漏洞后门等暗功能的未知攻击，并使其在内生的隐形效应面前无法感知或评估攻击效果。

③ 以服务提供和安全防御一体化的广义鲁棒控制架构，在外部难以感知的情况下自动抑制差模故障或非协同攻击，自然化解非永久性共模故障或非制瘫性协同攻击的影响。

④ 能够在部件、设备、节点、系统、平台乃至网络等层面运用这种 DHR 架构内的隐身功能，当级联部署时应能获得指数量级的防御增益。

⑤ 能够在架构和机理上自然接纳现有或未来的信息技术或安全技术进步成果，并可显著增强内在的测不准效应。

(2) 能够逆转网络空间“易攻难守”格局：

① 在全球化、开放开源创新模式和相互依存生态环境下，以体系架构和机制创新，解决基于可信性不能确保的COTS级软硬件产品构建安全可信系统的“网络经济技术学”难题，用系统构造技术的自主可控降低或抵消构件层面存在的漏洞后门等安全威胁。

② 针对攻击链的脆弱性和攻击步骤的复杂性，在攻击链和攻击行动的主要阶段非线性地提升攻击难度，极大地降低攻击链的可构建性或暗功能利用的可靠性与有效性。

③ 迫使攻击者无法回避“非配合条件下，动态多元目标协同一致攻击难度”的挑战，以内生安全机制的迭代效应使攻击可靠性与攻击成果的可利用性呈指数量级衰减。

④ 以架构技术增强动态性、多样性和随机性等基本防御元素的体系化效应，使攻击经验失去可继承性，使攻击效果复现成为不确定性事件，使构造层安全与构件层安全相对解耦。

⑤ 遏制或挤压关于漏洞后门、病毒木马等灰色或地下产业链的生存空间，大幅度抵消网络经济时代黑客个体或非法组织乃至政府机构的“负能量”作用与影响，显著提升攻击行动的成本与代价。

⑥ 能从根本上动摇基于目标对象软硬件代码缺陷的攻击理论和方法，颠覆技术先行者或市场领先者在网络空间实施的基于“漏洞隐匿，预留后门”之不对称攻势战略，实现网络空间安全再平衡。

8.3.2　普适架构与机制

期望信息系统或控制装置等的“私密性、完整性、有效性”不再完全依赖元件、器件、组件或个体形态的软硬件设计、制作、运行和管理环节的自主可控程度与安全可信水平。换言之，就是要求目标系统在一定约束条件下，能够适应软硬构件全产业链“可信性不能确保”的开放生态环境，在安全性无法彻底保证的“沙滩”上，或者无法实现“彻底封闭生态圈”的条件下，设计构建可管、可控、可信的信息系统或控制装置，从根本上改变目前网络空间“安全性与开放性、先进性与可信性、自主可控与全球化”扭曲对立、完全矛盾的格局。

创造出一种能将“服务提供、可靠性保障、安全可信”功能三位一体表达的广义鲁棒控制架构和机制，能够适应领域专用或大部分通用目标系统的隘口设防和要地防御需要，可在软硬件设计阶段就能以架构的内生机制同步或融合式地考虑可靠性与安全可信方面的功能，且不苛求软硬构件的无毒无菌之可信属性。在不依赖(非排斥)传统安全手段的前提下，仅以架构内生的安全效应就能达成抑制目标系统暗功能威胁的目的。该架构应能自然地融合当前防御技术和安全手段的优势，打造集先天免疫与后天免疫为一体的融合式防御体系，既能对特征清晰的威胁实施精确的点防御，也能对未知形态的不确定性威胁提供面防御功能。

8.3.3 鲁棒控制与服务功能分离

期望目标对象应当具有鲁棒控制与服务功能分离的属性。一方面，使得控制架构内允许使用第三方提供的COTS级产品或者可委托定制的服务构件，充分利用开放开源创新环境下的全球技术能力和产业配套能力，降低系统设计、工程实现和使用维护成本；另一方面，可以有效管控可信性不能确保的第三方软硬产品问题代码的影响，特别是要能阻断对鲁棒控制部件和宿主环境的污染或渗透。此外，鲁棒控制环节的升级改造应当与目标对象服务功能和性能无关或弱相关。反之，系统服务功能的升级修改也应当尽可能地不影响或少影响鲁棒控制架构的功能。但是，当防御界面上的标准、规范或协议等变化时的情况除外。

8.3.4 未知威胁感知

当前，基于先验知识的威胁感知或行为预测已经发展出多样化的入侵检测和可信计算技术，包括智能蜜罐与蜜网、可信行为与特征状态审计，甚至引入基于历史大数据的深度学习 DPL(Deep-Learning)等带有主动性质的已知的未知或异常行为威胁探测、特征提取等新方法。但是，大多数基于未知漏洞后门等的攻击(如 0day、Nday 漏洞后门)往往混迹于正常的服务流程中，或者就是利用正常的操作和通联关系实施攻击(例如，DDOS 攻击)，在高速链路或海量信息环境中要实时分析或发现恶意行为，且能将虚警率、漏警率、误警率控制在较低的水平上是件颇具挑战性的任务(尽管目前基于云或大数据平台的分析手段已经十分强大了)。核心问题仍然是“单一处理空间共享资源机制下”，很难区分什么是合法操作，什么是非法操作。尤其是在诸如CPU、操作系统、数据库、虚拟管理等支撑环境操控权一旦旁落后(这也是底层构件漏洞后门的可怕之处)，攻击者便可建立起“单向透明、里应外合”式的精确协同关系，通过上传攻击包的方式能够不断增强智慧攻击能力甚至获得自主学习功能，而威胁感知装置要在不影响目标对象正常服务功能和性能的约束条件下，以非配合方式实施不间断监测，本身就处于不对称博弈的劣势中。总之，基于传统架构或运行机制上的附加型安全技术与环境因素强相关，其有效性既不能独立自证也很难给出他证。

依据相对正确公理及其逻辑表达机制，一个功能等价条件下的异构冗余装置，可以在不依赖传统检测方法和攻击者先验知识情况下，感知未知威胁或实现一定置信度条件下的“敌我识别”。换句话说，由于异构冗余机制本身并不区分已知或未知威胁，也不关心具体攻击特征或行为信息，只是依据给定输出矢量空间上的语义与语法定义实施多模判决：“输出一致”就被认为无威胁；“多数相同”就认为存在可以避免的威胁；“没有相同”就认为出现严重威胁。事实上，前两种情况理论上也还存在叠加状态下的小概率误判可能，因为在异构度和冗余度不是足够大的情况下，输出一致与多数相同的判决结果也不可能完全排除共模故障或协同攻击的影响。后一种情况则需要启用更多的参考信息和更为复杂的判决策略来细分。

不难设想，如果把基于相对正确公理的异构冗余表达机制赋予威胁感知装置，我们就有可能设计出不依赖行为合理性知识的威胁检测设备。实际上，行为的合理性往往难以精确定义，尤其是复杂系统由于状态爆炸的原因连形式化的正确性证明都不可能完全保证。故而，在检测装备与目标对象几乎完全分离(即使采用串接或并接方式)的情况下，目前的基于合理性预期或状态分析的威胁感知，很难把握虚警率、误警率、漏警率之间的关系也就不可避免了。

8.3.5 多元化生态环境

拟态防御的推广使用很大程度上取决于软硬构件多元化市场的发育程度，特别是标准化的 COTS 级产品市场成熟度。例如，用户可定制 CPU(如开放架构的 RISC-V)、软件定义硬件 SDH、拟态计算、多样化的 OS/DB、支持数据流处理的 FPGA、数据库、跨平台 APP 软件、各种标准化的虚拟软件、多元化的函数库、多样化的中间件或嵌入式系统等，也包括多样化的软硬件编译器、基因图谱分析工具、各种面向功能集成化设计的平台等。但是，不论何种产品技术一般都需要规模应用或大量的使用才能完善，市场成熟度需要克服“赢者通吃，零和游戏”等现行商业法则的挑战，“众创共赢”如果没有市场的增量需求很难改变目前的商业环境。拟态防御需要多元或多样化的软硬件构件，正好从技术和产业刚需的角度可以创造功能等价多元化产品市场新需求。尤其是允许使用有毒带菌执行体的特性，使得成熟度或性能方面存在差距但尚能满足相异性部署要求的产品应用成为可能。由于系统产品制造企业无论从技术或经济角度都难以具备多元化构件的自主供给能力，因此有意识地搭配或混合使用标准化的第三方产品，利用多模裁决环节可以相对容易地发现或定位执行体构件资源深层次的设计缺陷或漏洞，有利于加快产品成熟度。恰当地运用策略裁决算法还能避免或降低使用成熟度较差的新开发产品作为执行体时，可能给目标系统服务功能和性能带来的风险影响。多元化的技术刚需将孕育出多元化的产品生态环境，有利于功能等价产品技术的创新发展。

8.3.6 达成多维度目标

我们期望的网络空间拟态防御，技术上要能支持“叠加式发展”模式，能自然地利用和继承现有的技术成果；装备制造上要能支持“转基因”开发模式，能有重点地、循序渐进地推进现有类型装备的升级改造建设；使用上要能支持“增量式获益”模式，能保证防御效果随部署地点、层次和规模呈非线性增长，点上应用点上获益，面上应用面上获益，层上应用层上获益、链上应用链上获益，全网应用全网受益；市场上要能支持“蓝海扩张”模式，能在新兴市场上具有不可或缺性，对传统市场具有很强的渗透性；成本上要能限定在用户可承受范围内，在可靠性、可用性、可信性相当的使用条件下，系统全生命周期效费比要显著优于当前目标对象与附加型安全设备或防御装置的分离部署方式。

技术发展和产品开发要能在“你中有我，我中有你”的全球化开放环境中进行，最低程度地依赖技术开发和产品制造流程中的封闭环节或保密措施，目标系统的防护效果应主要依靠自身构造或内生效应给予保证。

不难看出，网络空间拟态防御的有效性、可推广性、应用范围等，很大程度上取决于功能等价异构冗余软硬构件、模块或中间件的市场丰富程度，以及相异性设计理论、方法与手段和工具的进步。因此，网络空间拟态防御更欢迎标准化、规范化基础上的开放市场之多元化、多样化的发展模式，诸如非同源的操作系统、数据库等基础支撑软件，非同源的 CPU 和套件或模组，非同源的应用软件和工具软件，非同源的嵌入式、中间件或 IP 核等软硬件都可以在新兴的拟态防御市场中找到自己的商业定位。

正如图 8.6 所示，我们期望拟态计算和防御技术能够成为新一代信息技术和产业发展的主要抓手与推动力之一。

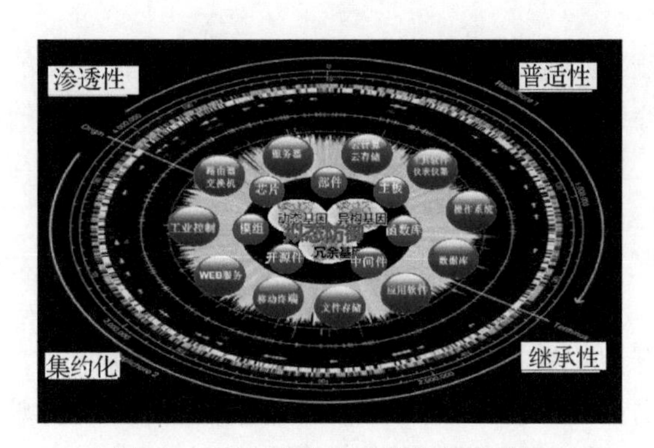

图 8.6 拟态技术的多维度产业目标

值得注意的是，近年来开源社区模式和开放架构产品技术的兴起，软硬件的同源程度有迅速扩大的趋势，特别需要加强研究动态异构冗余体制和多维动态重构以及策略裁决机制下，同源代码缺陷可利用性相关的一系列问题，也包括同源成分自动化识别或代码基因图谱分析等工具技术的研究。从本书第 1 章论述可知，就机理性而言，代码缺陷要成为可利用漏洞与特定环境下攻击者的能力和技术条件是分不开的，而同源代码缺陷在不同环境中所形成的漏洞性质及可利用方法往往存在差异，我们期望基于 DHR 构造的 CMD 环境，能使这些差异成为“非配合条件下，动态多元目标协同一致攻击”需要克服的重大挑战之一。至于目标对象内部不依赖环境因素存在的漏洞后门等暗功能，在拟态防御架构内通常属于独立性事件，只要在执行体之间表现出足够大的相异度，就很难达成有效利用状态。只有两种情况例外，其一是各异构执行体内存在完全相同的逻辑缺陷或恶意代码且能够在时空维度上表现出可持续的、协同一致的攻击逃逸。其二是在不改变多模输出矢量内容条件下利用隧道穿越等侧信道攻击方法“隐匿发送”执行体中的敏感信息。这些都是拟态防御需要深入研究和重点防范的问题。

8.3.7 降低安全维护复杂度

网络空间主流防御技术之亡羊补牢模式，决定了其防护的有效性很大程度上取决于“补牢”性质的安全管理与态势把握的精细度，以及“补漏”性质的日常维护操作的实时性。此外，与网络管理人员的技术素质和安全意识也有很大的关系。诸如防火墙规则的适时调配，漏洞补丁的及时安装，软件版本的实时更新，密钥/口令的定期/不定期更换，运行日志的实时分析，漏洞库/病毒木马库的及时更新，查毒杀毒软件版本的同步更新等都是具有技术含量和智慧性质的操作。倘若要高质量地完成这些工作不仅需要支付高昂的人力、物力和财力成本，还时常会因为操作人员的差池或疏漏而酿成灾难性的后果。据相关新闻报道，2013 年，浙江慧达驿站公司因为安全漏洞问题，使与其有合作关系的大批酒店的 2000 多万条用户开房记录在网上泄露；规模超过 1000 人的网络安全团队外加 2.5 亿美金预算也没能防止美国摩根大通公司在 2014 年被黑客入侵；2017 年，美国最大的征信机构之一 Equifax 由于其网站的一个漏洞导致 1.43 亿消费者数据泄露，目前正面临 4500 亿美元集体诉讼赔偿。因此，我们期望拟态防御能够从技术层面极大地改变现行的提心吊胆、劳民伤财、疲于奔命的安全维护管理模式，关键是要使目标系统对漏洞后门、病毒木马等未知的未知威胁具有自体免疫能力，才能让日常安全维护管理强度与之弱相关。

参考文献

[1] 尚玉昌. 蝶类的拟态现象. 生物学通报, 2007,42(7):14-15.

[2] 张霄, 方诗玮, 任东, 等. 昆虫拟态的历史发展. 环境昆虫学报, 2009, 31(4):365-373.

[3] 国家互联网应急中心. 中国互联网网络安全报告. http://www.cert.org.cn/publish/ main/upload/File/2017annual(1).pdf.[2018-08-02].

[4] 国家互联网应急中心. 中国互联网网络安全态势综述. http://www.cert.org.cn/publish/main/upload/File/situation.pdf.[2018-04-25].

[5] 李根国, 桂亚东, 刘欣. 浅谈高性能计算的地位及应用. 计算机应用与软件, 2006, 9: 3-4.

[6] IT168. 稳居全球超算 TOP500 榜单前四 中科曙光“液冷 HPC”成亮点. http://server.it168.com/a2017/0621/3134/000003134948.shtml.[2017-06-21].

[7] HPC Top100. 2016 年中国 HPC TOP100 榜单发布. http://www.hpc100.cn/news/21/.[2016-10-29].

[8] Top 500. Top 500 List. https://www.top500.org/list/2017/06/. [2017-06-21].

第9章

网络空间拟态防御原理

9.1 概述

正如前述章节所指出的那样，网络空间拟态防御(CMD)在技术层面表现为，基于一种创新的广义鲁棒控制架构和颇具欺骗性的拟态伪装或隐形隐身机制，可以产生出一种与量子力学测不准效应相类似的物理或逻辑的场景，运用这一效应能够在目标软硬件系统中获得应用服务提供、可靠性保障、安全可信防御“三位一体”的集约化功能。其广义鲁棒控制架构及其内生安全机制对目标系统内部因为未知漏洞后门或病毒木马等引发的不确定扰动，可以提供不依赖关于攻击者先验知识和传统主被动防护手段的点面融合式抑制功效。基于这一控制架构和伪装机制设计的软硬件实体或虚体，例如 IP 核、芯片、中间件/嵌入式软硬件、模块、部件、装置、系统、平台或网络以及各种虚拟化处理场景等，可以有效管控包括已知的未知风险或未知的未知威胁等在内的广义不确定扰动。但是，拟态防御不能也不可能彻底解决网络空间所有的安全问题，也不企图独立地支撑起整个网络空间安全防护体系，更不会阻碍相关技术成果和未来新兴技术的继承或接纳。只是期望能以广义鲁棒控制构造与拟态伪装机制形成的测不准场景，在软硬件构造层面寻求破解全球产业链形成与发展过程中，国家间分工、产业内部分工乃至产品构件分工造成的完全开放生态环境下，构件层面供应链可信性不能确保的世界性难题；颠覆基于软硬件代码设计漏洞和后门的网络攻击理论与方法，改变当前“网络空间游戏规则”；促进网络空间防御理论、对抗模式和技术方法的重大创新，逆转攻防态势严重失衡的战略格局，重塑网络时代安全新秩序；发展具有内生安全功能的新一代信息技术与产业，从源头上治理软硬件产品由于设计制造过程中安全质量不可控因素，导致产品漏洞后门等暗功能“外溢”而污染网络空间生态圈的问题。

9.1.1 核心思想

以“零信任”的全球化、开放的产业或产品生态环境和不依赖(但不排斥)入侵检测、入侵预防、入侵容忍等传统安全防护手段[1]为前提，以相对正确公理的逻辑表达为多模输出矢量测量感知手段，在动态异构冗余(DHR)架构上导入基于拟态伪装策略的裁决机制、动态调度机制、负反馈控制机制和多维可重构机制，提出在广义鲁棒控制架构上建立一种以内生安全效应为基础“大道至简”的新型防御体系。需要实现两个基本目标：一是构造“非配合条件下，动态多元目标协同一致的攻击难度”，以便产生防御场景或防御行为的测不准效应，创造点面结合且不依赖攻击者先验知识和行为特征的融合式防御模式。二是构建可靠服务提供与可信服务保障一体化的广义鲁棒控制体制机制，能够归一化地抑制或管控架构内广义不确定扰动的影响，并使目标系统的可靠性与抗攻击性可设计标定、可实验度量。基本原理和方法在高可靠、高可用、高可信应用场景下具有普适意义。

我们知道，DHR 架构具有管控广义不确定扰动的能力，能够有效抑制包括已知的未知安全风险或未知的未知安全威胁在内的不确定扰动。若将拟态伪装机制赋予 DHR 架构的多模裁决、策略调度、负反馈控制、多维动态重构等环节，就可以建立起网络空间拟态防御的基础体系。基于拟态策略的闭环反馈控制机制不仅能使包括动态化、多样化、随机化在内的防御要素或技术手段获得体系化的防御增益，而且可量化设计的未知威胁感知功能和内生性的测不准机制，能够用经典可靠性理论的注入测试方法来验证度量。相比 DRS 构架，DHR 在反馈控制环节引入策略分发与调度机制，增强了功能等价条件下目标对象视在构造的不确定性，使攻击者探测感知或预测防御行为的难度呈指数量级增加；基于拟态裁决策略的可重构、可重组、可重建、可重定义和虚拟化等可收敛的多维动态重构机制[2]，使防御场景和执行体自身的构造场景变化相对攻击者行为更具有针对性，其内在的不确定效应对攻击经验的可继承与可复现性提出了难以克服的挑战，使网络攻击无法产生可规划、可预期的任务效果；基于拟态伪装的一体化控制机制，既能够提供不依赖威胁特征感知的非特异性面防御功能，也能实现基于特异性识别的点防御功能，同时还能有效阻断通过架构内异构执行体的试错攻击达成时空维度协同一致逃逸的目的。

DHR 与拟态伪装机制的有机结合不仅只是对基于软硬件代码漏洞后门的攻击理论和方法产生颠覆性的影响，而且能使信息系统或控制装置可同时获得“可量化设计”的内生安全与柔韧性功能，即广义鲁棒控制功能。

9.1.2　安全问题需从源头治理

在商品经济高度发达的现代社会，产品质量问题以及由此造成的用户损失，从来是由产品提供商或生产厂商或保险机构承担，这已成为现代商品社会的基本准则与公知。但遗憾的是，网络空间(Cyberspace)则属例外，“IT(包括信息安全)及相关技术产品设计、制造和维护中存在的安全缺陷及可能造成的后果，产品提供者不用承担任何经济的、法律的甚至是道义的责任”，居然能成为当今业界不成文的惯例或潜规则，协助用户发现或避免产品安全问题或降低损失仅仅只是义务而不是有法律约束的责任。例如，微软公司就从未对其 Windows 产品中的设计缺陷或安全漏洞造成的用户损失承担过什么法律的责任；Intel 公司也从未对其 CPU 产品的硬件漏洞承担过怎样的商业责任。造成这种有违现代商品经济基本法则的奇葩原因，正如本书第 1 章指出的那样，是人类现有的科技能力尚不能彻底避免软硬件设计缺陷，也无法杜绝在软硬构件中植入蓄意代码的行为，更不具备彻查复杂系统漏洞后门等暗功能的能力。于是，本属生产厂家的产品鲁棒控制问题，就万般无奈的“溢出并扩散”成为网络空间最主要的安全威胁，故而“设备提供商既不能保证产品设计没有安全缺陷，也不能确保制造、采购或委托加工过程中的安全可信”似乎是心安理得的事情了。尽管将网络空间所有安全威胁的根源都归结为软硬件产品鲁棒控制问题，似乎有失偏颇。但是不可否认的是，由于信息化与安全发展观念的扭曲，抑制广义不确定扰动的鲁棒控制技术发展并未受到产业界乃至科技界的足够重视，是造成网络空间安全态势严重失衡的根本原因之一。因此，科技界和产业界必须时不我待地转变安全发展理念，正视网络空间正在步入万劫不复境地的危机状况，需要尽快找到克服软硬件产品广义鲁棒控制功能缺位问题的理论和方法，否则无法指望网络空间安全形势会得到根本性的好转。换言之，欲克服目标对象软硬件漏洞后门问题必先从源头解决软硬件产品的广义鲁棒控制问题，欲抵消或弱化网络空间最大的安全威胁，非得构造具有内生安全功效的防御体系不可。因此，与其说本书是在介绍网络空间最新的安全防御理论和方法，不如说是在向读者普及广义鲁棒控制原理和拟态伪装机制要更为确切些。

读者不难发现，第 7 章介绍的动态异构冗余 DHR 就是一种典型的广义鲁棒控制架构。利用其可有效管控目标对象包括已知的未知安全风险和未知的未知安全威胁在内的不确定扰动的功能，在攻击链作用机理已知且攻击可能造成的影响范围有界情况下，借助其多模裁决机制能够感知包括未知的未知威胁在内的广义不确定扰动，通过相对性判决或可收敛的迭代对比机制可以发现或定位“疑似问题执行体”，借助策略调度和多维动态重构负反馈机制使得目标系统的服务功能或性能具有稳定鲁棒性和品质鲁棒性。因此，基于 DHR 架构的软硬件系统可以自然地拥有抑制漏洞后门或病毒木马等人为攻击以及传统模型摄动影响的广义鲁棒控制特性。即便如此，网络攻防博弈是最高级别的智慧对抗，谁的策略和手段更高明，谁就有可能获得战略或战术的优势地位。“既没有固若金汤的防御，也没有无坚不摧的攻击”，拟态防御也不可能例外。

9.1.3 生物免疫与内生安全

生物学的知识告诉我们，生物进化的历史也是其免疫系统建立和完善的过程，脊椎动物的非特异性免疫和特异性免疫机理以及相互之间的铰链关系堪称生命奇迹，有太多需要探索的奥秘。其中，通过遗传特性获得的与生俱来的非特异性免疫，对各种入侵病原微生物都能作出“无特异性清除”的反应最为神奇。科学研究表明，自然界的病原微生物总是在不断地变异(变异速度甚至以分钟或小时计)，是什么因素保证非特异性免疫仅靠生物遗传信息，机体就能够对现实世界变化着的各种入侵病原微生物具有非特异性选择清除的功能；什么情况下、需要何种条件、通过什么样的方式才能激活特异性免疫机制；遗传信息具有相对的稳定性但在生物体全生命周期内是否需要更新，以及何时更新，怎样更新；特异性免疫的记忆效应如何及怎样才能影响非特异性免疫的遗传信息等。由此产生的启迪意义，就是我们能否在网络空间软硬件装置或系统中，也可以设计出一种类似脊椎动物免疫机理的防御能力，以便对“基于目标对象各种漏洞后门等的未知攻击活动产生没有特异性选择的清除功能”，并能适时触发类似特异性免疫机制那样的点防御功能。作者以为，这种源于目标对象自身构造机理的防御功能，用内生安全的概念来描述可能是恰当的。

1. 非特异性免疫

生物学意义上的非特异性免疫(Nonspecific Immunity，NI)，又称先天免疫或固有免疫。它是脊椎动物(或人类)在漫长进化过程中获得的一种与生俱来的遗传特性，而由其衍生的特异性免疫则需要经历抗原的反复刺激过程才能获得。自然界相关物种内固有的免疫力对各种入侵的病原微生物能够作出面防御反应，同时在特异性免疫的激活和抗体形成过程中也起着重要作用。其特点如下：

(1) 作用范围广，机体对入侵抗原物质的清除没有特异的选择性；

(2) 反应快，抗原物质一旦接触机体，立即遭到机体的排斥和清除；

(3) 有相对的稳定性，既不受入侵抗原物质的影响，也不因入侵抗原物质的强弱或次数而有所增减；

(4) 有遗传性，生物体出生后即具有非特异性免疫能力，并能遗传给后代；

(5) 脊椎动物特异性免疫建立在非特异性免疫的基础上，因而，特异性免疫和非特异性免疫不能截然分开研究。从个体情况来看，当抗原物质入侵机体以后，首先发挥作用的是非特异性免疫，而后产生特异性免疫。

尽管，非特异性免疫的"敌我识别"机制如何才能对种类繁多、变化无常的微生物体达成"入侵抗原物质的清除没有特异选择性"，这一机制究竟是长期进化的结果，还是来自于类似宇宙大爆炸理论的"生物奇点"，或是来自于"上帝之手的第一次推动"，目前的科学研究仍未有清晰明了的定论。但是相对而言，网络空间除了附加的加密认证措施外不存在任何内生的敌我识别机制，上帝没有给予丝毫的眷顾。

2. 特异性免疫

特异性免疫(Specific Immunity，SI)又称获得性免疫或适应性免疫，这种免疫通常只针对确定性病原。需要经后天感染(病愈或无症状感染)或人工预防接种(菌苗、疫苗、免疫球蛋白等)，使机体获得抵抗感染的抗体。一般要经微生物等抗原物质反复刺激后才能形成(如免疫球蛋白、免疫淋巴细胞)，并能对确定性抗原起到特异性反应。其特点如下：

(1) 特异性，机体的二次应答只能针对再次进入机体的抗原，而不能针对其他初次进入机体的抗原；

(2) 免疫记忆，免疫系统对初次抗原刺激的信息可留下记忆。例如，淋巴细胞一部分成为与入侵者作战的效应细胞，另一部分分化成为记忆细胞进入静止期，留待与再次进入机体的相同抗原相遇时产生抗体；

(3) 个体特征，特异性免疫是在机体出生后，在非特异性免疫基础上经抗原的反复刺激而建立的个体保护功能，但与非特异性免疫不同，存在质和量的差别，即免疫力存在个体间的高低差别；

(4) 正反应和负反应，一般情况下，产生特异性抗体并发挥免疫功能的称为正反应。某些情况下，对再次抗原刺激不再产生针对性抗体时，称为负反应，又称免疫耐受性；

(5) 多种细胞参与，针对抗原刺激的应答主要是 T 细胞和 B 细胞，在完成免疫的过程中还有其他一些细胞，如巨噬细胞、粒细胞等的参与。

令人疑惑不解的是，特异性免疫获得的经验信息为什么不能表达到遗传基因层面，生物后代为什么需要重建或重构后天获得性免疫力。有一种观点认为，如果世世代代获得的特异性免疫信息都要能记录在 DNA 上，那么只有 4 种碱基元素(ATCG)的 DNA 组合可能无法提供足够的信息承载容量。为此，遗传特异性免疫学习机制而不是所有的免疫记忆信息，可能是不得已而为之的做法。事实上，具有点防御功能的特异性免疫在网络空间可以说是相当丰富的，诸如形形色色的主动防御、被动防御、静态防御或动态防御，唯独缺乏的是具有面防御功能的非特异性免疫机制。

3. 不依赖先验知识的防御

我们知道，非特异性免疫是与生俱来的，是一种基于遗传的特性，能够对各种入侵病原微生物具有非特异性选择清除功能。将此概念导入网络空间防御领域，凡是目标对象如果能从自身机理上对基于漏洞后门的未知攻击行动产生“没有特异性选择的清除功能”，我们称之为不依赖先验知识的防御(No Prior Knowledge of Defense，NKD)。显然，这与传统的依赖威胁特征感知认知的防御不同，不需了解或精确掌握攻击行动的具体特征信息，其防御的有效性应当建立在相对正确公理或共识机制的基础上，通过对功能等价多模输出矢量的策略判决感知潜在威胁，并使之对随机性差模故障或非配合攻击活动具有“非特异性选择清除”的功效。此外，还应当有触发特异性或点防御功能的机制。

4. 内生安全

按字面意思解释，内生就是靠自身因素而不是外部因素得到的某种效应。内生安全(Endogenous Security，ES)就是利用系统的架构、机制、场景、规律等内在因素获得的安全功能或属性。例如，脊椎动物的非特异性免疫和特异性免疫学习机制就属于内生安全的范畴。

通常，网络空间被动防御装置一般不与防御对象本身功能和性能甚至控制架构发生紧耦合，大都以外在的或附加的方式并接或串接在目标对象服务环路上。而目标对象功能设计时也很少考虑网络空间的安全防御问题，绝大多数情况也没有设置或部署类似非特异性免疫的面防御功能，甚至未考虑触发(如非特异性免疫激发特异性免疫那样)附加防御装置的功能和机制的接口问题。

但是，第 6 章提到的非相似余度 DRS 构造则是一个例外。为了解决构件的物理性失效问题以及软硬件设计缺陷导致的不确定故障问题，DRS 构造采用功能等价条件下的异构冗余架构和多模表决机制。理论上，只要多数异构执行体不同时发生故障，系统就不会失去给定的功能和性能。这就是基于系统结构设计获得的可靠性或鲁棒性，作者称之为“内生的可靠性”(与可靠性是“设计”出来的说法是一致的)。

同理，网络空间拟态防御也期望在目标对象软硬件架构和运作机制的设计过程中，着重考虑全球化产业或产品生态环境、开源社区技术开发趋势、漏洞后门不能完全杜绝的现状、软硬构件供应链可信性不能确保的态势，以及存在已知或未知网络威胁条件下的系统安全问题，且能在不依赖先验知识和附加防御设施的基础上获得独立、可靠、点面结合的防御效果。这种基于软硬件系统结构设计的安全属性，就是作者所期待的“内生安全”。美国奥巴马政府，在《可信网络空间：联邦网络空间安全研发战略规划》中提出的“DiS(Designed-in Security)”概念，也应当属于同一范畴。

需要强调的是，如何利用内生因素经济有效地实现内生安全功能是一个值得深入研究的领域。例如，开放空间电磁波传输路径的复杂性使得不同接收位置的信道参数往往存在差异，可以称之为“信道指纹”，如果通信双方能够恰当地利用这个参数实施信道加扰、导频再定义等，就能使窃听者在几个波长距离之外就很难接收到可解调的信号。再比如，数据服务中心、云化服务平台大多采用池化资源的虚拟机或虚拟容器服务机制，资源池中的通用服务器、专用处理器、网络交换设备、文件存储装置、基础工具软件、环境支撑软件等资源往往来自多个厂家又常常是异构冗余配置的，加之虚拟资源的调度策略与服务类型、业务流量、服务质量保证、资源经济利用指标等强相关，故而目标对象先天就存在异构性、冗余性和动态性。有意识地或成体系的利用这些内在特性(例如采用 DHR 架构)可以显著增强应对目标对象漏洞后门、病毒木马等安全威胁的能力。

总之，无论是基于一体化设计的内生安全控制结构提供高可信、高可靠服务，还是利用内生架构机制增强目标系统防御能力的技术都可以称为“内生安全技术”。

9.1.4 非特异性面防御

从 9.1.2 节描述中我们知道脊椎动物的非特异性免疫,具有对入侵抗原物质的清除没有特异的选择性特点，同时还具有既不受入侵抗原物质的影响，也不因入侵抗原物质的强弱或次数而有所增减的稳定性特点。第一个特点强调凡是入侵抗原物质不论具有何种特异性一概“通杀”(也可以认为是面防御功能)，第二个特点是指这种免疫功能既不受入侵抗原物质种类的影响，也不受入侵频度的影响。我们的问题是，这种与生俱来的遗传特性是如何产生的，又是如何进化的。遗憾的是，迄今为止科学界仍无法给出满意的答案，也许这正是非特异性免疫机制的神秘之处。然而，现今网络空间软硬件产品因为缺乏必要的广义鲁棒控制功能造成整个安全态势极度恶化。传统的基于威胁感知和特征提取的被动防御本质上与特异性免疫相类似，都属于“吃药打针”的点防御，因而不可能有效应对层出不穷、多样化、泛在化且又无法杜绝的漏洞后门攻击。同理，威胁感知的局部性和滞后性造成攻击特征、病毒木马等库信息的采集或更新速率不可能跟上漏洞后门、病毒木马的产生速率。非特异性防御的核心就是要发明一种鲁棒性控制结构以及内生的安全机制，使得防御功能的有效性与漏洞后门、病毒木马的种类和特征信息丰度无关，也与它们的发现方式和利用方式无关。希望使软硬件系统自身能够获得一种不依赖先验知识的面防御功能。

9.1.5 融合式防御

在传统防御体系中，主动防御与被动防御的一个重要区别是，主动地“前出式”发现攻击行为还是被动地感知攻击特征。蜜罐、蜜网、沙箱等隔离监视技术或者基于大数据驱动的云安全都属于前者，防火墙、安全网闸、进程守护者、查毒灭马等属于后者。但是，两者的共同点也非常显著，都需要能从目标对象实体或其虚拟环境中准确感知安全威胁和精确提取攻击特征信息，机理上仍可划归点防御性质的特异性免疫范畴。正如前述内容提到的，脊椎动物除了具有特异性免疫功能外，还具有面防御特质的非特异性免疫功能，两者间是有机融合的，不能截然分离。当抗原物质入侵机体后，首先运用非特异性免疫功能实施面防御，一旦出现“漏网抗原”将刺激产生相应的特异性免疫抗体或利用前期获得的特异性免疫抗体实施点防御，生物机体的这种免疫过程完全遵循融合式防御机理，既体现了点面结合层次化防御的布局，又体现了主被动融合的精确防御优点。我们不得不由衷赞美造物主的伟大和神奇。

网络空间拟态防御就是旨在发展出这种具有融合式效应的防御体制和机制。

9.1.6 广义鲁棒控制与拟态构造

根据第 6 章的描述，鲁棒控制方法适用于稳定性或可靠性作为首要目标的应用，且过程的动态特性已知或不确定因素摄动范围可以预估。尤其适合那些角色比较敏感且不确定因素变化范围大、稳定裕度较小的目标对象的过程控制应用。从工程实现角度观察，一个反馈控制系统的设计就是根据给定的控制对象模型，寻找一个控制器以保证反馈控制系统的稳定性且能达成期望的性能，并使目标系统对模型不确定性和扰动不确定性具有鲁棒性[3]。

狭义鲁棒控制是使控制器对模型不确定性(包括外界扰动、参数扰动等)的灵敏度最小来保持系统原有的性能，而广义鲁棒控制则是指所有用确定的控制器来应对包含未知因素在内的不确定扰动之系统控制算法。基于相对正确公理的非相似余度 DRS 能够在很大程度上将不确定扰动归一化为概率可控的可靠性事件，因而属于广义鲁棒控制的范畴。但是，DRS 由于其非闭环控制构造并未改变目标系统的确定性和静态性的脆弱性，无法有效应对“协同作弊”或“试错”式攻击或“隧道穿越”等攻击，对人为扰动的抑制功能不具有稳定鲁棒性。

拟态构造将动态异构冗余 DHR 的裁决、调度、反馈控制和多维动态重构环节和拟态伪装机制相结合，解决了传统广义鲁棒控制在网络防御应用领域面临的稳定鲁棒性缺位问题。因为基于拟态伪装策略的反馈控制环路，会运用相对性裁决机制驱动的策略调度和多维动态重构机制，以渐进或迭代收敛方式选择适当的运行场景以应对当前的威胁，追求问题场景的“快速规避”而不苛求问题场景的“快速归零”，因而任何试错或试探攻击行为一旦被裁决环节感知，拟态构造将变换当前运行环境，使攻击者失去目标场景不变的前提。

读者不难发现，拟态构造能在某些特定的不确定性条件下，具有使稳定性、渐近调节和可收敛动态性保持不变的特性，其多模表决机制能够感知包括未知的未知威胁在内的广义不确定扰动，算法可迭代的拟态裁决机制能够发现或定位“输出矢量异常之执行体”，策略调度和多维动态重构负反馈机制能够使得目标系统的服务功能或性能具有稳定鲁棒性和品质鲁棒性。

9.1.7 目标与期望

1. 发展目标

网络空间拟态防御试图创建一个“垂直非整合、闭环、开放”的体系架构，在此架构上既能实现信息网络或系统(部件、组件、软件或硬件)的服务功能，也能以内生性的安全机理有效抑制或管控拟态界(Mimic Interface，MI)内软硬构件设计、制造等相关环节导入的漏洞后门、病毒木马等带来的确定或不确定性威胁，并可显著提高目标系统服务功能的柔韧性、健壮性和鲁棒性，极大地降低安全维护管理与防御有效性间的强关联度，如图 9.1 所示。

在网络空间营造一个与全球化时代技术和产业或产品发展趋势相适应，与合作共赢、开源众创商业与技术发展模式相融合，非封闭、自主可控、可持续发展的新兴生态环境，期望目标如下：

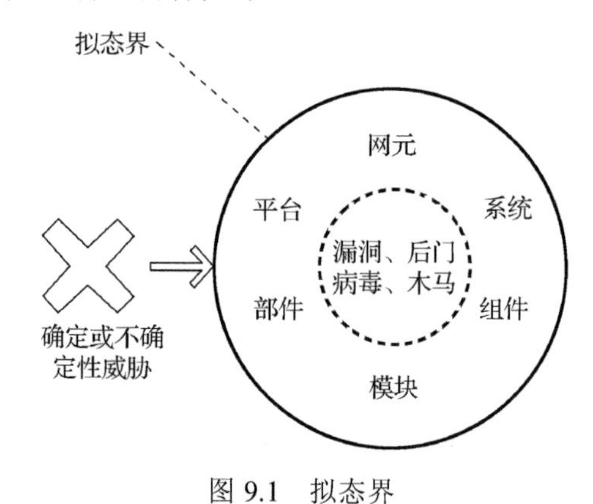

图 9.1　拟态界

1）集约化目标

以“垂直非整合、闭环、开放”架构为拟态防御的应用核心，以能够自然融合接纳现有或未来的安全防护技术为愿景，允许拟态界内的构件或构成要素（可以是网元级、平台级、系统级、部件级、组件级、模块级等软硬件设施或设备）采用 COTS 级产品或开源方式，期望能达成“五位一体”的集约化目标：

（1）服务功能与安全功能提供一体化；

（2）非特异性免疫与特异性免疫一体化；

（3）防外部攻击与防内鬼渗透攻击一体化；

（4）一体化的提供高可靠、高可用与高可信服务或控制的稳定鲁棒性与品质鲁棒性；

（5）提高自体免疫力与降低安全维护复杂度一体化。

2）闭环、开放与可叠加

闭环是指，CMD 本身就具有系统鲁棒性的控制架构和基于反馈控制的运行机制，其非线性的安全增益不是多种技术、方法或设备的拼凑或堆砌可以获得的；开放是指，不对架构内构件或可重构执行体元素的设计制作、采购或集成制造等提出过于严苛的安全性与可信性要求；可叠加是指，能够自然地承载或接纳现有的或未来的信息技术和安全技术成果，也能通过不同层次或粒度或操作步骤上的迭代应用使攻击难度呈指数级增长。

3）架构级的自主可控

工程意义是指，通过软硬件系统架构技术的方法解决子系统、模块、构件、组件、器件层面不能解决或不适宜解决的技术或工程问题。架构级自主可控就是通过鲁棒控制架构的技术创新，使目标系统能从其内生性的安全机制上获得传统安全防御手段难以或无法达成的广义不确定扰动的抑制效果，且与架构内软硬构件供应链或技术链的可信性弱相关或者不相关。显然，具有广义鲁棒控制属性的拟态构造，对目标系统内部的不确定威胁具有机制上的抑制功效。此外，拟态构造及工作机制与执行体的算法构造和服务功能相对独立，与执行体规模是模块级或部件级还是系统级、平台级和网络级无关，也与执行体的物理或逻辑实现方式不相关。

4)管控环节透明化

管控环节，这里特指为提升系统(或部件或软硬构件)的可靠性和抗攻击能力而设置的鲁棒控制软硬件实体或虚体。透明化是指，控制实体或虚体既要对目标对象服务功能不可见，也要对目标对象冗余配置的可重构执行体不可见。对应到 DHR 环境中，就是指增设协调多通道或多部件工作的输入分配和策略调度控制、执行体多维动态重构及多模裁决等管控层级或环节，原则上应当不影响目标系统的原有功能和服务。换句话说，就是通过附加与防御对象服务功能无关或弱相关的、可形式化证明无恶意后门(允许存在漏洞)的反馈控制装置，以“可管可控可信”的拟态括号(Mimic Brackets，MB)方式等效地实现，拟态括号涵盖目标对象内需要获得“自主、可控、安全、可信”功能的软硬件资源。如图 9.2 所示，这种控制装置在机理上应当是公开的；功能上属于透明中间人方式；在实现上既不存在人为设计的后门(漏洞除外)或病毒木马，也不会成为显式的攻击目标，即具有攻击表面不可达的属性；工程上主要靠广义鲁棒控制架构产生的内生安全效应，以及信息单向传递、处理空间的独立性和动态随机运作机制(包括管控装置自身的拟态化等)来保证防御效果的最大化，较少地依赖保密措施或封闭式生产手段[4]，但社会工程学意义上的攻击行动或基于声光电物理参数的侧信道攻击不属于此范畴。

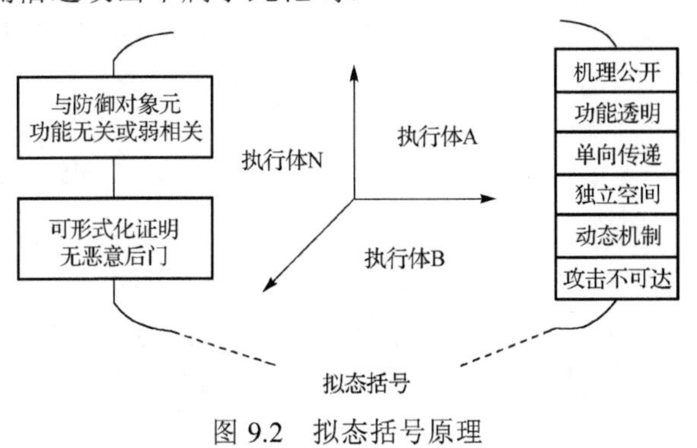

图 9.2　拟态括号原理

5) 层级化的迭代效应

旨在以创新的广义鲁棒控制架构和拟态伪装机制尽可能地覆盖或影响攻击链的各个阶段。在漏洞扫描阶段能够影响攻击方探测目标对象防御场景信息的完整性和真实性，干扰探针等内置式扫描工具回传信息的可达性或可信性；在注入攻击或上传攻击包阶段干扰或阻断通过可利用漏洞植入恶意代码的行动，使之难以可靠地建立攻击链或部署攻击环境；在漏洞利用阶段扰乱攻击表面的可达性，或者使离线挖掘到的漏洞信息在拟态环境下严重失真；在攻击维持阶段破坏攻击者达到入侵目的后，试图埋下后门作为下一次的入口，或升级病毒木马程序，或隐蔽回传敏感信息等扩大战果的行动。上述效果应体现出基于架构机理的迭代效应，能够在功能等价条件下通过软硬件层级化的异构冗余资源部署，使得拟态构造环境对未知攻击行动的内外交互和层级间交互信息及通信频度特别敏感，对任何增加系统测不准效应的技术措施(无论是动态性、随机性和多样化，还是传统安全手段的加入)都具有基于内生安全机制的非线性增强效应。

2. 技术期望

我们期望，采用拟态防御原理的软硬件系统既能具有隐匿或欺骗外部攻击者和内部渗透者的融合防御功能，又能一体化的提供高可用、高可靠、高可信的服务功能，其基本原理与方法应该对信息系统或相关控制装置具有普适意义。

(1) 能将不依赖先验知识的面防御和基于精确感知的点防御以归一化的广义鲁棒控制架构和拟态伪装机制融合式地实现。

(2)内生的测不准效应能够独立抑制基于拟态括号内软硬件执行体漏洞后门等的攻击(停机与侧信道攻击除外)。

(3)在可重构或软件可定义执行体中引入传统安全手段可以非线性地提升目标对象的攻击难度。

(4) 能将攻击复杂性从一维目标空间迁移到多维目标空间，从单一静态确定场景迁移到动态可重构或可定义场景，从个体目标的突破迁移到非配合条件下异构多元目标的协同攻击，三个阶段的攻击难度应呈非线性的增强。对非配合或差模式攻击或配合失误的攻击防御效果可量化设计，可测试度量。

(5) 拟态括号内形成的测不准效应，能从机理上有效阻止通过输出矢量“试错方式”达成协同攻击的目的。“即使攻击成功，也不可能稳定地维持”。

(6) 能将拟态括号内的非传统安全威胁归一化为传统可靠性问题且能并案处理之，其防御的有效性与安全维护管理模式不相关或弱相关，能极大地降低使用维护成本。

(7) 多模裁决与输出代理、输入分配与代理、反馈控制等模块应具有用户可定义的策略控制功能。

(8) 允许用户自主选择满足目标产品拟态界要求的定制或非定制执行体软硬件。

(9) 能够放宽目标系统在构件、组件、部件设计阶段的完备性和制作过程安全性方面的苛刻要求，在软硬构件供应链可信性不能确保的全球化环境下，能以构造层面的技术破解"网络经济与技术时代"安全可信的难题。

(10) 能在技术上支持以继承创新为主的"叠加式研发"，市场上支持以点到面的"增量式部署"，防护效果上支持以关键节点、敏感路径和层次化部署等"经济覆盖"模式，且能随应用规模的扩大和应用层次的深化获得"超非线性"的体系化防御效果。

9.1.8　潜在应用对象

理论上，实施网络空间拟态防御的前提条件是存在防范未知漏洞后门、病毒木马意愿并愿意为之付出必要代价的使用刚需；存在功能等价多样化或多元化的构件；具有可实施多模裁决的技术条件；目标对象内部的广义不确定扰动性质和过程已知且变化范围可预估。即在符合"输入-处理-输出"的I【P】O 模型和鲁棒控制约束条件下：存在给定功能(性能)等价且可通过基于标准(或可归一化)界面的符合性测试和交互过程的一致性测试的拟态界(MI)；存在符合 MI 要求的多元或多样化软硬件执行体或镜像的虚拟化运行环境；存在基于MI 实施多模裁决和策略调度和多维动态重构的必要条件；MI 依赖的标准、规程、协议等本身不存在设计缺陷或恶意功能等。显然，对于频繁更新服务或升级软硬件版本且影响到 MI 界面信息的应用场合，或缺乏标准化或可归一化界面的应用领域，或通过下载"黑盒"软件获得服务的场景，或对设备体积、能耗和成本过度敏感的应用场合等，CMD 的使用存在限制。目前可以设想到的应用对象包括但不限于以下对象：

(1) 网络信息通信基础设施。各种高鲁棒性用途的网络路由器、交换机、传输系统和有线无线接入系统等，网管(中心)设施、内容分发网(Content Delivery Network，CDN)、Web 接入服务、域名系统(Domain Name System，DNS)、软件定义网络(Software Defined Network，SDN)、文件系统、数据中心、网络关防等；

(2) 各种标准化程度高且有鲁棒性要求的专业/专用网络服务平台，如办公网、防火墙/网闸、邮件服务器、文件服务器、专用网络路由/交换设备、物联网、车联网等；

(3) 文件管理与数据存储或容灾备份系统、加密和认证系统；

(4) 各种高鲁棒性、专业化的大众信息服务系统、云化服务(计算、存储)环境或内容分发网络；

(5) 工业控制领域各种高鲁棒性软硬件核心设备、智能节点、嵌入式或中间件部件、网络适配器、传感器、交换与互联部件、串并接的安全设备、嵌入式系统等；

(6) 能应对传统和非传统安全威胁的新一代高可靠、高可用、高可信的鲁棒性服务与控制系统等；

(7) 高可靠高安全性的相关软件产品，如操作系统、数据库、工具软件、中间件软件、虚拟化软件、嵌入式软件等；

(8) 基于拟态原理的威胁感知和安全监测探查系统或装置等。

需要强调的是，拟态构造原理虽然在管控信息领域、信息通信领域或 CPS 领域漏洞后门、病毒木马等具有普适性意义(其他应用领域也可以借鉴)，但是考虑到工程实现或经济性方面的因素，用于软硬件系统“要地防御”或敏感环节的保护可能更具性价比优势。此外，拟态防御构造不能也不可能取代信息安全技术特别是信息加密、身份认证的作用。不过，采用拟态构造的加密装置倒是可以极大简化设计、制造、维护和使用安全方面的负担。

9.2 网络空间拟态防御

由前述章节可知，DHR 构造具有广义鲁棒控制功能，拟态伪装机制使得基于 DHR 的目标系统能够呈现出视在的不确定防御场景和行为，两者有机融合形成的内生性拟态防御效应，可以用来抑制拟态界内基于软硬件漏洞后门、病毒木马等的网络攻击。拟态防御的有效性既不依赖关于攻击者的先验知识和行为特征信息的获取，也不需确保拟态界内软硬构件供应链的安全可信，更不以任何附加型安全检测或防护效果作为前提条件。但是在机理上可以证明，如果综合运用相关防御元素则能够非线性地提升拟态界内的抗攻击能力。这种能将针对目标对象包括已知的未知安全风险或未知的未知安全威胁等在内的广义不确定扰动问题，归一化为经典可靠性问题并能合案处理的构造与机制，使得借助可靠性、自动控制和信道编码理论与方法设计量化拟态界内安全防护预期成为可能。显然，从形式上看，拟态防御既不属于静态防御也不属于动态防御领域，既不能划归主动防御也不能纳入被动防御范畴，它只是广义鲁棒控制构架和机制在网络空间防御方面的一种应用而已。但是，从机理上看，拟态防御又实实在在的带有静态或动态、被动或主动防御的特点。这就是拟态防御奇妙特性所在。

9.2.1　基础理论与基本原理

CMD 的主要理论依据为一个公理和四个基础理论，主要技术特征是基于拟态伪装机制的动态异构冗余(DHR)构造，以及 5 个源自构造特性的内生效应。

1) 主要理论依据

相对正确公理："人人都存在这样或那样的缺点，但极少出现独立完成同样任务时，多数人在同一个地方、同一时间、犯完全一样错误的情形"。借助其逻辑表达形式可以获得测量感知包括基于目标对象漏洞后门、病毒木马等在内的广义不确定扰动能力，运用这一功能可以将反映到拟态界上已知的未知或未知的未知等广义不确定扰动，归一化为能用概率表达的事件。

四个基础理论分别是：异构冗余可靠性理论、闭环反馈鲁棒控制理论、信道编解码理论和可靠性验证测试理论。

2) 主要技术特征

(1) 以动态异构冗余形态的广义鲁棒控制架构 DHR 为基础。

(2) 基于"去协同化"的运行环境和单向联系机制。

(3) 在 DHR 多模裁决、策略调度、负反馈控制、多维动态重构以及相关的输入与输出代理等环节导入拟态伪装机制，形成基于策略迭代的拟态裁决和基于后向验证的鲁棒控制反馈环路。

(4) 以预期的"测不准"构造效应，一体化地支持高可靠、高可用、高可信的鲁棒性服务和点面结合的融合式防御功能的实现。

(5) 可接纳已有或未来的安全技术获得指数量级的防御增益。

3) 源自构造的内生效应

(1) 非特异性防御效应。源自拟态括号对多模输出矢量实施的策略迭代判决功能。不论拟态界内软硬构件发生何种原因的广义不确定扰动，只要影响到多模输出矢量的不一致，就可能触发基于后向验证的鲁棒控制机制，引发当前运行环境发生功能等价条件下算法与构造的迭代式的改变。

(2) 视在的测不准效应。这是拟态伪装机制与 DHR 架构融合产生的特有构造效应。攻击者的任何试探或试错式行动，除非能避免触动拟态界上多模输出矢量的一致性(例如，基于响应时延调制的隧道穿越就不会触碰输出矢量的内容信息)，否则任何非协同攻击或差模故障都会被拟态界屏蔽，拟态界内运行环境不支持试错攻击所需的背景不变条件。此外，即使发生可感知的攻击逃逸或共模态非永久性故障，基于后向验证的鲁棒控制机制也会驱使当前问题场景发生收敛或迭代式的“迁移”，使得逃逸和共模故障状态不具有时间稳定性。

(3) 问题场景自动规避效应。拟态括号内某个执行体防御场景一旦被某种攻击行动突破或受到某种模型摄动影响，基于后向验证的鲁棒控制反馈机制就能渐进式地从多样化防御场景中找到合适选项，用于替换当前“疑似问题”执行体或重构问题执行体乃至改变拟态括号内的运行环境。这种收敛式的问题规避而非问题归零方式，可以显著地提高防御资源的可利用率。

(4) 指数量级安全增益。拟态括号内的抗攻击性和可靠性指标与系统架构运作机理强相关，任何增加执行体冗余数量，或者扩大执行体间相异度(在执行体中导入任何传统或非传统安全技术都可视为相异度的丰富)，或者增加输出矢量语义丰度，或者扩大裁决算法类型的方法都能产生指数量级的安全增益。

(5) 拟态括号漏洞的免疫效应。拟态括号因为采用严格的单向联系机制，使输入分配与代理、输出代理与裁决、反馈控制环节中的漏洞不可达或难以利用。如图 9.3 所示，虚线内的拟态括号组成元素间以及关联的可重构执行体间都是严格单向的，括号本身可以得到构造效应的庇护。

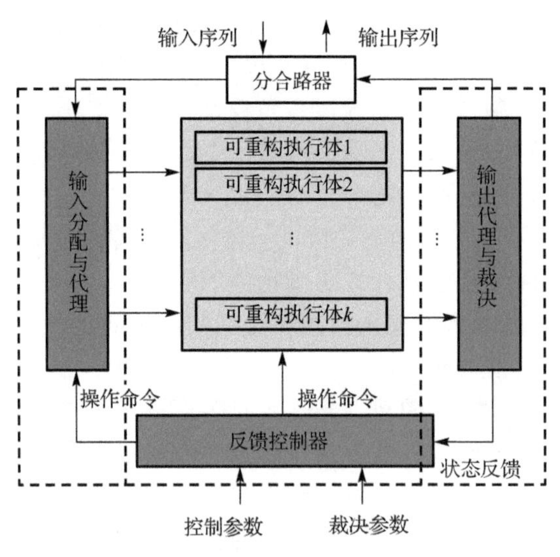

图 9.3 拟态括号单向联系机制

1. 功能等价公知与相对正确公理

“条条大路通罗马”是公认的哲理。相应的公知就是，“给定功能和性能条件下往往存在多种实现算法或构造”。也就是说，一个给定服务功能性能的信息系统或软硬件设施通常可以用多种等价的异构执行体或算法来实现。

按照“人人都存在这样或那样的缺点，但极少出现在独立完成同样任务时，多数人在同一个地方、同一时间、犯完全一样错误的情形”的相对正确公理逻辑表达形式(或称共识机制)，我们可以把有着这样或那样缺点的人群个体以上述功能等价的异构执行体代之，并在异构冗余配置条件下设立关于输入响应的多模输出矢量(对应给定任务结果)的择多表决机制。那么，按照公理逻辑表达形式构建的目标系统就可能将其内部确定或不确定威胁与扰动，通过异构冗余和共识机制转化为多模输出矢量在时空维度上出现多数或一致性错误的概率事件，即用相对性比较机制作为安全态势感知手段(尽管其叠加态的判决结果理论上存在小概率的误判情形)，使得在拟态界内提供不依赖攻击者先验知识和攻击行为特征信息的防御成为可能。从相对正确公理和相关推论出发(见第6章相关内容)，改变执行体配置数量或者增加执行体间的相异度或变化输出矢量语义语法复杂度或调整裁决策略都可能影响判决结果的置信度。

需要着重指出的是，与非相似余度多模表决机制不同，拟态界上出现多模输出矢量完全不一致时的状态并不是最糟糕的情形。因为，拟态裁决是一种迭代处理机制，不仅会按照给定的裁决策略迭代处理而且还要根据后向验证信息(例如，从操作日志中导出的各执行体过往历史表现、置信度状况、优先级和相关权重等参数)再付诸迭代判定，包括直接指定当前置信度最高的执行体继续提供服务等操作。事实上，最为严重的情况恰恰是择多表决存在的“盲区”，此时多数执行体可能同时产生了攻击者所期望的输出内容，即进入了攻击逃逸状态，尽管这种情况的发生概率一般足够小。

2．动态异构冗余DHR架构

正如第6章介绍的那样，非相似余度DRS架构尽管具有“与持续时间强相关的面防御功能和容侵属性”，但从机理上说，由于其防御场景的静态性和确定性导致的脆弱性，在反复的试探性攻击面前最终会被彻底瓦解(例如采用完全一致表决算法时的隧道穿越)。动态异构冗余的DHR架构可以通过基于日志的后向验证反馈控制机制和外部强制命令方式，使得任何的试错式攻击失去背景不变的基础条件，从而可以获得“与时间无关的点面防御功能和容侵属性”。同时，由于DHR机理上需要采用可重构或软件可定义的执行体方式，因而在执行体冗余资源相同条件下可获得比DRS高得多的可靠性指标(理论上应当存在指数量级的比较优势，见本章后续分析)。

将DHR作为拟态防御的基础架构，就是期望借助这种一体化的架构技术，既能提供目标对象给定的服务功能，保证服务功能的可靠性与可用性；又能在功能等效前提下，使得目标系统相关空间或相关层次内，针对未知漏洞后门等暗功能的攻击逃逸成为不确定事件。在 DHR 架构上应用拟态伪装机制则是希望给攻击者造成几乎无法克服的挑战——“非配合条件下，动态多元目标协同一致攻击难度”。因为攻击行动一旦被拟态裁决感知，拟态界内防御场景的迭代反馈机制必将以破坏攻击链的稳定性为目标。尤其对于需要多次途经拟态界才能实现的攻击任务来说，除非每次都能在拟态环境下完成协同一致的逃逸，否则任何一次协同失误都会被拟态界感知，并触发策略调度和多维动态重构负反馈机制改变当前防御场景。换言之，在没有交互关系的异构冗余空间内，要想实现协同一致的精确攻击并获得完全相同的输出矢量，试错法或利用同宗同源暗功能是两种不可或缺的基础性手段。而试错的必要前提是 I【P】O 模型的 P 算法在试错攻击的实施阶段是恒定不变的，例如 DRS 构造。但对拟态构造而言，I【P】O 模型的 P 算法（结构）可能会因试错攻击结果而做功能不变且攻击者无感条件下的防御场景变换，因此试错法不但无法获取试错反应而且连继续试错的前提条件都将不复存在。

实际上，DRS 的冗余特性在 $N \geqslant 2f+1$ 条件下也可以屏蔽 f 个试错结果，只是问题归零之前可用冗余体 N 的数量将随试错攻击成功频度呈递减趋势，直至无法再满足 $N \geqslant 2f+1$ 的前提条件。而 DHR 构造就没有这样的顾虑，因为基于多模判决的策略调度和多维动态重构机制会渐进式地移除或清除试错攻击的影响。例如可通过渐进收敛或迭代方式替换、清洗或重构“疑似问题执行体”乃至更换当前防御场景。该过程从机理上会一直持续到替换或重构的防御场景能有效瓦解当前攻击行动为止，且不论这些防御场景是否有过“问题经历”或“问题本身”是否已经归零。

诚然，DHR 架构在理论意义上并没有直接感知“攻击逃逸”的功能，但却能借助多元策略的迭代裁决和后向验证的反馈控制机制（详见 9.2.3 节）降低攻击逃逸的概率（利用执行体声辐射、可见光或不可见光辐射、电磁辐射等侧信道攻击除外）。

3. 内生机制带来的安全效应

利用“去协同化”条件下基于多模裁决的策略调度和多维动态重构机制，可将缩小复杂系统攻击表面的高难度、高代价的工程技术问题，转化为实现复杂度相对可控的拟态括号（MB）的软硬部件攻击表面的缩小问题以及可重构执行体间的“去关联性”问题；利用问题规避处理准则，只需对疑似问题执行体进行替换、清洗或重构当前运行环境等相关处理，直至裁决器发现的不一致状态的统计频度回归到期望阈值之下。此时，拟态括号内的运行环境只是规避了当前攻击的影响，并未从执行体内彻底消除问题因素(事实上，复杂系统内许多偶发性或不确定扰动问题通常也做不到问题归零)；结合或融合现有的安全防护技术如加密认证、防火墙过滤、漏洞扫描、查毒杀毒、木马清除等入侵检测、预防、隔离和消除措施，以及导入动态、多样、随机等防御要素可以等效地增强执行体间的相异度，从而获得指数量级的安全增益或防御效果。DHR 架构的内生机制使得复杂系统(网络、平台、系统、部件或模块、构件等)自主可控的工程实现难度能从全产业链环境级降低到个别环节或要素级，从复杂功能级降低到简单功能级，从强关联处理级降低到解耦后的“单线联系或单向联系” 式处理级(10.2.2 节有相关讨论)。基于这种机制并通过少数关键构件在执行体之上形成安全可信的控制构造，使拟态界内即使存在可信性不能确保的软硬件部件也能在构造层面达成自主可控、安全可信的目的。确切地说，在目标对象中引入 DHR 构造可以实现网络安全问题的降维处理。

9.2.2 拟态防御体系

由前述内容可知，拟态防御体系是以基于拟态括号的隘口设防、要地防御为基础，以维护拟态界内目标对象(可以是网络、平台、系统、部件、组件、软硬件模块等)元服务功能(包括控制功能)鲁棒性为目的，以括号内目标系统服务功能与其多元、冗余配置的实现结构或算法间导入不确定性映射关系为核心，以给定资源条件下异构执行体的策略调度和多维动态重构负反馈机制提升拟态界内防御资源的可利用度为方法，以括号内运行环境的多模输出矢量拟态裁决和基于后向验证的鲁棒控制机制阻断、屏蔽非协同攻击(或差模故障)为手段，以隐形或隐匿寄生在拟态括号内执行体上漏洞后门的可达性与协同利用性为重点，以架构内生的测不准机理获得目标对象功能性能的稳定鲁棒性与品质鲁棒性。

需要强调指出的是，一个目标系统需要根据安全性、经济性要求以及工程实现可能来布局拟态括号和形态与数量。拟态括号既可以独立或分布式形态设置，也可以层次化或嵌套形态部署。从机理上说，后者具有更强大的抗攻击能力。同理，如果一个拥有众多节点的网络或平台系统，拟态构造的节点越多则安全性就越高。不失一般性，一个具有动态、多样、随机属性的系统(例如云平台、数据中心、分布式服务网络等)如果采用增量部署拟态控制部件的方式，则可以获得高性价比的拟态防御功效。

本节所描述的网络空间拟态防御体系，包括概念、规则和模型[5]，如图 9.4 所示。

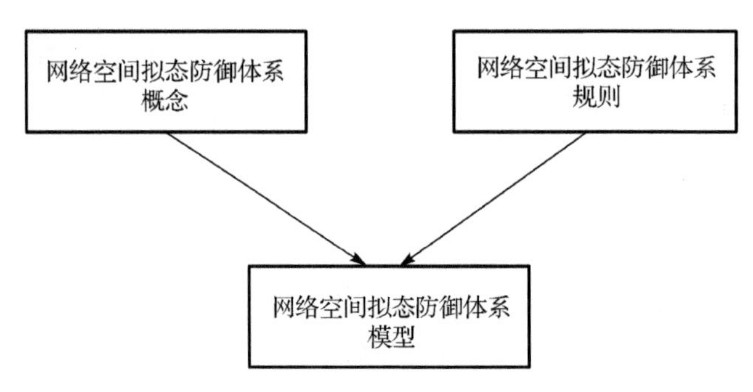

图 9.4　网络空间拟态防御体系

⑴ 概念指一个结构化概念集合。例如同 OSI 体系结构中的服务提供者、服务使用者和服务访问点。CMD 概念包括功能等价可重构或软件可定义执行体、拟态防御界、拟态括号和相关核心机制等。

⑵ 规则告诉我们如何使用概念。一个规则的例子是 OSI 体系结构中服务使用者必须通过服务访问点使用下层提供的服务。CMD 的规则包括目标对象外部服务请求必须依据设定策略分发给各执行体，多模输出矢量必须依据给定策略进行裁决输出，执行体的多维动态重构和调度也必须依据反馈策略操作等。

⑶ 模型描述如何使用上述概念和规则指导 CMD 系统的设计。一个模型的例子是 OSI 参考模型，该模型可以用来指导信息系统的设计。CMD 的模型就是拟态化的 I【P】O 模型[6]。

网络空间拟态防御适用于对系统或装置的可靠性与可用性有着传统安全和网络空间非传统安全双重要求的场合，并需要满足如下条件：具有函数化的输入/输出关系或满足 I【P】O 模型；满足不确定扰动的动态过程及机理已知且影响范围可预估的鲁棒控制约束条件；与服务功能和性能相关的重要信息资源必须显性、健壮提供；对初始投资或产品价格不敏感；存在标准或可归一化的功能接口与协议规范，且能通过符合性与一致性测试判定；具有可多元或多样化处理的技术条件。需要强调指出，在满足上述条件时，凡是目标算法确定且存在其他等价算法的应用场合都适合 CMD 体制。即使诸如科学计算类的课题或者工业控制领域的一些特定应用，由于功能等价、精度达标的不同算法间的计算结果可能存在差异(如精确到小数点后几位的情况)，或者控制量的阈值是一个范围，也可以采用“精度掩码”或“值域判定”等方式进行策略裁决。图 9.5 是拟态防御架构的抽象模型。

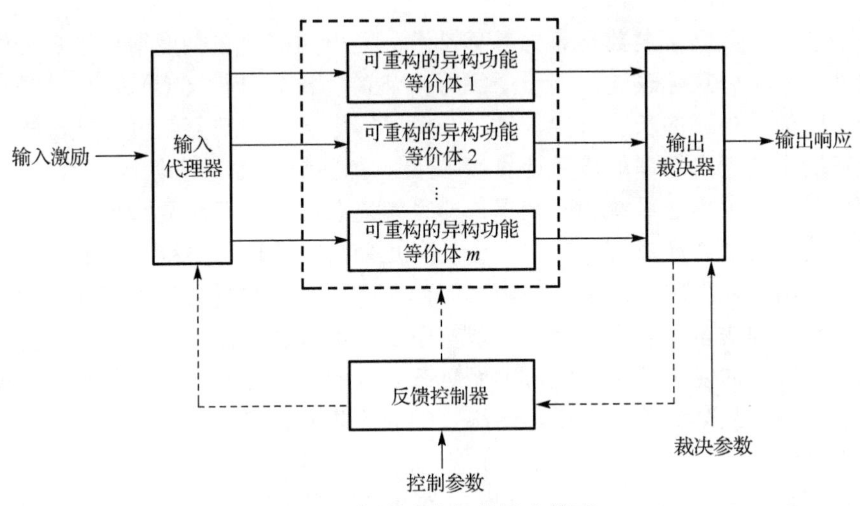

图 9.5　拟态防御架构抽象模型

1. CMD 主要概念与核心机制

1) 功能等价执行体

CMD 的功能等价执行体(Function Equal Object，FEO)可以是网络、平台、系统、部件或模块、构件等不同层面、不同粒度的设备或设施，可以是纯软件实现对象，也可以是纯硬件实现对象或是软硬件结合的实现对象，还可以是虚拟化的实现对象。因此，与 DHR 中强调执行体的可重构或软件可定义特性有所不同，CMD 中更看重执行体在功能等价条件下的多元性和 COTS 级的存在意义。

一般情况下，给定功能(复杂度不限)往往存在多种软硬件实现结构或算法，这是“结构决定功能”公理的自然推论，也是“条条大路通罗马”的逻辑表述。通常，给定功能(或性能)异构执行体的等价性可以通过标准化或可归一化的界面测试来判定。但理想的相异性要求是给定功能交集等于最大功能交集，即除了给定的功能有交集外，异构执行体之间不存在任何其他的功能交集。这意味着除了正常功能外，存在于这些异构执行体中的任何暗功能(例如设计中未考虑的功能或副作用，也包括未知漏洞后门、病毒木马等)，都不会因为同源输入激励而产生完全相同的输出响应。换句话说，只要输出响应不一致，就意味着异构执行体中的暗功能(包括随机性物理失效等)被触发了，这也是 CMD 构造期望的目标。

13 世纪逻辑学家、圣方济各会修士奥卡姆的威廉提出的“奥卡姆剃刀”原理，强调的哲学观点就是“如无必要，勿增实体”，其核心意思是“最简单的解释是最佳的”。苏联著名数学家柯尔莫哥洛夫提出的柯氏复杂度给出了奥卡姆剃刀原理的一种公式化表述，即一个字符串 s 的柯氏复杂性 C(s) 或 K(s) 是这个字符串的最短描述的长度。换言之，一个字符串 s 的柯氏复杂度是能够输出且仅能够输出这个字符串的最短计算机/图灵机程序的长度。理论上，我们可以借用柯氏复杂度来界定系统的冗余界，即系统复杂度等于柯氏复杂度时被视为没有冗余暗功能的纯净系统。一个完全没有冗余功能的理想系统，其 I【P】O 均在系统应用目标所限定的集合之内，因而也就不存在漏洞后门等暗功能，也不会出现相关的安全问题了。然而，现实中我们不可能设计出一个没有任何冗余功能的、理想的复杂信息系统，因而复杂系统的安全性始终是工程实践中无法回避的难题。从某种程度上说，网络空间的攻防博弈就是围绕这些暗功能的利用和抑制展开的。例如，防火墙通过规则设置，将应用目标之外的操作内容因素进行滤除；入侵检测/防御系统通过监测目标系统应用功能之外的异常行为（冗余功能）来检测发现安全问题；可信计算系统需要在约定阶段或节点校核期望结果以便排除不希望的状态扰动；杀毒灭马则通过监测识别目标系统中的“多余”代码功能进而对其实施清除或限制等。但是，受限于人类的认知能力和科技进步的阶段性特点，试图全面约束或限制信息系统的冗余功能在技术和经济上都存在难以逾越的障碍。更为不幸的是，增加防御功能的同时很可能会无意识地引入不希望的冗余功能，从而可能成为攻击者可利用的资源。特别是当今技术时代，软硬件产品的市场价格似乎仅与应用规模强相关而与其功能复杂度弱相关，“杀鸡用牛刀”也不再是不合时宜的代名词，人们更愿意使用生态环境适宜、功能强大、标准配套、性能可靠、价格低廉的 COTS 级软硬构件来集成开发目标产品，这使得冗余功能或暗功能排除问题在相当时间内看不到任何的改善或解决的希望。因此，拟态防御必须对异构执行体在给定功能交集之外可能存在冗余功能或暗功能交集的问题作出体制机制上的安排。

CMD 功能等价执行体的存在方式可以是逻辑意义的，也可以是物理意义的，或以两种并存的方式来表达。即可以有静态或动态、可重构或硬布线、软件可定义或固定配置、实体化或虚拟化、软件或硬件、固件或中间件、系统或部件、平台或网络等多种存在或表达方式，并允许各种混合模式的使用。此外，CMD 并不在意功能执行体呈现方式是“白盒”还是“黑盒”，因为机理上既允许自主设计部件存在安全缺陷也允许集成或嵌入使用可信性不能确保的第三方软硬件产品。所以，发育充分的功能等价执行体的多元或多样化生态环境是保证 CMD 防御效果的关键性要素之一。此外，用户可定制计算、软件可定义硬件 SDH、拟态计算、CPU+FPGA、重构、可重组、环境可重建、功能虚拟化（如虚拟机、虚拟容器)之类的技术也都是具有吸引力的实现方法或途径。

2)拟态界与拟态括号

图 9.5 中输入代理器与输出裁决器覆盖区域的边界称为拟态界(Mimic Interface，MI)，一般包含若干组定义规范、协议严谨的服务(操作)功能，通过标准化协议或可归一化规范实施一致性或符合性测试，且能判定多个异构(复杂度不限的)执行体在给定服务(操作)功能甚至性能上的等价性。即通过基于拟态界的输入/输出关系的符合性测试可以研判执行体间给定功能的等价性，通过一致性测试可以有限度地判定包括异常处理在内的功能相同性。拟态界所定义功能的完整性、有效性和安全性是拟态防御成立的前提条件，界面未明确定义的功能(如深度植入的后门之类暗功能)，或存在已知、未知缺陷的功能(如协议规程中存在的设计漏洞)等都不属于拟态防御的范围(但是也可能存在衍生的防护效果)。换言之，攻击行动如果未能使 MI 上多模输出矢量不一致时，仅靠拟态界上的迭代裁决和反馈控制机制是不会做出反应的。例如，未导致界面多模输出矢量出现异常反应的攻击，目标系统只能将其视为可以容忍的入侵过程或未能感知的威胁。对于那些基于复杂待机(如 APT 类)方式的攻击活动，即使拟态裁决环节未能识别，反馈控制环路也需要通过增加外部控制参数或随机性指令激励机制，强制性地改变拟态界内当前防御场景，以瓦解攻击链的稳定性。因此，合理的设置、划分或确定拟态界面有助于提高未知威胁的早期感知能力，这一点在工程实现意义上非常重要，如同加密认证功能设置一般要选择“一夫当关、万夫莫开”的环节一样，拟态界的设置也有隘口设防和要地防御等类似或相同的要求。当然，还要同步考虑需要与可能以及实现代价之间的合理折中问题。

拟态括号(MB)由输入分配与代理、反馈控制器和输出代理与裁决器组成，是当前可能存在包含未知漏洞后门或病毒木马等不确定扰动因素在内的异构执行体集合的防护边界。依据 I【P】O 定义，左括号代表的输入分配与代理部件，严格遵循单线联系和策略调度机制，负责为括号内的执行体分发外部输入激励信息。右括号代表输出代理与裁决器，按照同样的单线联系机制收集当前括号内各执行体的输出矢量并实施策略裁决、决定输出响应。当裁决器发现异常时，通过日志信息触发基于后向验证机制的反馈控制器及其响应策略，决定是否对当前运行环境实施清洗与恢复、策略调度、多维动态重构等操作，或视情况导入后台技术工具进行分析查证和清理修复。为了保证防护界的有效性，拟态括号与执行体集合元素在物理(或逻辑)空间上应尽可能保持独立，括号功能如输入策略分配、输出策略裁决、插入的代理功能、执行体策略调度、执行体重构重组策略、异常清洗与恢复机制等原则上对任何执行体是透明的。需要强调的是，理论上由于 MB 作为“无感透明中间人”并不解析目标对象输入激励序列和输出矢量的语义语法，从而使攻击者无法保证其攻击表面的可达性。但是工程实现上，必须尽力保证拟态括号功能实现上不存在恶意设置的后门（漏洞除外）或病毒木马等。一个简单易行的方法就是简化拟态括号功能复杂度缩小其攻击表面，采取限制或控制软硬件代码在线修改权限等措施，以满足实施形式化正确性证明的需要。由于拟态括号的可执行文件版本具有相对稳定性，因而凡是增强当前运行程序版本完整性的措施都是有益的。条件许可情况下，还可以采用可信计算、分布式裁决等强化性处理措施或对拟态括号本身再实施拟态化处理。

从鲁棒控制的角度视之，基于单向联系和闭环反馈机制的拟态括号也应当能从拟态防御的构造效应中获得相应的安全增益。

需要特别强调的是，拟态括号外的安全问题不属于拟态防御的范畴。例如，网络钓鱼、在 APP 软件中捆绑恶意功能、在跨平台解释执行文件中推送木马病毒、通过用户下载途径推送有毒代码、网络互联协议存在固有缺陷、服务功能制定不完善、利用合法命令组成恶意攻击流程或破译口令字直接从“前门”进入等不依赖拟态界内漏洞后门等因素而引发的安全威胁[7]。不过，拟态防御引入的广义鲁棒控制构造在原理上也会间接地对这些问题的解决和改善带来安全增益。譬如，网络空间最肆无忌惮并已形成灰色产业链市场的行为——分布式拒绝服务攻击（DDOS），原理上还是要利用“攻击资源”内部的漏洞后门、病毒木马等才能使之成为海量“肉鸡”，而广义鲁棒控制则能给这一不良企图的实现带来极具难度的挑战。

3）相关核心机制

（1）输入指配与输出代理。

作为拟态括号的左右边界功能，一方面需要将输入激励按照调度策略导入相应的执行体，另一方面需要按照调度策略将相关执行体的输出矢量导入输出裁决器。这意味着两者都需要具有多路交换单元以便能按照调度策略灵活地选择相应操作对象（例如，从 M 集合中随机选择 k 个操作目标）。不仅如此，由于理论上要求异构执行体之间是独立的，且在具有对话机制或状态转移机制的应用环境中常常存在响应时间和过程方面的差异（如 IP 协议中的 TCP 序列号在不同执行体中的初值状态等），或者存在可选项、扩展项甚至计算精度等差异化的情况，而这些差异在拟态括号内部还只能是保持或维持，但在拟态括号外部必须以同一个面貌呈现。此外，各执行体的输出响应时间也存在一定的离散度，且输出矢量有可能很长（如一个 IP 长包或一个 Web 响应包），为了简化后续判决复杂度，可能需要对多模输出矢量作预处理(例如，设置缓冲队列、作掩码处理、运用正则表达式作关注选项提取、计算 IP 包的哈希值等)。于是，输出代理功能中还必须包括与这些处理相关的桥接功能。

(2) 拟态裁决。

在 DRS 构造中，多模表决对象配置一般是确定的，表决内容通常比较简单，多采用择多或一致性表决规则，实现复杂度低且通常采用硬布线逻辑。而拟态裁决(Mimic Ruling，MR)不同于带有合规性检测等错误发现功能的 DRS 表决机制，前者只能依据相对正确公理做出多数或少数、一样或不一样的判别，理论上总存在叠加态的错误概率，只是前提条件约定相对正确的概率要比“相对错误”的概率在历史观察中高得多。所以，拟态裁决不仅需要面对多模输出矢量比对中的工程实现挑战，而且要解决如何丰富裁决信息和策略来降低相对错误概率的问题，并且在攻防博弈环境中要尽可能地隐匿目标对象的防御行为，包括对攻击者隐形裁决算法和系统输出操作的指纹信息。为此，拟态裁决采用了一种基于可定义策略集和后向验证信息的迭代裁决方式。

① 可定义策略集。包括三个方面的内容，一是，同一裁决算法可以定义多种工程实现方式。按照多模输出矢量到达时间的不同，典型择多表决算法就可以定义不同的实现方式。例如 N 余度表决时，只要有满足表决算法最低数量要求的多模输出矢量到达，就可实施表决操作并决定输出，后向验证时再做严格的 N 余度追认判决；如果应用场景允许也可以采用“先来先输出”的策略，后向验证时再作 N 余度严格判定以决定是否需要更新输出响应；当然也可以按照经典方式等齐 N 个输出矢量后再实施表决操作并决定输出响应，等等。二是，定义多维度信息辅助裁决方式。例如，当多模输出矢量出现完全不一致情况时，判决操作就需要利用后向验证的历史信息、执行体组合的一贯表现、动态权重信息等参数作出输出响应决定等。三是，定义联合裁决方式。例如，在实施择多裁决的同时也在对相关执行体的置信度高低、历史表现记录、版本成熟度、优先级等参数进行相关判定，再与择多判决结果进行联合裁决。

② 后向验证信息。是指输出裁决完成后，利用日志记录和保存的多模输出矢量信息(当输出矢量信息量大的时候可以保留其关联数据，如哈希值等)，再按照给定裁决算法的严格定义进行研判，或根据相关历史参数、动态权重、置信度等作多维度、多算法的研判，也包括采用更为复杂的组合式或迭代式研判。研判结果将影响后向验证库信息并可能激活鲁棒控制环路改变当前运行环境。读者不难发现，t 时刻得到后向验证信息不仅可能改变拟态括号内的防御场景，还可能影响 $t+x$ 时刻的裁决输出。

总之，拟态裁决分为两个层面：一是输出裁决，用以从当前异构执行体的多模输出矢量中选择出满足裁决算法和辅助决策信息要求的输出矢量。二是后向验证，在完成 t 时刻输出响应之后再通过多维度信息和多种比对算法验证或研判 t 时刻输出裁决结果。如果出现不一致情况，包括多模输出矢量间存在不期望的差异，或者输出裁决结果与后向验证结果不一致等情况，可能需要根据给定的鲁棒控制算法启动问题执行体的清洗恢复、替换迁移或重构重组乃至对拟态括号内的整个运行环境进行更新。需要指出的是，问题执行体之所以被"优先"处理，因为从大概率上说很可能是出现了随机性故障或遭到蓄意攻击，但也不排除被误判的可能，所以需要后向验证机制。不过，如果问题执行体被处理后问题仍未规避，说明拟态括号内的运行场景可能存在攻击逃逸情况，鲁棒控制算法将会选择没有显性问题的执行体进行问题场景处理。无论结果是否定的或是肯定的，这一机制都会瓦解基于择多判决盲区的攻击逃逸状态。倘若执行体本身拥有日志记录、现场快照、软硬构件的重组重构历史情况等诊断维护功能，或配备了漏洞扫描、数据采集、查杀病毒木马、沙箱隔离、云防护等主被动防护手段，则利用拟态裁决机制触发相关辅助功能或后台设施，有助于提高执行体或相关部件故障查找和安全问题排查的针对性与有效性。尤其对发现0day 漏洞后门以及未知病毒木马等有着特殊意义。

(3) 多维动态重构和策略调度。

多维动态重构（Multi-dimensionality Dynamic Reconfiguration，MDR）的对象包括拟态括号内的所有可重构或软件可定义的执行体实体或虚体资源。可以按照事先制定的重构重组方案从异构资源池中抽取元素生成功能等价的新执行体，也可以在现有的执行体中更换某些构件，或者通过增减当前执行体中的部件资源重新配置运行环境，或者加载新的算法到可编程、可定义部件改变执行体自身的运行环境，或者给执行体增减后台任务，变化其工作场景等。其功能意义无外乎有两个：一是改变拟态括号内运行环境的相异性以破坏攻击的协同性和阶段性成果的可继承性；二是通过重构、重组、重定义等手段变换当前服务集内软硬件漏洞后门的视在特征或使之失去攻击表面的可达性。事实上，正如打补丁（patching）也可能造成新的漏洞（后门）一样，重构重组从严格意义上并没有实现问题归零的目的，只是用变化执行体当前防御场景的方法规避了眼下的受攻击情况，本质上属于问题规避处理范畴。因而，在拟态防御体系中执行体输出异常只要不是"不可恢复"的问题，并不需要像非相似余度 DRS 那样将其"挂起"待处理，而是本着用"合适的人去完成合适任务"的原则，可以将不适合 A 场景的执行体组合用于对付 B 场景或 X 场景下的攻击，反之亦然。这样的操作策略与拟态防御体系允许执行体可以在“有毒带菌”条件下运行的前提假设是一致的。策略调度(Policy And Schedule，PAS)的作用域不仅是重构重组执行体元素本身，而且还可以通过更换或迁移当前服务集执行体元素的方法，实现拟态括号内防御场景的异构变化以便达成问题规避的目的。

需要特别强调的是，无论是多维动态重构还是策略调度的触发条件都是基于拟态裁决的异常感知机制，包括变化防御场景后是否还需追加场景变化的后向验证操作等。为了对付“潜伏”在拟态括号内的待机攻击(其蛰伏阶段总是力图避免影响输出矢量)甚至是已经完成拟态逃逸的协同攻击，还需要利用目标系统内部动态或随机性参数以及预处理策略形成的外部控制命令或参数，定时或不定时地触发反馈控制环路实施当前防御场景的预防性切换，以提升运行环境抗潜伏、抗待机、抗协同攻击的能力(参见10.4.6节拟态防御基准功能测试)。

(4)清洗恢复与状态同步。

清洗恢复机制(Cleaning and Recover，CR)被用来处理异常输出矢量的异构执行体。它分为三个层次：一是相当于重启问题执行体；二是相当于重装或重建执行体运行环境；三是解决重启或重装的执行体尽快进入待机状态的问题。一般说来，拟态界内的异构执行体应当定期或不定期地执行不同级别的预清洗或初始化，或者重构与重组操作，以预防攻击代码长期驻留内存或实施基于状态转移的复杂攻击行动或维持攻击逃逸的态势。特别是，一旦发现执行体输出异常或运转不正常，要及时将其从可用队列剔除并做强制性的清洗[8]或重构操作。不同的执行体通常设计有多种异常恢复等级，可视情况灵活运用。

重构重组是移除或改变执行体当前环境中漏洞后门等的有效方法。其中，基于FPGA、软件可定义硬件SDH、拟态计算、用户可定义计算、虚拟化技术以及多样化编译等都具有较高的性价比，工程实现要相对容易些。

清洗恢复后的执行体需要与在线执行体进行状态或场景的再同步以维持与拟态裁决机制的同步，称之为状态同步或场景同步(State or Scene Synchronization，SSS)。通常可以借鉴可靠性领域非相似余度系统成熟的异常处理与恢复理论和机制，但不同应用环境中同步处理会有很大的不同，工程实现上经常会碰到许多棘手问题。需要强调的是，在DRS构造中执行体之间一般具有互信关系(除非处于异常状态)，恢复操作可以通过互助的方式简化(如使用环境拷贝方法等)。而拟态防御因为允许异构执行体“有毒带菌”，所以必须隔离相互之间的传播途径或阻止任何形式的协同操作，原则上要求异构执行体之间必须独立运行且尽可能地消除“隐通道”或侧信道的影响。当然，这在迫使攻击者必须面对“非配合条件下，动态多元目标协同一致攻击”挑战的同时，也会给执行体的快速恢复和再同步等带来颇具挑战意义的工程技术问题。

(5) 反馈控制。

反馈控制器与相关部件的功能关系是，裁决器将裁决状态信息(包括后向验证信息)发送给反馈控制器，反馈控制器根据控制通道给定的算法和参数或通过自身学习机制生成的控制策略，形成输入/输出代理器和可重构执行体的操作指令。其中，给输入代理器的输入分发指令用于将外部输入信息导向到指定的异构执行体(可以影响攻击表面的可达性)，以便能动态选择异构执行体元素组成目标对象当前服务集。给可重构或可定义软硬件执行体的操作指令，则用于确定重构对象以及相关重构策略。不难看出，上述功能部件之间是闭环关系，但需要按照负反馈模式运行。即反馈控制器一旦发现裁决器有不一致状态输出，根据反馈控制策略可以指令输入/输出代理器将当前服务集内输出矢量不一致的执行体“替换”掉，或者将服务“迁移”到处于待机状态的执行体上。如果“替换或迁移”后，裁决器状态仍未恢复到先前状态，前述过程将继续。同理，反馈控制器也可以指令输出矢量不一致的执行体进行清洗、初始化或重构、再定义等操作，直至裁决器状态恢复到正常或低于给定阈值条件。我们将这一过程称之为“基于裁决器输出的策略调度和多维动态重构负反馈机制”。需要强调的是，理论上，负反馈环路一旦进入稳态过程，服务集内的防御场景与 DRS 的“不可持续容侵”情况相似，有可能被潜伏或隐匿在目标对象内部的攻击者所利用(例如侧信道攻击)。因此，通过外部命令通道强制反馈控制器对当前服务集内防御场景作防范性改变的操作是非常必要的。

负反馈机制的优点是能对通过动态、多样、随机或传统安全手段组织的防御场景之有效性进行适时评估，并能在当前攻击场景下自动选择出合适的防御场景，避免了诸如 MTD 那样“将地址、端口、指令、数据不断随时间作持续性迁移或变换”之类的防御行为所付出的不必要系统开销。但是，如果攻击者的能力可以频繁地导致负反馈机制活化，即使不能实现攻击逃逸也可以使目标系统因为不断变换防御场景而造成服务性能颠簸的问题。倘若如此，需要在反馈控制环节中引入智能化的处理策略(包括机器学习推理机制)以应对这种针对 CMD 控制环节的类 DDOS 攻击。幸运的是，CMD 系统中服务功能与鲁棒控制功能是分离的，即拟态括号控制功能与执行体服务功能是分离的，攻击者即使能拿下反馈环路控制权，如果不能协同攻陷提供服务的执行体，也很难达成预期目的。按照拟态括号的单向控制机制和攻击表面理论，因为反馈控制环节本身的漏洞具有攻击不可达性，除了社会工程学的途径或者设计者乃至维护方的后门行为外，基于设计漏洞的攻击没有足够的想象力和创造性是不可能为之的。事实上，反馈控制环路还可以作功能拆分，将拟态裁决、策略调度、多维动态重构等功能部件标准化，通过市场化方式由多家供应商设计、生产和提供，最终用户可以选择性地采购并以用户自定义方式配置个性化的策略或算法，以防止出现类似可信计算中“可信根供应商之可信性如何保证”的问题。

(6) 去协同化。

基于目标对象漏洞后门等的攻击可以视为一种“协同化行动”。从分析确定目标对象的架构、环境、运行机制和软硬件构件等入手，尽可能地寻找有用的缺陷，分析防御的脆弱性并研究如何利用的手段与方法，包括所需的同步或协同机制。同理，恶意代码设置也要研究目标对象具体环境中是否能够隐匿地植入，以及如何不被甄别及使用时不被发现等问题与方法。攻击链越为复杂精细，期间经历的环节或路径越多，需要借助的条件就越苛刻，攻击的可靠性与稳定性就越难以保证。换言之，攻击链其实也很脆弱，严格依赖目标对象运行环境和攻击路径的静态性、确定性和相似性。实际上，防御方只要在处理空间、敏感路径或相应的环节中适当增加一些受随机性参数控制的同步机制或者建立必要的物理隔离区域(例如，SGX、Trusted-area 或非在线修改 FPGA、PROM 等)，就能在不同程度上达成瓦解或降低基于漏洞后门等的攻击效果。例如，空间独立的异构冗余执行体内，即使存在相同的暗功能，要想达成非配合条件下的协同攻击也极具挑战性。因此，去协同化(Dis-cooperation)的核心目标就是防范渗透者利用可能的同步机制实施时空维度上协同一致的同态攻击。除了共同的输入激励条件外，应尽可能地去除异构执行体之间可能存在的通联途径或限制通联的功能与内容，诸如隐形的通信链路或侧信道、统一定时或授时以及相互间的握手协议或同步机制等，使各异构执行体中“被孤立、被隔离”的暗功能，难以在拟态界上形成协同一致的攻击逃逸。不过，理论意义上 I【P】O 中的输入激励序列对所有 P_i 均是“同步可达”的，这是“去协同化”需要特殊关注和仔细处理的问题。

需要强调的是，拟态裁决环节应尽可能避免与执行体间的双向会话机制以及接受上传可执行文件，以防止被恶意攻陷和利用。

4) 拟态界设置举例

拟态界的设置除了已给出的约束条件和使用场景外，还需考虑以下原则：①拟态防御对界内已知的未知安全风险或未知的未知安全威胁有特殊功效，因此需要用其所长。②分析目标对象核心安全需求，选择隘口设防，确定防御要地。③低实现复杂度、高性价比。

⑴ 基于核心数据的防护界。若核心数据和目录管理的存储或读取是安全系统的保护重点，则将核心数据存取操作界面设为拟态界是合适的。引入功能等价的动态异构冗余架构，可保证在相同的输入激励下，执行体在存取目录和数据或形成路由表和转发流表时，功能等价的异构执行体能对相关操作进行一致性的实时研判、陪伴式研判或跟随式研判。典型应用如各种文件存储服务器、路由交换器、域名系统、数据中心、软件定义网络(SDN)等。

⑵ 基于关键性操作的防护界。在工业控制领域，控制系统常常要对执行部件发出各种操作指令和控制参数。指令和数据格式的合法性甚至参数域虽是可以检验的，但是指令流或数据流的组合形态往往因为状态爆炸而不能做到完备性检验，这给利用正常指令或数据进行合规但非正常的组合操作实现蓄意攻击提供了可乘之机。引入动态异构冗余架构后，对同一激励信号，多个功能等价的异构执行体是否发出了正确的指令和数据问题，被转化为多模输出矢量间的一致性裁决问题。同理，给定一个输入序列，多个功能等价的异构执行体是否产生了同样的指令流和数据流问题，也能转化为多个执行体输出响应序列间的一致性问题。前提是应用组合方式的蓄意攻击，难以导致异构执行体产生多数一致的输出响应矢量序列。

⑶ 基于核心功能的防护界。凡是要对给定功能实施鲁棒性或柔韧性保护，只要能满足对所要保护的功能可以做标准化或归一化描述的，且利用这一描述可以测试判断多元化软硬件执行体是否满足给定的等价条件，CMD 架构从机理上都可以达到这样的目的。例如，通过给定算术运算功能集合的一致性测试可以选择出多个功能等价的异构 CPU。利用这些异构 CPU 可以搭建起动态异构冗余架构的系统或装置，该系统在给定算术运算功能上对架构内异构 CPU 的设计缺陷或基于漏洞后门等攻击不敏感。

⑷ 屏蔽界内未知漏洞的防护界。如果有一种规范化的敏感应用，要求建立在高可靠、高可用、高可信的复杂软硬件系统基础上，则在系统层面采用动态异构冗余架构是合适的。由于在无法保证界内“无毒无菌”的条件下，只能用系统架构技术来屏蔽基于已知或未知漏洞等攻击对上层应用可能带来的影响。例如，将敏感应用分置于可信性不能确保的异构冗余环境内，利用拟态括号在敏感应用给定的界面上实施拟态防御。

⑸ 针对人为设计后门的防护界。与通过 IP 核、中间件、共享模块、开源软件、委托加工等途径，在目标对象不知晓情况下被动的引入漏洞或陷门不同，人为设计的后门是该软硬件代码设计者的蓄意行为所致。前者可以将这些可信性不能确保的元素按照功能等价异构冗余的方式纳入拟态括号的防护范围，而

后者如果只是拟态括号内元素设计者的有意行为也可以通过拟态括号进行有效防护。但是，如果是拟态括号设计者的蓄意行为则防护作用很难期待。当然，拟态括号本身也可以做拟态化处理，且保证设计者不是同一人或同一组织；当拟态括号有标准化的COTS级的软硬构件产品时，使用者也可通过自行采购装配来避免这一风险(除非攻击者具有强大的社会工程学能力和资源)。

需要指出的是，对于拟态界内病毒木马等的防护应用，上述方法在原理上也是适用的。

2. CMD模型

CMD模型是一种等效的I【P】O模型。假定一个满足I【P】O模型的防护目标(规模或粒度不限)，P可以是复杂的网络元素或软硬件处理系统或部件、模块、构件等，且存在应用拟态防御架构的技术与经济条件，则可表达为：I【$P_1,P_2,\cdots,P_n$】O。其中，连接输入I的左括号(输入代理)被赋予输入分发指配功能(方式上包括一对一、一对多、广播等，模式上可以是静态的，也可以是动态或随机的)，连接输出O的右括号被赋予多模裁决(或策略裁决/权重选择)和其他代理输出功能，也包括异构对象输入/输出信息的归一化等功能，括号内P_n是与P功能等价的异构执行体。如图9.6所示。

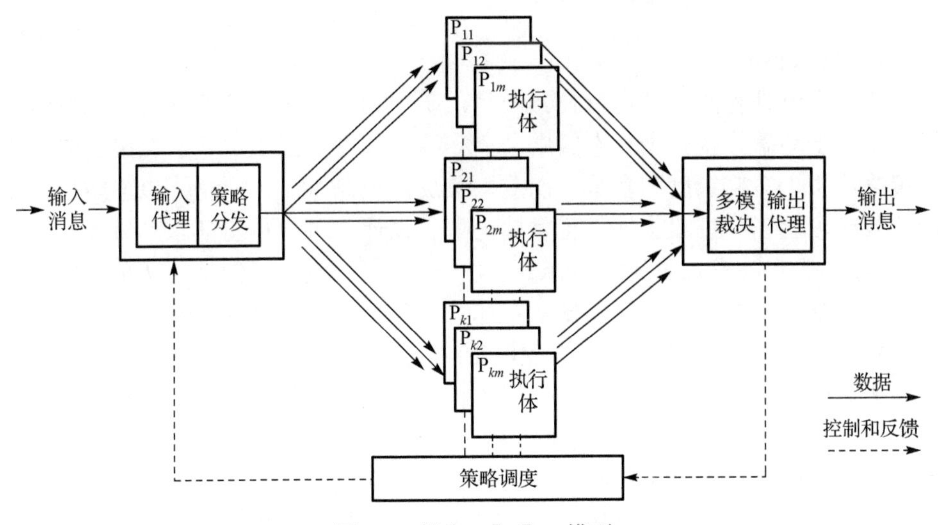

图9.6 拟态I【P】O模型

相对于P_n复杂处理功能而言，输入、输出代理主要是复用-解复用、归一化、多模表决、选择输出等简单功能，其设计缺陷通常可用形式化的正确性证明方法和工具发现。由于输入、输出代理一般不解析输入与输出信息的语义(可能会部分涉及消息格式等语法内容)，也不存在可公开访问的内外部地址或端口，对攻击者和异构冗余执行体而言其功能是完全透明的，加之采用严格的单向联系机制，即使存在设计缺陷或漏洞，一般不具备攻击的可达性。此外，输入、输出代理通常要求在功能和物理上相对 P_n 具有独立性，以便尽可能避免包括社会工程学意义的协同攻击。与加密装置可能存在的工程实现风险相类似，如果输入、输出代理本身被植入特定触发方式的后门，则拟态防御效果将不确定。当然，反馈控制环路除了采用单向联系机制外还可以附加一些策略调度和控制功能以增强自身免疫能力，如功能部件可重构(重组)和多余度部署，运用策略选择、随机化参量获取动态运行方案等，也可以按照可信定制、可信计算的方法设计专门的私有组件或可信根。需要强调的是，一旦输入、输出代理功能受损，如停止动态调度或不再策略裁决，被保护对象将失去不确定属性等。因此，给输入、输出代理附加“看门狗”是非常必要的。特定情况下，拟态括号本身也可以通过可信计算或拟态架构增强其安全性。

工程实现上，通常将异构执行体调度、重构、重组、清洗与恢复等功能以及“看门狗”职能一并纳入拟态括号功能。

9.2.3 基本特征与核心流程

1. 基本特征

拟态界内具有四个基本特征。一是，基于相对正确公理的威胁感知机制；二是，基于动态异构冗余形态的广义鲁棒控制构造；三是，基于拟态伪装思想的策略裁决、策略调度和多维动态重构负反馈控制机制；四是，拟态防御内生构造效应可验证，抗攻击性与可靠性可量化设计、可度量验证。具体表现为：

(1)迭代判决模式与传统的择多表决方式不同，威胁感知空间从单一空间迁移到多维空间，威胁感知认知域从个体对象到异构冗余目标，威胁识别模式从基于特征库信息的匹配到基于多元策略的迭代判决，威胁感知错误率可以通过参与相对性判决的个体数量、个体间的相异度、输出矢量信息丰度和裁决策略的多寡进行调节。相对性判决结果的叠加态属性通常需要后向验证操作来确认。例如，当多模输出矢量出现不一致状态时会激活反馈控制环路改变当前运行环境，以期通过迭代收敛机制达成消除裁决器异常状态的目的。

(2)动态异构冗余形态的广义鲁棒控制架构，以成熟的异构冗余可靠性理论和实践为基础，以非相似余度构造场景作为动态化、多样化防御场景的暂稳态表现形式。由于拟态裁决比简单的择多判决有着更为多样化的裁决策略和可资利用的后向验证信息，所以具有更好的可靠性与抗攻击性能并可设计标定、验证度量。原理上，这些在时间轴上展开的暂稳态防御场景就是动态异构冗余架构的微分形态，此时的DHR具有与DRS相同或相似的优点和缺点。正因为DHR具有了渐进式、迭代选择合适防御场景的能力，才转变了固定防御场景的DRS难以维持抗攻击性能的基因缺陷。作为一种创新的广义鲁棒控制构造，DHR可以在机理上有效抑制拟态界内包括非协作性未知攻击等在内的广义不确定扰动因素的影响。

(3) 拟态防御内生构造效应可验证，抗攻击性与可靠性可量化设计、可度量。这是因为拟态防御构造能将广义不确定扰动归一化为可靠性问题，本质上又具有闭环反馈机制的鲁棒控制功能，因而可靠性测试和验证的理论与方法大多适宜于拟态防御系统的安全性与可靠性测试评估，包括在“白盒”条件下，采用经典的注入式或破坏性测试原理与方法。

(4) 动态异构冗余构造和基于拟态裁决的策略调度和多维动态重构负反馈控制机制能够产生多种内生效应：

① 测不准效应。因为拟态裁决环节发现的任何异常情况都会触发反馈控制器产生服务集内防御场景策略调度或执行体重组重构的操作指令，这种迭代收敛机制使得从当前场景下获得的任何信息和经验都不具有可重复利用的价值。

② “模糊识别”效应。由于功能等价异构冗余场景下的相对性判决，只要多模执行体输出矢量在时空上表现出异常，系统并不关心是已知威胁还是未知威胁，也不关心是网络攻击事件还是随机性故障，更不区别是源于外部的攻击还是来自内部的渗透攻击(很类似“只知其然不知所以然”的大数据分析场景)。因此，所有这些问题可以被归一化的处理，即通过异常情况下可自动收敛的防御场景更换操作进行问题规避。但是，利用这一感知效应也可以开发“知其所以然”的分析功能。这对发现0day性质的漏洞后门、病毒木马等具有重要的工程实践意义。

③ 点面融合防御效应。由于拟态防御采用相对性判决与具体攻击行为和特征弱相关甚至不相关，只与执行体输出矢量的时空一致性表现强相关，因而具有类似非特异性免疫那样的面防御能力。基于拟态裁决的策略调度和多维动态重构负反馈机制，可以从机理上保证当前服务集内任何差模故障或针对某一执行体的显性攻击，只要涉及输出矢量语义或内容的变化，就能被拟态裁决环节实时发现，当前的问题场景也就会被策略调度和多维动态重构负反馈机制所替换或规避，从而具备了不依赖于漏洞库和攻击特征库的点防御功能。不难看出，上述点面融合防御功能都是源于同一技术架构的运作机理。

④“非配合条件下的协同攻击难度”效应。从基本定义出发，拟态防御除了拟态界上的功能和性能满足一致性要求外，其他任何因素都应该尽可能相异且不存在同步或协同关系。理想情况下，异构执行体之间除了给定的功能交集外不存在其他的功能交集。尽管这在工程上是不现实的要求，但是拟态环境的“去协同化”要求使得企图利用暗功能交集实现逃逸的攻击都必须逾越“非配合条件下的协同化壁垒”。攻击环境越是复杂多样，攻击链依赖的系统资源越多，攻击行动任何配合上的失误，但凡被基于拟态裁决的反馈控制环节感知，或者被随机性的外部控制命令触发，前功尽弃将是无法避免的结局。因此，拟态防御的有效性本质上取决于“非配合条件下动态多元目标协同一致的攻击难度”，而拟态防御的技术架构、运行机制和所有可能采取的措施都聚焦于强化协同攻击难度这一点上。换言之，与其认为拟态防御是以破坏攻击链的稳定性为目标，还不如说是以显著增加协同一致的攻击难度为目的要更为恰当些。

⑤ 鲁棒性服务效应。拟态防御架构能将抗攻击性问题归一化为可靠性问题且可并案处理之，使目标系统能够一体化地提供高可靠、高可用、高可信服务或控制功能，其闭环控制与服务提供分离机制可以无障碍地接纳或融合传统和非传统安全技术以获得指数量级的防御增益。

2. 核心流程

基于 I【P】O 模型的拟态防御基础架构如图 9.7 所示。

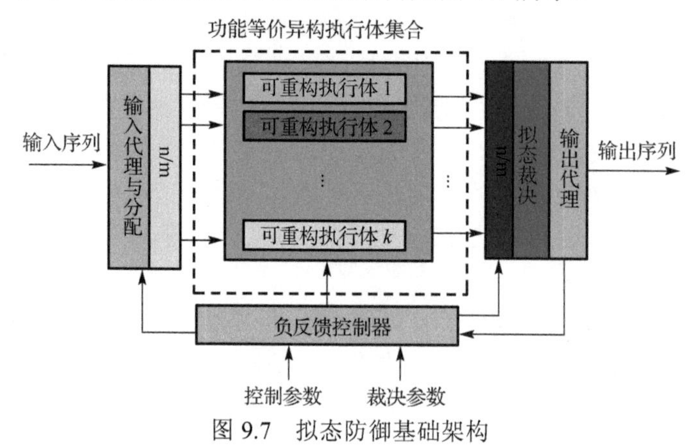

图 9.7　拟态防御基础架构

拟态防御基本流程如图 9.8 所示。需要指出的是，实际工程实践上，由于赋予反馈控制环路的拟态伪装策略的不同，输入代理/分配、输出代理与裁决和反馈控制乃至可重构执行体的具体操作差异可能会比较大，因此下图只是作为原理性的流程说明。

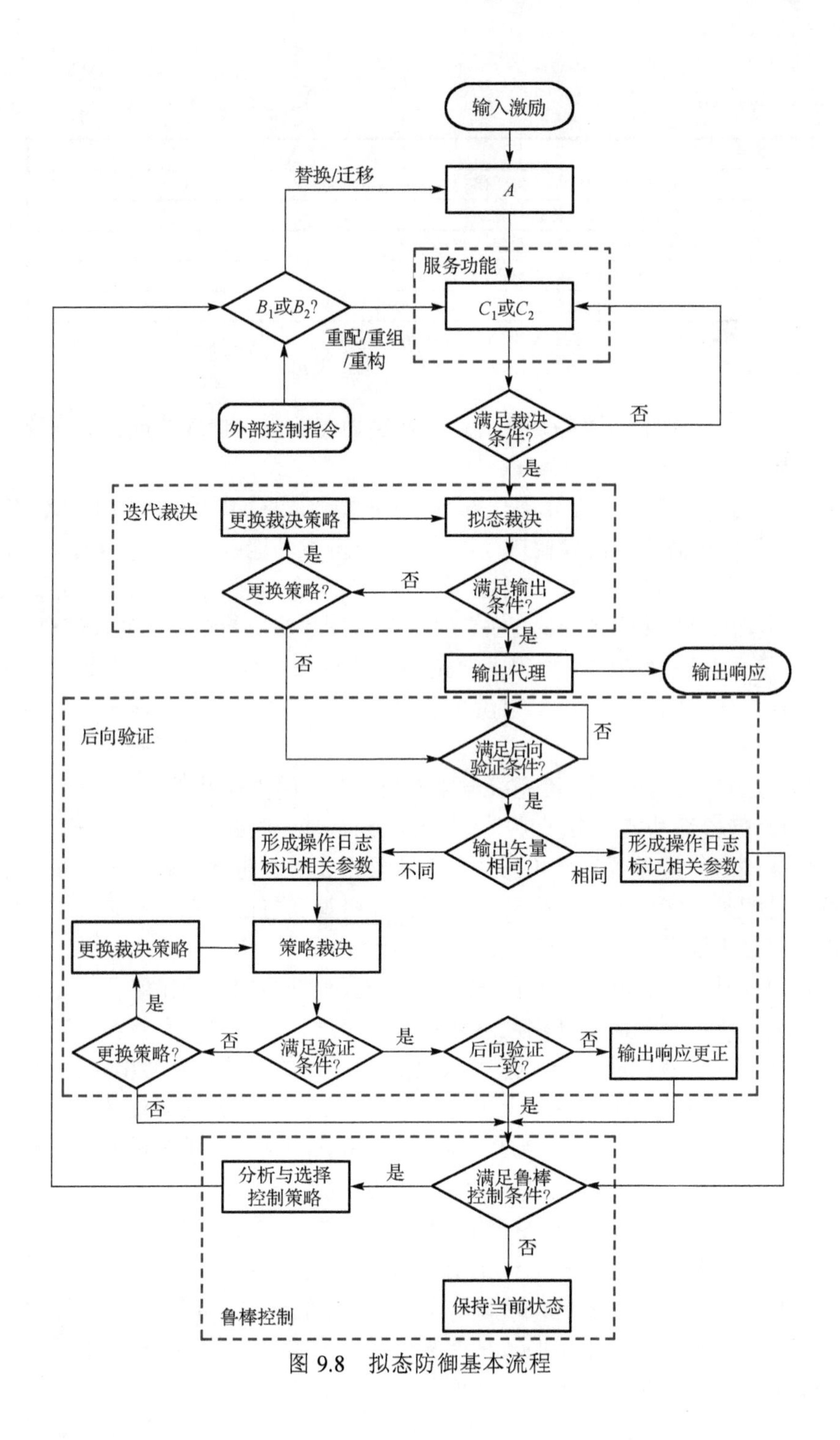

图 9.8 拟态防御基本流程

注 1：符号说明

操作	含义
A	根据输入指配与分发策略代理发送输入序列
B_1	异常替换或迁移执行体
B_2	异常执行体重配、重组或重构
C_1	相应的执行体处理输入序列
C_2	执行相关初始化、重配、重组、重构等指令

注 2：系统将根据某些不确定参数(例如，当前活跃进程数、CPU/内存占用情况等)以及给定算法生成带有随机性质的操作指令，通过外部控制通道强行激发处于稳定状态的环路。

图 9.8 自上而下由服务功能、迭代裁决功能、输出代理功能、后向验证功能、鲁棒控制功能 5 个区域组成。

(1)服务功能区主要有 4 项功能：根据鲁棒控制区给出的指令和策略，完成输入激励源到拟态括号内异构执行体的指配与分发功能；实现执行体迁移、清洗重启或运行环境重配、重组、重构指令功能；响应外部控制命令强制性地改变当前运行环境；判断接收到的输出矢量个数是否满足裁决策略规定的最低要求。

(2)迭代裁决功能区主要根据给定的裁决算法集合与后向验证获得的相关信息进行迭代式的判决，一旦有满足条件的输出矢量就发送给输出代理环节，否则转入后向验证功能区。

(3)输出代理功能区负责完成与输出响应有关的操作并进入下一个环节。

(4)后向验证功能区有 4 项主要功能：判断是否收到给定数量的输出矢量；判断这些输出矢量是否完全相同并根据结果完成状态转移；对输出矢量不一致的情况进行基于策略库的后向验证；根据后向验证与迭代裁决结果实施策略判断以决定是否要发出更正响应并进入鲁棒控制环节。

(5)鲁棒控制功能区至少有 2 个主要功能：根据控制律等策略决定是否激活反馈控制环路；一旦激活环路就需要对日志信息、相关参数和资源状况等进行综合分析，按照问题最快规避的策略对拟态括号内的运行环境做出相应的改变。

需要强调的是，流程图左上角的“外部控制指令”分支流程是专门为瓦解 N 模逃逸状态的稳定性而设计的。例如，攻击者一旦达成了多模输出矢量比对一致且为逃逸状态，拟态裁决是无法感知的，反馈控制环路也不会激活，此时的逃逸状态在机理上是可以保持的。因此，需要在 DHR 架构的反馈控制环路中引入与裁决状态无关的随机性扰动机制，即根据外部控制指令强制改变当前的运行环境，包括对替换下来的执行体作预防性的清洗、重启或重构重组操作。这种扰动对拟态界上的正常服务功能应当是无感的，但对攻击逃逸则是致命的。在 10.4.6 节中我们将看到这一机制所起到的不可或缺作用。

1
2
3
4
5
6
7
8
9
10
11
12
13
14

9.2.4 内涵与外延技术

1．内涵技术

拟态防御的逻辑内涵是指，拟态界内，基于动态异构冗余架构和生物拟态伪装机制，形成内生性的测不准效应，具有非线性的防御增益。其构造特有的内生安全功能，既可以在缺乏攻击者先验知识条件下有效应对拟态界内非协作性的已知或未知安全威胁，也可以实时管控偶发性物理失效或设计缺陷导致的不确定性故障问题。本质上，拟态防御属于自动控制和鲁棒控制范畴，只不过借助拟态伪装机制的动态异构冗余架构 DHR，可以更好地将传统安全和非传统安全归一化为可靠性问题处理罢了。由于拟态防御采用了广义鲁棒控制技术，因此目标对象可以将其未知漏洞后门影响严格限制在自身可控或可追溯范围内而避免“外溢效应”污染网络空间安全环境。故而，作者大胆预言，新一代的软硬件装置将会以“可量化设计”的基于系统构造的内生安全效应作为标志性的功能之一。

2．外延技术

尽管拟态防御架构的鲁棒控制功能与目标系统服务功能是分离的，但其防御效应很大程度上则取决于当前服务集内执行体之间的广义相异度和非配合条件下的可协同性。因此，任何增加相异度和协同难度的外延方法都能显著地提升目标系统的抗攻击性能和可靠性指标，至少有四类外延方式可以考虑：

1) 执行体增量外延方式

就是在执行体上导入动态性、多样性或随机性等增加多维空间协同攻击难度的防御元素，例如，移动目标防御中提到的相关方法，或者附加入侵检测、入侵预防、入侵隔离等经典安全措施。

2) 执行体重构外延方式

执行体自身就选用软硬件功能可重定义、资源可重配置、处理环境/运行机制可重组等可变架构技术体系，例如，软件可定义功能、用户定义计算、拟态计算、CPU+FPGA、软件定义硬件 SDH 等。

3) 执行体虚拟化/网络化外延方式

借用当今时髦说法就是 DHR 架构具有“控制与服务分离”的优异特性。因而，架构内的异构执行体只要满足服务功能等价条件，任何形态、粒度、组成方式的执行体都是可接受的。也即异构执行体可以是数据中心的虚拟服务器、数据存储器或者是云服务、云计算平台的虚拟容器等池化资源的虚体部件或环境，也可以是一个独立的网元设备或功能性平台，例如，互联网内同一自治域中的域名服务器或者分布式文件存储系统的若干镜像节点等。这意味着拟态防御架构的实现不仅具有更为经济的技术方式，而且可以在网络化或云化服务环境下通过增量部署廉价的拟态括号软硬部件即可获得“超价值”的鲁棒性与安全性。

4）执行体检测技术外延方式

拟态防御虽然在机理上并不依赖执行体个体对未知故障和不确定威胁的精确感知能力，但是并不排斥执行体拥有相应的检测功能。相反，在可能的情况下希望执行体具有丰富的故障检测功能或威胁发现能力，包括各种纠错或容错或异常情况规避等功能。联合运用这些功能可以使得策略调度和多维动态重构操作的指向性或针对性更强，闭环控制的动态收敛时间更短，协同攻击的复杂度更高，可以大大缓解目标系统应对包括DDOS攻击在内的服务性能颠簸问题。

总之，凡是能够阻止或扰乱攻击者对目标对象实施协同性的攻击，包括内部窥探、渗透、内外勾连或导致信息安全问题的技术和方法都可以作为拟态防御的外延技术。诸如在某种静态（固定）关系中导入防御方可控的不确定性（如动态化程序、数据、地址、端口、协议、网络等甚至系统指纹）；使关联方之间的交互信息最小化；或为数据文件存储安全而有意碎片化和分散化存放及多路径传输等；或各种增加外部攻击或内部渗透者认知和攻击难度的做法；或使攻击成果复现困难降低其可持续利用性方面的措施等。自然也包括防火墙、蜜罐、蜜网、可信计算等现有网络安全防御所涉及的技术与方法。这些以附加方式纳入拟态防御架构的安全性措施，在等效意义上都是增加了拟态防御环境内在的相异度和多维空间非配合条件下的协同性难度，从而能通过其构造效应非线性地提升目标对象干扰和破坏协同攻击的能力。换言之，就是可以非线性地降低攻击逃逸的概率。

9.2.5 总结与归纳

（1）拟态防御核心目标：针对网络空间“设计缺陷不可避免”“后门无法杜绝”“漏洞后门尚不能彻查”三个挑战性问题，基于全球化条件下可信性不能确保的软硬件供应链以及开放开源创新的技术与产业生态环境，利用广义鲁棒控制架构 DHR 及其内生的安全效应，在不依赖先验知识或攻击行为特征信息的情况下，可靠抵御利用拟态界内漏洞后门、病毒木马等实施的人为攻击，并使防御效果可设计规划、可验证度量。颠覆基于软硬件代码漏洞后门的攻击理论与方法，改变网络空间游戏规则。

(2) 拟态防御技术路线：借助拟态伪装策略增强的DHR内生的测不准效应，将拟态括号内针对执行体个体的未知安全威胁问题转化为能用概率表达的差模或共模失效问题，并进一步将其转化为能用可靠性理论和方法统一处理的稳定鲁棒性与品质鲁棒性问题，最终使目标对象可以获得一体化的高可靠、高可用、高可信服务功能。

(3) 拟态防御依据的基础理论：相对正确公理及异构冗余可靠性理论及闭环反馈鲁棒控制理论。

(4) 拟态防御基本运行模式：将拟态伪装策略施加到DHR的多模裁决、输出代理、输入分配、反馈控制以及执行体的多维动态重构环节，使得防御环境具有"测不准、锁不住、控不了、难协同"的内在属性，既能提供与攻击行为和特征信息无关的点面融合防御，也能有效瓦解通过试错或排除法达成协同攻击的努力。

(5) 提供普适性的广义鲁棒控制功能。在经济技术全球化、软硬件供应链可信性不能确保条件下，能以系统工程的理论和方法抑制或管控包括基于目标对象漏洞后门等人为攻击在内的广义不确定扰动，为信息系统或控制装置找到一条通过构造技术获得内生性安全功能的新途径。

(6) 提升自体免疫力，降低安全维护管理代价。传统防御技术的有效性很大程度上依赖费钱、费时、费力的人工保障方式，根本原因是亡羊补牢的防御模式所致。而拟态构造对架构内的漏洞后门、病毒木马等具有天然的免疫力，其防御的有效性与人工介入因素不相关或弱相关，所以能极大地降低包括安全维护保障在内的全生命周期的综合使用成本。

9.2.6　相关问题讨论

1. 基于攻击效果的拟态防御等级

相对于信息安全[9]的机密性、完整性、有效性，拟态防御根据攻击效果定义了不依赖于传统安全手段的三个防护等级(Mimic Defense Level，MDL)。

1) 完全屏蔽级

指给定的拟态防御界内如果受到来自外部的入侵或"内鬼"的攻击，所保护的功能、服务或信息未受到任何显式的影响，且攻击者无法在拟态界外对攻击有效性做出任何有价值的评估，犹如进入"信息黑洞"，称为完全屏蔽级(All Shielding，ASD)，属于拟态防御的最高等级。

2）不可维持级

指给定的拟态防御界内如果受到来自内外部的攻击，所保护的功能或信息可能会出现频度不确定、持续时间不确定的“先错后更正”或自愈情形。相对攻击者来说，即使达成攻击逃逸也难以维持或保持攻击效果，或者不能为后续攻击操作给出任何有意义的铺垫，称为不可维持级（Unsustainable，USB）。此时，防御方的响应行动在拟态界外可被攻击者感知。

3）难以重现级

指给定的拟态防御界内如果受到来自内外部的攻击，所保护的功能或信息可能会出现不超过 t 时刻的“失控情形”，但若重复同样的攻击却很难再现完全相同的场景。换言之，相对攻击者而言，达成突破的攻击成功场景或经验不具备可继承性，在时空维度上缺乏任务的可规划性和打击效果的确定性，称为难以重现级（Hard to Reproduce，HTR）。这种情形下，拟态界内的“私密性、完整性、有效性”保护功能可能存在频度不确定的“短暂泄漏”现象，且防御者的响应动作在拟态界外可被攻击方感知。

上述三个防御等级强调给攻击过程造成的不确定性影响程度，完全屏蔽级使得攻击者在攻击链的各个阶段都无法获得防御方的有效信息；不可维持级使得攻击链失去不可或缺的稳定性；难以重现级使得基于探测或攻击积淀的历史经验不能作为先验知识在规划攻击任务时加以利用。但是，现有的安全理论和测试方法难以量化认定拟态防御等级对攻击过程造成的不确定性影响程度。

2. 基于可靠性理论和检验方法的度量

正如可靠性设计理论所指出的那样，“产品的可靠性首先是设计出来的”，在系统设计过程中采用一些专门技术，将可靠性“设计”到系统中，以满足系统可靠性的要求。同理，拟态防御的抗攻击性也是“设计”出来的，通过应用包括动态异构冗余架构和基于拟态裁决的策略调度和多维动态重构负反馈机制在内的鲁棒控制技术，获得系统内生的安全防御性能。可靠性应当是可标定的，以便在设计、生产、试验验证和使用过程中用量化的方法评估或验证产品的可靠性水平。同样，拟态防御也要给出可定量的抗攻击性指标且可测试验证，主要有以下几项测试：

（1）单一事件防护（Single Event Defend，IED）。拟态界内的执行体除永久性失效外无论出现何种形式的独立安全事件（包括传统和非传统安全事件），拟态防御系统都应该达到完全屏蔽级（ASD），尤其要能有效阻止基于输出响应时间调制的隧道穿越攻击。这意味着在不丧失执行体服务功能（性能）的前提下，通

1 2 3 4 5 6 7 8 9 10 11 12 13 14

过与可靠性验证类似的注入方式在执行体中注入独立测试例可以判定目标系统的 ASD。其中，同一测试例可以植入任何执行体但不能同时植入两个以上(含两个)的执行体。理论上，测试例一旦激活应该能为拟态裁决环节感知或发现并可被负反馈控制机制从当前防御环境内移除或规避(但不会消失)，这一过程在拟态界外应当无感。因此，开环状态下，从拟态界外对测试例实施 N 次激活操作，拟态裁决环节应当能够发现不超过 $m(\leqslant N)$ 次的异常情况且不被界外感知。当反馈环路闭合后，同样测试场景下拟态裁决环节发现的异常情况次数 $\leqslant i$ $(i<<N)$ 且能被拟态界完全屏蔽。

(2) 多个独立事件防护(Multiple Independents-events Defend，MID)。在开环情况下，将小于或等于服务集执行体个数的 N 个功能独立且无协同性的测试例，在不影响宿主执行体正常功能(性能)条件下，分别注入对应的执行体，每个测试例都应当能被正常激活且输出矢量的异常情况能被裁决环节感知，但对拟态界外不透明。闭合控制环路后，无论从拟态界外如何激活这些测试例，拟态裁决环节发现异常的次数都应该小于等于 N 且不能被界外感知。

(3) 共模事件注入防护(Common Mode Events Defend，CMED)。将一个同源测试例注入超过半数的执行体，在闭合环路的情况下，测试攻击逃逸的概率。工程上期望这个值越低越好。

原则上，在拟态括号内注入的测试例只要是非协同、差模性质的，一般是允许的，但也还存在一些限制。例如，拟态防御在机理上可能不起作用的测试例，如停机制瘫和侧信道类的攻击例就不包含在内。再比如，注入的测试例应当满足不破坏拟态防御非配合的前提条件，因此拟态括号中如果存在多个可协同操作的差模测试例，或者存在多个能获得多数执行体“超级特权”的测试例也是不被允许的。除了上述限制外，还规定输入分配、策略裁决、反馈控制、输出代理等环节禁止采用直接注入测试法。一方面，因为这些环节功能相对简单，工程实现中即使设计漏洞无法避免，但是后门则是可以杜绝的；另一方面，这些环节往往不足以构成攻击表面或者攻击表面太小难以利用。例如，当相关环节软硬件代码不具有在线修改功能时，利用漏洞上传病毒木马的攻击方式就无法生效。当然，如果测试例能被用来间接地获得宿主执行体的超级特权，则测试例间的差模性质在设计意义上就无法保证了。

3．目标系统安全态势监测

根据拟态防御原理，只要多模输出矢量的裁决中出现不一致的情况，就表明当前服务集内执行体发生了可容忍的安全问题，可能是物理性故障或设计缺陷导致的失效，也可能是已知或未知攻击导致的异常。随后的清洗恢复与重构重组和策略调度等反馈控制操作，都试图使裁决器输出状态不再处于异常状态或在给定时间内使输出矢量不一致的频次低于某个阈值。因此，以每小时、每天、每周、每月或每年为单位统计，分析这些异常的性质、频度及分布规律等，可以测量或度量目标对象的安全态势。尽管多模裁决只能感知非协同性攻击或偶发性故障在输出矢量上的表现，但是 DHR 的负反馈机制却能间接地降低攻击逃逸的成功概率。换言之，按照相对正确公理，只要多模裁决未发现输出矢量不一致情况，则表明目标对象处于相对安全状态，只是在极小概率情况下才可能否定这一结论。除非攻击者能在给定观察时间内，不留痕迹地实现持续性攻击逃逸，否则在安全态势评估中可以排除这一因素，因而统计监测输出矢量不一致情况能够在一定程度上表明目标对象的安全态势。作者以为，拟态防御有效性的衡量指标应当是“非配合条件下的多元动态目标的协同一致攻击难度”。但是，在给定的时间内用什么样的方法、如何才能直接度量这一指标仍有待进一步研究。

4. 对比性检验

拟态防御对象的安全性还可以用对比性测试来实际检验。即通过加载已知问题的“烂柿子”测试软件，观察目标对象拟态模式和非拟态模式两种场景下的漏洞扫描或基于漏洞的测试(攻击)例反应，或观察拟态括号内各执行体的反应与拟态界上的反应情况的差别，并以可感知的差别作为安全分级的标准。当然，还可以根据测试软件的类型(如应用软件、基础支撑软件、工具软件或者库函数软件等)来细分相关拟态层级的安全等级。不过，如何构造多样化测试规范以及如何科学地设置测试例等仍有许多待研究的问题。

此外，也还可以用其他原则来划分拟态防御等级，如非配合协同难度、异构冗余的余度数、可重构的备选方案多寡、服务集执行体防御场景的可组合数、拟态界和拟态括号个数或层级数、策略裁决规则库容量和裁决窗口时间、动态调度策略丰度、反馈控制过程收敛时间等。

5. 信息安全效应

由于拟态裁决对象是当前服务集各执行体的输出矢量，如果攻击者试图获取或篡改目标对象中的敏感信息(基于输出响应时延调制的隧道穿越另当别论)，必须具有控制全部或多数执行体协同一致地读取或修改敏感信息的能力，否则各自独立实施的隐蔽行动都会被拟态界发现并清除。例如，在拟态构造的路由器中，路由表的表项创建、更新和删除操作必须由多数或所有异构路由控制器一致的输出结果决定；在拟态构造的SDN控制器中，流表的存储管理也必须由多数或所有异构控制器一致的输出结果决定；在拟态构造的文件存储系统中，文件目录或内容的读取和修改同样需要多数或所有异构控制器一致的操作结果决定等。拟态防御的这一效应与信息加密技术无关，只是对基于目标对象漏洞后门或病毒木马等导致的信息安全问题有效。作为一种在机理上可保证的应用，拟态构造的加密设备或信息安全产品中即使存在软硬件代码设计缺陷或恶意编码行为，也不应当影响加密算法或管控机制的安全性，这使得相关设备生产厂家能够从技术架构而不仅仅是构件或生产过程管理层面，有自信心地回答用户对产品内在安全性的质疑。

与区块链技术通过共识机制只限定数据块的修改或增删权限不同，拟态防御技术不仅可以限定拟态界内受保护信息的增删操作也可以约束其读写操作，而不用像前者那样需要专门的加密环节来保护数据块的私密性。因此，拟态防御具有一定程度的信息安全功效。

6. 拟态防御与拟态计算

拟态防御的本质是通过功能等价异构执行体的策略调用或重构，给基于漏洞后门等的协同攻击造成某种程度的不确定性，以便显著地降低协同攻击可靠性。当防护等级要求不高时，拟态括号只需按照功能等价原则，以给定的算法或随机性策略调用独立的异构执行体提供对外服务即可，并不需要复杂的拟态裁决功能。

这种简化的拟态防御实质上就是拟态计算(见图9.9)。虽然两者都有功能等价动态异构冗余的共性要求，但目的或用途有所不同。前者使服务功能与实现结构解耦造成协同攻击难度，后者使处理功效与计算结构强关联追求任务解算全过程的高能效指标。两者的不同之处也非常明显，前者追求服务环境的随机性变化，后者期望具有最佳能效拟合的计算环境迁移或重组重构功能。

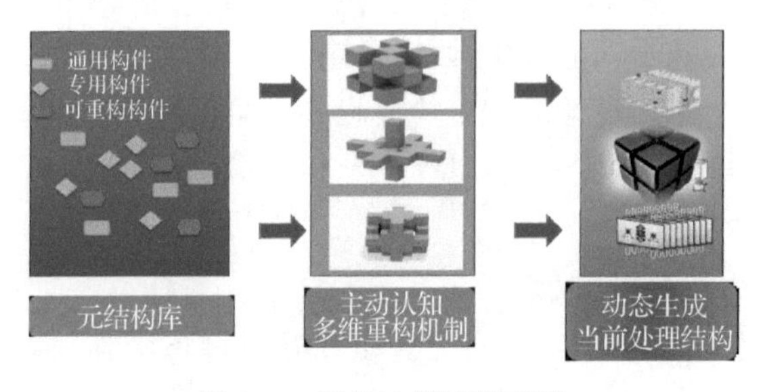

图9.9　拟态计算原理示意

拟态计算的退化形态就是异构计算。两者都要求具有异构冗余计算资源，但拟态计算希望利用功能等价条件下性能不同的异构计算资源达成理想的处理能效，而异构计算只关注如何利用异构处理资源获得期待的加速性能。

7. 未知威胁检测设备

利用拟态构造我们可以设计未知威胁检测装置。如图 9.10 所示。

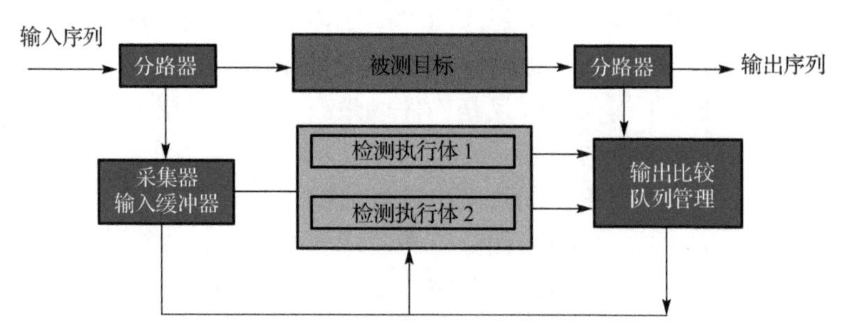

图 9.10　未知威胁检测装置

假定拟态括号内的执行体由检测执行体和被测目标两部分组成，输入分路器负责将输入序列导入至采集器、输入缓冲器和检测执行体，输出分路器将被测目标输出矢量导入输出比较器，检测执行体的输出也全部连到输出比较器。在此模式下，被测目标处于“黑盒”工作状态，由于检测执行体在给定功能上与之完全等价并处于伴随或跟踪模式，因此输出比较器在这里只是提供执行体间的输出矢量比较和缓冲队列管理功能，以及面向采集器和检测执行体的命令功能。如果在相同的输入序列的激励下，被测目标的输出序列与检测执行体的输出序列一致则认为“正常”，反之则认为“出现异常”。假如此时只有一个检测执行体时并不能认定被测目标异常，除非两个被测执行体的输出矢量相同且与被测目标不一致。这种运用模式下，如果认定检测执行体具有更高的置信度且有 2 个以上检测执行体，那么就可以实时或准实时地在线感知被测目标运行期间的整个安全态势，通过相关数据采集和分析手段甚至能感知非常隐秘的攻击行为或澄清未知威胁的性质。这种基于功能等价性和不依赖特征库的威胁感知能力是拟态模式所特有的，按照这个原理设计的安全检测设备，可以用来对一些具有标准协议或统一规程要求的专用“黑盒”设备进行安全核查，例如路由器、域名服务器以及工业控制器等敏感设备。

8.“停机-重启”颠簸问题

假定攻击者具有足够的资源，了解和掌握拟态防御界面内所有(或多数)功能等价执行体或全部防御场景的相关漏洞后门，且利用这些漏洞后门可以造成目标执行体进入“死循环”或出现等效的“停机问题”。在给定的时间间隔内，攻击者可以发送所有的“停机序列”使各执行体先后“停机”，且拟态防御界内的重启或清洗或重构速度小于攻击序列的发送速度，目标系统的各执行体将进入“停机-重启”的颠簸状态，服务的有效性急剧降低，甚至完全不能提供任何有价值的服务，这相当于在目标对象清洗与恢复时间窗口内成功实现了对拟态防御对象的协同攻击(与 DDOS 攻击效果等价)。然而，这种假设情况在实践中将是罕见的，因为拥有足够丰富的、有针对性的攻击资源，意味着攻击者的成本将被极大地推高，甚至需要动用包括社会工程学意义上的各种资源和手段。不用说一般黑客难有作为，即使非常强悍的黑客组织或者有政府背景的专业机构，甚至国家级的预谋行动也很难实现。

9. 待机式协同攻击与外部命令扰动

假定攻击者掌握拟态括号内多数执行体中的高危漏洞情况，并具有利用这些漏洞获得最高控制权、达成协同攻击目的或取得同一敏感信息内容的能力，或者拥有足够后门资源能直接通过系统“超级特权”达成预定目的。为了实现拟态逃逸，各执行体中的相关病毒木马可以事先将所需的敏感信息取出待机，然后攻击者利用共享的输入通道和正常的协议消息发送统一请求指令，各执行体中的病毒木马“统一行动”向拟态界发出处于待机状态的敏感信息。尽管这个假设在理论上看起来成立，但真正要实现稳定的协同逃逸难度还是非常大的。一是，只有掌握并能有效利用目标对象多数执行体中的漏洞后门，才能保证无论怎样的策略调度或重构重组当前服务集中的执行体或执行体自身的算法构造，都能保证呈现出的防御场景多数处于完全掌控之中；二是，具有利用不同执行体、不同漏洞后门达成同一目标的能力；三是，需要完全掌握裁决器多模矢量选择与算法策略及判决窗口时间，这是“协同攻击”逃逸能够成立的前提条件。显然，若要同时满足上述三点要求基本没有可能。最后，由于反馈环路还存在一种外部强制命令触发的机制，即系统会根据某种策略定时或不定时地更换当前服务集内的某个执行体甚至是全部执行体并实施预清洗操作，这对内存注入式攻击无疑是个巨大灾难，因为“即使能成功逃逸也不可能稳定维持”。

10. 可叠加与可迭代性

通常情况下，拟态防御既可在多个级别、多个层次、多种粒度上独立实施，也可以在一个确定的目标系统中关联式地迭代使用。如果按照垂直非整合或深度迭代的方式整体布局拟态防御，则协同攻击的复杂度将呈指数级跃升，可为防御方带来非线性防护增益。

11. 目标对象粒度

拟态括号内部的异构冗余元素，其复杂度理论上并无硬性规定。例如，配置的异构冗余元素可以是互联网上多个作用等价的域名递归服务器或权威域名服务器，也可以是不同云平台中的功能等价实体 Web 服务器或同一云平台内功能等价的不同虚拟 Web 服务器，也可以是文件存储系统中不同厂家提供的磁盘阵列，还可以是 SDN 控制器中功能等价的异构协议处理器，或是功能等价的异构软硬件模块、中间件、智能器件等。总之，凡是功能等价(也许还有性能方面的要求)的软硬件实体或虚体，不论规模、性质和分布地域如何都可以作为拟态括号中的元素。

12. 动态异构冗余自然场景

信息系统中不乏具有“动态异构冗余自然场景”。例如，云平台或数据中心(IDC)就可能存在多种功能等价异构冗余的实体或虚体处理资源且随服务载荷变化总处于动态调度中；分布式云存储系统中也常常存在不同厂家但功能等价的存储设备，且由于资源共享或随机故障等原因不可能完全采用静态分配的方式；用户可定制计算或可重构处理或拟态计算环境通常会存在功能等价、性能效能各异的软硬件模块或算法方案并能被解算对象动态地调用等。上述场景中都存在不同程度的动态性、多样性和随机性，且调度机制既有外部因素也有内部因素，这都会严重影响或阻碍攻击的协同性。倘若再有意识运用拟态伪装策略增大非配合条件下协同攻击面临的不确定性，或基于这些资源增量部署简化的拟态括号功能(例如，在不考虑策略调度和多维动态重构情况下，只保留输入和输出代理及拟态裁决功能)，即使协同一致攻击难度达不到经典 DHR 程度也会显著地增加攻击者的成本和代价。

13. 关于侧信道攻击

按照定义，拟态括号内的各执行体具有相同的功能权限和数据访问权限。假定执行体还具有控制散热风扇转速的功能、控制某一根连接电缆信号传输速率的功能、控制 LED 指示灯开/关的功能、控制 CPU 工作频率和功耗的能力等，那么只要攻击者能控制拟态界内任意一个执行体，就可以用“调制”风扇发出的声波或超声波方式，或“调制”LED 指示灯的发光频率和强度方式，或控制传输信息的速率和发送间隔方式“调制”电缆线上的电磁辐射，或“调制”CPU 表面的辐射热量方式等，将拟态括号内的敏感信息“绕过”多模输出矢量裁决器发送至拟态界外(即使这种方式的信息传送速率很低)。反之，利用系统内部隐藏的声光电或震动传感器也可以在网络隔离状态下触发预设的后门功能。理论上，拟态防御机制对此类基于后门和物理效应的攻击无确定性作用。6.5.3 节提到的“调制”输出矢量响应时延达成隧道穿越的方式，尽管是直接穿越而不是绕过拟态界，仍可归为基于共享机制类的侧信道攻击。解决此类侧信道攻击问题并不存在太大的技术障碍。

9.3 结构表征与拟态场景

9.3.1 结构的不确定表征

拟态防御的基本手段是通过 DHR 架构导入拟态伪装机制造成攻击方的认知和协同行动困境，以拟态隐匿或欺骗方式对抗来自内外部的已知或未知威胁。在拟态防御过程中，对于防御方来说需要研究如何才能制造复杂多变的构造环境，采用以假乱真的欺骗手段，或用似是而非的虚假现象迷惑误导对手，或随机地改变防御场景等，以利于提高防御行为的理解或认知难度。对于攻击方来说，则需要研究如何才能从复杂多变的目标环境中精确识别出防御场景的缺陷或已经植入的软硬件代码，构建可达性有保证的内外部信息交互通道，保持攻击链的稳定性，实现非配合条件下的协同攻击等一系列极具挑战性的任务。

作为给定公理“结构决定功能、结构决定性能、结构决定效能”的推广，通常一个功能往往存在多样化的实现方法。换句话说，给定功能情况下常常存在多样化的执行结构或实现算法，且在给定功能层面上是等价的。假如用这种原理构建一个冗余配置的信息服务装置，其外在的功能与其内部的结构之间就不再是一一对应的关系。或者说一个 I【P】O 模型的系统在保证输入/输出关系确定的情况下，能实现功能与算法间的解耦，如图 9.11 所示。

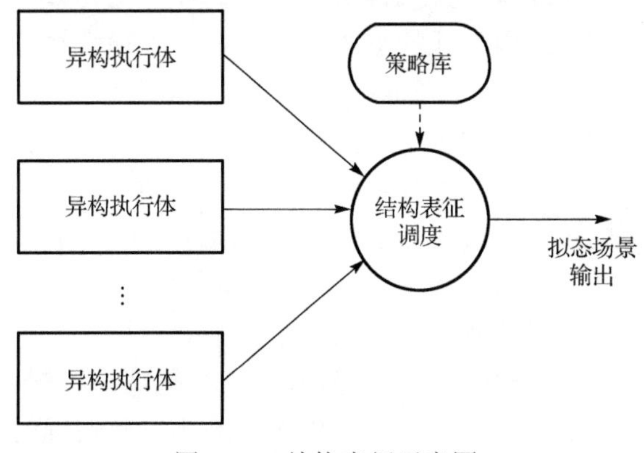

图 9.11 结构表征示意图

利用这个特点，动态、重构重组或随机调度这些执行体，使目标装置提供的服务功能与其视在结构间具备了不确定属性，也包括使隐匿或依附在相关执行体上的已知或未知漏洞后门等，在系统层面上的协同利用成为不确定性事件，给企图通过输入/输出关系探测、反演处理结构或算法寻找和利用漏洞的努力带来挑战。依据异构执行体调度策略的不同，可以将结构表征分为随机结构表征和复杂结构表征。

1. 随机结构表征

假如一个异构冗余架构功能装置的结构表征，只在时间维度上随机的在多个异构执行体(比如数量为 N 个)之间作动态选择，称之为“随机结构表征”，其视在结构复杂度只与异构执行体的数量呈简单线性关系。由于缺少组合呈现和策略呈现等更富有变化性的调度机制，使其视在的结构复杂性和不确定性并不令人满意。

2. 复杂结构表征

如果在异构冗余架构装置中导入基于策略调度的动态冗余控制机制，让参与服务提供的执行体在数量上、类型上、时间上、空间上甚至自身结构或运行环境上作动态多样随机化的改变，当任意两个或两个以上的执行体被并行激励时，目标对象结构表征场景既可以是这些执行体结构的独立表征，也可以是它们的并集或交集表征，复杂度将是指数级的。不同复杂度的空间结构表征场景，加之时间维度上的随机拓展，可以最大限度地发挥动态异构冗余架构环境的隐匿欺骗效果。

3. 基于反馈控制的结构表征

上述两种结构表征方法存在一个共同的缺陷，就是执行体的调度策略都属于“盲动”性质的主动作为，其工程实现开销高昂且运行效果无法评估。不同于上述两种方式，DHR 结构表征的不确定性取决于多模裁决的策略调度和多维动态重构负反馈机制。只有发觉当前结构表征受到威胁时(多模裁决发现异常状态)，才会启动策略调度或多维重构机制，改变目标对象当前服务集内的元素配置或者重构“问题执行体”的运行环境，使得系统结构表征发生一次变化。倘若变化结果还不能规避当前威胁(拟态裁决环节仍可感知到异常状态)，则前述操作将继续，直至系统自动选择出可以应对当前威胁的结构表征，这一过程具有渐进收敛的鲁棒控制属性和测不准的环境特性。

显然，拟态防御对结构表征的动态性要求(变化速率)完全不同于跳频抗干扰通信系统的动态性要求。只有当输出矢量出现不一致情况时或受到某种调度策略激励时，目标对象结构表征才会发生具有收敛性质的动态化和多样化改变，即“扰动”后（也可以按照某种策略处理后）才可能会有动态的响应过程并在达到一定安全阈值时趋于稳定。利用漏洞后门、病毒木马对运行环境的强依赖性，通过变化或变换拟态括号内结构表征方式，瓦解它们在异构执行体之间建立可能的协同行动机制，是拟态防御有条件地导入动态性之根本目的，注重的是“四两拨千斤”作用而不是低效的盲动操作。

9.3.2　拟态场景创建方式

凡是拟态架构的信息系统或装置，其每一种视在构造形态称为拟态场景(Mimic Field，MF)。无论何种拟态场景都有等价的且可感知的元服务功能，包括给定功能之外的未知漏洞后门等暗功能或副作用。

防御方的拟态场景数量和复杂性决定可隐匿伪装的作用范围与效果，有限的拟态场景通过拟态呈现可以表现出更加多维复杂的防御场景(结构表征)。典型的创建方式如下。

1．动态化/随机化虚拟方式

此方式按最大公约数功能交集要求事先规划或设计好多种虚拟化的拟态场景及功能，通过动态化、随机化的运行调度机制加以运用。缺点是性能损失较大，还可能影响到上层功能的灵活表达或扩展(例如 MTD 中的许多做法)。此外，实现虚拟化的物理载体本身的安全性保障也会成为新的敏感目标。

2．可重构/可重组/软件可定义方式

此方式按最大公约数功能交集要求事先规划或设计好多种拟态场景的架构方案，通过多个可重构、可重组或软件可定义的元结构(如各种软件可定义装置(Software Define Everything，SDX)[10,11]、现场可编程门阵列(Field-Programmable Gate Array，FPGA)或用户可定制计算(采用 CPU+FPGA 等结构)或软件定义硬件(SDH))和拟态呈现环节，实时或非实时地生成或展现满足服务功能和性能要求的拟态场景。缺点是设计的拟态场景越多开发代价越高，且开发方式较为封闭。

3．功能等价 COTS 级元素利用方式

此方式根据最大公约数功能交集要求，事先就设计(或挑选)出多个具有服务功能或性能交集的商业化的异构软硬实体(特别是标准化程度较高的中间件、嵌入系统或开源产品等)，也可以是云服务平台上的异构虚拟设备或者网络上的异构网元，通过增加输入和输出代理机构、多模裁决及策略调度器等控制环节，

动态地调度和呈现某个拟态场景，或者叠放式地呈现某些实体或虚体对应的拟态场景。缺点是商业化元素通常只能以黑盒方式利用，软硬件版本的细节和升级情况可能涉及拟态括号的适应性设计或修改，如通信或互联协议中未定义或自定义字段可能影响拟态裁决实现复杂性等。

4. 混合创建模式

实际应用中可以根据需要混合使用上述 3 种创建模式。

9.3.3 典型拟态场景

1. 神秘化场景

神秘化场景使攻击者看到的目标对象防御场景在其知识库中没有任何可匹配的信息，表现为迷惘困惑或不知所措。此种场景通常很难构建，因为人类活动高度依赖知识或经验的传承，经验外的东西既难想象也不知如何构建。理论上，拟态场景对攻击者而言具有相当的神秘性。一是 DHR 架构能将不确定威胁转变为可控概率的事件，违背认知常识。二是即使允许采用白盒条件下的试错方法，由于有太多的不确定性影响，很难稳定地构建非配合条件下多元动态目标协同一致的攻击。三是负反馈机制使扫描探测到的漏洞数量、性质、可利用性等都不确定，即使能植入病毒木马也无法建立可靠的通联或可达关系等。四是 t 时刻获得的探测认知或攻击经验，很可能不具有可继承性或可复现性等。总之，拟态架构的测不准效应可以导致拟态场景的神秘化。

2. 似是而非场景

似是而非场景使攻击者看到的防御场景在可涉及的知识库中有多个匹配信息，但总是无法形成完整清晰的认识，如瞎子摸象般的体验。此场景只需要具有功能等价条件下的异构执行体，采用非典型拟态防御方法就可以构建。

3. 伪装隐匿场景

伪装隐匿场景使攻击者在其视野内，倾其经验和知识始终不能发现目标对象的防御特征或规律，也无法与事先植入的软硬件代码建立功能联系。拟态防御的最高境界就是完全屏蔽防御方的防御行动，无论是扫描探测还是试探攻击，无论是随机性故障还是人为因素引发的内部扰动，攻击者都无法从目标对象的响应操作中得到任何有利用价值的反馈信息，就如同落入“信息黑洞”。

4. 片面化或碎片化场景

片面化或碎片化场景将一个目标按非全景方式从不同角度、不同时间、不同空间、不同路径，片面化(片段化或碎片化)地呈现给攻击者，使之难以形成对目标整体架构或运行规律的认知。此类场景工程实现较易。

5. 过度拟合场景

在数据分析和预测中，常常出现“一个假设在训练数据上能够获得比其他假设更好的拟合，但在训练数据以外的数据集上却不能很好地拟合数据的现象”。这种场景极易造成攻击方基于机器学习[12]的预测评估陷入误区，关键是实现环节要有意识地暴露大部分目标特征且要添加特征噪声。恰当的设计策略调度和多维动态重构机制可以达成这一目的。

6. 屏蔽和掩饰异常场景

攻击者在攻击前后(甚至攻击中)大都要实施探测和攻击效果评估[13,14]。目标对象防御场景变换的本意之一，就是要使攻击者因为难以获得真实的攻击效果而迟疑或终止后续的攻击行动。对于外部探查或侦察活动[15,16]，由于防御场景的无感变换(切换)而使攻击方探查到的信息或条件不能正常地驱动基于自动机的分析机制，从而无法对目标对象做出更深入细致的认知。特别是，通过屏蔽或掩饰由于外部探查(也可能是试探攻击)或内部错误引发的运行异常现象，或者使之张冠李戴式的积累探查数据，给攻击者的侦察和攻击效果评估引入太多的错误或不确定的表象。

9.4 拟态呈现

拟态呈现(Mimic Display，MD)是一种基于动态异构冗余原理的智能调度功能，是在时间、空间和策略等维度上组合应用异构执行体集合的过程。本质上来说，拟态呈现是基于拟态特性的结构表征方法，动态化、多样化、随机化和负反馈机制等是其制造复杂拟态场景的基本手段，拟态呈现质量(即结构表征的诡异性或狡黠性)对保证拟态防御效果有着重要的影响。

9.4.1 拟态呈现的典型模式

拟态呈现模式下，功能等价的异构执行体在同一个输入激励下，一般存在多个时间上有一定离散度且在大概率上是相同信息内容的输出矢量。对这些输出内容作拟态裁决或按照给定的算法进行一致性复核，并在这个基础上依据给定的策略集合选择相应的输出矢量作为拟态界输出。下面介绍几种典型模式。

1. 前后台呈现模式

由前台异构执行体独立提供目标系统服务功能，后台存在多个功能等价执行体同步或非同步地模拟或伴随前台执行体的任务处理，实时或跟踪式地检查核对前台执行体的处理结果(数据)或状态(流程)是否存在异常现象，以及决定是否要更正前台执行体的历史输出结果，并随时准备在拟态呈现环节的调度控制下更替当前提供元服务功能的执行体。无论异常挂起还是随机下线的功能等价异构执行体都需要作清洗、重启等恢复或预防性操作，必要情况下还需实施重构重组操作。前后台呈现模式下的结构表征复杂度与拟态场景的种类和数量呈线性关系。

2. 组合呈现模式

在特定的服务场景下，拟态括号内的异构执行体依据某种预先设定的组合策略，如轮询、随机组合方式，并发或顺序地完成特定服务功能。由于冗余配置的异构执行体在给定功能上都是等价的，理论上无论怎样的组合激励这些执行体，对外所呈现的服务功能总是相同的(也许性能方面存在差异)。但是防御方却因此获得了动态、随机组合呈现复杂拟态场景的能力，使得攻击者很难仅凭功能感知或系统指纹来辨析拟态界内服务功能实现结构上的漏洞后门等，也很难在这种基于拟态裁决的策略调度和多维动态重构负反馈机制导致的非静态、非确定、非持续环境中构建起可靠的攻击链。组合呈现模式下的结构表征复杂度与拟态场景数量呈非线性关系。

3. 裁决输出模式

通过输入和输出代理等呈现控制部件，使相关拟态场景或异构执行部件同步地接收外部请求，并对产生的多路输出矢量进行多模表决或策略裁决。凡是符合表决或裁决规则的输出矢量都可以作为输出代理的备选矢量，输出代理再按照某种策略从备选矢量中选择输出(这种策略会严重干扰基于系统指纹或性能分析的灵巧攻击)。对表决异常的执行体会适时地启动安全扫描、病毒木马查杀、故障分析定位、清洗恢复和重构重组等机制。

裁决研判一般会影响目标系统的实时性。作为工程实现上的一种折中方案，拟态界上的输出裁决对象也可以是粗粒度的结果，如线程、进程或任务级预设检查点的输出内容，或借助路由协议中的邻居广播机制核查路由信息的完备性等。

有时输出矢量中包含的信息量很大(如 IP 协议中的分组包)，裁决处理的时间开销可能影响到目标对象的服务性能。这时可在裁决环节之前增加预处理机制，例如，求分组信息的校验码、路由表项的哈希值等，裁决环节的时间复杂度能从输出矢量的全域比较缩减为仅对校验码或哈希值的比较。

从工程实现角度出发，裁决点的设立不可避免地存在“盲区”问题。一方面，基于复杂状态转移的攻击行动，总是极力避免触动拟态界；另一方面，从技术和经济性角度考虑也不可能设置太多的拟态界而影响目标系统的性价比。所以，在拟态防御中对盲区问题要采取专门的措施，例如，定期不定期地清洗或初始化在线或不在线的执行体，使入侵者无法从容地应用复杂攻击机制，也可以在发现异常后再清洗或实施算法与执行环境的改变等。值得注意的是，研判内容的多寡和研判时机的选择都会影响到攻击逃逸概率，需要有折中或平衡方面的设计考量。

4. 策略呈现模式

反馈控制环节可以采用依据策略的调度机制。可选的调度策略包括权重、轮询、随机、性能优先、成熟度优先、高版本新功能优先、均衡负载优先或历史表现优先等。动态或随机地使用这些调度策略，可多维度地增加拟态呈现场景的视在复杂性。

在标准化或可归一化的拟态界面上，引入可管理的输入/输出代理机制和策略调度机制，以及非配合条件下多模输出矢量拟态裁决机制，使拟态呈现形式更为诡异狡黠，更易隐匿防御方内部特征(例如，可以扰乱企图通过输入/输出关系导出系统响应函数的探测攻击)，或屏蔽受外部激励而触发的异常反应(如响应时间明显增加或输出不正确结果等现象)，或阻止通过协议包未定义字段探测软件版本信息的企图等。

应当指出，依调度策略实施拟态呈现必然会引入相应的调度代价。工程实践上，由于拟态场景呈现、转换、识别和隐匿异常状态需要额外增加专门的处理能力或系统开销，所以这些调度操作的实施不能过于频繁，也不应该过于繁杂。相反，设计中应尽可能地减少反馈调度环节上的暗功能，降低攻击的可达性，缩小攻击表面。此外，为监视调度环节可能的故障问题设置“看门狗”[17]之类的功能部件是有益的。

5. 输出代理模式

当选择商化(COTS)或非自行设计的软硬件产品作为异构执行体时，其输出矢量可能在语法、语义层面上是一致的，但在可选项、未定义域、填充字段、响应时延、打包消息数量甚至加密内容等方面有差异。此外，动态的上下线处理和预清洗或强制复位或重构重组等操作，可能导致执行体之间或对外呈现的状态、进程、通联序号等不同步情况。这些都会给基于拟态裁决的策略调度带来不小的麻烦，采用输出代理模式有助于简化拟态呈现的工程复杂度。

此外，代理环节还可以有效地屏蔽外界对“系统指纹”的探查，阻断通过服务响应时间或协议包细节信息间接窥视系统内部特征或实施隧道穿越的行径；或者由于 IPSec、HTTPS、SSL 等加密[18]造成拟态括号内部执行体输出(或输入)完全不一致的情况时，将加密步骤后移(或前移)到输出(或输入)代理环节等。此时，缩小输出/输入代理环节攻击表面、降低攻击可达性的努力就会变得非常重要。

既然有输出矢量研判和选择机制，就存在检出点的设置和需要复核多少内容的问题。检出点设置过多不仅增加异构冗余资源的代价还会增加研判开销影响正常服务响应性能，尤其是各执行体的输出响应时间通常是离散的(工程实现上应当有离散度方面的要求)，而且很可能存在语义相同语法不同的情况，这使研判和选择环节会引入额外的系统处理时延。拟态呈现颗粒度一般有进程级和任务级两种划分，前者对拟态括号内的广义不确定扰动有更高的敏感性但开销过高，后者则反之。例如，在拟态路由器中主要研判异构执行体路由表语义级的一致性，以保证数据转发路由的可靠性和可信性，对于那些尚未影响到路由转发表正确性的攻击行为或动作可以视为容侵过程；对于文件存储系统，复核点可以设置在磁盘文件索引目录(元数据文件)的修改或增删操作环节上，凡是修改/增删文件目录的操作都必须通过多模输出矢量的一致性检查，至于对磁盘文件目录操作没有显式反应的广义不确定扰动可以不予理会。工程实现上，围绕拟态裁决机制和输出选择策略以及容错、容侵功能等尚有许多待深入研究的课题。

9.4.2 拟态括号可信性考虑

基于拟态裁决的策略调度和多维动态重构机制的拟态括号可靠性与可信性始终是拟态防御的核心问题之一。除了参考高可靠性冗余控制和鲁棒控制做法之外，可能的情况下，应使拟态括号(软硬件)实体独立于任何执行体(结构或算法)实体。反馈控制算法和策略虽不要求严格保密，但至少有些参数要来自系统或执行体内部(如当前网络流量、存储器/处理器资源占用情况、活跃进程数、中断发生频度等)随机性信息。必须通过“单线联系或单向传递机制”限制拟态括号任何环节获得系统资源或运行态势全景视图的能力，严格遵循“控制信息够用即可”的原则，分解集中控制点(例如采用分布式裁决算法)，去除冗余信息，模糊物理与逻辑资源之间的对应关系，用“看门狗”等监控拟态呈现环节的活动状况(例如，失去动态性或呈现出某种固定变化规律时启动报警机制等)。此外，应使输入分配与代理、可重构执行体、输出代理与裁决环节作严格意义上的“单向流水线”处理，核心是要避免拟态括号内的执行体功能被“旁路”。换言之，只有使包括可重构执行体在内的拟态括号能获得基于构造的内生安全效应，反馈控制环节(蓝色模块内)漏洞的可利用性才能显著降低，拟态防御体系才能从机理上避免安全短板。如图 9.12 所示。

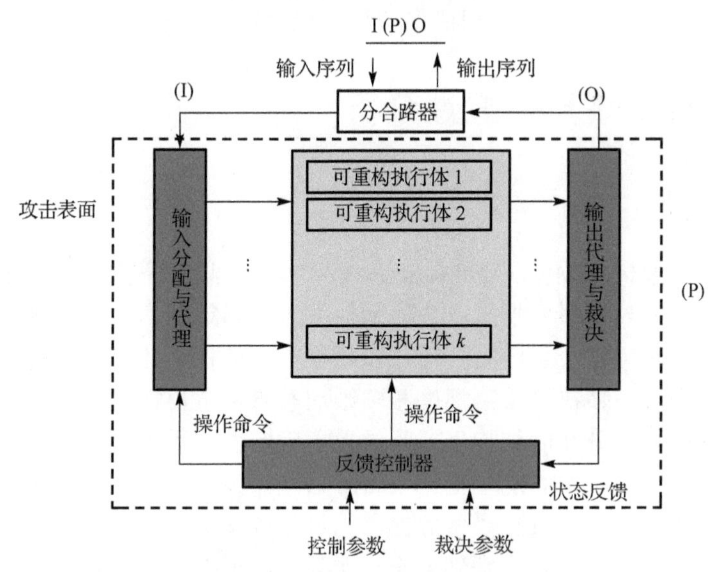

图 9.12　流水线构造拟态括号

同时，应尽可能地减少相关环节的暗功能，特别是要肃清后门功能。拟态括号可以采取的安全机制至少有以下几种：

(1) 缩小攻击表面。尽可能降低拟态括号功能复杂度，尽可能减少软硬件资源的使用规模，尽可能避免不必要的智能或智慧功能，尤其要避免软硬件代码在线修改，从机制上阻断潜在的注入式攻击。

(2) 使攻击不可达。拟态括号所有环节对于任何异构执行体而言应当是透明的，对于外部攻击者而言也尽可能是不可见的，即便存在未知的漏洞应当很难被攻击者所利用，使拟态括号的攻击表面不具有可达性。例如，可以采用移动目标防御的一些做法(因为假定无后门)。

(3) 功能部件 SDH 化。使用配置文件驱动的 SDH 来实现拟态括号所需的功能，使配置文件多元化或多样化并可由用户自主选择。

(4) 导入移动攻击表面(MAS)。拟态括号本身就由多个功能等价的异构执行体冗余实现，利用装置内一些不确定的内部参数调度这些执行体，使攻击者难以协同利用其中的漏洞后门。

(5) 看门狗。拟态括号应当设有主动输出的检查点信息，以便专门设置的看门狗装置能够及时发现可能的异常情况。

(6) 可信计算。对于拟态括号而言，其相关环节的功能和状态一般是可预知的，利用可信计算技术可以监视其运行状况正常与否。

(7) 必要的话，也可以采用成熟的异构冗余可靠性技术。

9.5 抗攻击性与可靠性分析

9.5.1 概述

拟态防御架构(CMD Architecture，CMDA)[19]具有不依赖先验知识的非特异性威胁感知、攻击事件抵抗以及可靠性故障容忍等能力，以不排斥传统入侵检测、入侵预防等安全手段为前提，以功能等价条件下的动态异构冗余架构为基础，以基于拟态裁决的策略调度和多维动态重构负反馈机制为核心，以目标对象服务功能与其外在的结构表征间导入不确定性关系为手段，用内生的测不准效应形成“双向防御迷雾”，造成攻击者认知困境并显著降低非配合条件下的攻击成功概率，是一种具有“服务提供、可靠性保障、安全防护”三位一体广义鲁棒控制特性的信息系统基础架构。尤其是，拟态防御能将物理因素引起的模型摄动可靠性问题与未知攻击导致的不确定威胁问题，如同香农信道中的白噪声和加性干扰一样，可以用信道编解码理论与方法归一化地处理之[20]。

本节安排是，首先基于广义随机 Petri 网(General Stochastic Petri Net，GSPN)建立拟态防御架构的抗攻击性模型，以及非冗余架构、非相似余度架构和拟态防御架构这三类典型信息系统架构的可靠性模型，然后利用 GSPN 模型的可达图与连续时间马尔可夫链(Continuous-Time Markov Chain，CTMC)同构特性[21]，量化分析系统的稳态概率(分析方法同 6.6.2 节)，最后通过基于 MATLAB 的仿真方法，进一步验证拟态防御架构在抗攻击性和可靠性方面的非线性增益。在评价指标方面，提出基于稳态可用概率、稳态逃逸概率和稳态非特异性感知概率这三种参量综合刻画目标架构的抗攻击性，用稳态可用概率、在(0，t]时间区间内正常工作概率即可靠度 $R(t)$、首次故障前平均时间(Mean Time To Fault，MTTF)和降级概率刻画目标架构的可靠性。本节给出的模型和方法能够用来分析信息系统架构的鲁棒性、可靠性、可用性和抗攻击性，相关分析结论有助于指导高可靠、高可用、高可信的鲁棒性信息系统的设计。

9.5.2 抗攻击性与可靠性模型

1. 抗攻击性考虑

我们认为拟态构造系统的抗攻击性和可靠性是可归一化设计的，其行为及结果可以通过模型的求解来预期，应当能够达到系统安全性能可设计、等级可标定、效果可验证、行为状态可监测、行为结果可度量、异常行为可控制的体系化目标。

如图 9.13 所示，拟态防御架构在 DHR 基础上，导入拟态伪装机制加强攻防博弈的主动性，应用博弈策略驱动多维动态重构机制达成目标对象防御部署或行为测不准的效果，利用动态异构冗余机制对确定或不确定性威胁提供面防御的功能，根据多模裁决的相异性统计结果触发“点清除”机制，基于拟态防御的体系化效应达成多模输出矢量非一致性表达概率最小化的目标。需要强调指出的是，拟态防御架构首先是依据“相对正确”公理将基于目标对象执行体漏洞后门、病毒木马等的不确定性攻击转变为系统层面攻击效果可用概率表述的事件，其次将确定或不确定“差模和共模攻击”和随机性差模故障归一化为可靠性问题，再者要能通过基于拟态裁决的策略调度和多维动态重构负反馈机制极大地丰富应对非协同攻击的拟态防御场景，从而能够将稳态可用概率、稳态逃逸概率和稳态非特异性感知概率控制在一个合理水平。上述转变步骤之间的相互关系是，针对异构执行体个体的攻击效果越是确定，系统层面协同攻击成功概率就越低，两者之间满足非线性关系；输出矢量的时空内涵越丰富，多模裁决的指向性越具体，协同逃逸可能性就越低，基本关系也是非线性的。为简化分析，我们将优先级、掩码、正则、语义等多种可动态选择的拟态裁决方法在建模分析时简化，只选择了一种“择多”表决方法，并将执行体重启、重构、重组合、重配置等各种多维动态重构手段归一化为一种执行体“恢复”手段，同时各目标架构中也不添加入侵检测、防火墙等特异性故障感知和加密认证等传统“点”防御手段，在这种假设情况下可以得到拟态防御架构抗攻击性的下限值。实际应用系统中往往会添加或融合上述方法或手段，等效意义上可以增加拟态系统的相异度，从而能够指数级地提高拟态防御架构的抗攻击性。换句话说，拟态防御架构的实际抗攻击性能应当远远高于假设分析所得的下限值。

对于 3 余度拟态防御系统而言，由于拟态裁决的策略调度和多维动态重构负反馈机制的作用使得系统出现永久性失效故障的概率极低，并且只当拟态裁决出现 3 个执行体输出矢量完全不一致时，系统才需要启用相关再裁决策略以便产生置信度下降的输出，即发生降级故障。对于逃逸故障，是指攻击方通过控制系统中的多数执行体，并在裁决后造成多数执行体输出矢量一致且为错误的故障。

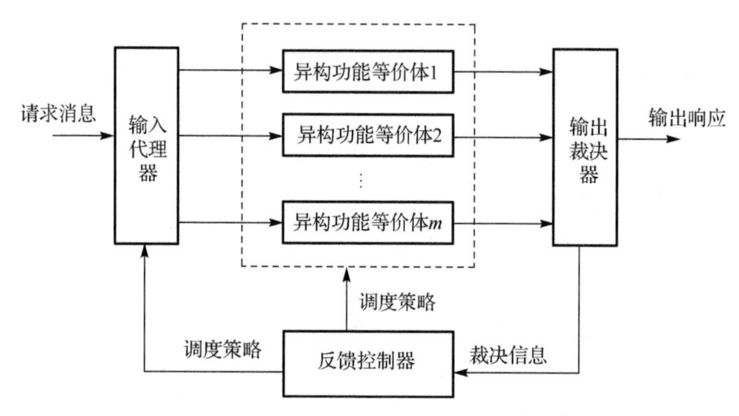

图 9.13　采用拟态裁决策略调度和多维动态重构负反馈机制的拟态防御架构

为简化分析以及验证架构本身的抗攻击性，同样在上述系统的执行体中均不添加入侵检测、防火墙等特异性故障感知和加密认证等面防御手段，也不考虑各种故障感知和防御机制的故障检测率、误警率和漏警率因素，也不将系统的软硬件分离且不考虑其相互影响。针对不同的架构和防御场景，防御时间代价的具体数值将在本节第 3 部分中进行详细说明。

本节同样假定在满足“相对正确”公理的前提下，基于目标对象漏洞后门的威胁问题能够被防御系统构造效应归一化为可靠性问题，同时还假设执行体攻击成功和恢复时间都服从指数分布，以便能够借助 GSPN 模型进行架构抗攻击性分析。对于拟态防御架构而言，因为基于拟态裁决的策略调度和多维动态重构负反馈机制导致的测不准效应，使得攻击者难以用试错或排除等尝试性的手段实现攻击逃逸，即攻击经验难以继承，t 时刻成功的攻击场景无法在 $t+x$ 时刻复现，故而拟态防御架构的实际抗攻击性能往往会优于假设分析所给出的下限值。

2. 抗攻击性建模

抗攻击性是系统在受到外部攻击出现不可见故障时，连续提供有效服务并在规定时间内恢复所有服务的能力。关于抗攻击性模型的假设如下：

假设 1　目标系统是 3 余度动态异构冗余系统(简称拟态防御系统)，执行体中不包括入侵检测、防火墙等特异性感知和防御手段，通过拟态裁决机制可以发现由于一般攻击和停机攻击导致故障的执行体(其输出矢量与多数执行体不同)，并能够对其进行包括动态重构等在内的恢复操作；对于拟态裁决机制未能发现的潜在错误或攻击逃逸，系统仍然能以一定的概率进行定期或不定期恢复；执行体攻击成功与恢复时间服从指数分布。

各系统的抗攻击性 GSPN 模型定义如下：

定义 9.1 系统攻击故障情况下的 GSPN 模型

$$\mathrm{GSPN_C}=(S_\mathrm{C},T_\mathrm{C},F_\mathrm{C},K_\mathrm{C},W_\mathrm{C},M_\mathrm{C0},\Lambda_\mathrm{C})$$

其中，3 余度拟态系统执行体状态可确定库所集 $S_\mathrm{C}=\{P_\mathrm{C1}, P_\mathrm{C2},\cdots,P_\mathrm{C24}\}$；$T_\mathrm{C}=\{T_\mathrm{C1},T_\mathrm{C2},\cdots,T_\mathrm{C42}\}$；$F_\mathrm{C}$ 为模型的弧集合；W_C 是弧权集合，各弧的权重为 1；$K_\mathrm{C}=\{1,1,\cdots,1\}$定义了 S_C 中各元素的容量；$M_\mathrm{C0}=\{1,1,1,0,\cdots,0\}$定义了模型的初始状态。根据动作实施特性确定与时间相关的平均变迁速率集 $\Lambda_\mathrm{C}=\{\lambda_\mathrm{C1},\lambda_\mathrm{C2},\cdots,\lambda_\mathrm{C15}\}$。

用于评价系统抗攻击性的概率指标包括可用概率、逃逸概率、非特异性感知概率、漏洞后门休眠状态概率和降级概率，各概率的定义如下文所示。

定义 9.2 可用概率(Availability Probabilities, AP)：系统处于正常服务状态的概率。3 余度拟态防御系统中，可用概率是指系统全部执行体处于漏洞休眠状态或单个执行体处于故障状态的概率。

3. 可靠性建模

可靠性是指一个元件、设备或系统在预定时间内，在规定的条件下完成规定功能的能力。关于可靠性模型的假设如下：

假设 2 非冗余系统不具有故障恢复机制；当单个执行体故障时系统降级；执行体发生随机故障时间服从指数分布。

假设 3 非相似余度系统通过多模裁决机制可以发现产生随机性故障执行体并对其输出进行抑制，能够对故障执行体(3 余度时为单个执行体)进行恢复；当多数执行体故障时系统降级；执行体发生随机故障与恢复时间服从指数分布。

假设 4 拟态防御系统通过拟态裁决机制可以发现产生随机性故障的执行体，并能够对故障执行体进行恢复；执行体发生随机故障与恢复时间服从指数分布。

上述系统的可靠性 GSPN 模型定义如下：

定义 9.3 非冗余系统可靠性故障情况下的 GSPN 模型

$$\mathrm{GSPN'_N}=(S'_\mathrm{N},T'_\mathrm{N},F'_\mathrm{N},K'_\mathrm{N},W'_\mathrm{N},M'_\mathrm{N0},\Lambda'_\mathrm{N})$$

其中，$S'_\mathrm{N}=\{P_\mathrm{N1},P_\mathrm{N2}\}$；$T'_\mathrm{N}=\{T_\mathrm{N1}\}$；$F'_\mathrm{N}$ 为模型的弧集合；W'_N 是弧权集合，各弧的权重为 1；$K'_\mathrm{N}=\{1,1\}$定义了 S_N 中各元素的容量；$M'_\mathrm{N0}=\{1,0\}$定义了模型的初始状

态；$\Lambda'_{\mathrm{N}}=\{\lambda_{\mathrm{N1}}\}$，定义了与时间变迁相关联的平均实施速率集合。

定义 9.4 非相似余度系统可靠性故障情况下的 GSPN 模型

$$\mathrm{GSPN}'_{\mathrm{D}}=(S'_{\mathrm{D}},T'_{\mathrm{D}},F'_{\mathrm{D}},K'_{\mathrm{D}},W'_{\mathrm{D}},M'_{\mathrm{D0}},\Lambda'_{\mathrm{D}})$$

其中，$S'_{\mathrm{D}}=\{P_{\mathrm{D1}},P_{\mathrm{D2}},\cdots,P_{\mathrm{D7}}\}$；$T'_{\mathrm{D}}=\{T_{\mathrm{D1}},T_{\mathrm{D2}},\cdots,T_{\mathrm{D9}}\}$；$F'_{\mathrm{D}}$ 为模型的弧集合；W'_{D} 是弧权集合，各弧的权重为 1；$K'_{\mathrm{D}}=\{1,1,\cdots,1\}$ 定义了 S_{D} 中各元素的容量；$M'_{\mathrm{D0}}=\{1,1,1,0,\cdots,0\}$ 定义了模型的初始状态；$\Lambda'_{\mathrm{D}}=\{\lambda_{\mathrm{D1}},\lambda_{\mathrm{D2}},\cdots,\lambda_{\mathrm{D6}}\}$，定义了与时间变迁相关联的平均实施速率集合。

定义 9.5 拟态防御系统可靠性故障情况下的 GSPN 模型

$$\mathrm{GSPN}'_{\mathrm{C}}=(S'_{\mathrm{C}},T'_{\mathrm{C}},F'_{\mathrm{C}},K'_{\mathrm{C}},W'_{\mathrm{C}},M'_{\mathrm{C0}},\Lambda'_{\mathrm{C}})$$

其中，$S'_{\mathrm{C}}=\{P_{\mathrm{C1}},P_{\mathrm{C2}},\cdots,P_{\mathrm{C10}}\}$；$T'_{\mathrm{C}}=\{T_{\mathrm{C1}},T_{\mathrm{C2}},\cdots,T_{\mathrm{C16}}\}$；$T'_{\mathrm{C}}$ 为模型的弧集合；W'_{C} 是弧权集合，各弧的权重为 1；$K'_{\mathrm{C}}=\{1,1,\cdots,1\}$ 定义了 S_{C} 中各元素的容量；$M'_{\mathrm{C0}}=\{1,1,1,0,\cdots,0\}$ 定义了模型的初始状态；$\Lambda'_{\mathrm{C}}=\{\lambda_{\mathrm{C1}},\lambda_{\mathrm{C2}},\cdots,\lambda_{\mathrm{C10}}\}$，定义了与时间变迁相关联的平均实施速率集合。

用于评价系统可靠性的指标是可靠度、首次故障前平均时间、可用概率和降级概率，其中可用概率和降级概率的定义同定义 6.3 和定义 6.7，对可靠度和首次故障前平均时间的定义如下：

定义 9.6 可靠度 $R(t)$：系统在 $(0,t]$ 时间区间内正常工作的概率。

定义 9.7 首次故障前平均时间（Mean Time To Fault，MTTF）：系统从初始到首次发生故障的平均时间。

9.5.3 抗攻击性分析

1. 拟态防御系统抗一般攻击分析

通过调整故障速率 λ、输出矢量相异度参数 σ 和恢复速率 μ，拟态防御系统可以使用多种基于输出裁决的负反馈调度策略。本节分别分析了采用随机调度策略、快速恢复调度策略、缺陷执行体调度策略、综合快速恢复和缺陷执行体调度策略时拟态防御系统的抗一般攻击性能。

1）随机调度策略

基于 $\mathrm{GSPN_C}$ 的定义，拟态防御系统（3 余度动态异构冗余系统）受一般攻击情况下的 GSPN 模型如图 9.14 所示，共有 24 个状态，42 个变迁。P_1，P_2，P_3 含有令牌表示该执行体处于漏洞后门休眠状态，即各执行体均有漏洞后门但未能被攻击者利用；P_4，P_5，P_6 含有令牌分别表示该执行体受攻击后发生故障；P_7，P_8，P_9 含有令牌表示 2 个相关执行体同时发生故障且输出矢量异常；P_{10}，

P_{12}，P_{14}含有令牌表示 2 个故障执行体输出矢量异常且一致；P_{11}，P_{13}，P_{15}含有令牌表示 2 个故障执行体输出矢量异常且不一致；P_{16}，P_{17}，P_{18}，P_{19}，P_{20}，P_{21}含有令牌表示 3 个执行体同时发生故障且输出矢量异常；P_{22}含有令牌表示 3 个故障执行体输出矢量异常且一致；P_{23}含有令牌表示 3 个故障执行体输出矢量异常且其中两个输出矢量一致；P_{24}含有令牌表示 3 个故障执行体输出矢量异常且均不一致。

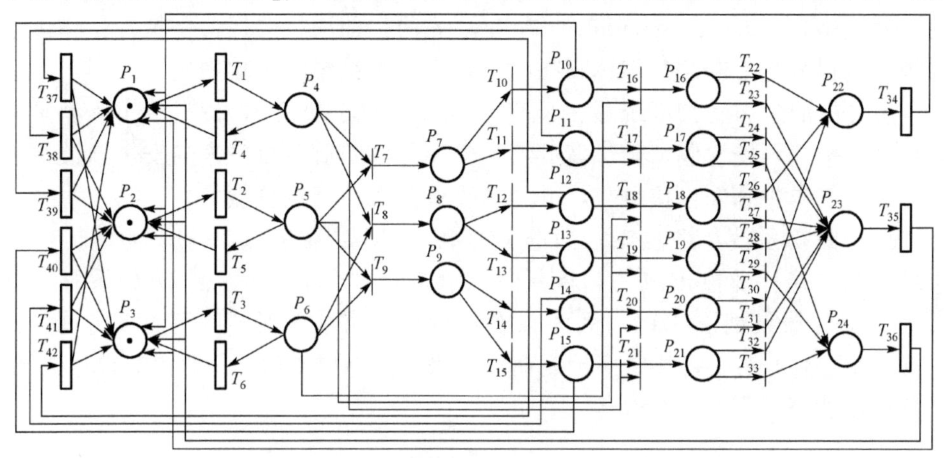

图 9.14　拟态防御系统一般攻击故障 GSPN 模型

T_1，T_2，T_3 表示由于攻击导致该执行体发生故障；T_4，T_5，T_6 表示由于攻击或防御场景变换使得该执行体以速率 μ_1 恢复到漏洞后门休眠状态；T_7，T_8，T_9 表示两个执行体同时进入故障状态；T_{10}，T_{12}，T_{14} 表示两个故障执行体的异常输出矢量以选择概率 σ 进入协同一致状态；T_{11}，T_{13}，T_{15} 表示两个故障执行体的异常输出矢量以选择概率$(1-\sigma)$进入不一致状态；T_{16}，T_{17}，T_{18}，T_{19}，T_{20}，T_{21} 表示 3 个执行体的同时故障；T_{22}，T_{26}，T_{30} 表示第 3 个执行体的异常输出矢量以选择概率 σ 进入与前两个执行体相同异常输出矢量的一致状态；T_{23}，T_{27}，T_{31} 表示第 3 个执行体的异常输出矢量以选择概率$(1-\sigma)$进入与前两个执行体相同异常输出矢量不一致状态；T_{24}，T_{28}，T_{32} 表示第 3 个执行体的异常输出矢量以选择概率 2σ 进入与前 2 个执行体中任何一个的异常输出矢量一致状态；T_{25}，T_{29}，T_{33} 表示第 3 个执行体的异常输出矢量以选择概率$(1-2\sigma)$进入与前 2 个执行体异常输出矢量均不一致状态。T_{34} 表示通过系统周期性或随机性恢复机制，以速率 μ_2 使全部执行体恢复到漏洞后门休眠状态(3 个执行体的异常输出矢量全一致时)；T_{35} 表示通过负反馈和恢复机制，以速率 μ_2 使全部执行体恢复到漏洞后门休眠状态(2个执行体的异常输出矢量一致时)；T_{36} 表示通过负反馈和恢复机制，以速率 μ_1 使全部执行体恢复到漏洞后门休眠状态(3个执行体的异常输出矢量全都不一致时）；T_{38}，T_{40}，T_{42} 表示通过负反馈和恢复机制，以速率 μ_1 使相关的 2 个执行体恢复到漏洞后门休眠状态(3个执行体的异常输出矢量全都不一致时）；T_{37}，T_{39}，T_{41} 表示通过负反馈和恢复机制，以速率 μ_2 使相关的 2 个执行体恢复到漏洞后门休眠状态(2个执行体的异常输出矢量一致时)。

在故障执行体恢复时，有多种执行体的负反馈调度策略，下面分析采用随机调度策略(Stochastic Scheduling Policy, SSP)，即随机选择备份执行体通过重构等机制自恢复为漏洞后门休眠态时，拟态防御系统的抗攻击性。

所分析的拟态防御系统是 3 余度的动态异构冗余系统，假设攻击类型是一般攻击，引入入侵检测、防火墙等特异性感知和防御手段带来的安全增益可被拟态架构的内生感知模块替代，并且执行体具有故障恢复能力。

拟态防御系统一般攻击故障的 CTMC 模型如图 9.15 所示。为统一前提条件，假设执行体攻击成功和恢复时间服从指数分布，对拟态防御系统而言实际情况与假设情况相符，因为拟态架构能够将基于漏洞后门的攻击首先转变为概率事件，然后将其概率控制在一个极小的期望阈值之下。该 CTMC 模型的各稳定状态如表 9.1 所示。

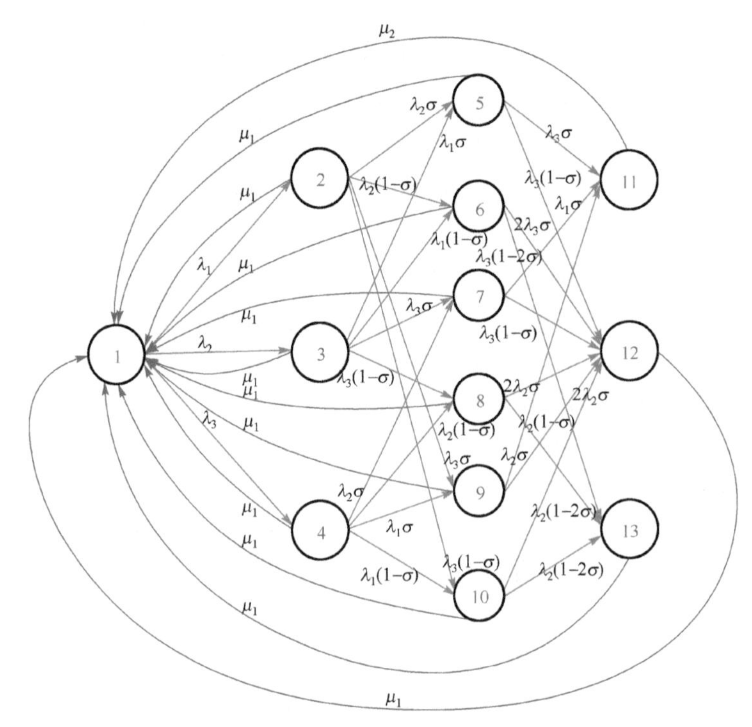

图 9.15　拟态防御系统一般攻击故障 CTMC 模型

1
2
3
4
5
6
7
8
9
10
11
12
13
14

该CTMC模型的各参数含义如表9.2所示，λ_1～λ_3代表各执行体由于一般攻击导致故障的转移速率，σ代表受攻击后出现两个异常输出矢量一致的不确定度，μ_1～μ_4代表执行体故障后在不同攻击和防御场景下恢复的转移速率。

表9.1 拟态防御系统一般攻击故障CTMC模型稳定状态

状态序号	含义
1	各执行体均正常运行，处于漏洞后门休眠状态
2	执行体1受攻击后故障
3	执行体2受攻击后故障
4	执行体3受攻击后故障
5	执行体1和2故障且异常输出矢量一致
6	执行体1和2故障且异常输出矢量不一致
7	执行体2和3故障且异常输出矢量一致
8	执行体2和3故障同时且异常输出矢量不一致
9	执行体1和3故障且异常输出矢量一致
10	执行体1和3故障且异常输出矢量不一致
11	3个执行体均故障且3个异常输出矢量均一致
12	3个执行体均故障且其中两个异常输出矢量一致
13	3个执行体均故障且3个异常输出矢量均不一致

表9.2 拟态防御系统一般攻击故障CTMC模型参数

参数	值	含义
$\lambda_1(h)$	λ	假定执行体1被攻击导致输出矢量异常的平均时间为10小时/10分钟/10秒
$\lambda_2(h)$	λ	假定执行体2被攻击导致输出矢量异常的平均时间为10小时/10分钟/10秒
$\lambda_3(h)$	λ	假定执行体3被攻击导致输出矢量异常的平均时间为10小时/10分钟/10秒
σ	1.0×10^{-4}	受攻击后两个共模故障执行体出现输出矢量一致的不确定度
$\mu_1(h)$	3.6×10^{6}	1个执行体输出矢量异常时(有感知非逃逸)，当攻击场景变化时，假定执行体恢复到漏洞休眠状态的平均时间为0.001秒
$\mu_2(h)$	30	假定2个执行体输出矢量异常且一致时(有感知逃逸)，执行体恢复到漏洞休眠状态的平均时间为2分钟
$\mu_3(h)$	2	假定3个执行体输出矢量异常且一致时(无感知逃逸)，执行体恢复到漏洞休眠状态的平均时间为30分钟
$\mu_4(h)$	6	假定3个执行体输出矢量异常且不一致时(有感知降级)，执行体恢复到漏洞休眠状态的平均时间为1分钟

注：λ=0.1, 6, 360。

μ_1代表由于一般攻击导致1个执行体输出矢量异常，当攻击场景变化时，执行体恢复到漏洞休眠状态的平均时间假定为0.001秒(有感知非逃逸)。μ_3代表3个执行体输出矢量异常且一致时(无感逃逸)，执行体周期或随机恢复到漏洞休眠状态的平均时间假定为30分钟。μ_4代表3个执行体输出矢量异常且不一致时(有感降级)，执行体恢复到漏洞休眠状态的平均时间假定为1分钟。

μ_2 代表当 2 个执行体的异常输出矢量相同且与第 3 个执行体异常输出矢量不同时，执行体恢复到漏洞休眠状态平均时间假定为 2 分钟(有感逃逸)。

σ 代表受攻击后，两个故障执行体异常输出矢量出现一致的比例。文献[22]基于美国国家脆弱性数据库(National Vulnerability Database，NVD)分析了 11 种操作系统在 18 年中的漏洞，发现来自相同家族操作系统(如 Windows 2003 与 Windows 2008)之间的共模漏洞数量会比较多，而来自不同家族操作系统(如 BSD-Windows)之间的共模漏洞数量很低(并且在许多情况下为 0)。为此，对于异构度足够的两个执行体而言，对于一般攻击，其异常输出矢量一致的比例 σ 可以设置为一个合理的较小值 1.0×10^{-4}。在具体产品开发时，可以采用与开发飞行控制系统类似的工程管理方法，能够保证该参数的实际取值远远小于 1.0×10^{-4}。

基于拟态防御系统的 CTMC 模型，可得到其状态转移方程：

$$\begin{bmatrix}\dot{P}_1(t)\\ \dot{P}_2(t)\\ \dot{P}_3(t)\\ \dot{P}_4(t)\\ \dot{P}_5(t)\\ \dot{P}_6(t)\\ \dot{P}_7(t)\\ \dot{P}_8(t)\\ \dot{P}_9(t)\\ \dot{P}_{10}(t)\\ \dot{P}_{11}(t)\\ \dot{P}_{12}(t)\\ \dot{P}_{13}(t)\end{bmatrix}=\begin{bmatrix}-\lambda_1-\lambda_2-\lambda_3 & \mu_1 & \mu_1 & \mu_1 & \mu_1 & \mu_1 & \mu_1 & \mu_1 & \mu_1 & \mu_1 & 0 & 0 & 0\\ \lambda_1\beta & -\mu_1-\lambda_2-\lambda_3 & 0 & 0 & 0 & 0 & 0 & 0 & 0 & 0 & 0 & 0 & 0\\ \lambda_2\beta & 0 & -\mu_1-\lambda_3-\lambda_1 & 0 & 0 & 0 & 0 & 0 & 0 & 0 & 0 & 0 & 0\\ \lambda_3\beta & \lambda_2\sigma & 0 & -\mu_1-\lambda_2-\lambda_1 & 0 & 0 & 0 & 0 & 0 & 0 & 0 & 0 & 0\\ 0 & \lambda_2(1-\sigma) & \lambda_1\sigma & 0 & -\lambda_3-\mu_1 & 0 & 0 & 0 & 0 & 0 & 0 & 0 & 0\\ 0 & 0 & \lambda_1(1-\sigma) & 0 & 0 & -\lambda_3-\mu_1 & 0 & 0 & 0 & 0 & 0 & 0 & 0\\ 0 & 0 & \lambda_2\sigma & \lambda_2\sigma & 0 & 0 & -\lambda_3-\mu_1 & 0 & 0 & 0 & 0 & 0 & 0\\ 0 & \lambda_3\sigma & \lambda_2(1-\sigma) & \lambda_2(1-\sigma) & 0 & 0 & 0 & -\lambda_1-\mu_1 & 0 & 0 & 0 & 0 & 0\\ 0 & \lambda_3(1-\sigma) & 0 & \lambda_1\sigma & 0 & 0 & 0 & 0 & -\lambda_2-\mu_1 & 0 & 0 & 0 & 0\\ 0 & 0 & 0 & \lambda_1(1-\sigma) & 0 & 0 & 0 & 0 & 0 & -\lambda_2-\mu_1 & 0 & 0 & 0\\ 0 & 0 & 0 & 0 & \lambda_3\sigma & 0 & \lambda_1\sigma & 0 & \lambda_2\sigma & 0 & -\mu_2 & 0 & 0\\ 0 & 0 & 0 & 0 & \lambda_3(1-\sigma) & 2\lambda_3\sigma & \lambda_1(1-\sigma) & 2\lambda_1\sigma & \lambda_2(1-2\sigma) & 2\lambda_2\sigma & 0 & -\mu_1 & 0\\ 0 & 0 & 0 & 0 & 0 & \lambda_3(1-2\sigma) & 0 & \lambda_1(1-2\sigma) & 0 & \lambda_2(1-2\sigma) & 0 & 0 & -\mu_1\end{bmatrix}\begin{bmatrix}\dot{P}_1(t)\\ \dot{P}_2(t)\\ \dot{P}_3(t)\\ \dot{P}_4(t)\\ \dot{P}_5(t)\\ \dot{P}_6(t)\\ \dot{P}_7(t)\\ \dot{P}_8(t)\\ \dot{P}_9(t)\\ \dot{P}_{10}(t)\\ \dot{P}_{11}(t)\\ \dot{P}_{12}(t)\\ \dot{P}_{13}(t)\end{bmatrix} \tag{9.1}$$

已知 M_{C0} 可计算得到各状态的稳态概率：

$$\begin{cases}P_{M_0}=\dfrac{G_0}{G}\\ P_{M_1}=\dfrac{G_1}{G}\\ P_{M_2}=\dfrac{G_1}{G}\\ P_{M_3}=\dfrac{G_1}{G}\\ P_{M_4}=\dfrac{G_2}{G}\\ P_{M_5}=\dfrac{G_3}{G}\end{cases} \tag{9.2}$$

$$\begin{cases} P_{M_6} = \dfrac{G_2}{G} \\ P_{M_7} = \dfrac{G_3}{G} \\ P_{M_8} = \dfrac{G_2}{G} \\ P_{M_9} = \dfrac{G_3}{G} \\ P_{M_{10}} = \dfrac{G_4}{G} \\ P_{M_{11}} = \dfrac{G_5}{G} \\ P_{M_{12}} = \dfrac{G_6}{G} \end{cases}$$

其中，

$$\begin{aligned}
G_0 &= (2\lambda\mu_3{\mu_2}^2{\mu_4}^2 + \mu_3\mu_4{\mu_2}^2\lambda^2 + 2\mu_3\mu_4{\mu_2}^2\lambda^2 + \mu_1\mu_3\mu_4{\mu_2}^2\lambda + 2\mu_3\lambda^2\mu_2{\mu_4}^2 \\
&\quad + \mu_1\mu_3\mu_2\mu_4\lambda + 2\mu_2\mu_3\mu_4\lambda^3 + \mu_1\mu_2\mu_3\mu_4\lambda^2) \\
G_1 &= (\lambda\mu_3{\mu_2}^2{\mu_4}^2 + \mu_3\mu_4{\mu_2}^2\lambda^2 + \mu_3\lambda^2\mu_2{\mu_4}^2 + \mu_2\mu_3\mu_4\lambda^3) \\
G_2 &= 2(\sigma\mu_3\lambda^2\mu_2{\mu_4}^2 + \sigma\mu_2\mu_3\mu_4\lambda^3) \\
G_3 &= 2(\mu_2\mu_3\mu_4\lambda^3 + \mu_3\mu_4{\mu_2}^2\lambda^2 - \sigma\mu_3\mu_4{\mu_2}^2\lambda^2 - \sigma\mu_2\mu_3\mu_4\lambda^3) \\
G_4 &= 6(\sigma^2{\mu_4}^2\mu_2\lambda^3 + \sigma^2\mu_4\mu_2\lambda^4) \\
G_5 &= 6(\sigma\mu_3{\mu_4}^2\lambda^3 + 3\sigma\mu_3\mu_4\lambda^4 + 2\sigma\mu_2\mu_3\mu_4\lambda^3 - \sigma^2\mu_3{\mu_4}^2\lambda^3 \\
&\quad - 3\sigma^2\mu_3\mu_4\lambda^4 - 2\sigma^2\mu_2\mu_3\mu_4\lambda^3) \\
G_6 &= 6(2\sigma^2\mu_3{\mu_2}^2\lambda^3 + 2\sigma^2\mu_3\mu_2\lambda^4 - 3\sigma\mu_3{\mu_2}^2\lambda^3 - 3\sigma\mu_3\mu_2\lambda^4 \\
&\quad + \mu_3{\mu_2}^2\lambda^3 + \mu_3\mu_2\lambda^4) \\
G &= G_0 + 3G_1 + 3G_2 + 3G_3 + G_4 + G_5 + G_6
\end{aligned}$$

在 GSPN 模型中，根据时间变迁的实施规则和瞬态变迁不存在时延的特点，表 9.3 给出了拟态防御系统的状态可达集，同时按照变迁过程的相关参数给出了每一个状态标识的稳态概率。其中，P_u 是弱攻击场景稳态概率，P_k 是中等场景稳态概率，P_s 是强攻击场景稳态概率。

表 9.3 拟态防御系统一般攻击故障 CTMC 模型状态可达集

稳态概率			
标识	稳态概率 P_u	稳态概率 P_k	稳态概率 P_s
M_0	9.999999×10^{-1}	9.999939×10^{-1}	9.961149×10^{-1}
M_1	2.777777×10^{-8}	1.666651×10^{-6}	9.959158×10^{-5}
M_2	2.777777×10^{-8}	1.666651×10^{-6}	9.959158×10^{-5}
M_3	2.777777×10^{-8}	1.666651×10^{-6}	9.959158×10^{-5}
M_4	1.845834×10^{-14}	5.555504×10^{-11}	1.838614×10^{-8}
M_5	9.242927×10^{-11}	3.029972×10^{-7}	1.707113×10^{-4}
M_6	1.845834×10^{-14}	5.555504×10^{-11}	1.838614×10^{-8}
M_7	9.242927×10^{-11}	3.029972×10^{-7}	1.707113×10^{-4}
M_8	1.845834×10^{-14}	5.555504×10^{-11}	1.838614×10^{-8}
M_9	9.242927×10^{-11}	3.029972×10^{-7}	1.707113×10^{-4}
M_{10}	4.681853×10^{-18}	5.002546×10^{-14}	9.928482×10^{-10}
M_{11}	3.629402×10^{-16}	6.968935×10^{-11}	1.890956×10^{-6}
M_{12}	4.620544×10^{-13}	9.088097×10^{-8}	3.072189×10^{-3}

实存状态															
标识	P_1	P_2	P_3	P_4	P_5	P_6	P_{10}	P_{11}	P_{12}	P_{13}	P_{14}	P_{15}	P_{22}	P_{23}	P_{24}
M_0	1	1	1	0	0	0	0	0	0	0	0	0	0	0	0
M_1	0	1	1	1	0	0	0	0	0	0	0	0	0	0	0
M_2	1	0	1	0	1	0	0	0	0	0	0	0	0	0	0
M_3	1	1	0	0	0	1	0	0	0	0	0	0	0	0	0
M_4	0	0	1	0	0	0	1	0	0	0	0	0	0	0	0
M_5	0	0	1	0	0	0	0	1	0	0	0	0	0	0	0
M_6	1	0	0	0	0	0	0	0	1	0	0	0	0	0	0
M_7	1	0	0	0	0	0	0	0	0	1	0	0	0	0	0
M_8	0	1	0	0	0	0	0	0	0	0	1	0	0	0	0
M_9	0	1	0	0	0	0	0	0	0	0	0	1	0	0	0
M_{10}	0	0	0	0	0	0	0	0	0	0	0	0	1	0	0
M_{11}	0	0	0	0	0	0	0	0	0	0	0	0	0	1	0
M_{12}	0	0	0	0	0	0	0	0	0	0	0	0	0	0	1

依据系统状态概率的定义，可以计算拟态防御系统稳态时的可用概率、逃逸概率和非特异性感知概率：

(1) 稳态可用概率

$$\mathrm{AP}=P(M_0)+P(M_1)+P(M_2)+P(M_3)=\begin{cases}9.999999\times10^{-1}\text{，弱攻击场景}\\9.999989\times10^{-1}\text{，中等攻击场景}\\9.964137\times10^{-1}\text{，强攻击场景}\end{cases}$$

(2) 稳态逃逸概率

$$\mathrm{EP}=P(M_4)+P(M_6)+P(M_8)+P(M_{10})+P(M_{11})=\begin{cases}5.574345\times10^{-14}\text{，弱攻击场景}\\2.364045\times10^{-10}\text{，中等攻击场景}\\1.947108\times10^{-6}\text{，强攻击场景}\end{cases}$$

(3) 稳态非特异性感知概率

$$\mathrm{NSAP}=1-P(M_0)-P(M_{10})=\begin{cases}8.361113\times10^{-8}\text{，弱攻击场景}\\6.000062\times10^{-6}\text{，中等攻击场景}\\3.885044\times10^{-3}\text{，强攻击场景}\end{cases}$$

可以看出，即使在强攻击情况下，拟态防御系统的稳态可用概率也非常接近于 1，稳态逃逸概率非常低，其稳态感知概率低并不代表系统感知能力差，而是对于一般攻击，由于感知到执行体故障后可以快速恢复，使得系统稳态处于感知状态的时间很短。

拟态防御系统状态概率与参数 σ、μ 和 λ 的变化关系如图 9.16～图 9.18 所示。仿真结果表明，与非相似余度系统相同，拟态防御系统受攻击后出现两个输出矢量一致的不确定度 σ 对稳态逃逸概率的影响非常大，当执行体之间的相异度越大，稳态逃逸概率越低。拟态防御系统的执行体恢复速率 μ 升高时，系统稳态逃逸概率和稳态非特异性感知概率会降低。执行体的故障速率 λ 升高时，系统稳态可用概率会降低，稳态逃逸概率和稳态非特异性感知概率会升高。

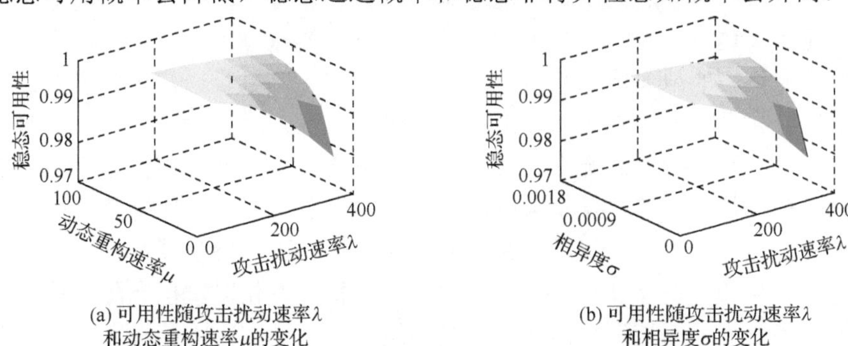

(a) 可用性随攻击扰动速率λ和动态重构速率μ的变化

(b) 可用性随攻击扰动速率λ和相异度σ的变化

图 9.16　拟态防御系统状态概率随异构不确定度 σ 变化图

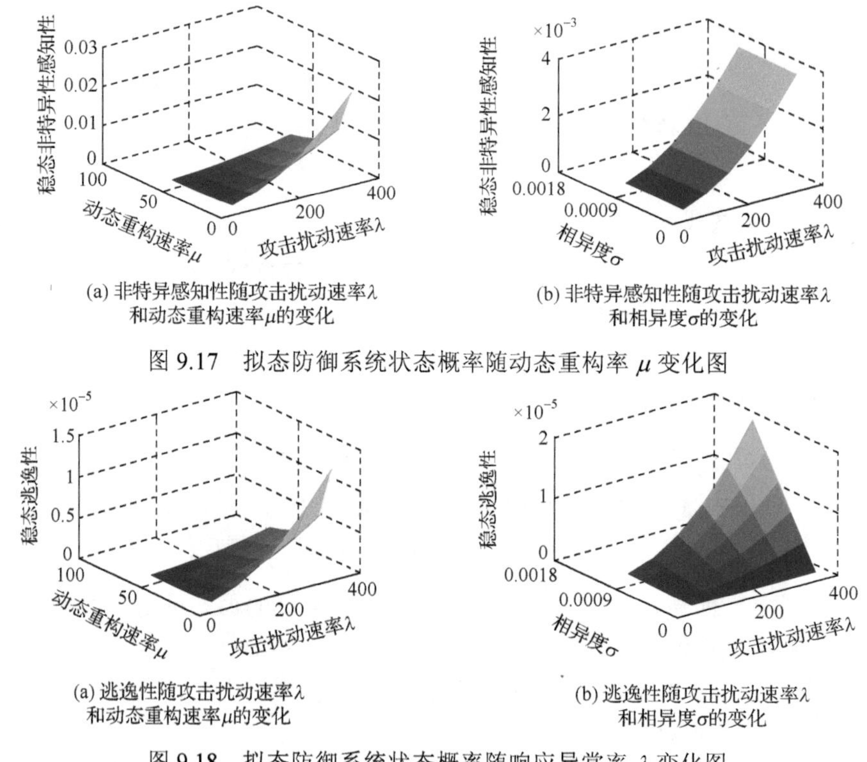

(a) 非特异感知性随攻击扰动速率λ和动态重构速率μ的变化

(b) 非特异感知性随攻击扰动速率λ和相异度σ的变化

图 9.17 拟态防御系统状态概率随动态重构率 μ 变化图

(a) 逃逸性随攻击扰动速率λ和动态重构速率μ的变化

(b) 逃逸性随攻击扰动速率λ和相异度σ的变化

图 9.18 拟态防御系统状态概率随响应异常率 λ 变化图

拟态防御系统具有很高的稳态可用概率和稳态非特异性感知概率，很低的稳态逃逸概率，具备灵敏、准确且持久的抗攻击能力。拟态防御系统的各状态概率受参数 σ、μ 和 λ 影响较大，当执行体之间的相异度 σ 越大，稳态可用概率和稳态非特异性感知概率越高，稳态逃逸概率越低；执行体故障恢复速率 μ 越快，稳态可用概率越高，稳态逃逸概率和稳态非特异性感知概率越低；执行体故障速率 λ 越低，稳态可用概率越高，稳态逃逸概率越低。因此，为提高采用随机调度策略的拟态防御系统抗攻击性，我们应该尽量选择相异度大、故障恢复速度快和具有较少漏洞、较多防御手段的执行体。

根据鲁棒性能的不同定义，可分为稳定鲁棒性和性能鲁棒性。前者是指一个控制系统当其模型参数发生大幅度变化或结构发生变化时保持渐近稳定的程度，后者是指不确定因素扰动下系统的品质指标能否保持在某个许可范围内的能力。如图 9.16～图 9.18 所示，当参数 σ、μ 和 λ 变化时，拟态防御系统的各状态概率仍然能够保持渐近稳定，并最终达到一种稳态，因此拟态防御系统具有优秀的稳定鲁棒性。

同样，对于包括基于漏洞后门等的人为扰动，即“广义”的不确定扰动，“相对正确”公理将拟态防御系统中的构件不确定失效问题转换为功能等价、异构冗余、相对性判决场景下系统层面具有概率属性的鲁棒性问题。通过拟态防御系统稳态时的可用概率、逃逸概率和非特异性感知概率可知，当执行体相异度 σ、执行体故障恢复速率 μ、执行体故障速率 λ 保持在一个较为宽泛的合理区间时，拟态防御系统的抗攻击性指标就能够保持在一个很高质量的许可范围内，因此拟态防御系统具有优秀的性能鲁棒性。

2) 快速恢复调度策略

从上节的仿真结论得知，拟态防御系统的执行体恢复速率 μ 对可用概率、逃逸概率和非特异性感知概率都有影响。由于用于快速恢复的热备份执行体是拟态防御系统的核心资源，所以必须要高效利用，即应当在最严重的故障情况(各个执行体输出均不一致)采用快速恢复调度策略(Rapid Recover Scheduling Policy, RRSP)对执行体进行快速恢复，例如从基于虚拟机的执行体慢速调度(分钟/秒级)改为基于容器的执行体快速调度(毫秒/秒级)。

采用快速恢复调度策略 CTMC 模型的各参数如表 9.4 所示，除 μ_4 以外的参数与采用随机调度策略时拟态防御系统相同，即在各个执行体输出均不一致时，将 3 个执行体都恢复到漏洞休眠状态的假定平均时间从 1 分钟变为 10 秒(快速恢复)。

表 9.4　引入快速恢复调度策略的拟态防御系统 CTMC 模型参数

参数	值	含义
$\lambda_1(h)$	λ	假定执行体 1 被攻击导致输出矢量异常的平均时间为 10 小时/10 分钟/10 秒
$\lambda_2(h)$	λ	假定执行体 2 被攻击导致输出矢量异常的平均时间为 10 小时/10 分钟/10 秒
$\lambda_3(h)$	λ	假定执行体 3 被攻击导致输出矢量异常的平均时间为 10 小时/10 分钟/10 秒
σ	1.0×10^{-4}	受攻击后两个共模故障执行体出现输出矢量一致的不确定度
$\mu_1(h)$	3.6×10^{6}	1 个执行体输出矢量异常时(有感知非逃逸)，当攻击场景变化时，假定执行体恢复到漏洞休眠状态的平均时间为 0.001 秒
$\mu_2(h)$	30	假定 2 个执行体输出矢量异常且一致时(有感知逃逸)，执行体恢复到漏洞休眠状态的平均时间为 2 分钟
$\mu_3(h)$	2	假定 3 个执行体输出矢量异常且一致时(无感知逃逸)，执行体恢复到漏洞休眠状态的平均时间为 30 分钟
$\mu_4(h)$	360	假定 3 个执行体输出矢量异常且不一致时(有感知降级)，执行体恢复到漏洞休眠状态的平均时间为 10 秒

注：$\lambda = 0.1, 6, 360$。

表 9.5 给出了采用快速恢复调度策略的拟态防御系统状态稳态概率，同时

按照变迁过程的相关参数给出了每一个状态标识的稳态概率。其中，P_u是弱攻击场景稳态概率，P_k是中等场景稳态概率，P_s是强攻击场景稳态概率。

表 9.5　引入快速恢复调度策略的拟态防御系统 CTMC 模型状态的稳态概率

标识	稳态概率 P_u	稳态概率 P_k	稳态概率 P_s
M_0	9.999999×10^{-1}	9.999948×10^{-1}	9.990996×10^{-1}
M_1	2.777777×10^{-8}	1.666652×10^{-6}	9.988999×10^{-5}
M_2	2.777777×10^{-8}	1.666652×10^{-6}	9.988999×10^{-5}
M_3	2.777777×10^{-8}	1.666652×10^{-6}	9.988999×10^{-5}
M_4	1.845739×10^{-14}	5.555508×10^{-11}	1.844123×10^{-8}
M_5	1.542627×10^{-11}	5.463888×10^{-8}	9.988000×10^{-5}
M_6	1.845739×10^{-14}	5.555508×10^{-11}	1.844123×10^{-8}
M_7	1.542627×10^{-11}	5.463888×10^{-8}	9.988000×10^{-5}
M_8	1.845739×10^{-14}	5.555508×10^{-11}	1.844123×10^{-8}
M_9	1.542627×10^{-11}	5.463888×10^{-8}	9.988000×10^{-5}
M_{10}	4.136379×10^{-18}	4.999123×10^{-14}	9.958232×10^{-10}
M_{11}	2.096094×10^{-16}	3.988639×10^{-11}	1.382954×10^{-6}
M_{12}	1.285317×10^{-14}	2.731398×10^{-9}	2.995801×10^{-4}

依据系统状态概率的定义，可以计算拟态防御系统稳态时的可用概率、逃逸概率和非特异性感知概率：

（1）稳态可用概率

$$\mathrm{AP}=P(M_0)+P(M_1)+P(M_2)+P(M_3)=\begin{cases}9.999999\times10^{-1}，\text{强攻击场景}\\9.999989\times10^{-1}，\text{中等攻击场景}\\9.993993\times10^{-1}，\text{强攻击场景}\end{cases}$$

（2）稳态逃逸概率

$$\mathrm{EP}=P(M_4)+P(M_6)+P(M_8)+P(M_{10})+P(M_{11})=\begin{cases}5.559030\times10^{-14}，\text{弱攻击场景}\\2.066016\times10^{-10}，\text{中等攻击场景}\\1.439273\times10^{-6}，\text{强攻击场景}\end{cases}$$

（3）稳态非特异性感知概率

$$\mathrm{NSAP}=1-P(M_0)-P(M_{10})=\begin{cases}8.337967\times10^{-8}，\text{弱攻击场景}\\5.166812\times10^{-6}，\text{中等攻击场景}\\9.003283\times10^{-3}，\text{强攻击场景}\end{cases}$$

采用快速恢复调度策略后，系统的稳态不可用概率降低了1个数量级。在实际部署拟态防御系统时，采用快速恢复调度策略可以显著降低系统的稳态不可用概率，从而使系统的可用性更高。

3）缺陷执行体调度策略

拟态防御系统受攻击后出现两个输出矢量一致的不确定度σ对稳态逃逸概率和稳态非特异性感知概率的影响非常大，当执行体之间的相异度越大，稳态逃逸概率就越低。因此，我们考虑通过故意引入一个具有较多缺陷的执行体使其与其他执行体之间的相异度增大，以降低系统的稳态逃逸概率，这称之为缺陷执行体调度策略（Flaw Channel Scheduling Policy，FCSP）。

采用缺陷执行体调度策略CTMC模型的各参数如表9.6所示，除σ以外的参数与采用随机调度策略时拟态防御系统相同，即受攻击后出现两个异常输出矢量一致的不确定度σ从1.0×10^{-4}变为1.0×10^{-5}（缺陷执行体与其他执行体之间的相异度更大）。

表9.6　引入缺陷执行体调度策略的拟态防御系统CTMC模型参数

参数	值	含义
$\lambda_1(h)$	360	假定执行体1被攻击导致输出矢量异常的平均时间为10秒
$\lambda_2(h)$	λ	假定执行体2被攻击导致输出矢量异常的平均时间为10小时/10分钟/10秒
$\lambda_3(h)$	λ	假定执行体3被攻击导致输出矢量异常的平均时间为10小时/10分钟/10秒
σ	1.0×10^{-5}	受攻击后两个共模故障执行体出现输出矢量一致的不确定度
$\mu_1(h)$	3.6×10^{6}	1个执行体输出矢量异常时（有感知非逃逸），当攻击场景变化时，假定执行体恢复到漏洞休眠状态的平均时间为0.001秒
$\mu_2(h)$	30	假定2个执行体输出矢量异常且一致时（有感知逃逸），执行体恢复到漏洞休眠状态的平均时间为2分钟
$\mu_3(h)$	2	假定3个执行体输出矢量异常且一致时（无感知逃逸），执行体恢复到漏洞休眠状态的平均时间为30分钟
$\mu_4(h)$	360	假定3个执行体输出矢量异常且不一致时（有感知降级），执行体恢复到漏洞休眠状态的平均时间为1分钟

注：$\lambda = 0.1, 6, 360$。

表9.7给出了采用缺陷执行体调度策略的拟态防御系统状态稳态概率，同时按照变迁过程的相关参数给出了每一个状态标识的稳态概率。其中，P_u是弱攻击场景稳态概率，P_k是中等场景稳态概率，P_s是强攻击场景稳态概率。

表 9.7 引入缺陷执行体调度策略的拟态防御系统 CTMC 状态的稳态概率

标识	稳态概率 P_u	稳态概率 P_k	稳态概率 P_s
M_0	9.998992×10^{-1}	9.998563×10^{-1}	9.961158×10^{-1}
M_1	9.998992×10^{-5}	9.998530×10^{-5}	9.959166×10^{-5}
M_2	2.777220×10^{-8}	1.666258×10^{-6}	9.959166×10^{-5}
M_3	2.777220×10^{-8}	1.666258×10^{-6}	9.959166×10^{-5}
M_4	6.643782×10^{-12}	3.332682×10^{-10}	1.838615×10^{-9}
M_5	3.327252×10^{-7}	1.817807×10^{-5}	1.707269×10^{-4}
M_6	1.630235×10^{-16}	5.127190×10^{-13}	1.838615×10^{-9}
M_7	1.322474×10^{-11}	4.760689×10^{-8}	1.707269×10^{-4}
M_8	6.643782×10^{-11}	3.332682×10^{-10}	1.838615×10^{-9}
M_9	3.327252×10^{-7}	1.817807×10^{-5}	1.707269×10^{-4}
M_{10}	3.965647×10^{-15}	2.570533×10^{-14}	9.928482×10^{-10}
M_{11}	9.405052×10^{-14}	2.963091×10^{-10}	1.890956×10^{-6}
M_{12}	1.188409×10^{-9}	3.921177×10^{-6}	3.072189×10^{-3}

依据系统状态概率的定义，可以计算拟态防御系统稳态时的可用概率、逃逸概率和非特异性感知概率：

(1) 稳态可用概率

$$\mathrm{AP}=P(M_0)+P(M_1)+P(M_2)+P(M_3)=\begin{cases}9.999993\times10^{-1}，\text{强攻击场景}\\9.999596\times10^{-1}，\text{中等攻击场景}\\9.964146\times10^{-1}，\text{强攻击场景}\end{cases}$$

(2) 稳态逃逸概率

$$\mathrm{EP}=P(M_4)+P(M_6)+P(M_8)+P(M_{10})+P(M_{11})=\begin{cases}1.338574\times10^{-11}，\text{弱攻击场景}\\9.633839\times10^{-10}，\text{中等攻击场景}\\1.946386\times10^{-7}，\text{强攻击场景}\end{cases}$$

(3) 稳态非特异性感知概率

$$\mathrm{NSAP}=1-P(M_0)-P(M_{10})=\begin{cases}1.007121\times10^{-4}，\text{弱攻击场景}\\1.436437\times10^{-4}，\text{中等攻击场景}\\3.884172\times10^{-3}，\text{强攻击场景}\end{cases}$$

对于拟态防御系统，采用缺陷执行体调度策略比采用随机调度策略的稳态逃逸概率下降了 1～3 个数量级。在实际部署拟态防御系统时，采用缺陷执行体调度策略可以显著降低稳态逃逸概率，从而使得系统的抗攻击性更高。

4) 综合快速恢复和缺陷执行体调度策略

为全面改善系统状态概率，我们考虑综合快速恢复和缺陷执行体调度策略(Rapid Recover and Flaw Channel Scheduling Policy, RRFCSP)。该 CTMC 模型的各参数如表 9.8 所示，同时降低了 σ 和 μ_4，其他参数与随机调度策略拟态防御系统相同。

表 9.8 引入综合快速恢复和缺陷执行体调度策略的拟态防御系统 CTMC 模型参数

参数	值	含义
$\lambda_1(h)$	360	假定执行体 1 被攻击导致输出矢量异常的平均时间为 10 秒
$\lambda_2(h)$	λ	假定执行体 2 被攻击导致输出矢量异常的平均时间为 10 小时/10 分钟/10 秒
$\lambda_3(h)$	λ	假定执行体 3 被攻击导致输出矢量异常的平均时间为 10 小时/10 分钟/10 秒
σ	1.0×10^{-5}	受攻击后两个共模故障执行体出现输出矢量一致的不确定度
$\mu_1(h)$	3.6×10^{6}	1 个执行体输出矢量异常时(有感知非逃逸)，当攻击场景变化时，假定执行体恢复到漏洞休眠状态的平均时间为 0.001 秒
$\mu_2(h)$	30	假定 2 个执行体输出矢量异常且一致时(有感知逃逸)，执行体恢复到漏洞休眠状态的平均时间为 2 分钟
$\mu_3(h)$	2	假定 3 个执行体输出矢量异常且一致时(无感知逃逸)，执行体恢复到漏洞休眠状态的平均时间为 30 分钟
$\mu_4(h)$	360	假定 3 个执行体输出矢量异常且不一致时(有感知降级)，执行体恢复到漏洞休眠状态的平均时间为 10 秒

注：$\lambda = 0.1, 6, 360$。

表 9.9 给出了采用综合快速恢复和缺陷执行体调度策略的拟态防御系统状态稳态概率，同时按照变迁过程的相关参数给出了每一个状态标识的稳态概率。其中，P_u 是弱攻击场景稳态概率，P_k 是中等场景稳态概率，P_s 是强攻击场景稳态概率。

依据系统状态概率的定义，可以计算拟态防御系统稳态时的可用概率、逃逸概率和非特异性感知概率：

表 9.9 引入综合快速恢复和缺陷执行体调度策略的拟态防御系统 CTMC 模型状态的稳态概率

标识	稳态概率 P_u	稳态概率 P_k	稳态概率 P_s
M_0	9.998998×10^{-1}	9.998899×10^{-1}	9.991009×10^{-1}
M_1	9.998998×10^{-5}	9.998866×10^{-5}	9.989011×10^{-5}

续表

标识	稳态概率 P_u	稳态概率 P_k	稳态概率 P_s
M_2	2.777222×10^{-8}	1.666314×10^{-6}	9.989011×10^{-5}
M_3	2.777222×10^{-8}	1.666314×10^{-6}	9.989011×10^{-5}
M_4	6.643783×10^{-12}	3.332794×10^{-10}	1.844125×10^{-9}
M_5	5.553123×10^{-8}	3.278123×10^{-6}	9.988911×10^{-5}
M_6	1.629566×10^{-16}	5.127365×10^{-13}	1.844125×10^{-9}
M_7	7.714439×10^{-12}	2.777162×10^{-8}	9.988911×10^{-5}
M_8	6.643783×10^{-12}	3.332794×10^{-10}	1.844125×10^{-9}
M_9	5.553123×10^{-8}	3.278123×10^{-6}	9.988911×10^{-5}
M_{10}	3.979703×10^{-15}	2.571908×10^{-14}	9.956616×10^{-12}
M_{11}	5.577243×10^{-14}	1.723537×10^{-10}	1.383080×10^{-6}
M_{12}	3.856437×10^{-11}	1.370396×10^{-7}	2.996613×10^{-4}

(1) 稳态可用概率

$$\mathrm{AP}=P(M_0)+P(M_1)+P(M_2)+P(M_3)=\begin{cases}9.999998\times10^{-1}，\text{弱攻击场景}\\9.999932\times10^{-1}，\text{中等攻击场景}\\9.994005\times10^{-1}，\text{强攻击场景}\end{cases}$$

(2) 稳态逃逸概率

$$\mathrm{EP}=P(M_4)+P(M_6)+P(M_8)+P(M_{10})+P(M_{11})=\begin{cases}1.334748\times10^{-11}，\text{弱攻击场景}\\8.394510\times10^{-10}，\text{中等攻击场景}\\1.438503\times10^{-7}，\text{强攻击场景}\end{cases}$$

(3) 稳态非特异性感知概率

$$\mathrm{NSAP}=1-P(M_0)-P(M_{10})=\begin{cases}1.001566\times10^{-4}，\text{弱攻击场景}\\1.100432\times10^{-4}，\text{中等攻击场景}\\8.991428\times10^{-4}，\text{强攻击场景}\end{cases}$$

在采用随机调度策略、快速恢复调度策略、缺陷执行体调度策略、综合快速恢复及缺陷执行体调度策略等控制律时，拟态防御系统均具有优秀的稳定鲁棒性和性能鲁棒性。在实际部署拟态防御系统时，当采用综合快速恢复和缺陷执行体调度策略后，可以显著提高稳态可用概率和稳态非特异性感知概率，并降低稳态逃逸概率，从而使系统的抗攻击性更高。

5）冗余度与可用性构造代价

随着异构变体数的增加，拟态系统的可用性不断提高，当执行体攻击扰动平均到达时间下降时，系统可用性会明显降低，而热备份快速重构策略可有效提高系统可用性，抵抗攻击扰动。然而，随着冗余度和异构度的增加，拟态构造内执行体的设计成本和维护成本都会相应提高。

网络系统的可用性通常是在一定成本下考虑系统维持正常运行的能力。对于一个防御行为，实施该动作所花费的成本越高，动作成功实施的概率也会越大，为进一步分析不同构造下拟态系统可用性成本优化问题，考虑 n 余度拟态防御系统，动作 $A=\{A_1,\cdots,A_i,\cdots,A_n\}$ 中 A_i 表示对第 i 个异常执行体进行动态重构与控制，同时用 F 来表示在成本为 c 的条件下成功实施动作 A 的概率：

$$F(c)=P\{C<c\}=1-\mathrm{e}^{-\mu c}$$

其中 μ 为动作 A 成功实施速率。

当出现 m 个执行体异常时，完成动作 $\{A_1,A_2,\cdots,A_m\}$ 所需成本的期望值为

$$\mathrm{EC}(m)=\sum_{i=1}^{m}\mathrm{EC}_i=\sum_{i=1}^{m}\frac{1}{\mu_i}$$

其中 EC_i 为原子动作 A_i 所花费的成本。

于是可知 n 余度拟态系统在整个运行过程中所需的平均成本值

$$E_c=\sum_{j=1}^{n}P(j)\mathrm{EC}(j)$$

其中 $P(j)$ 为存在 j 个执行体出现异常的概率。

对不同攻击扰动 MTTF，不同动态重构速率 μ 以及不同异构变体数 N 进行仿真分析如图 9.19 和图 9.20 所示，结果表明：在重构速率 μ=60 时，随着执行体异构变体冗余度的增加，拟态防御系统可用性平均成本呈线性增大，同时随着攻击扰动平均到达时间的减小而增大。此外，在异构变体数 N=3 时，随着动态重构实施速率的增加，系统可利用性平均成本会不断降低。因此，在工程实践过程中需对不同的扰动环境综合考虑异构变体冗余度与动态重构率的设计。

2. 拟态防御系统抗特殊攻击分析

所述特殊攻击是指一种具有超强能力的攻击，即 T 时刻的攻击 a_k 对 $T+X$ 时刻的攻击 a_{k+n} 有协同累积影响的攻击，包括可以导致目标执行体逐个停机的攻击，以及在多模裁决环节无法通过多模输出矢量感知的待机式协同攻击等。

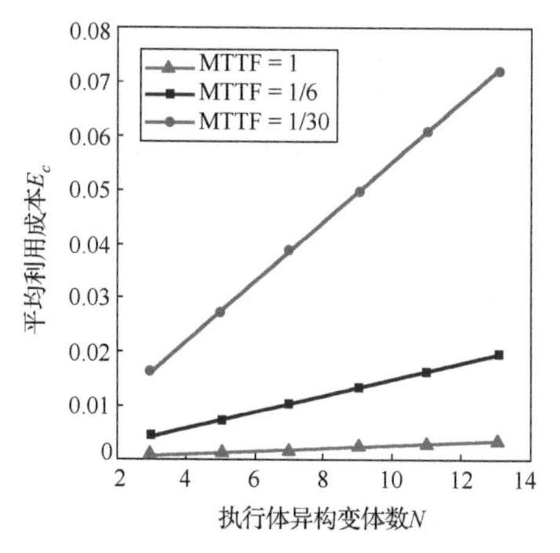

图 9.19 在不同攻击扰动 MTTF 和异构变体数以及重构速率 μ=60 时拟态防御系统可用性构造成本对比

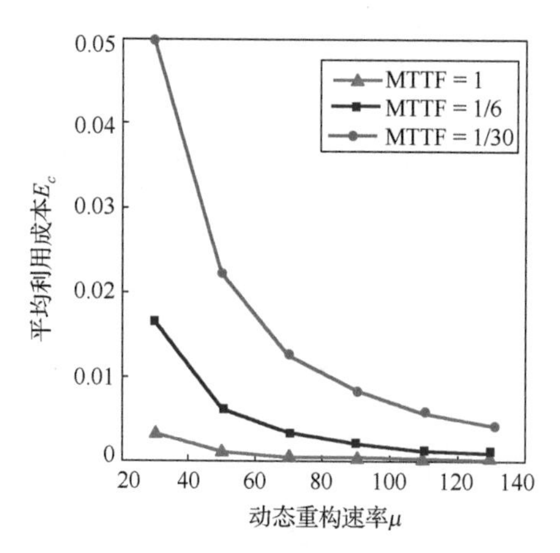

图 9.20 在不同攻击扰动 MTTF 和重构速率 μ 以及异构变体数 N=3 时拟态防御系统可用性构造成本对比

特殊攻击使得执行体持续处于故障状态的时间和故障执行体数量大幅增加(即攻击效果可以在时空维度进行协同累积)，并且执行体异常输出矢量的相异度大幅降低(对于停机攻击，异常输出矢量的相异等效长度为 1 位；对于待机式协同攻击，异常输出矢量的相异等效长度为 0 位，即该攻击成功后不会导致执行体输出矢量变化)，上述两个原因综合导致系统的稳态可用概率大幅下降，稳态逃逸概率大幅上升。我们需要了解的背景是，特殊攻击是建立在对在线和离线执行体实时情况完全清楚，掌握了针对大部分执行体的“杀手锏”漏洞或“超级”

1
2
3
4
5
6
7
8
9
10
11
12
13
14

漏洞，并拥有相关攻击链有效利用方法的基础之上，能够克服“非配合条件下多元动态目标的协同一致”攻击难度且可应对所有的不确定性因素。这种“超级攻击”能力只可能在“思想理论游戏”中存在。

本节在假设攻击者具有上述能力的前提下，对非冗余、非相似和拟态防御系统防御特殊攻击(停机攻击、待机式协同攻击)的性能进行分析。

拟态防御系统特殊攻击情况下的系统故障的GSPN模型如图9.21所示，共有10个状态，16个变迁。P_1，P_2，P_3含有令牌表示该执行体处于故障休眠状态；P_4，P_5，P_6含有令牌分别表示该执行体发生特殊攻击故障；P_7，P_8，P_9含有令牌表示2个相关执行体同时发生特殊攻击故障；P_{10}含有令牌表示3个执行体同时发生特殊攻击故障。T_1，T_2，T_3表示该执行体发生特殊攻击故障；T_4，T_5，T_6表示2个执行体同时进入特殊攻击故障状态；T_7，T_8，T_9表示3个执行体同时进入特殊攻击故障状态；T_{10}表示3个执行体恢复到故障休眠状态；T_{11}，T_{12}，T_{13}表示2个执行体恢复到故障休眠状态；T_{14}，T_{15}，T_{16}表示1个执行体恢复到故障休眠状态。

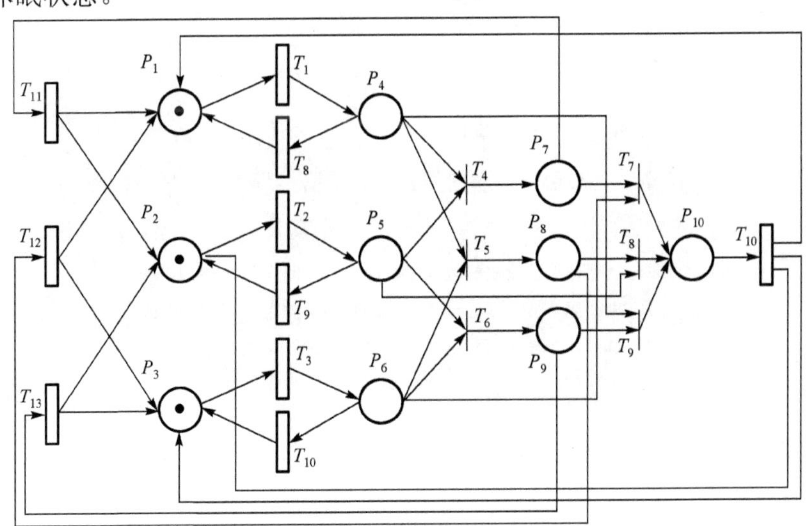

图9.21　拟态系统特殊攻击故障GSPN模型

拟态防御系统2种特殊攻击故障的CTMC模型如图9.22所示。

1) 停机攻击

拟态架构通过同等资源量的动态组合或重构变换，增加了可利用的防御场景，提高了系统在停机攻击时的恢复能力。该CTMC模型的各稳定状态如表9.10所示。该CTMC模型的各参数含义如表9.11所示。

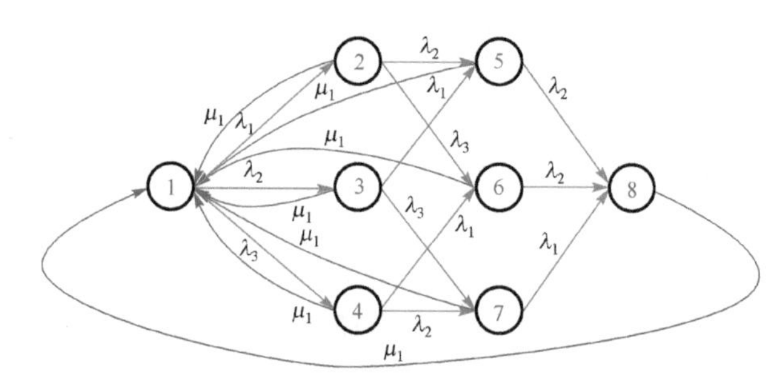

图 9.22　拟态防御系统特殊攻击故障 CTMC 模型

表 9.10　拟态防御系统停机攻击故障 CTMC 模型稳定状态

状态序号	含义
1	各执行体均正常运行，处于漏洞后门休眠状态
2	1 个执行体受攻击后停机
3	2 个执行体受攻击后停机
4	3 个执行体受攻击后停机
5	执行体 1 和 2 受攻击后停机
6	执行体 1 和 3 受攻击后停机
7	执行体 2 和 3 受攻击后停机
8	3 个执行体受攻击后停机

表 9.11　拟态防御系统停机攻击故障 CTMC 模型参数

参数	值	含义
λ_1	6/360	假定执行体 1 被攻击导致其停机的平均时间为 10 分钟/10 秒
λ_2	6/360	假定执行体 2 被攻击导致其停机的平均时间为 10 分钟/10 秒
λ_3	6/360	假定执行体 3 被攻击导致其停机的平均时间为 10 分钟/10 秒
μ_1	60	假定执行体自恢复或重构恢复的平均时间为 1 分钟

基于拟态防御系统的 CTMC 模型，可得到其状态转移方程：

$$\begin{bmatrix}\dot{P}_1(t)\\\dot{P}_2(t)\\\dot{P}_3(t)\\\dot{P}_4(t)\\\dot{P}_5(t)\\\dot{P}_6(t)\\\dot{P}_7(t)\\\dot{P}_8(t)\end{bmatrix}=\begin{bmatrix}-\lambda_1-\lambda_2-\lambda_3 & \mu_1 & \mu_1 & \mu_1 & 0 & 0 & 0 & 0\\ \lambda_1 & -\mu_1-\lambda_2-\lambda_3 & 0 & 0 & 0 & 0 & 0 & 0\\ \lambda_2 & 0 & -\mu_1-\lambda_1-\lambda_3 & 0 & 0 & 0 & 0 & 0\\ \lambda_3 & 0 & 0 & -\mu_1-\lambda_1-\lambda_2 & 0 & 0 & 0 & 0\\ 0 & \lambda_2 & \lambda_1 & 0 & -\mu_1-\lambda_3 & 0 & 0 & 0\\ 0 & \lambda_3 & 0 & \lambda_1 & 0 & -\mu_1-\lambda_1 & 0 & 0\\ 0 & 0 & \lambda_3 & \lambda_2 & 0 & 0 & -\mu_1-\lambda_2 & 0\\ 0 & 0 & 0 & 0 & \lambda_3 & \lambda_1 & \lambda_2 & -\mu_1\end{bmatrix}\begin{bmatrix}P_1(t)\\P_2(t)\\P_3(t)\\P_4(t)\\P_5(t)\\P_6(t)\\P_7(t)\\P_8(t)\end{bmatrix}\tag{9.3}$$

表 9.12 给出了状态稳态概率，同时按照变迁过程的相关参数给出了每一个状态标识的稳态概率。

表 9.12 拟态防御系统停机攻击故障 CTMC 模型状态稳态概率

标识	M_0	M_1	M_2	M_3	M_4	M_5	M_6	M_7
稳态概率 P_k	7.692307×10^{-1}	6.410256×10^{-2}	6.410256×10^{-2}	6.410256×10^{-2}	1.165501×10^{-2}	1.165501×10^{-2}	1.165501×10^{-2}	3.496503×10^{-3}
稳态概率 P_s	5.263158×10^{-2}	2.429150×10^{-2}	2.429150×10^{-2}	2.429150×10^{-2}	4.164257×10^{-2}	4.164257×10^{-2}	4.164257×10^{-2}	7.495662×10^{-1}

依据系统状态概率的定义，可以计算拟态防御系统稳态时的可用概率、逃逸概率和非特异性感知概率：

(1) 稳态可用概率：

$$\mathrm{AP}=P(M_0)+P(M_1)+P(M_2)+P(M_3)=\begin{cases}9.615383\times10^{-1}, & \text{中等攻击场景}\\1.255061\times10^{-1}, & \text{强攻击场景}\end{cases}$$

(2) 稳态逃逸概率 $\mathrm{EP}=0$。

(3) 稳态非特异性感知概率 $\mathrm{NSAP}=1$。

拟态防御系统防御停机攻击时的稳态非特异性感知概率为 1，稳态逃逸概率为 0，其稳态可用概率与执行体恢复速度成正比，与攻击强度和攻击者能力成反比。当恢复速度快于停机速率时，拟态防御系统对停机攻击有较好的防御性能。

2) 待机式协同攻击

拟态防御系统待机式协同攻击故障 CTMC 模型稳定状态，参数和可达集见表 9.13～表 9.15 所示。

表 9.13 拟态防御系统待机式协同攻击故障 CTMC 模型稳定状态

状态序号	含义
1	各执行体均正常运行，处于漏洞后门休眠状态
2	执行体 1 受攻击后发生待机式协同故障且输出矢量未异常
3	执行体 2 受攻击后发生待机式协同故障且输出矢量未异常
4	执行体 3 受攻击后发生待机式协同故障且输出矢量未异常
5	执行体 1 和 2 受攻击后同时发生待机式协同故障且输出矢量未异常
6	执行体 1 和 3 受攻击后同时发生待机式协同故障且输出矢量未异常
7	执行体 2 和 3 受攻击后同时发生待机式协同故障且输出矢量未异常
8	3 个执行体受攻击后同时发生待机式协同故障且输出矢量未异常

表 9.14　拟态防御系统待机式协同攻击故障 CTMC 模型参数

参数	值	含义
λ_1	6/360	假定执行体 1 被攻击导致其产生待机式协同故障的平均时间为 10 分钟/10 秒
λ_2	6/360	假定执行体 2 被攻击导致其待机式协同故障的平均时间为 10 分钟/10 秒
λ_3	6/360	假定执行体 3 被攻击导致其待机式协同故障的平均时间为 10 分钟/10 秒
μ_1	2	假定执行体周期恢复的平均时间为 30 分钟

拟态系统的 CTMC 模型，可得到其状态转移方程：

$$\begin{bmatrix} \dot{P}_1(t) \\ \dot{P}_2(t) \\ \dot{P}_3(t) \\ \dot{P}_4(t) \\ \dot{P}_5(t) \\ \dot{P}_6(t) \\ \dot{P}_7(t) \\ \dot{P}_8(t) \end{bmatrix} = \begin{bmatrix} -\lambda_1-\lambda_2-\lambda_3 & \mu_1 & \mu_1 & \mu_1 & 0 & 0 & 0 & 0 \\ \lambda_1 & -\mu_1-\lambda_2-\lambda_3 & 0 & 0 & 0 & 0 & 0 & 0 \\ \lambda_2 & 0 & -\mu_1-\lambda_1-\lambda_3 & 0 & 0 & 0 & 0 & 0 \\ \lambda_3 & 0 & 0 & -\mu_1-\lambda_1-\lambda_2 & 0 & 0 & 0 & 0 \\ 0 & \lambda_2 & \lambda_1 & 0 & -\mu_1-\lambda_3 & 0 & 0 & 0 \\ 0 & \lambda_3 & 0 & \lambda_1 & 0 & -\mu_1-\lambda_1 & 0 & 0 \\ 0 & 0 & \lambda_3 & \lambda_2 & 0 & 0 & -\mu_1-\lambda_2 & 0 \\ 0 & 0 & 0 & 0 & \lambda_3 & \lambda_1 & \lambda_2 & -\mu_1 \end{bmatrix} \begin{bmatrix} P_1(t) \\ P_2(t) \\ P_3(t) \\ P_4(t) \\ P_5(t) \\ P_6(t) \\ P_7(t) \\ P_8(t) \end{bmatrix} \tag{9.4}$$

表 9.15　拟态防御系统待机式协同攻击故障 CTMC 模型状态可达集

标识	M_0	M_1	M_2	M_3	M_4	M_5	M_6	M_7
稳态概率 P_k	9.999999×10^{-2}	4.285714×10^{-2}	4.285714×10^{-2}	4.285714×10^{-2}	6.428571×10^{-2}	6.428571×10^{-2}	6.428571×10^{-2}	5.785714×10^{-1}
稳态概率 P_s	1.848429×10^{-3}	9.216543×10^{-4}	9.216543×10^{-4}	9.216543×10^{-4}	1.833125×10^{-3}	1.833125×10^{-3}	1.833125×10^{-3}	9.898872×10^{-1}

依据系统状态概率的定义，可以计算拟态防御系统稳态时的可用概率、逃逸概率和非特异性感知概率：

(1) 稳态可用概率：

$$\begin{aligned} \mathrm{AP} &= P(M_0)+P(M_1)+P(M_2)+P(M_3) \\ &= \begin{cases} 2.285886\times10^{-1}, & \text{中等攻击场景} \\ 4.619800\times10^{-2}, & \text{强攻击场景} \end{cases} \end{aligned}$$

(2) 稳态逃逸概率：

$$\begin{aligned} \mathrm{EP} &= P(M_4)+P(M_5)+P(M_6)+P(M_7) \\ &= \begin{cases} 7.714114\times10^{-1}, & \text{中等攻击场景} \\ 9.953802\times10^{-2}, & \text{强攻击场景} \end{cases} \end{aligned}$$

(3) 稳态非特异性感知概率 NSAP = 0。

在攻击者资源和能力不受约束的前提下，拟态防御系统对待机式协同攻击具有较低的防御能力。例如，在强攻击情况下，其稳态非特异性感知概率为 0，稳态逃逸概率大于 0.99，稳态可用概率约为 0.05。显然，相对于拟态防御系统和攻击者而言，既不存在“绝对可信”的防御能力，也不可能具有“不受约束”的攻击资源。

3. 抗攻击性分析小结

非冗余系统、非相似余度系统和拟态防御系统的抗一般攻击性对比如表 9.16 所示。以强攻击场景为例，可以看出，对于拟态防御系统的抗攻击性，在稳态可用概率方面，比非冗余系统和非相似余度系统有无穷大增益；在稳态逃逸概率方面，比非冗余系统至少有 5～6 个数量级的增益，比非相似余度系统至少有 2～3 个数量级的增益；在稳态非特异性感知概率方面，比非冗余系统有无穷大增益，与非相似余度系统有相似增益。

对于一般攻击，非冗余系统基本上没有持续抗攻击能力；非相似余度系统具有较高的稳态非特异性感知概率和较低的稳态逃逸概率，但其稳态可用概率为 0，即非相似余度系统具有较灵敏、准确但不持久的抗攻击能力；拟态防御系统具有极高的稳态可用概率，极低的稳态逃逸概率和极高的非特异性感知概率，即拟态防御系统具备灵敏、准确且持久的抗攻击能力。

表 9.16 三系统抗一般攻击稳态概率

弱攻击场景						
稳态概率	非冗余系统	非相似余度系统	拟态防御系统			
			随机调度	快速恢复	缺陷执行体	快速恢复和缺陷执行体
稳态漏洞后门休眠状态概率 $P(M_0)$	0	0	9.999999×10^{-1}	9.999999×10^{-1}	9.998992×10^{-1}	9.998998×10^{-1}
稳态非特异性感知概率 NSAP	0	9.999999×10^{-1}	8.361113×10^{-8}	8.337967×10^{-8}	1.007121×10^{-4}	1.001566×10^{-4}
稳态可用概率 AP	0	0	9.999999×10^{-1}	9.999999×10^{-1}	9.999993×10^{-1}	9.999998×10^{-1}
稳态逃逸概率 EP	5.00000×10^{-1}	2.999700×10^{-4}	5.574345×10^{-14}	5.559030×10^{-14}	1.338574×10^{-11}	1.334748×10^{-11}

续表

中等攻击场景						
稳态概率	非冗余系统	非相似余度系统	拟态防御系统			
			随机调度	快速恢复	缺陷执行体	快速恢复和缺陷执行体
稳态漏洞后门休眠状态概率 $P(M_0)$	0	0	9.999939×10^{-1}	9.999948×10^{-1}	9.998563×10^{-1}	9.998899×10^{-1}
稳态非特异性感知概率 NSAP	0	9.999999×10^{-1}	6.000062×10^{-6}	5.166812×10^{-6}	1.436437×10^{-4}	1.100432×10^{-4}
稳态可用概率 AP	0	0	9.999989×10^{-1}	9.999998×10^{-1}	9.999596×10^{-1}	9.999932×10^{-1}
稳态逃逸概率 EP	5.00000×10^{-1}	2.999700×10^{-4}	2.364045×10^{-10}	2.066016×10^{-10}	9.633839×10^{-10}	8.394510×10^{-10}
强攻击场景						
稳态概率	非冗余系统	非相似余度系统	拟态防御系统			
			随机调度	快速恢复	缺陷执行体	快速恢复和缺陷执行体
稳态漏洞后门休眠状态概率 $P(M_0)$	0	0	9.961149×10^{-1}	9.990996×10^{-1}	9.961158×10^{-1}	9.991009×10^{-1}
稳态非特异性感知概率 NSAP	0	9.999999×10^{-1}	3.885044×10^{-3}	9.003283×10^{-4}	3.884172×10^{-3}	8.991428×10^{-4}
稳态可用概率 AP	0	0	9.964137×10^{-1}	9.993993×10^{-1}	9.964146×10^{-1}	9.994005×10^{-1}
稳态逃逸概率 EP	5.00000×10^{-1}	2.999700×10^{-4}	1.947108×10^{-6}	1.439273×10^{-6}	1.946386×10^{-7}	1.438503×10^{-7}

如表 9.17 所示，对于特殊攻击，非冗余系统没有抗停机攻击和待机式协同攻击的能力。非相似余度系统对停机攻击全部能够感知且无法逃逸，但稳态可用概率为 0，即非相似余度系统不具有持久的抗停机攻击能力和待机式协同攻击的能力。拟态防御系统对停机攻击全部能够感知且无法逃逸，但其稳态可用概率与攻击者能力和执行体恢复速度相关，当执行体停机速率小于恢复速度时稳态可用概率较高；拟态防御系统理论上虽然没有抗待机式协同攻击的能力，但是，由于拟态防御系统拥有基于拟态裁决与外部参数控制的策略调度和多维

动态重构负反馈控制机制，使之具有测不准的属性，攻击者可能无法承受实现待机式协同攻击所要付出的代价。因而，拟态防御系统具有非冗余和非相似余度系统不可比拟的抗协同攻击能力。

表 9.17　三系统抗特殊攻击稳态概率

停机攻击

稳态概率	非冗余系统		非相似余度系统		拟态防御系统	
	中等攻击	强攻击	中等攻击	强攻击	中等攻击	强攻击
稳态漏洞后门休眠状态概率 $P(M_0)$	0	0	0	0	7.692307×10^{-1}	5.263158×10^{-2}
稳态非特异性感知概率 NSAP	0	0	1	1	1	1
稳态可用概率 AP	0	0	0	0	9.615383×10^{-1}	1.255061×10^{-1}
稳态逃逸概率 EP	1	1	0	0	0	0

待机式协同攻击

稳态概率	非冗余系统		非相似余度系统		拟态防御系统	
	中等攻击	强攻击	中等攻击	强攻击	中等攻击	强攻击
稳态漏洞后门休眠状态概率 $P(M_0)$	0	0	0	0	9.999999×10^{-2}	1.848429×10^{-3}
稳态非特异性感知概率 NSAP	0	0	0	0	0	0
稳态可用概率 AP	0	0	0	0	2.285886×10^{-1}	4.619800×10^{-2}
稳态逃逸概率 EP	1	1	1	1	7.714114×10^{-1}	9.953802×10^{-1}

拟态防御系统采用综合快速恢复和缺陷执行体调度策略时，可以显著提高其稳态可用概率和稳态非特异性感知概率，并降低稳态逃逸概率。系统稳态状态概率对参数 σ、μ 和 λ 敏感，在制定拟态调度策略时，应尽量选择非同族、实现算法和构造相异度大、质量较高和故障恢复速度快的执行体。

鉴于拟态防御系统能够有效防御针对目标对象漏洞后门、病毒木马等各种非协同式攻击，可以预计未来的攻击重点会被迫转向攻击难度极高的待机式协同攻击或者采用代价很大的社会工程学方式攻击拟态防御系统的控制环节。

总之，在抗攻击性方面，拟态防御系统具有优秀的稳定鲁棒性和品质鲁棒性，其稳态可用概率比非冗余系统和非相似余度系统有无穷大增益；其稳态逃逸概率比非冗余系统至少有 5～6 个数量级的增益，比非相似余度系统至少有 2～3 个数量级的增益；其稳态非特异性感知概率比非冗余系统有无穷大增益，与非相似余度系统有相似增益。说明“高可靠、高可用和高可信”的拟态防御系统，具有指数量级或超非线性的抗攻击性增益。

9.5.4 可靠性分析

1. 非冗余系统可靠性分析

基于 $GSPN'_N$ 的定义，非冗余系统（单余度静态构造系统）可靠性故障情况下的 GSPN 模型如图 9.23 所示，共有 2 个状态：P_1 含有令牌表示系统处于故障休眠状态，即执行体均正常运行，没有可靠性故障；P_2 含有令牌表示降级状态。T_1 表示从故障休眠状态变迁到故障状态。

非冗余系统可靠性故障的 CTMC 模型如图 9.24 所示，假定执行体发生可靠性故障的时间服从指数分布。该 CTMC 模型的各稳定状态如表 9.18 所示。

图 9.23 非冗余系统可靠性故障 GSPN 模型　　图 9.24 非冗余系统可靠性故障 CTMC 模型

表 9.18 非冗余系统可靠性故障 CTMC 模型稳定状态

状态序号	含义
1	1 个执行体正常运行，系统处在故障休眠状态
2	1 个执行体发生可靠性故障，系统处在故障态

该 CTMC 模型的各参数含义如表 9.19 所示。表 9.20 给出了状态可达集，同时按照变迁过程的相关参数给出了每一个状态标识的稳态概率。表 9.21 给出了非冗余系统降级概率。

表 9.19 非冗余系统可靠性故障 CTMC 模型参数

参数	值	含义
$\lambda_1(h)$	1×10^{-3}	1 个执行体产生随机故障的平均时间假定为 1000 小时

表 9.20 非冗余系统可靠性故障 CTMC 模型状态可达集

标识	稳态概率 P_f	P_1	P_2	状态
M_0	0.000000	1	0	实存
M_1	1.000000	0	1	实存

表 9.21 非冗余系统降级概率

系统名称	执行体	非冗余系统
降级概率	1×10^{-3}	1×10^{-3}

非冗余系统的稳态可用概率 $\mathrm{AP}=P(M_0)=0$，可靠性 $R(t)=\mathrm{e}^{-\lambda_1(t)}$，非冗余系统的首次故障前平均时间 $\mathrm{MTTF}=\lambda_1^{-1}$，即 1×10^3 小时。

非冗余系统的稳态可用概率为 0，MTTF 为1×10^3小时，系统降级概率为1×10^{-3}。非冗余系统具有和执行体一样的可靠性。

2．非相似余度系统可靠性分析

基于GSPN'_{D}的定义，非相似余度系统(3 余度静态异构冗余系统)可靠性故障情况下的 GSPN 模型[23,24]如图 9.25 所示，共有 7 个状态，9 个变迁。P_1，P_2，P_3含有令牌表示该执行体处于故障休眠状态；P_4，P_5，P_6含有令牌分别表示该执行体发生可靠性随机故障；P_7含有令牌表示 2 个及以上执行体同时发生可靠性随机故障。T_1，T_2，T_3表示该执行体发生可靠性随机故障；T_7，T_8，T_9表示该执行体恢复到故障休眠状态；T_4，T_5，T_6表示两个及以上执行体同时进入可靠性随机故障状态。

所分析的非相似余度系统是 3 余度的静态异构冗余系统，假设执行体中不添加故障监测手段，具有单个执行体的故障恢复能力。

非相似余度系统可靠性故障的 CTMC 模型如图 9.26 所示，在发生可靠性故障时，系统和执行体可能降级。假设执行体发生可靠性故障时间服从指数分布。该 CTMC 模型的各稳定状态如表 9.22 所示。该 CTMC 模型的各参数如表 9.23 所示，λ_1～λ_3代表执行体发生可靠性故障的平均时间。

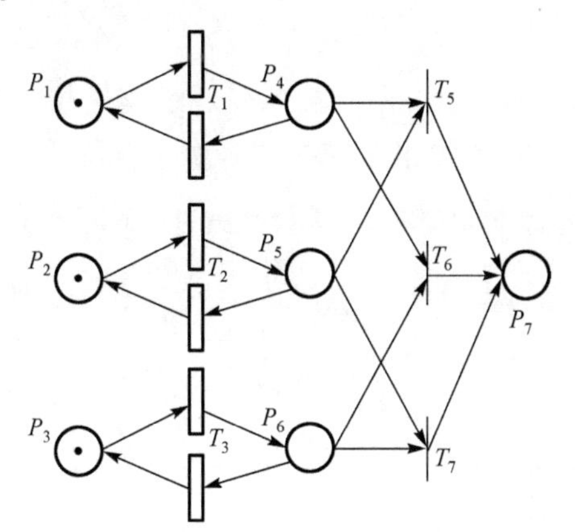

图 9.25 非相似余度系统可靠性故障 GSPN 模型

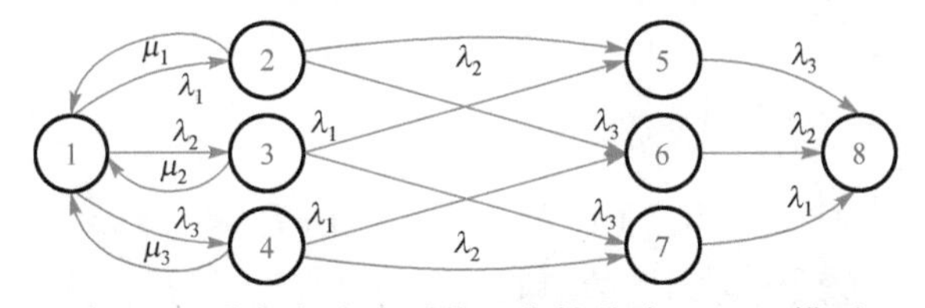

图 9.26 非相似余度系统可靠性故障 CTMC 模型

表 9.22 非相似余度系统可靠性故障 CTMC 模型稳定状态

状态序号	含　义
1	各执行体均正常运行，处在故障休眠状态
2	执行体 1 故障
3	执行体 2 故障
4	执行体 3 故障
5	执行体 1 和执行体 2 故障
6	执行体 1 和执行体 3 故障
7	执行体 2 和执行体 3 故障
8	3 个执行体的执行体同时故障

表 9.23 非相似余度系统可靠性故障 CTMC 模型参数

参数	值	含　义
$\lambda_1(h)$	1×10^{-3}	执行体 1 产生随机故障的平均时间假定为 1000 小时
$\lambda_2(h)$	1×10^{-3}	执行体 2 产生随机故障的平均时间假定为 1000 小时
$\lambda_3(h)$	1×10^{-3}	执行体 3 产生随机故障的平均时间假定为 1000 小时
$\mu_1(h)$	60	执行体 1 故障后自恢复或重启恢复的平均时间假定为 1 分钟
$\mu_2(h)$	60	执行体 2 故障后自恢复或重启恢复的平均时间假定为 1 分钟
$\mu_3(h)$	60	执行体 3 故障后自恢复或重启恢复的平均时间假定为 1 分钟

表 9.24 给出了状态可达集，同时按照变迁过程的相关参数给出了每一个状态标识的稳态概率。表 9.25 给出了非相似余度系统降级概率。

表 9.24 非相似余度系统可靠性故障 CTMC 模型状态可达集

标识	稳态概率 P_f	P_1	P_2	P_3	P_4	P_5	P_6	P_7	状态
M_0	0.000000	1	1	1	0	0	0	0	实存
M_1	0.000000	0	0	0	1	0	0	0	实存
M_2	0.000000	0	0	0	0	1	0	0	实存
M_3	0.000000	0	0	0	0	0	1	0	实存
M_4	0.000000	0	0	0	1	1	0	0	实存
M_5	0.000000	0	0	0	1	0	1	0	实存
M_6	0.000000	0	0	0	0	1	1	0	实存
M_7	1.000000	0	0	0	1	1	1	1	实存

稳态可用概率 $\text{AP}=P(M_0)+P(M_1)+P(M_2)+P(M_3)=0$。

基于非相似余度系统可靠性故障 CTMC 模型，可以计算其可靠度

$$R(t)=1-P_{M_4}(t)-P_{M_5}(t)-P_{M_6}(t)-P_{M_7}(t)$$
$$=\frac{(\mu_1+5\lambda_1+(\mu_1^2+10\mu_1\lambda_1+\lambda_1^2)^{\frac{1}{2}})}{2(\mu_1^2+10\mu_1\lambda_1+\lambda_1^2)^{\frac{1}{2}}}\mathrm{e}^{-\frac{t(\mu_1+5\lambda_1-(\mu_1^2+10\mu_1\lambda_1+\lambda_1^2)^{\frac{1}{2}})}{2}} \tag{9.5}$$
$$-\frac{(\mu_1+5\lambda_1-(\mu_1^2+10\mu_1\lambda_1+\lambda_1^2)^{\frac{1}{2}})}{2(\mu_1^2+10\mu_1\lambda_1+\lambda_1^2)^{\frac{1}{2}}}\mathrm{e}^{-\frac{t(\mu_1+5\lambda_1+(\mu_1^2+10\mu_1\lambda_1+\lambda_1^2)^{\frac{1}{2}})}{2}}$$

可以计算其首次故障前平均时间

$$\mathrm{MTTF}=\int_0^{\infty}R(t)\mathrm{d}t$$
$$=\frac{1}{2(\mu_1^2+10\mu_1\lambda_1+\lambda_1^2)^{\frac{1}{2}}}\left(\frac{\mu_1+5\lambda_1+(\mu_1^2+10\mu_1\lambda_1+\lambda_1^2)^{\frac{1}{2}}}{\mu_1+5\lambda_1-(\mu_1^2+10\mu_1\lambda_1+\lambda_1^2)^{\frac{1}{2}}}\right. \tag{9.6}$$
$$\left.-\frac{\mu_1+5\lambda_1-(\mu_1^2+10\mu_1\lambda_1+\lambda_1^2)^{\frac{1}{2}}}{\mu_1+5\lambda_1+(\mu_1^2+10\mu_1\lambda_1+\lambda_1^2)^{\frac{1}{2}}}\right)$$
$$=1.000083\times10^7\mathrm{h}$$

表 9.25　非相似余度系统降级概率

系统名称	执行体	非相似余度系统(要求两个执行体正常工作)
降级概率	1.0×10^{-3}	3.0×10^{-6}

3 余度非相似余度系统的稳态可用概率为 0，MTTF 为1.000083×10^7小时，系统降级概率为3.0×10^{-6}。非相似余度系统的降级概率比非冗余系统低了 3 个数量级，MTTF 高了 4 个数量级，说明非相似余度系统具有较高的可靠性。

3. 拟态防御系统可靠性分析

基于 GSPN′$_C$的定义，拟态防御系统(3 余度动态异构冗余系统)可靠性故障情况下的 GSPN 模型如图 9.27 所示，共有 10 个状态，16 个变迁。P_1，P_2，P_3含有令牌表示该执行体处于故障休眠状态；P_4，P_5，P_6含有令牌分别表示该执行体发生可靠性随机故障；P_7，P_8，P_9含有令牌表示 2 个相关执行体同时发生可靠性随机故障；P_{10}含有令牌表示 3 个执行体同时发生可靠性随机故障。T_1，T_2，T_3表示该执行体发生可靠性随机故障；T_4，T_5，T_6表示 2 个执行体同时进入可靠性随机故障状态；T_7，T_8，T_9 表示 3 个执行体同时进入可靠性随机故障状态；T_{10} 表示 3 个执行体恢复到故障休眠状态；T_{11}，T_{12}，T_{13} 表示 2 个执行体恢复到故障休眠状态；T_{14}，T_{15}，T_{16} 表示 1 个执行体恢复到故障休眠状态。

所分析的拟态防御系统是 3 余度的动态异构冗余系统，假设执行体中不添加故障监测手段，具有执行体的故障恢复能力。

拟态防御系统可靠性故障的 CTMC 模型如图 9.28 所示。假设执行体攻击成功和恢复时间服从指数分布。该 CTMC 模型的各稳定状态如表 9.26 所示，该 CTMC 模型的各参数含义如表 9.27 所示。表 9.28 给出了拟态防御系统可靠性故障 CTMC 模型状态可达集。表 9.29 给出了拟态防御系统降级概率。

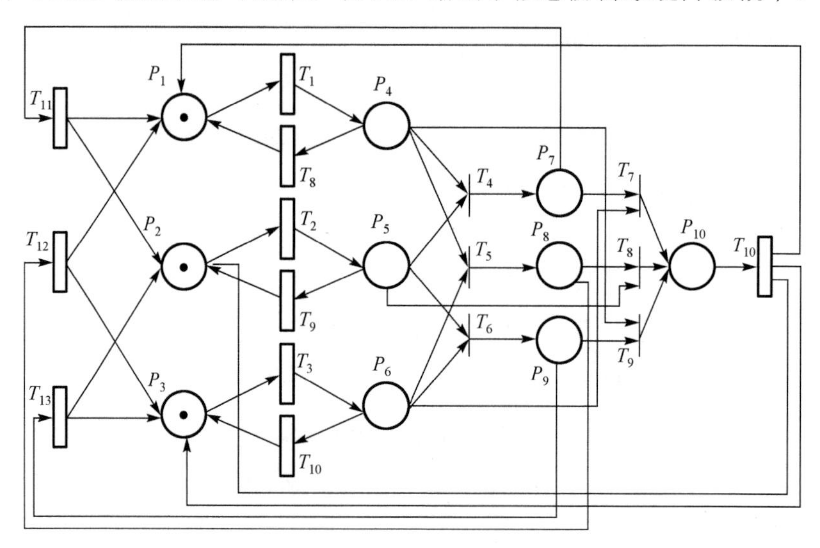

图 9.27　拟态防御系统可靠性故障 GSPN 模型

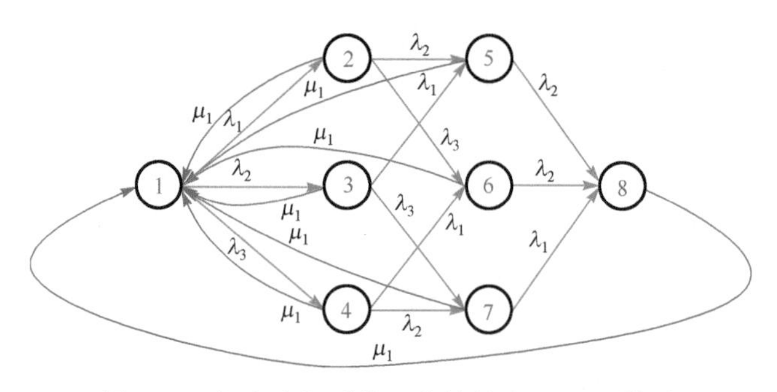

图 9.28　拟态防御系统可靠性故障 CTMC 模型

表 9.26　拟态防御系统可靠性故障 CTMC 模型稳定状态

状态序号	含义
1	各执行体均正常运行，处在故障休眠状态
2	执行体 1 故障
3	执行体 2 故障
4	执行体 3 故障

表 9.27　拟态防御系统可靠性故障 CTMC 模型参数

参数	值	含义
$\lambda_1(h)$	10^{-3}	1 个执行体发生随机故障的平均时间假定为 1000 小时
$\lambda_2(h)$	10^{-3}	2 个执行体发生同时故障的平均时间假定为 1000 小时
$\lambda_3(h)$	10^{-3}	3 个执行体发生同时故障的平均时间假定为 1000 小时
$\mu_1(h)$	60	执行体恢复到漏洞休眠状态的平均时间假定为 1 分钟

表 9.28　拟态防御系统可靠性故障 CTMC 模型状态可达集

标识	稳态概率 P_f	P_1	P_2	P_3	P_4	P_5	P_6	P_7	P_8	状态
M_0	9.999500×10^{-1}	1	0	0	0	0	0	0	0	实存
M_1	1.666528×10^{-5}	0	1	0	0	0	0	0	0	实存
M_2	1.666528×10^{-5}	0	0	1	0	0	0	0	0	实存
M_3	1.666528×10^{-5}	0	0	0	1	0	0	0	0	实存
M_4	5.555000×10^{-10}	0	0	0	0	1	0	0	0	实存
M_5	5.555000×10^{-10}	0	0	0	0	0	1	0	0	实存
M_6	5.555000×10^{-10}	0	0	0	0	0	0	1	0	实存
M_7	2.777363×10^{-14}	0	0	0	0	0	0	0	1	实存

表 9.29　拟态防御系统降级概率

系统名称	执行体	拟态防御系统（要求 2 个执行体正常工作）
降级概率	1.0×10^{-3}	3.0×10^{-6}

稳态可用概率$\mathrm{AP}=P(M_0)+P(M_1)+P(M_2)+P(M_3)=9.999999\times10^{-1}$。

基于拟态防御系统可靠性故障的 CTMC 模型，可以计算其可靠度

$$
\begin{aligned}
R(t) &= 1-P_{M_4}(t)-P_{M_5}(t)-P_{M_6}(t)-P_{M_7}(t) \\
&= \frac{(6\lambda_1 \mathrm{e}^{-t(\mu_1+2\lambda_1)})}{\mu_1+2\lambda_1}-\frac{6\lambda_1^2}{(\mu_1+2\lambda_1)(\mu_1+3\lambda_1)}-\frac{(6\lambda_1 \mathrm{e}^{-t(\mu_1+3\lambda_1)})}{\mu_1+3\lambda_1}+1
\end{aligned} \tag{9.7}
$$

可以计算其首次故障前平均时间，

$$\mathrm{MTTF}=\int_0^{\infty}R(t)\mathrm{d}t\to\infty \tag{9.8}$$

3 余度拟态防御系统的稳态可用概率为 9.999999×10^{-1}，MTTF 趋于无穷，系统降级概率为 3.0×10^{-6}。针对可靠性随机故障，3 余度拟态防御系统的稳态可用概率接近于 1，MTTF 趋于无穷，远远好于非冗余和非相似架构；其降级概率比非冗余系统低了 3 个数量级，与非相似架构类似。上述指标表明，拟态防御系统的可靠性上限仅受限于硬件的寿命极限，因此具有极高的可靠性。

4．可靠性分析小结

如表 9.30 所示，在可靠性方面，3 余度拟态防御系统具有优秀的可靠性，其稳态可用概率接近于 1，而非冗余和非相似余度系统为 0；其 MTTF 远高于另外两个系统；其降级概率与非相似余度系统相似，比非冗余系统高 3 个数量级。说明“高可靠、高可用和高可信”的拟态防御系统，具有指数量级或超非线性的可靠性增益。

表 9.30　非冗余、非相似余度和拟态防御系统的可靠性

概率	非冗余系统	非相似余度系统	拟态防御系统
稳态可用概率 AP	0	0	9.999999×10^{-1}
首次故障前平均时间 MTTF	1.0×10^{3}	1.000083×10^{7}	∞
降级概率 FP	1.0×10^{-3}	3.0×10^{-6}	3.0×10^{-6}

9.5.5　小结

本节首先基于广义随机 Petri 网建立了非冗余、非相似余度和拟态防御系统的抗攻击性和可靠性模型，然后利用 GSPN 模型可达集与连续时间马尔可夫链同构的特性对各系统状态的稳态概率进行了量化分析和仿真。在评价指标方面，提出基于稳态可用概率、稳态逃逸概率和稳态非特异性感知概率这三种参量综合刻画目标架构的抗攻击性，用稳态可用概率、可靠度、首次故障前平均时间和降级概率刻画目标架构的可靠性。通过仿真分析可知，拟态防御系统具有优秀的稳定鲁棒性和品质鲁棒性。本节给出的模型和方法能够用来分析信息系统架构的鲁棒性、可靠性、可用性和抗攻击性，相关分析结论有助于指导高可靠、高可用和高可信的鲁棒性信息系统的设计。

此外，在抗攻击性和可靠性分析中，为提高分析的精细化水平以更好地指导工程实践，可借助着色广义随机 Petri 网[25]、确定随机 Petri 网等工具，对攻击类型和效果等进行细化分析；其次，对添加入侵检测、防火墙等特异性威胁

检测和防御手段后的融合系统进行抗攻击性分析；最后，增加对软硬件之间相互影响因素的考虑，引入错误检测率、误警率和漏警率等参量，对抗攻击性和可靠性进行综合分析。

9.6 与异构容侵的区别

从前述章节内容我们知道，具有错误容忍功能的DRS构造尽管对广义不确定扰动缺乏稳定鲁棒性，但其入侵容忍的表现相对于入侵检测IDS+异构冗余的经典入侵容忍构造而言已具有相当大的优势了，而从DRS基础上发展起来的拟态防御架构的抗攻击性和可靠性更是远远胜于经典入侵容忍构造，虽然它们都拥有异构或多样性、冗余等基本防御要素以及多模共识表决的机制，但是“结构决定性质”的因素使得石墨硬度等级终究无法比拟金刚石。即便如此，仍然有必要从多个角度区分基于异构冗余的经典入侵容忍与拟态防御的不同，以便读者充分理解拟态防御对于传统入侵容忍的变革性意义。我们以本书3.4.2节列举的典型入侵容忍系统作为参照对象，尽可能客观地给出两者之间的主要区别或差异。

9.6.1 主要区别

(1) 故障模型不同。与异构容侵安全目标和系统故障模型有所不同的是，拟态防御更强调管控或抑制不论何种原因导致的目标对象内部出现的广义不确定扰动的能力。也就是说，既要能防御针对系统内部漏洞的外部攻击，也要能瓦解基于暗功能的内外部协同式攻击；既可容忍各种已知、未知且数量不限的差模故障或非协同攻击，还能解除或干扰未知的共模故障或协同攻击。不仅如此，两者基于GSPN模型的抗攻击性与可靠性的定量分析结论也存在指数量级的差异。

(2) 容忍机制与策略不同。拟态防御的入侵容忍或错误容忍功能源于系统构造内生的测不准效应，而基于拟态裁决的策略调度和多维动态重构负反馈控制机制则是该效应的根本原因所在。与异构容侵的共识研判机制不同，拟态裁决是一种多元表决算法的迭代处理过程。其非一致性的表决状态一般不会影响输出响应功能但会激励当前运行环境的动态改变，并能使多模输出矢量间的比对差异逐步收敛于期望的阈值范围内。

(3) 系统构架不同。异构容侵采用入侵检测与异构冗余的组合构架，即IDS+异构冗余；拟态防御采用基于拟态伪装策略的动态异构冗余架构DHR，任何附加的检测、监测、合规性检查或防护措施等设施都是非必要性配置。

(4) 假设前提不同。异构容侵是假设作为“最后一道防线”的异构冗余部件中“坏人”是少数，拟态防御则假定拟态括号内的软硬件资源都可能处于“有毒带菌”状态；异构容侵 IDS 的有效严重依赖关于攻击者的先验知识和行为特征，但这些信息对于拟态防御却并非是不可或缺的前提条件。

(5) 表决意义不同。拟态裁决结果是相对性概念，具有叠加态属性，只要多模输出矢量比对出现不一致状况，就存在逃逸的可能(尽管属于小概率事件)，因而不仅要有多种算法支持的迭代判决而且需要有基于反馈控制环路的后向迭代验证机制。异构容侵表决状态只要满足多数相同条件即认为是正确且不需任何验证操作；异构容侵依靠择多表决算法(包括拜占庭投票机制)，而拟态裁决却需要一个可以动态迭代的表决算法集合，除了多数表决算法外还可以包含最大近似表决、权重表决、掩码表决、基于历史信息的大数表决、拜占庭投票等多种算法。

(6) 控制方法不同。拟态防御采用基于裁决状态驱动的广义鲁棒控制机制，具有渐进式动态收敛的属性，“即使出现攻击逃逸也难以稳定维持”，而异构容侵则不具备相应的功能与性能。

(7) 异常处理不同。异构容侵一旦发现执行体输出错误即刻挂起，即在满足 $N \geq 2f+1$ 的条件下，采用错误执行体移除策略。拟态防御因为采用相对性裁决方式，输出矢量不一致并非认定相关执行体就是错误执行体，而是采用问题规避策略将疑似问题执行体或者当前任何一个执行体下线清洗或重构后再使之进入待用状态，除非该执行体出现不可恢复的问题或故障。因此，在给定余度 N 的情况下，多模输出矢量出现两两不一致的状态并非是最不利局面。相反，完全一致的裁决结果中却可能隐藏着小概率的攻击逃逸事件，因此需要通过外部控制指令强制变化当前运行环境。

(8) 验证方法不同。拟态防御无论是抗已知还是未知差模或共模攻击的能力都是可设计量化的，一般可通过“白盒”验证方式实验确认。异构容侵不具有抗未知协同攻击的能力，即使能应对少数的未知差模攻击，其能力也受到 $N \geq 2f+1$ 前提条件的限制。

(9) 有效性保障方式不同。异构容侵的有效性既依赖 IDS 拥有的攻击知识丰度也与信息更新的实时性强关联，而拟态防御的有效性在机理上与攻击者先验知识和行为特征信息获取无关。因此，两者在抗攻击性能的维护保障方面的要求完全不同。

9.6.2　前提与功能差异

(1) 异构容侵假定，异构冗余执行体中只存在少数可利用的漏洞；拟态防御假定，凡是拟态括号内的执行体可能都带有异构性质的漏洞后门等暗功能，且与数量多少无关。

(2) 异构容侵假定，N 个异构冗余执行体出现异常的数量 f 不能超过 $N \geq 2f+1$，否则停止服务响应；拟态防御则约定即使当前服务集的多模输出矢量都不一致，只要有满足裁决算法集合中迭代判决标准的，都能产生有可信度的响应输出。

(3) 异构容侵假定，只要满足多数表决条件的输出就是正常输出；拟态防御的约定是，除非满足完全一致表决条件否则即使产生输出矢量，裁决器都会驱动反馈控制环路，动态收敛式的改变拟态括号内的运行环境，并持续操作到裁决器不一致状态消失为止。

(4) 异构容侵假定，IDS 自身的漏洞可能被攻击者利用，因此需要有动态重配置功能；拟态防御允许拟态括号的输入代理、输出代理、裁决器和反馈控制器等部件存在漏洞但外部无法利用或攻击不可达，因为拟态括号本体可以获得源于动态异构冗余构造效应的防护增益。

(5) 异构容侵规定，IDS 需要有包括合规性检查参数在内的相关配置信息，且配置参数的完备性直接影响容侵性能；拟态防御效果理论上并不依赖 IDS 环节也不需要相关配置参数的支持，抗攻击性能只与执行体间的异构性、冗余度、输出矢量丰度和裁决算法的多样性强关联。

(6) 异构容侵约定，IDS 不对后端的 COTS 级异构冗余执行体进行任何介入操作；拟态防御则要求执行体自身具有可重构功能，对于 COTS 级执行体内部资源至少应有可重配置的功能。例如，能够在运行多种操作系统、数据库、虚拟化软件或应用软件变体的执行环境中做出可选择的配置。

(7) 异构容侵假定，未发现任何异常情况下系统处于正常状态不需额外操作；拟态防御则认为，即使未发现任何异常状态也存在小概率的攻击逃逸可能，需要随机性地激活反馈控制环路以变化当前运行环境，预防或瓦解潜在的逃逸事件。

(8) 异构容侵需要包括合规性检查和拜占庭投票等在内的 IDS 功能，而拟态防御需要通过相对性裁决功能感知不确定性扰动。因而，两者都有可能存在“识别盲区”。拟态防御具有瓦解稳定逃逸状态的广义鲁棒控制机制，而经典异构容侵则没有。

(9)除了功能等价异构冗余执行体外，拟态防御只需通过DHR一种架构就可以实现对象系统“高可靠、高可信、高可用”一体化的目标。相比之下，经典异构容侵系统就要烦琐和累赘得多，功能和性价比也无法相提并论。

9.6.3 小结

从原理上说，基于异构容错技术的异构入侵容忍仍然属于被动防御的范畴，因为需要入侵检测环节来获得容错功能所必需的先验知识。当然，如果以IDS+DRS作为组合容侵构造，即使存在IDS未能发现的入侵攻击，DRS仍有相当可靠的抗未知攻击能力，这一结论可以从本书6.7节的定量分析中得到佐证。但是，即便使用这样的组合构造仍然不能避免试错攻击可能造成的隧道穿越和攻击逃逸情形。换言之，只要异构冗余执行体以及当前运行环境的静态性和确定性保持不变，目标对象的稳定鲁棒性就无法建立。一旦实现攻击逃逸，其状态可长时间保持或重现。本章9.5节的定量分析结论也说明，建立在DHR构造基础上的拟态防御，在不依赖先验知识的情况下，对于广义不确定扰动仍然具有十分优秀的稳定鲁棒性和品质鲁棒性。需要特别指出的是，从全生命周期的综合性价比来看，拟态防御构造也显著优于经典异构容侵架构。

参考文献

[1] Stallings W. Network and Internetwork Security: Principles and Practice. Englewood Cliffs: Prentice Hall, 1995.

[2] Malik J, Arbeláez P, Carreira J, et al. The three R's of computer vision: Recognition, reconstruction and reorganization. Pattern Recognition Letters, 2016, 72: 4-14.

[3] Zhou K M, Doyle J C. Essentials of Robust Control. New York: Pearson, 1998.

[4] Ceccato M, Nguyen C D, Appelt D, et al. SOFIA: An automated security oracle for black-box testing of SQL-injection vulnerabilities//Proceedings of the 31st IEEE/ACM International Conference on Automated Software Engineering, 2016: 167-177.

[5] Pras A. Network Management Architectures. Enschede: University of Twente, 1995.

[6] Littlepage G E, Schmidt G W, Whisler E W, et al. An input-process-output analysis of influence and performance in problem-solving groups. Journal of Personality and Social Psychology, 1995, 69(5): 877.

[7] Newman R C. Cybercrime, identity theft, and fraud: Practicing safe internet-network security threats and vulnerabilities//Proceedings of the 3rd Annual Conference on Information Security Curriculum Development, 2006: 68-78.

[8] Zhang S, Wang Y, He Q, et al. Backup-resource based failure recovery approach in SDN data plane//Network Operations and Management Symposium (APNOMS), 2016: 1-6.

[9] Chang E S, Ho C B. Organizational factors to the effectiveness of implementing information security management. Industrial Management & Data Systems, 2006, 106(3): 345-361.

[10] Chung J, Owen H, Clark R. SDX architectures: A qualitative analysis//IEEE SoutheastCon, 2016: 1-8.

[11] Ventre P L, Jakovljevic B, Schmitz D, et al. GEANT SDX-SDN based Open eXchange Point//NetSoft Conference and Workshops (NetSoft), 2016: 345-346.

[12] Michalski R S, Carbonell J G, Mitchell T M. Machine Learning: An Artificial Intelligence Approach. Berlin: Springer, 2013.

[13] Pipyros K, Mitrou L, Gritzalis D, et al. A cyber attack evaluation methodology// Proceedings of the 13th European Conference on Cyber Warfare and Security, 2014: 264-270.

[14] Shi Z, Zhao G, Liu J. The effect evaluation of the network attack based on the fuzzy comprehensive evaluation method//The 3rd International Conference on Systems and Informatics (ICSAI), 2016: 367-372.

[15] Tuvell G, Jiang C, Bhardwaj S. Off-line mms malware scanning system and method: U.S. Patent Application 12/029,451. [2008-2-11].

[16] Orebaugh A D, Ramirez G. Ethereal Packet Sniffing. Rockland: Syngress Publishing, 2004.

[17] Alfieri R A, Hasslen R J. Watchdog monitoring for unit status reporting: U.S.Patent 7,496,788. [2009-2-24].

[18] Barylski M, Krawczyk H. Multidimensional approach to quality analysis of IPSec and HTTPS applications//The Third IEEE International Conference on Secure Software Integration and Reliability Improvement, 2009: 425-430.

[19] 邬江兴. 拟态计算与拟态安全防御的原意和愿景. 电信科学, 2014, 30(7): 1-7.

[20] Shannon C E, Weaver W. The Mathematical Theory of Communication. Urbana: University of Illinois Press, 1949.

[21] 林闯, 王元卓, 杨扬, 等. 基于随机 Petri 网的网络可信赖性分析方法研究. 电子学报, 2006, 34(2): 322-332.

[22] Garcia M, Bessani A, Gashi I, et al. Analysis of OS diversity for intrusion tolerance. Software pactice and Experience, 2012: 1-36.

[23] Yeh Y C. Triple-triple redundant 777 primary flight computer//Proceedings of IEEE Aerospace Applications Conference, 1996,1:293-307.

[24] 秦旭东，陈宗基．基于 Petri 网的非相似余度飞控计算机可靠性分析．控制与决策，2005, 20(10): 1173-1176.

[25] Lin C, Marinescu D C. Stochastic high-level Petri nets and applications. IEEE Transactions on Computers, 1988, 37(7): 815-825.

第10章

拟态防御工程实现

第9章介绍了网络空间拟态防御的原理，本章将重点讨论工程实现基本条件与约束条件、主要实现机制、主要问题及可能的方法与对策等，还将初步探讨拟态防御的评测评估问题。

10.1 基本条件与约束条件

10.1.1 基本条件

CMD架构的应用需要满足以下基本条件：

(1) 存在刚需要求。目标对象有着抑制或管控包括基于漏洞后门等安全威胁在内的广义不确定扰动的刚需功能要求，重视包括网络安全维护管理保障成本在内的系统全生命周期性价比。

(2) 应用场景满足I【P】O拟态界模型要求。

(3) 存在标准化或可归一化的功能界面。基于该界面的输入通道可发送测试序列，从界面的输出通道可以获得测试响应序列。根据给定的界面功能或性能及相关的测试规范和流程，可以对异构执行体间的功能或性能符合性做出认定，也可以对包括主要异常处理功能在内的一致性给出判定，这样的界面应当满足拟态界基本设置要求。

(4) 拟态界可封闭。除了给定的输入/输出界面外，拟态括号内的异构执行体与外界不存在其他显式的交互通道。

(5) 满足基本相异性要求。尽管 DHR 对其软硬构件没有经典 DRS 那样严格的相异性要求，但至少要求敏感环节或关键冗余路径或核心冗余模块的构件具有物理或逻辑上的相异性，包括尽可能使寄生于其上的漏洞后门具有异构性质。

(6) 容忍插入时延。多样化执行体之间肯定存在允许的性能差异，相关的输入输出调度功能和拟态裁决策略肯定会引入插入时延，其数值大小与是否采用输入/输出代理模式、输出结果是否可更正、拟态界面部署位置、需关联研判的输出矢量信息丰度及采用的算法、策略、系统可接受的实现代价等有关。

(7) 关联条件可接受。应用系统对环境保障、能源供应、初始投资成本等条件不敏感。

(8) 存在支撑多元化或多样化应用需求的软硬件资源和市场与产业环境。

10.1.2 约束条件

(1) 界面功能安全。凡是有协议、规范或接口等统一标准(或约定)要求的应用领域，拟态防御的有效性严重依赖标准或规范自身设计的安全质量。推广到一般化表述，凡是可归一化的逻辑或物理界面，如果界面功能自身设计存在安全缺陷甚至包含隐藏的恶意功能(不包括协议或规范工程实现过程中的漏洞后门)，拟态防御效果在机理上不能保证。

(2) 相对独立性要求。服务功能等价的异构冗余执行体间一般不存在服务功能、性能要求和相关标准、协议、规程、接口等以外的统一或协同配合关系。换言之，拟态防御对工程实现环节有独立性甄别和“去协同化”的严格要求(需排除社会工程学[1]层面联合作弊的可能)。

(3) 基因甄别。如果利用 COTS 级产品作为异构元素，建议使用“软件基因谱系”类的分析工具来辅助研判“同源程度”和“遗传关系”，以便发现与定位相同或相似度最大的源码段并评估其潜在的安全风险，制定相应防范对策(如增加基于漏洞攻击链的创建难度等)。

(4) 相同基因改造。如果自主设计的异构元素间可能存在共同的子模块，或具有相同的“基因”甚至是完全相同的软硬件源代码(例如，都源自某一开源或共享社区)，原则上需要经过多样化改造(例如，利用 N 版本或多样化编译器、二进制翻译器等工具)。此外，还须对异构元素间同源子模块的使用场景、调用机制与激励条件等作相异性处理，以便尽可能降低拟态逃逸的概率。

(5) 优先领域。除了集高可靠、高可用和高可信为一体的鲁棒性服务提供领域外，DHR 体制因为需要配置异构冗余资源和相关保障条件，应优先考虑成本和环境因素不敏感的应用场景。

10.2 主要实现机制

拟态防御实现方针是：将拟态界内(或网元或平台或软硬件部件或模块等)服务功能建立在 DHR 架构基础上并导入拟态伪装策略，使拟态界内运行环境与服务功能的映射关系多元化、随机化、动态化，造成攻击者对拟态括号内的漏洞后门及防御场景等的认知迷雾；尽可能地屏蔽或掩饰不论何种原因引发的 MI 内部异常，降低防御行为的可探性与可预测性；破坏或瓦解基于未知漏洞后门的攻击链的确定性和稳定性，显著提升非配合条件下动态多元目标协同一致攻击的难度；在抑制和管控拟态括号内漏洞后门等安全威胁的同时，增强或保障目标系统服务功能的稳定鲁棒性和品质鲁棒性。

拟态防御技术路线是：以具有内生安全效应的 DHR 架构作为目标对象三位一体集约化功能的实现基础，以视在结构与服务功能映射关系的不确定性为目标，以拟态伪装机制掩饰或屏蔽构造内部的广义不确定扰动为迷雾，以敏感路径“控制功能分布化、控制关系简约化、控制信息最小化”的单线或单向联系机制为手段，以重要信息的碎片化、分布化、动态化传输与存储等为方法，以基于拟态裁决的策略调度和多维动态重构负反馈控制环路为核心，以最小化“非配合条件下动态多元目标协同一致攻击”逃逸概率为宗旨。

10.2.1 构造效应与功能融合机制

从上述章节可知，基于 DHR 架构的目标对象之所以具有高可靠功能提供、高可信服务保障的一体化属性，一方面是其基础结构源自高可靠性技术体系的 DRS 架构，相关理论成熟，工程实践基础雄厚；另一方面基于拟态裁决的策略调度和多维动态重构负反馈控制机制赋予执行体集合元素可收敛的动态化、随机化部署策略，以及元素自身的多元化或多样化重组重构策略，从而能获得可量化的内生安全效应。再者，其 I【P】O 模型也使得攻击任务的失效率会随途径拟态界面的输入输出操作频度呈指数量级增长，攻击任务经过拟态括号时的任何一次操作一旦被拟态裁决环节发现，或者被反馈控制环节“不规则扰动”影响就可能陷入前功尽弃的境地，除非攻击者具有“不可思议的协同逃逸”能力，否则越是需要复杂协同关系支持的攻击任务就越是难以完成。同理，对拟态括号内异构执行体的任何安全加固措施(如导入传统的安全防御手段等)都会作为相异度增强措施而被 DHR 架构固有的非线性效应所放大。因此，拟态防御对传统安全技术不仅具有自然的融合特性，还具有防御效果可呈指数量级提升的特殊功效。

需要特别强调的是，我们期望性质和颗粒度不限的异构执行体具有可重构重组或软件可定义的功能属性，但并不要求其自身一定是 DHR 结构的。一般而言，只要能满足拟态界的功能(或性能)等价性要求，拟态构造并不特别在乎其异构执行体本身是否是白盒还是黑盒结构。不过，如果在异构执行体的设计中也能采用 DHR 结构，则目标对象就能获得具有“迭代效应”的拟态防御效果。不难想象，倘若对网络、平台等复杂系统采用层次化部署的拟态构造，则“超非线性”的防御增益也是可以期待的。

10.2.2 单线或单向联系机制

为了从设计方法上增强拟态括号(包括输入代理、输出裁决、输出代理、策略调度和多维动态重构控制等功能)部件的安全性，有必要消除或约束使用拟态括号与执行体之间的双向交互机制。在关键控制环节导入流水线处理方式，使控制功能分段化，形成一个不依赖控制分段“绝对可信”的单线或单向联系机制，以管控未知威胁的潜在影响和可能的扩散范围。控制功能分段化和控制链单向化等机制的另一个普遍性作用是，在处理流程上造成攻击通道可达性障碍，使配合式攻击的所需的信息传递或病毒木马上传机制构建或维持困难，最终造成即使拟态括号相关部件中存在漏洞也难以利用的局面。例如，规定拟态裁决、负反馈控制环节对所有执行体“不可见”，或者使执行体之间“互不可知”等隔离或遮断性要求都是保证拟态括号自身安全所必需的。

10.2.3 策略调度机制

策略调度是 DHR 负反馈控制机制中的重要环节，其基本功能是指令输入代理器将外部输入请求序列分发给指定的执行体并组成拟态括号当前的执行体服务集，改变指配关系可以选择或更换服务集中的执行体，实现执行体的替换、下线、服务迁移等操作。引入策略调度机制的目的之一就是使拟态呈现形式更为诡异狡黠，更易隐匿拟态括号内部的场景特征(如迷惑基于输入输出关系导出系统响应函数的企图)。其次就是结合执行体的历史表现和相关异常事件的场景分析，使得执行体的调度更有针对性，执行体资源利用效率更高。例如，执行体a在问题场景k下异常概率比较高(因为攻击链的可靠性与具体防御场景强相关)，而在其他问题场景中没有异常表现或者发生概率很低，于是在调度过程中就要尽量避免问题场景k下使用执行体a的情况，余此可类推。显然，策略调度可以采用问题规避而不是问题归零的方式最大限度地利用执行体资源，这在资源有限且异常问题无法适时消除的情况下具有重要的工程应用意义。不难想象，问题场景的资料积累越充分，数据特征分析越清晰，问题规避动作就越精准，执行体资源的利用率就越高。

10.2.4 拟态裁决机制

多模裁决机制构成 DHR 架构广义不确定扰动的感知功能。在标准化或可归一化的拟态界面上对给定语义和语法的多模输出矢量进行一致性判决，可以有效感知任何反映到拟态界面上的非协同性攻击或随机性失效情况。裁决器将相关状态信息再发送给反馈控制器，后者能根据给定策略或机器学习结果形成输入/输出代理器和可重构执行体的操作指令。在多模裁决器中导入类似拟态伪装的策略可以获得比择多判决更为丰富的功能。例如，为提高防御等级可以采用一致性比较、择多选择、策略参数等组合或迭代判决方式，还可以动态随机地改变参与判决的执行体数量与对象；当裁决结果表明所有输出矢量各不相同时，并非处于“不可收拾”的状况，可以通过执行体置信度、历史表现等权值进行时空迭代判定；当多模输出矢量中出现语义相同但语法不同的情况时可以实施基于定义域的判决；当输出矢量中存在未定义域或可选用域、不确定域值、阈值允许误差情况时可以应用掩码判决方法；更复杂的情况可以采用正则表达式等方法进行匹配判决；为了裁决方便还可以对输出矢量做各种预处理；根据不同应用情况既可以选择同步或异步裁决方式也可以采用集中或分布式判决方式等。此外，统计多模裁决器的异常输出状态，记录分析对应的问题场景，可以研判目标系统软硬件资源的安全态势，度量抗非协同攻击的效果。需要强调指出的是，拟态裁决显著增强了借助裁决器共享机制实施隧道穿越的侧信道攻击难度。

10.2.5 负反馈控制机制

与移动目标防御 MTD 不同，拟态防御将包括动态性、多样性、随机性在内的多种防御元素整合到一个负反馈控制架构下，用系统工程方法和体系化构造效应获得高性价比的可靠性与抗攻击性。其反馈控制环路由拟态裁决/输出代理、反馈控制、输入代理和可重构执行体等环节组成，裁决器的异常状态输出将触发拟态括号当前服务集内防御场景的异构度改变，这一过程由两个阶段的操作组成。其一是包括服务集内异常执行体元素的更替，或者重构重组异常执行体的软硬构件或算法，或者迫使异常执行体转换运行状态(如进入清洗或重启状态等)，或者重组服务集内的执行体元素等操作。其二是在上述操作后观察裁决器异常状态输出是否消除或异常频度低于给定阈值，如果未满足要求，则重复第一阶段的操作直至合乎规范要求，否则反馈环路进入暂稳态状态。可见，目标对象的防御环境同时具备动态性、多样性和随机性的特质且操作流程采用可自动收敛的迭代方式，因而拟态防御的效果是可以设计规划和测试度量的。

10.2.6 输入指配与适配机制

由于拟态括号服务集内的异构执行体元素是按照策略调度指令动态组成的，因此拟态界外的输入激励通道需通过一个指配环节才能灵活地连接到相应的异构执行体。一般而言，互联和交换机制应当是不可或缺的。此外，透明性要求对各执行体通信序列号(如 TCP 序列号)、自定义字段、时间戳、预留字段等方面存在的差异进行适配处理，也包括添加“内部指纹”信息、输入序列语法语义规范性认证、输入频度合规性控制、黑白名单过滤认证等主被动防御措施或机制的导入。

10.2.7 输出代理与归一化机制

理论上，选取的功能等价异构执行体在同一输入激励规范下，多模输出矢量具有多数相同或完全一致的情况应当是大概率事件，但相互间由于实现算法、支撑环境和处理平台方面的差异必然会存在输出响应方面的差异。例如，协议的消息域本身可能存在自定义的成分(如通联序列号、优先权、版本信息等)，给定精度范围内的差异(如科学计算中经常出现的近似误差问题等)，一些未做硬行规定的保留字节或扩展字节处理问题(如是否采用统一的填充码等问题)，尤其是在多协议混合使用的情况下，异构执行体在启用预留或扩展字段方面可能存在版本差异等。

此外，为了减少裁决时延往往要使用一些预处理算法，例如，对输出矢量(可能多达数千字节以上)作哈希处理，使逐字节比对转变为有限长度的哈希值比较。再如，为了不影响输出矢量的多模表决，一些加密或扰码功能必须从执行体外移到拟态裁决环节之后等。工程实现上，拟态裁决之前可能需要增加输出矢量归一化处理和输出代理功能，以确保拟态括号不仅可以尽量屏蔽防御场景对外的所有差异，对内还要允许执行体间存在某些不同(尤其是使用 COTS 级软硬件时)。换言之，拟态括号既要对内部异构执行体表现出透明性，还要满足对界外世界实现“隐身”的要求。

10.2.8 分片化/碎片化机制

在利用异构冗余资源增强抗攻击性的基础上，适当地引入分片化、碎片化机制可以获得事半功倍的效果。例如，通过多路径实施信息碎片化的传输，使用异构非同源装置实现分片存储，应用“单线联系”机制实现诸如文件目录的逻辑表达和物理映射的分离管理等。期望隐私或敏感信息的使用安全性建立在由架构内生机理保证的基础上，使攻击者难以获得完整的敏感信息。

10.2.9 随机化/动态化/多样化机制

拟态防御充分利用基于多模裁决的策略调度和多维动态重构负反馈机制，形成了过程可迭代收敛、方法可设计的随机化、动态化、多样化的防御场景，显著增强了“非配合条件下动态多元目标协同一致的攻击难度”，使攻击方或渗透者难以建立起持续可靠的攻击链，尤其是对单一执行体原本确定的漏洞后门及其可利用效果，在负反馈机制营造的拟态环境内将不再具有确定性和攻击效果的可维持性。例如，随机替换拟态括号内当前服务集中的异构执行体或改变某一执行体自身的构造(算法)场景，或者对异常执行体实施清洗或不同等级的初始化操作，或者触发传统的安全机制“查毒灭马”甚至启用自动“封门补漏”功能，或者在功能等价条件下运用某种策略重构重组相应的执行体等。这些变化都将显著降低非配合条件下动态多元目标协同一致攻击的逃逸概率。

实际上，在服务提供集约化应用领域(如云化服务平台、数据中心等)，资源的配置和调用过程一般都具有程度不同的异构性、冗余性、动态性和功能等价性，恰当地应用拟态防御思想设计合适的资源控制架构和使用调度策略，即使在不设置拟态裁决环节的情况下也可以显著地改善目标系统的防御态势。因而，如果只是以造成攻击效果不确定为目标，拟态裁决机制并非是必要功能，但要做到攻击逃逸概率可控则绝对是不可或缺的。

10.2.10 虚拟化机制

利用虚拟化机制特别是新近兴起的虚拟容器技术，可以经济、灵活地设定拟态场景以支撑多样化防御环境的需求，如图 10.1 所示。

同样，虚拟化机制也可以经济地支撑动态化、随机化的运行环境实现。例如，虚拟容器可支持异构冗余功能模块之间的物理(逻辑)隔离与划分，便于对数据和服务功能的可管可控。同时，通过虚拟容器可以实现动态资源配置，提高部署的灵活性和资源的利用率。在降低拟态场景实现和管理成本方面，虚拟化机制起到了减少物理模块数量、隐藏内部复杂性、自动化的中央管理、简化恢复与同步操作以及多平台或跨平台服务无缝迁移等作用。特别是，虚拟化机制便于在网络、云化平台或系统中通过增量部署拟态括号控制部件的方式实现简化版的拟态防御。例如，租用不同“公有云”提供的异构冗余处理资源，加载经多样化处理后的多变体服务软件，组成功能等价的虚拟异构执行体，再通过增量部署可管可信的拟态括号部件(也可以是虚拟形态的)，将外部服务请求分发到多个虚拟执行体,同时选择满足裁决条件的输出矢量作为服务请求响应。由于“公有云”里资源配置和使用情况很难预测，攻击者、渗透者难以认知跨平台拟态服务场景的变化规律并找出可以稳定利用的脆弱性条件。这一方法在基于网络环境的分布式服务模式中具有普适性意义。

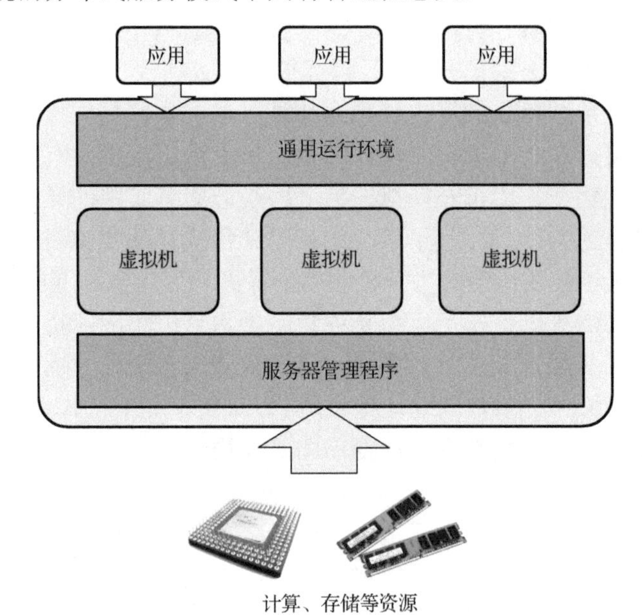

图 10.1　虚拟化机制实现示意图

10.2.11　迭代与叠加机制

利用迭代和叠加机制可以将目标对象防御环境的复杂性与防御行为的不确定性呈指数量级提升。如果在平台层面实施拟态化改造，通过对功能等价的多元异构执行体进行基于拟态化的冗余部署和策略调度，可以使处理平台的结构表征对攻击者呈现出非线性的认知难度。同理，对诸如操作系统、数据库、函数库、辅助软件等支撑环境进行异构组合，将改变攻击链的依存关系[2, 3]。如果对这些系统级的执行体再在其构件、模块、组件、器件级进一步地实施拟态化，整个装置或系统的视在不确定性将得到空前提升。无论是基于漏洞后门的已知或未知威胁，还是基于病毒木马的确定性攻击，由于防御场景视在的不确定性和攻击链的极度不稳定，几乎不可能在非配合条件下形成多维异构动态空间上协同一致的攻击效果。如果再辅助其他的一些防护措施(例如，加密或认证、指令集/地址/端口随机化与动态化[4, 5]等)，还能获得组合效果层面更为显著的防护增益。

10.2.12 软件容错机制

软件容错设计的思想核心就是采用异构冗余的方法降低程序代码内同时出现相同设计错误的可能性。可以设想，假如某一软件代码中存在可能被恶意利用的设计缺陷，但在多样化和冗余化配置使用模式下，这个缺陷就可能被容忍。再进一步，如果某一软件模块中被植入了恶意代码，通过多模条件下的一致性判决也能发现问题。

由于容错机制有效性的前提是保证功能等价异构冗余模块或版本之间具有最少的相关性，因此采用何种方式满足软件模块相异性成为当前容错设计的研究重点。传统的非相似余度容错软件开发是由“背靠背”的设计团队，在同一功能、性能规格要求下，采用严格的相异性背景管理模式分别设计各自的模块或版本，然后再由系统总体组按容错框架完成异构软件模块或版本的冗余配置。目前已发展出诸如逻辑图自动生成法、变异法、遗传法、虚拟法、重用软件库、N 版本编程等方法，显著地降低了容错模式下冗余软件模块或版本的设计复杂性，但性能、效能尚难以保证。

令人振奋的是，在当今泛在化的多核、众核、异构加速和领域专用软硬件协同计算平台上运行经典拟态架构的软件应该不再是难以想象的事情了。多核同构或异构众核并行处理方式甚至使用软件定义硬件加速技术可以高效地支持异构冗余软件模块的并行处理和多模裁决，这从很大程度上可以缓解拟态架构软件服务性能低下的矛盾。如果使用非经典拟态防御机制来设计高安全等级软件系统，由于不需要多模裁决环节，软件整体执行效率基本不受影响，而抗攻击性则是传统设计方式软件无法比拟的。

10.2.13 相异性机制

相对正确公理的成立前提之一就是人人都有独立的判断和行事能力，而任何联合作弊、贿选拉票等舞弊行为都将破坏公理的正确意义。因此，相异性机制就是为了避免设计缺陷导致共性或共态故障而采取的一种设计理念和管理方法。例如，使用不同培训背景和技术经历的设计组，利用不同的开发环境和工具，同时研发多个能独立完成系统预先定义要求的功能模块或模组，组成非相似余度架构，通过多模表决方式对架构内随机发生的故障进行检测、隔离和定位，并尽可能地屏蔽故障对系统服务功能和性能的影响。理论上，软硬件都可以使用相异性机制来克服人为或非主观因素造成的共性或共态故障，以提高系统可靠性与安全性。相异性机制不仅对基于目标对象已知或未知漏洞或恶意代码的攻击有抑制作用，同时对克服开发工具和开发环境带来的共性缺陷也是有效的。当然，按照经典非相似余度设计方法，其工程实现代价不总是能承受的。

遗憾的是，尽管我们知道理论上"没有绝对的相同"，"也没有绝对的不同"。但是，迄今为止人类在理论和技术方法上还无法准确测试或评估冗余体之间的相异度，更不知道在给定的可靠性与抗攻击性条件下相异性应该满足什么样的标准才是合适的。幸运的是，产品技术和商品市场多样化是经济社会发展的必然规律(自然界又何尝不是如此呢)，差异化竞争一定会导致多样化或多元化生态环境的形成。不过，拟态防御在利用 COTS 级产品构造多样化防御场景的同时，不但要注意同一服务集内多个执行体中尽可能地避免同宗同源的软硬构件或算法，而且要特别强调拟态括号内各执行体间的"去协同化"策略，使得攻击者即便能够利用"同宗同源"漏洞后门也很难在时空维度上形成或保持一致性的错误表达(即攻击逃逸)。

实际上，当异构冗余执行体的数量和拟态裁决的策略一旦确定，只有靠策略性调度和可重构机制来获得拟态括号内防御场景的差异化改变，因而时空维度上的多样化丰度和动态化机制对拟态防御的有效性就至关重要了。从某种意义上说，拟态防御主要依靠动态异构冗余空间的相异性场景来消除差模故障或"独狼式攻击"的影响，并尽可能地抑制共模故障危害或增加协同攻击难度。

10.2.14 可重构重组机制

DHR 架构定义中，强调执行体要具有可重构或软件可定义的功能属性。而拟态括号内元素是否具有可重构、可重组或软件可定义等功能，也直接关系到目标系统的相异度实现手段和防御场景资源的丰富度。假如系统只有三个固定构造的异构执行体，那么防御场景的变化只能靠软件资源配置来操控。反之，如果执行体都具有软件可定义的硬件构造，再结合多变体的软件配置，那么防御场景的多样化程度就是可期待的了。当前，支撑可重构重组机制的技术发展很快，从可编程阵列逻辑 PAL 到现场可编程门阵列 FPGA、eFPGA，从 CPU+FPGA 加速结构发展到 SKL+FPGA 的集成封装结构[6]，从可重构计算[7]到拟态计算，从刚性计算架构到软件定义的硬件架构 SDH，从单纯指令流的通用计算到指令流和控制流混合方式的领域专用软硬件协同计算等，尤其是基于功能等价条件下的拟态计算特别适合作为可重构执行体的基础架构。当然，可重构重组、模块化的软件架构也是重要的选择之一。

10.2.15 执行体清洗恢复机制

执行体清洗恢复机制对于消除软硬件偶发性故障、内存驻留(或注入)型病毒木马、待机式协同攻击等影响有着不错的应用效果。既可以作为一种异常处理手段或主动预防措施，也可以当作是一种防御场景的变化方式。不同等级的清洗与恢复甚至重组重构操作能够产生种类丰富的防御场景，当然其操作时间应尽可能短，操作的有效性应尽可能高，以减少诸如“停机-颠簸”类攻击发生的概率。清洗恢复操作一般可分为四类：

(1) 主动清洗或重构。由于反馈控制器的外部控制参数中包含目标系统的随机信息，如当前活跃进程数/线程数、CPU 和内存占用情况、网络端口流量等状态信息，因而形成的策略调度指令，会非周期性地指令相应执行体作不同等级的初始化或运行环境的重构、重组、重建等操作。对待机式攻击或维持逃逸状态是个挑战。

(2) 事件驱动。当拟态裁决器检测到执行体输出矢量不一致时就会激活反馈控制器，后者会根据给定的评估策略决定是否向疑似问题执行体发出清洗恢复指令，以及需要执行何种等级的清洗恢复操作，包括是否要启动指定形式的重构、重组、重建操作。

(3) 依据历史信息清洗。当一个执行体在给定的统计时段出现较高频度的异常情况或者没有出现过异常情况，就要减少此执行体的上线机会，增加清洗深度，条件许可的情况下应做重构或重组操作。

(4) 依据安全态势和系统安全系数清洗。如果裁决器经常发生不一致状态输出，或者反馈控制环路迭代收敛过缓甚至无法收敛，特别是出现多模输出矢量完全不一致的情况，表明当前系统安全系数较低或处于高危状态时，需要增加执行体的调度频度和主动清洗的频率，减少执行体在线暴露时间，增强软硬件重构深度和广度。

执行体清洗恢复中一个比较棘手的问题是，如何尽快同步到待机或随时启用状态。尤其是那些涉及复杂状态转移机制的服务功能或会话功能，很可能还与历史状态强关联，需要有创新的方法和机制。此外，工作数据库的同步恢复或环境重构重建等处理还受到“去协同化”要求的约束，传统的邻居数据与环境拷贝方式可能会导致潜在安全问题的扩散。但是，执行体的快速清洗与恢复对增加“停机-颠簸”攻击难度又具有重要意义。不过，不同应用领域也许不存在统一的解决方案，只能是具体问题具体对待。

需要指出的是，清洗机制只对内存注入式攻击或待机式攻击有效，而对软硬件中固有的漏洞后门或恶意代码无效。幸运的是，无论是漏洞还是后门都需要上传病毒木马至内存才能达到期望的攻击目的。在冗余配置的拟态环境内，实施内存清洗或配置寄存器格式化乃至执行体重启都是不错的选择，因为不仅是简单有效而且完全不需顾虑系统服务中断的问题。

10.2.16 多样化编译机制

采用多层次多样化编译方法[8]，能从源代码、中间代码、目标代码三个层次实现代码混淆、等价变换和相关层面的随机化以及与堆栈相关的多样化技术等，从而可以得到同一源代码经过变换的多个目标代码变种，如图 10.2 所示。不仅可以增加单一目标代码逆向分析和漏洞泛在化利用难度，而且可以为单一来源或自研软件的相异性设计提供有效的开发工具。

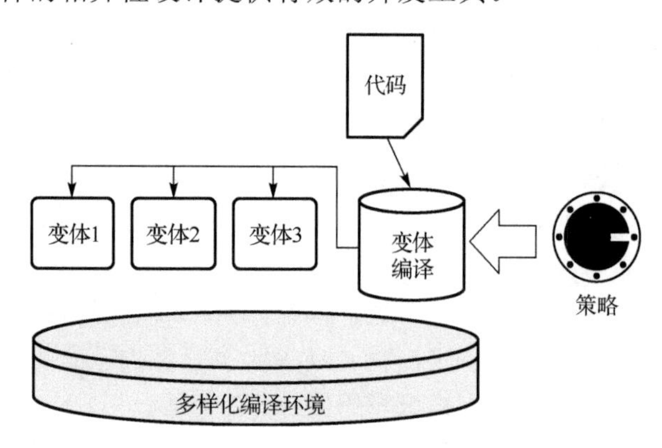

图 10.2 多样化编译机制示意图

1) 多样化编译防御机理

基于编译器的多样化技术策略是通过不同层次的一系列多样化方法，产生许多不同的变体，这对基于拟态目标的协同一致攻击会造成巨大挑战。因为在拟态环境下，攻击者首先要有能力破解这些多变体，其次需要具备利用这些变体的不同漏洞植入相应病毒木马的能力(这往往会出现对某个变体适用的攻击方法对另一个变体可能不适用的情况)，最后要能够在拟态环境下实现多元目标的协同攻击并取得一致的攻击效果，这通常是件很难完成的事情。此外，编译器的多样化方法同样也会给攻击者通过反编译方法破解软件造成不小的困难。

攻击者破解软件通常需要两个重要的信息，即软件的版本和相应的补丁信息，而在多样化的软件环境中，软件的每个实例都是特殊的，它们的二进制文件之间都是不一样的，从而提高了破解软件的难度。

2) 多样化编译的防御有效性

基于多样化编译工具产生的软件多样化的地址空间分布及随机化技术已经得到了广泛应用，目前已在应对栈地址溢出攻击、软件的反编译及破解等方面得到了有效应用。此外，应用多样化编译工具产生的多样化软件版本，能够显著地增加通过分析目标版本软件漏洞实施攻击的复杂度，“一机一版”或“一次一版”可有效阻断病毒木马的传播途径和作用机制，遏制网络空间群体性攻击事件的发生。需要特别强调指出的是，源程序如果自身就存在设计缺陷或恶意功能的情况，任何多样化编译器都不可能使之发生改变。但是，这些问题代码如果还需要依靠运行环境条件才能发挥作用的话，则在拟态系统中就不一定能被可靠地利用了。

由于编译器在把高级源代码翻译成跨平台的低级机器代码时，能够自动对机器代码进行多样化的处理，因而为一个程序建立多个外在功能相同但内部代码不同的变形体成为可能。有两种方法：一种是建立有多变体的可执行程序，一个监控层按严格的顺序执行多个变体，同时检查其行为是否不同，以识别是否存在攻击行动。另一种是采用大规模的软件多态化，每个用户使用自己的多态化版本，攻击者很难以自己获得的版本了解其他人的软件版本代码情况。

总之，凡是能够增加“动态异构冗余空间，非配合条件下多元目标协同一致攻击难度”的机制都是拟态防御工程实现上可以考虑的，只是需要仔细平衡复杂度、代价和经济技术有效性方面的问题。

10.3 工程实现上的主要挑战

10.3.1 功能交集最佳匹配问题

在异构冗余系统中为防止可能的逃逸事件，希望给定执行体的功能交集等于最大功能交集，也就是说，不应存在其他的功能交集。然而，工程实践上这几乎是难以达成的目标。例如，用 x86 CPU 可以求解一个傅里叶变换问题，而用 ARM CPU 或龙芯 CPU 也可以求解同一问题。但是，这些 CPU 还具有处理许多其他任务的功能(包括我们不希望的暗功能)。换句话说，工程实践上一般不可能也无法保证给定的功能交集等于最大功能交集。

那么，当目标对象本身就是复杂系统的情况下，如何在一个给定功能交集的拟态防御系统中尽可能排除执行体间多余功能交集影响的问题就极具挑战性了。显然，给定功能交集正好匹配最大功能交集的要求不应当也不可能作为工程实践的准则。退而求其次的做法是，给定功能交集的实现算法尽可能地不同且有界或有阈值限定。例如，2×3=6，可以用人工、算盘、计算尺、查九九表计算。当计算 12×12=144 时，用查九九表的方法就不能直接得出正确结果，我们就以查九九表的计算范围作为上述等价乘法功能的约束条件。也就是说，在不能保证给定功能交集正好匹配的情况下，首先要努力实现算法或物理平台的最大相异性(例如，宿主计算部件分别用 CPU、FPGA、ASIC)，特别要注意在开源或同源基础上的改进型设计，要有意识地增加相异性或异构性成分，但要经济地实现这一点也不是件容易的事情。其次，要尽可能将交集功能定义的越明确越细致越好，必要的话可以运用共生机制或附加指纹信息等方法，增加输出矢量的语义或信息丰度。再者，即使执行体中存在同源恶意代码，只要使异构执行环境具有不同的执行权限或存储操作权限，就可以使之无法在多数执行体中获得“超级特权”而实现协同逃逸。例如，恰当地利用 x86 CPU 的可信计算功能 SGX，或者 ARM CPU 的 Trusted-area 功能，或者限定为离线修改方式的 FPGA 功能等，将控制关键“隘口”的可执行代码异构化的置入各执行体的受保护区间，使得试图通过修改或注入保护区程序代码方式获得“超级特权”的攻击失去效用。同理，一些使用频度高但不经常改变的核心算法，在不同的执行体间可以选用不同的等价实现方法，有的可以是基于指令流的软件实现方式，有的则可以基于控制流的硬件实现方式。总之，在传统系统特权之外设置多样化的“超级特权”可以有效地增加跨域协同攻击的难度。

10.3.2 多模裁决复杂性问题

一般来说，凡是存在标准化或可归一化的功能或操作界面，都存在实施拟态防御的基本条件。但是，不同应用场景、不同性能要求和安全标准对多模裁决环节的实现复杂度都有不小的影响。由于多模裁决或策略调度或输入/输出代理环节总是串接在拟态界的输入输出端之间，而界内多样化冗余执行体的输出矢量至少存在响应时间差、计算精度值域差或允许的版本差异(语法、选择项、默认值、扩展域填充情况)等因素，克服这些误差在工程上没有也不可能有统一的方法，只能视不同应用场景采用不同的解决方案。尤其是多模输出矢量如果存在较大的语法表达差异，或者需要判决的内容较多(如对象是超长 IP 包)时，裁决器的处理复杂度会大幅度增加。例如，需要增加裁决缓冲队列以克服输出

1
2
3
4
5
6
7
8
9
10
11
12
13
14

矢量到达时间不一致的情况，或者使用正则表达式方法屏蔽语法甚至语义方面的差异，或者使用一些复杂的迭代裁决算法“掩饰防御行为”或提高资源利用率，或者为降低裁决时间需要引入一些预处理算法(例如，对输出矢量作哈希计算)等。一般而言，同步或集中式裁决难度要小于异步或分布式裁决，但防御的稳固性(裁决器会成为新的攻防焦点)和对目标系统服务性能的影响程度要明显逊于后者。异步裁决由于可以采用“先来先输出，追加式判决，允许更正纠错”等方式，因而对目标系统的服务性能(主要是插入时延)影响较小且实现算法的选择余地要更为宽阔些，且可迷惘或干扰隧道穿越攻击行动。

总之，拟态界面的设置和拟态裁决的实现既关系到防护目的达成问题，又涉及性能开销和成本代价的承受问题，有许多棘手的工程实现问题需要创造性地解决思路。

10.3.3 服务颠簸问题

假设拟态括号内所有异构冗余体中都存在简单触发机制(如中国菜刀攻击)的漏洞后门，且已被攻击者完全掌握并能在非苛刻条件下实施持续性的攻击，则拟态防御模式会因为执行体资源不断出现运行异常而反复进行迁移切换或下线清理，导致拟态括号内提供的外在服务性能剧烈颠簸。事实上，这已经是关于服务功能、性能的一种协同一致攻击，效果与拒绝服务攻击 DOS 类似。尽管这只是“思想游戏”或理论上的假设，但也不排除拥有雄厚技术资源的攻击者可能具有这种能力，因而拟态防御需要重点关注此类问题的防范。

工程实践上，一方面要尽快利用清洗和重启等手段解除执行体出现的停机状态(可能仅对内存驻留型病毒木马有效)，另一方面要尽可能地降低执行体的重启或故障恢复时间以保证系统有足够的可用执行体资源或防御场景，再就是要特别重视运用软硬件重构、重组、重建等运行环境强制性改变机制，还需要利用运行日志智能分析方法及时发现相应“停机攻击”的行为特征，适时运用组合防御措施阻断后续同类攻击的可达性(例如，在输入代理器中增加合规性检查和基于规则的拦截功能等)。从机理上说，反馈控制环路上的漏洞因为很难利用而不易造成安全威胁，但如果是后门功能造成的颠簸或停机等问题则将无法应对，这就是我们总是强调拟态括号上允许存在漏洞但不能有后门的原因所在。这种约定的合理性是因为拟态括号自体功能相对简单明了，借助合规性检查排除后门功能一般不会遭遇状态爆炸的困境。但对漏洞而言，由于我们无法跨越认知和技术的时代局限性，故而也就不抱彻底杜绝的愿望了。需要强调指出的是，拟态括号作为功能相对独立的部件有可能发展成为多元化、开放性的 COTS

级产品，最终用户可以自由选择，因而不需要面对“可信根如何自证可信性”的哲学难题。然而，动用包括社会工程学方法在内的技术和人力手段(如安插间谍)，拥有这种“超能力”的后门攻击也绝非不可能。“技术永远不可能替代管理”，因而从严格意义上讲此问题已超出本书讨论的范畴了。

10.3.4 使用开放元素问题

拟态防御装置由于异构冗余执行体的设计、制作或选配等环节在相当程度上允许开放甚至开源，因而需要在制备程序上保证实现空间的独立性和去协同化要求，甄别和避免使用同一构件或同一空间的情况。如有必要，还需采取不同场合、不同时段和不同激励条件等系统的或分布式的技术措施以及异构化的环境，来消除使用同一构件可能引发的协同逃逸问题。目前的难点问题是，如何发现异构执行体内的同源元素，正在发展中的软件指纹图谱分析技术，有望通过大数据搜索手段和深度学习技术发现同源同宗问题以便能采取有针对性的防范措施。

需要特别指出的是，在层次化部署或配置的异构冗余空间内，如果采用COTS级的构件，则处理器、操作系统、数据库等基础软硬构件中不可避免会存在未知的软硬件漏洞(也不能排除存在后门的可能性)，而由这些构件组成的异构执行体集合中通常会存在同宗同源的漏洞(例如，在Windows、Linux、x86、ARM等系列产品中这种情况的统计概率较高)。但是，这些漏洞因其宿主执行体环境不同而使得可利用方式也往往不同，进而基于不同防御场景的攻击作用和影响范围也会存在差异，当这些差异大到影响目标对象输出矢量多模裁决一致性时就很难实现攻击逃逸了。换言之，拟态防御内生效应造成的协同一致攻击难度，使得目标对象执行体中即使存在同源漏洞后门、病毒木马等也难以可靠或有效利用(除非与环境因素无关)。事实上，即使同源代码程序正常情况下要编译到不同的运行环境也常常会碰到兼容性问题(通常与操作系统或CPU等环境因素有关)，可见异构环境对同源代码的运行是有影响的。此外，协同性总是与苛刻性强关联的，即使是有各种合作机制保证的高性能容错计算机，若要使多个设计上完全同构的计算部件达成节拍级或指令级的精确同步，工程实现上也存在诸多的挑战。

10.3.5 拟态化软件执行效率问题

理论上，拟态架构的软件无论在可靠性还是安全性方面应当是可期待的，但在单核处理环境下其执行效率不敢期望；即使在多核或众核环境下，如果不使用并行设计和编译工具也难以达到期望的性能要求。因此，拟态架构的软件首先要使用并行化设计与编译工具才能确保冗余配置的异构模块可以在多核环境下充分的并行运行，其次各异构模块还要为多模输出矢量的裁决做一些预处理工作(如形成校验和、哈希值、特征矢量等)以便降低裁决模块的处理复杂度，再者基于裁决的策略调度反馈控制还要考虑模块替换和同步恢复等问题。这些对于发展中的领域专用软硬件协同计算环境将不会成为挑战性的问题。需要指出的是，基于拟态构造的软件可以显著降低设计缺陷，以及由于使用第三方构件带来的漏洞或陷门问题对产品安全质量所产生的影响，其特有的高可靠、高可用、高可信三位一体的鲁棒性能却是目前软件技术难以比拟的。换言之，软件厂商终于有了一条通过构造技术保证产品广义鲁棒性的新路子。

10.3.6 应用程序多样化问题

正如非相似余度构造那样，应用程序多样化问题往往会带来难以承受的技术和成本压力，也会给拟态防御的推广应用带来严峻挑战。可能的解决方案大致有七类：

(1) 首选的方法是多样化编译。在源代码、中间代码和目标代码三个层次上尽可能引入多样化参数，如效率优先、并行度优先、动态化优先、冗余模块调度策略等。形成的多样化版本虽然不能克服本身的逻辑缺陷(漏洞)，但是会给漏洞挖掘带来不小的困难，即使同样的漏洞在异构冗余环境内的利用方法和时机也可能大为不同，从而使这些漏洞在多模裁决机制下难以作为协同攻击可以有效利用的资源。不过，运行支撑环境如果能做到充分异构，则无论是应用程序中依赖环境因素起作用的漏洞后门，还是运行环境内“暗功能”企图利用应用程序脆弱性而发动的攻击，多样化编译的应用程序都应当能发挥重要的拦阻作用，除非源程序存在不依赖环境因素的暗功能。这一性质对于判定拟态括号内问题资源位置具有重要价值。

(2) 只在应用程序的关键环节或敏感路径或共享模块等的设计上，采用经济上可承受的多团队“背靠背”独立开发模式，编译时使用不同团队的功能等价模块形成差别化的、异构的多变体执行版本(N版本)。

(3) 在应用程序中引入基于冗余功能模块的动态化、随机化调度机制，并保证至少要有一个调度参数必须取自于当前执行环境(如处理器、内存的占用率或活跃进程数等)的动态信息。换句话说，就是最大限度地增加应用程序的运行场景差异。这样，各执行体即使运行同一个应用程序版本，但由于取自各异构执行环境内部的参数不可能一致，各执行体运行中所调度的异构等价模块也就不同，导致各执行体的运行状态或处理流程或动态结构有明显的差异。这个差异往往可以用来降低共态事件的发生概率，提高攻击逃逸的难度。

(4) 推广到一般化，诸如操作系统、数据库等支撑软件(尤其是与系统调用或管理相关的模块或函数库等)，或者中间件及嵌入式组件等的设计也可以采用这样的拟态化的程序架构，即便是同一源程序版本在不同的执行环境上的动态性、多样性和随机性表现也是很难预测的。

(5) 对于一些 COTS 级的可执行代码程序，可以采用二进制码翻译移植技术进行多变体转化。有源程序代码的也可以利用多样化编译器生成多变体，但是这些措施对于那些不依赖支撑环境的功能性后门(包括高危漏洞、木马病毒等)，防护效果不确定。

(6) 利用执行体的 CPU+FPGA 异构计算架构的 FPGA，设置类似可信计算的 TPM 的功能，让不同执行体独立检查同一应用程序相关环节上的行为特征和状态信息，并将检查结果作为威胁感知的一部分提交多模裁决。

(7) 如果不考虑设计者蓄意植入的专门用途软硬件代码情况(通常可被恶意利用)，对于利用应用程序设计缺陷进行 SQL 注入攻击或者跨站脚本 XSS 攻击，也可以采用指令随机化或者地址空间随机化等方法加以应对。

(7) 与 (6) 的做法相似，可以借助 SGX 技术(详见本书第 4 章相关内容)极大地简化拟态系统的异构性设计。假如应用程序的某些核心模块具备拟态界(MI)的设置条件，我们可以用经典非相似余度设计方式设计这些功能等价的、可异构冗余部署的核心模块，再将这些模块分别与应用程序其他部分联合编译形成部分异构的多变体应用软件版本，并装入各个同构执行体以及相应的 SGX 区域中，从而等效形成防御场景不同的运行环境。由于 SGX 功能规定，存放在其中的程序和数据除了自身外没有任何程序(包括操作系统)具有访问权。因而理论上任何程序都不可能修改 SGX 中的代码和数据，除非自身有需求或者安全边界的守护者——CPU 中有硬件漏洞或恶意代码。不过，拟态架构从机理上并不介意某个执行体的 SGX 区域被蓄意修改的情况，除非攻击者有能力在非配合条件下，跨平台的协同修改拟态界内各执行体 SGX 中的异构程序代码或数据。这一方式的重要工程价值就在于，类似 SGX 的功能可以大大简化拟态括号内运行场景的相异性设计，包括允许使用相同的操作系统、CPU 环境、辅助支撑软件甚至大部分相同的应用程序代码，从而能显著地降低拟态架构的实现代价和推广应用门槛。

10.3.7 拟态防御界设置问题

如同防御理论与手段的常识性概念那样，拟态防御也须遵循“隘口设防、

1
2
3
4
5
6
7
8
9
10
11
12
13
14

要地防卫”的原则，但如何选择合适地点设防并没有亘古不变的法则。通常的做法是，首先要弄清楚目标系统的哪些资源或功能需要优先保护，其次是要明白这些保护对象是否会受到基于漏洞后门的威胁，在确认采用拟态构造可以起到期望的功效后再考虑如何经济的设置拟态界的问题。原则上，拟态防御界一般设置在标准化或可归一化的操作界面上且能被功能符合与一致性测试认定的、集中控制程度较高的场合，拟态括号是其功能实体。通常，拟态括号内包含的元素规模或粒度与安全目标、经济性指标和实现复杂度等强相关。复杂系统的拟态防御可能需要针对不同的安全标准设置多个拟态防御界才能满足实际需要。对于那些不可信或供应链安全性不能确保且功能等价的异构部件(也可以是“黑盒”部件)，则按照 DHR 架构组装也可以达到自主可控、安全可信的目的。下面以五个应用实例来说明拟态界的设置：

1. 基于拟态防御的路由转发

目前，骨干网路由器的协议处理代码普遍多达上千万行，存在设计缺陷或后门的可能性无法排除，可能的暗功能也会千差万别，但根据标准协议生成的用于报文转发的路由表，大概率情况下应该是正常的[9]。在拟态防御架构下，需要设置多元化的协议处理部件，以及一个处理空间独立的、支撑报文转发操作的、采用多模裁决方式更新的系统路由表部件。当收到路由更新请求时，每个协议处理部件都会输出更新的路由表项，系统路由表部件则根据多模裁决结果再决定是否更新路由转发表项，据此可以有效应对基于路由协议执行体漏洞后门、病毒木马等的非协同化的路由劫持攻击。

2. 基于拟态防御的 Web 接入服务器

各种版本 Web 服务的软件代码量很大，设计缺陷在所难免。在拟态防御架构中，至少需设置多元化的 Web 服务执行体和一个物理上独立的、根据多模裁决方式操作的文件服务器。通常情况下，多元执行体对同一个 Web 服务请求的正常响应表现为对文件服务器具有完全相同的操作请求，对这些操作请求(包括内容)实施多模裁决，可以有效应对基于 Web 执行体漏洞后门、病毒木马等的非协同化攻击[10]。

3. 基于拟态防御的文件存储系统

由元数据服务器(Meta Data Server，MDS)、对象存储设备(Object based Storage Device，OSD，也称数据服务器)、仲裁器、客户端等组成。元数据服务器用于管理整个网络存储系统中的元数据，包括文件控制块 inode、目录树等。数据服务器用于存储文件数据的片段。客户端生成的文件分别存储在元数据服务器和数据服务器中，其中文件的管理信息存储在元数据服务器中，文件数据被策略性地切分成片段，分别存储(或加密存储)在不同的数据服务器中。系统中的元数据服务器至少应由三台功能等价的异构服务器组成。仲裁器将来自客户端的请求转发给至少三台元数据服务器。元数据服务器各自独立工作，将处理结果分别返还给仲裁器。仲裁器对各元数据服务器的处理结果进行拟态裁决，从中选择出共识性结果返回给客户端。仲裁器还可以在发现异常的元数据服务器及其异常行为时触发后处理机制。

4. 基于拟态防御的域名解析

假定某自治域网络上存在同一运营商提供的 m 个域名服务器，且域名服务器是由不同厂家提供的，再假定任一域名服务器都能提供相同的域名解析功能。理论上，这些域名服务器中可能存在不同的漏洞后门或病毒木马，其域名解析服务也有可能因此而遭到攻击。通过增量部署拟态括号，网络化地应用这些有毒带菌域名服务器能够等效地构成拟态域名服务系统。当用户发起域名解析请求时，首先被引导到拟态括号的动态指配单元，再由动态指配算法在 m 个域名服务器中随机地选择 k 个 $(2<k<m)$ 服务器并发出域名解析请求，k 个服务器的解析结果回送到拟态裁决环节，满足给定策略要求的裁决输出作为用户域名解析响应，此共识性结果还可以就地存入拟态括号可信域名解析记录库。显然，这样的防御架构使得针对任意域名解析服务节点的攻击几乎不可能奏效。

5. 基于拟态防御的火炮控制系统

火炮控制系统中控制部件与执行部件之间总存在通信与控制接口，以便将射击诸元或操作命令下传到火炮作动器，或者从分布的传感器获得相关信息等。通常基于这种接口设置拟态防御界面是合适的，因为控制部分一般由复杂软硬件组成且大量使用成熟的 COTS 级构件，存在功能等价的多元化(多样化)条件，控制部分采用 DHR 架构可以同时获得可靠性与安全性增益。多个异构执行体的输出可以汇聚到独立的多模裁决环节再连接到通信与控制接口，比较这些输出信息可以发现和屏蔽执行体出现的随机性故障(偶发跳动)，或者基于漏洞后门、病毒木马等攻击引起的错误。

上述五个例子中，都有可归一化或标准化且能测试与度量的拟态界面，都需要设置具有多模裁决机制的关口部件，且存在开源级、COTS 级或可冗余部署的多元化执行部件条件，防范对象都是拟态括号内执行体未知的软硬件漏洞后门、病毒木马以及物理性或逻辑性扰动影响。然而，多元化条件在工程实践上并非总能满足，插入的多模裁决环节或多或少也会影响到系统的服务响应性能(假定处理条件不变的情况下)。因此，拟态界的选择和设置关系到能否有效地构建拟态防御架构，以及需要付出多大的成本代价和性能损失等一系列工程实现问题。

10.3.8 版本更新问题

拟态界内多元化执行体存在软硬件版本更新或升级问题，特别是基于COTS级或开源的那些版本。一般来说，只要相关软硬件的更新、升级不改变给定拟态界面的语义和语法表达，就不会影响拟态裁决环节的功能或性能，通常也无需作任何处理。例如，硬件升级或软件补丁或增加、改进不影响拟态界面的功能等都属于上述范畴。但凡涉及拟态界面的更新或升级，例如，信息内容、输出矢量格式的改变，异构执行体版本(特别是多供应商条件下)更新时间差等因素，都关系到多模裁决算法的实时修改或向后兼容等问题。好在大多数版本升级只是添加或修补型的，基础部分或标准部分一般不会变动。即使有些局部变动,多模裁决时也可以采用掩码方式只比较不变部分或进行相似度裁决，或者给新版本赋予较高的比较权重，或者进行范围或区间的阈值比较等。需要指出的是，工业控制、武器系统、指挥控制、能源交通等领域软硬件版本相对稳定，升级频度不高，是拟态防御的优势应用领域。不仅能够提升目标系统的可靠性和可用性，而且不用为软硬件版本的安全漏洞问题而作频繁升级。

10.3.9 非跨平台应用程序装载问题

在基于拟态防御架构的目标系统中装载非跨平台的应用程序，一般需要具有源程序或中间代码源程序，多样化的异构冗余版本由专门的编译工具根据用户定义的异构化参数集自动生成，并通过专门的安装工具加载到相关的执行体上。这种方式存在两个问题，一是与主流的非跨平台软件版本保护和产品销售模式存在冲突，特别是无法适应以二进制代码可执行文件发布产品的方式。二是无论什么样的多样化编译方法都不能消除软件功能设计缺陷，也不可能改变蓄意设计的代码功能。对于只有可执行代码的程序版本升级而言，一般都有支持主流操作系统或CPU的版本，假如执行体环境适配就可以直接加载，如果环境不合适则需要采用复杂的二进制翻译工具进行适配处理。因此，选择COTS级软硬构件时应尽量采用市场主流产品以避免冷门产品带来的版本升级烦恼。

一般来说,CMD模式对于频繁装载非跨平台应用程序的场合存在使用上的不便。这里之所以强调非跨平台应用程序装载问题，就是因为这类应用程序与基础支撑软件和工具软件等不同，标准化程度低甚至根本没有标准化，通常也不存在非同源但功能相同的、多样化的第三方软件版本。即使满足运用多样化编译工具的条件，也还是要处理可能存在的运行环境与新程序版本的兼容问题。需要强调指出的是，多样化编译只能产生多变体版本而不是我们期待的多元化版本，这种情况下即使拟态构造相关层面都实现了异构化，也无法有效防御多变体应用软件中不依赖环境因素的漏洞后门、恶意代码等的攻击，从而是拟态防御出现软肋。不过，这种情况下如果发生攻击逃逸的事件，则从机理上说，应用软件自身几乎就是唯一的嫌疑对象。一个可能的变通解决方案是，在使用单一来源非跨平台应用软件情况下，各异构执行体内选择具有可信计算功能的CPU(例如，带有 SGX 功能的 x86、带有 Trusted area 功能的 ARM)，或者利用CPU+FPGA 计算架构，提供可信计算功能，专门监视应用软件在给定环节和阶段上的操作行为和状态。有条件的话，让不同执行体分别监视应用软件不同环节或阶段上的不同状态或信息，效果可能会更好些。

10.3.10 再同步与环境重建问题

拟态环境中，异构执行体可能会因为出现输出异常而被下线清洗，也可能由于策略调度原因而被预防性措施复位，或者被强行清洗重启或重组重构等。总之，清洗复位或重组重构操作后如何与在线执行体尽快实现待用状态的再同步，这关系到异构冗余机制的有效性和防御资源与场景的可利用性问题。不同应用场景，相关的再同步策略与方法可能完全不同，需要的时间代价和操作复杂性也会大为不同，直接关系到拟态防御系统的稳健性。尤其是在“不相信任何人”(如美国人提出的零信任(Zero Trusted)概念)的前提下，无法采用传统容错机制常用的“基于正常执行体现场环境”的拷贝恢复算法。因为拟态防御机理强调“去协同化”，而环境复制之类的方法会导致“去协同化”努力的失效。此外，环境重构重建过程中如果涉及大量数据文件的修复或迁移等情况时，处理时效问题也会变得十分棘手。因此，如何快速实现再同步或环境重建是拟态防御工程化需要重点解决的问题。

10.3.11 简化异构冗余实现复杂度

如同从基本原理和初始定义出发的非相似余度 DRS 系统在工程实现层面遇到的难题一样，拟态防御如果严格按照理论定义在实践中也会不可避免地碰到相似的技术与市场规则挑战。本节要讨论的是在满足拟态防御最低等级情况下(仍然能够应对所有基于目标对象漏洞后门、病毒木马等的差模攻击)，如何才能简化拟态防御的实现复杂度以及可能的途径和方法。

1. 异构冗余的商业性障碍

1)多元化应用软件的负担问题

与支撑性软件不同，应用软件通常都是直接面对最终用户的，整个生命周期内不可避免地存在经常性的维修保障、版本升级、功能扩充等工作。因此很难设想，系统提供商或服务集成商能够愉快地使用多方提供的功能等价的多元化应用软件方案，因为他们很难以主体角色协调多个软件供应商同步的修改、更新、升级这些非标准且多元化的应用软件，而这又是拟态防御所期望的条件之一。例如，华为公司的拟态路由器就不可能用其竞争对手(即使对方愿意)美国 Juniper 公司或中兴公司的协议处理和控制软件作为其功能等价执行体使用，也无法承受使用多个第三方应用软件带来的版本协调管理负担。

2)跨平台异构软件版本提供问题

我们知道，除了 Java 类与运行环境无关的脚本文件外，传统的源程序根据不同操作系统、CPU、数据库等环境编译形成的可执行代码是不同的。例如，操作系统库函数、应用程序接口(API)，甚至是自定义宏指令等，这些差异都会使源程序若要在跨平台的异构执行环境上运行，或多或少要增加一些额外的修改和调试工作。这无疑会加重软件产品的版本维护管理负担而影响厂家发行异构版本的愿望，除非有足够的商业利益诱惑。换言之，按照市场化规律，即使有多样化的需求，跨平台软件版本通常也只是趋向于支持少数主流的操作系统或处理环境。

3)异构场景的可组合性

我们必须非常严肃地正视异构防御场景的可组合性问题。理论上，拟态防御场景越丰富，相异度越大，其抗攻击性就越强。但是，现实世界的信息系统生态环境并非允许各种 CPU、OS、数据库、应用软件以及相关的支撑软件等可以随意地组合使用，因为存在尾大不掉的软件遗产、不易解决的前后向兼容问题以及人为设置的技术性壁垒等难题。于是，防御场景丰富度和相异度实质上不可能通过任意组合基础软硬构件资源来达成，拟态构造的工程实现必须面对限制条件下求最优解的问题。

4)单一来源软硬构件问题

理论上，拟态防御配置的多样化场景中如果不能避免单一来源软硬构件、组件、部件或者子系统，有可能因为隐匿其中的设计缺陷或恶意代码而影响拟态架构的抗攻击性能。之所以谓之有可能是因为，动态异构冗余的“去协同化”空间即使存在同质化的问题构件，如果没有协同机制或可利用的同步条件，也很难构成或维持稳定的攻击逃逸。可能的例外是，当前服务集内多数或全部防御场景中同时存在相同问题构件且能同时满足攻击可达性条件。

实践上，单一来源的情形往往不可避免。特别是，互联网时代“更高、更快、更好”的用户体验追求，以及产品技术先行者总是力图延长先发市场高额利润回报时间，极力争取排他性的竞争优势等已不是什么商业机密，其结果必然会出现个性化、专业化的垄断性市场供应格局，这会进一步地加重单一来源问题的影响。此外，用户从降低维护复杂性和成本角度也会自然地拒绝使用多版本的软硬件。因此，拟态系统推广必须解决一体化软硬件版本提供、使用和维护等问题。

2. 锁定服务的鲁棒性

拟态防御的根本目标是保障给定服务的鲁棒性，即能同时满足可靠、可信、可用的功能和性能要求。因此，拟态括号所要保护的服务功能应当是明确的，指向是清晰的。例如，拟态路由器要保护路由转发表不被恶意篡改，拟态文件系统要保护用于目录管理的元数据不被非授权读取或修改，拟态域名服务系统要保证域名解析功能可靠可信，拟态 Web 服务器要保证接入和响应服务的正确性等。我们知道，传统的系统若要达成上述目标需要复杂的处理环节和相关的辅助支撑系统，且任何环节的“闪失”都有可能影响给定服务的功能或性能。而拟态系统则不然，其异构冗余的处理环境不仅具有容错功能而且还具有容侵功能，除非在非配合条件下各处理环境能够产生完全一致的错误输出。换言之，拟态系统只要能锁定服务的鲁棒性目标，并不介意拟态界内出现何种原因的非协同性“闪失”。

3. 层级化的异构冗余实现

拟态系统中，要求每个执行体实现的服务功能相同，性能满足指标规范，但实现算法或结构要尽可能的不同。一般而言，至少存在三个层级的异构冗余。一是要求执行体间所有功能是异构冗余的，二是要求所要保护的服务功能是异构冗余的，三是只要求所要保护的服务之核心功能或数据是异构冗余的。显然，三个层级的异构冗余实现代价差别很大且安全等级也不尽相同。从拟态防御原理的定义出发，无论是执行体本身或是执行体内的构件实体或虚体，虽然没有“绝对可靠可信”的约束条件，但是也不希望存在过多的同宗同源问题构件。除了第一个层级属于理想情况外，其他两个层级中同源同宗问题构件可能难以避免。我们的目标就是如何利用“去协同化”的动态异构冗余环境，使得攻击者很难基于问题构件达成多数一致或完全一致的协同攻击效果。其中最为重要的是要处理好两个问题，一是给定服务的异构冗余程序代码不能被非授权的操作轻易读取或修改(包括超级特权操作)，二是给定服务的异构冗余程序代码不能被非授权的操作轻易“旁路”或“短路”。

4. SGX与异构冗余代码及数据的保护

分时共享处理资源的机制是绝大多数信息系统的经典机制，操作系统或管理程序为应用层软件经济地利用或共享系统的计算、存储、通信等软硬资源提供支撑，因而通常情况下拥有目标环境“超级控制权”。正因为如此，传统攻击方法总是试图取得对目标操作系统的控制权，以便达到获取、篡改、破坏用户程序代码或敏感信息乃至控制目标对象整体行为的目的。此外，由于分时工作机制所致，用户往往缺乏有效的手段对关键运行代码和敏感数据进行全时段的管控。令人兴奋的是，Intel公司于2013年提出的基于可信计算的SGX架构(详见第4章相关内容)，使得只有用户自身才有权调用其存放在SGX中的程序代码和数据，而其他程序包括操作系统也无权访问这片区域。理论上，其安全边界只与CPU相关，但是如果SGX中存在不安全或恶意代码则另当别论。因此，利用SGX类这一功能可以在很大程度上简化拟态系统的实现复杂度，我们只需将拟态括号内所要保护的服务功能(或者关键路径、核心代码、敏感数据)之实现算法异构化，并与相关数据一起安装到各执行体对应的SGX区域中，由于拟态裁决环节的存在除了给定的服务功能或相对正确的操作结果外，各执行体环境中的暗功能很难有机会通过读取或篡改SGX内的程序代码和数据造成可持续的攻击逃逸(对于SGX，虽然已有被攻陷的实例，但是这里要求具有同时攻陷的能力)。当然，前提条件是要保证各执行体所属SGX内的程序代码不被“旁路”或“等价替换”。

5. 规避SGX“绝对可信”陷阱

事实上，自从可信计算技术提出以来就一直要面对“可信计算根是否可信”的质疑，SGX也是如此。因为SGX也是由CPU特权指令构成的，理论上，CPU厂家(包括相关工具提供商)的无意疏忽或有意行为都可能造成安全问题。此外，用户要保证装入SGX的程序代码没有漏洞或陷门(通过中间件、可重用模块或开源代码等带入的后门甚至病毒木马等)也不是没有技术挑战的，尤其当SGX中程序功能复杂度和代码量达到一定规模后，问题可能会更加严峻。但是拟态环境中，由于各执行体相关SGX中存放的是功能等价的异构程序代码和完全独立的秘钥。按照拟态原理，只要SGX中存放的代码和数据没有同质化的安全问题，即使x86 CPU的内存管理单元MMU存在可利用漏洞，也很难影响目标系统服务功能的广义鲁棒性，这是拟态架构基于相对正确或共识机制的内生安全效应决定的。

综上所述，借助 SGX 架构或者类似技术以及有效的防“旁路”或“替代”措施能够简化拟态系统实现复杂度，降低对生态环境多样性与软硬构件供应链相异性的依赖程度。但是，这也意味着系统内会大量存在同宗同源甚至完全相同的软硬件代码(包括问题代码)，理论上会导致安全等级下降风险，需要仔细权衡其利弊与得失。

10.4 拟态防御评测评估

10.4.1 拟态防御效果分析

传统信息安全大致划分了 3 个独立层面：安全的管理、安全的协议、安全的实现。每个层面需要不同的防御机制和方法，自然也就有相应的攻击机制和方法。例如，TCP 半连接 DDoS 攻击是针对协议层面的漏洞，SQL 攻击是针对实现层面的漏洞，而弱口令攻击则是针对管理层面的漏洞。拟态防御横跨上述三个层面，防御的有效性或确定性有所不同。

1. 界内安全问题防御效果确定

在理想情况下，拟态架构对拟态界内基于漏洞后门的已知或未知威胁问题，理论上具有确定的防御效果。即在相异性、冗余性、动态性、随机性有保证的前提下，试图在基于输出矢量裁决的策略调度和多维动态重构负反馈机制下实现攻击逃逸是可控的小概率事件，其内在的测不准效应使得同一逃逸事件的发生频度与可复现性也是不确定的，因而任何的攻击效果都不具有可规划意义上的利用价值。与被密码保护的系统一旦被破解则“城门洞开”的情况不同，拟态系统视在的测不准属性使暗功能无论是呈现还是不呈现都是无规律的，从而能极大地增加基于非配合条件下协同利用的难度。需要反复强调的是，CMD 只能对拟态界内各异构执行体的广义不确定扰动问题进行有效抑制或管控。

2. 界上或界外问题防御效果不确定

给定一个装置，如果拟态防御界上或界外存在包括协议、规程、接口、功能、算法甚至应用程序等功能设计上的缺陷或后门、陷门，则拟态括号内所有防御场景或实现结构中都可能呈现相同的问题(即统一的缺陷可能会破坏执行体间相异性设计上的独立性要求)。如果这类缺陷或后门能被攻击者成功利用(例如，TCP/IP 协议的漏洞或加密算法中隐藏的后门等)，则拟态防御模式在机理层面应当无确定性效果。此时，只能按照人类社会通行原则“法律漏洞只有通过事后修订方式”来弥补。

需要特别指出的是，拟态界面上的一些问题常常会被转化为界内问题。例如，软件编程中数组结构的上下界未做限定性检查、堆栈未做最大容量检查等本属规则遵守范畴的问题，但工程实践上，有经验的程序设计者和缺乏历练的代码编写员在实现方法上就可能完全不同，这样的差异完全可能被拟态防御机制发现并遮断错误。再如，查询目标对象版本信息的请求在协议上并未严格禁止，攻击者一般可通过扫描方式获得。但对拟态系统而言，由于异构性，执行体的版本信息肯定不同，拟态裁决将拒绝此类扫描请求。推广到一般情形，拟态界外的软硬件漏洞利用，凡是涉及拟态系统内部执行体配合操作的(如提权等)，除非能确保“协同一致逃逸”，否则都可能被拟态机制阻断。换句话说，拟态防御对界上或界外安全问题也可能具有防御增益但效果不确定。

3. 前门问题防范效果不确定

无论有意还是无意操作，凡是由用户从前门自行导入的安全问题拟态防御效果不确定。例如，在用户下载的且能够被多数异构执行体接受的可执行文件或脚本文件中带有漏洞后门甚至病毒或木马，或者通过用户认可的跨平台脚本文件的“前门”推送恶意功能等情况，都应视为拟态界外的安全问题。理论上存在逃逸拟态界的可能，但是漏洞后门问题一般与运行场景和运作机制强关联，受“去协同化”异构冗余执行环境的差异性和攻击逃逸的“协同一致”实现难度影响，逃逸效果也将是不确定的。需要强调的是，拟态设备提供厂家用于远程服务支持的“前门”功能应当不在此列。

4. 社会工程学行动效果不确定

(1)摆渡攻击效果很难确定。例如，内部人员违反安全规定(或间谍行为)利用U盘或光盘从外网摆渡攻击代码进入内网系统。由于拟态的异构性使执行体环境具有多样性或多变性，冗余性使执行体的可用数量不确定，动态性、随机性又增强了异构性和冗余体数量在时空维度上的不确定性。因此，若要将合适的攻击代码在合适的时间导入到合适的执行体，实施过程本身就十分具有挑战性。换句话说，即使能成功地将攻击代码导入到个别执行体内，或者将同一代码导入不同的执行体内，只要不能实现“非配合条件下的动态多元目标协同一致攻击”，任何摆渡攻击在机理上都是无效的。有意识地利用这个内在效应，可以起到必须用“几把钥匙”同时开锁的安全作用。

(2)渗透或传播式攻击无效。“去协同化”隔离性要求和异构化的运行环境使得执行体间既没有直接的通信链路也无完全相同的执行环境，类似蠕虫病毒的复制传播机制会被自然地阻断或失能。即使手段高明的攻击者能够利用类似CPU 高速缓存的侧信道或隐信道传输技术，也会因为异构性使得面向其他执行体的复制传播无效。

(3) 存在协同攻击软肋。DHR 架构强调攻击者可利用的设计缺陷在空间上是独立的，在时间上不能被同一次攻击所利用或者不能被连续使用。这意味着系统内部如果存在强关联的未知漏洞或者具有协同攻击效果的后门，则在一次或成组攻击中就可能出现共态故障。例如，若系统的多数执行体中都被植入了"停机后门"，或者攻击者掌握了多数执行体的高危漏洞并能获得"超级特权"，则通过遍历性的持续攻击也会导致拟态括号内执行体不停地"重启操作"，从而出现系统服务功能事实上被阻断的情形。换言之，如何阻止对手基于社会工程学手段弄清多数执行体的漏洞，或防止对手在多数执行体中预置"一击毙命"或"中国菜刀"式攻击后门就成为新的安全问题。退一万步说，即使攻击者缺乏致瘫所有执行体的能力，目标对象也会因为执行体的不停清洗而造成服务能力降级，甚至等效达成程度不同的拒绝服务攻击目的。

作者认为，拟态系统中的最大安全威胁就是这种连续瘫痪或扰乱执行体服务功能的攻击，特别是隐藏在单一来源应用服务软件中的"自停机或监守自盗功能"。推广到一般情形，单一来源应用软件中如果存在与环境无关的漏洞后门甚至本身就是带有病毒木马功能的恶意软件，且攻击对象只限于自己提供的服务范围内，则拟态防御理论上虽然无效，但能从机理上表明问题只可能来自应用程序本身而与环境因素无关。总之，市场供应多样化、技术产品开源化、黑盒产品白盒化、网络服务标准化等既是网络经济需要解决的问题，更是拟态技术产业乃至网络空间安全需要营造或赖以生存的多元化生态环境。

10.4.2 拟态防御效果参考界

DRS 架构可以看作异构执行体是静态配置或处于暂稳状态的 DHR 架构，其本身已有比较成熟的数学模型和可靠性分析方法，诸如马尔可夫过程、广义随机 Petri 网等。而 DHR 架构实质上是一种附加策略调度和多维动态重构负反馈机制的 DRS 架构，在对抗基于目标对象已知或未知漏洞后门、木马病毒等的外部攻击或内部渗透方面，理论上比静态的 DRS 有更好的效果，但是最极致的表现也不可能好过全部异构执行体在相应时间内同时发生随机性物理故障的情况。以下考虑都是建立在被攻击的执行体在故障后是可恢复的基础上，包括执行体离线状态下的主动清洗或随机重启或重构、重组、重建等，且假定可恢复的时间可以忽略(实际应用中,必须考虑攻击间隔很可能小于执行体恢复时间的情形)。

需要强调指出的是，在DRS架构失效性分析中，当多数执行体(超过半数)发生同时性和同一性故障，或者同时性和非同一性故障时，架构的可靠性功能即行失效。与DRS不同，DHR系统多模输出矢量出现完全不一致情形时并不意味着架构的安全防御和可靠性功能失效，因为策略裁决机制还可以启用权重参数等再行决策。相反，多模输出矢量出现多数或完全一致错误时，攻击逃逸现象是无法感知的，尽管是小概率事件。因此，DHR架构导入基于负反馈机制的动态性、多样性和随机性等拟态伪装策略，就是想通过测不准效应控制或降低这种事件的发生概率。

1. 拟态防御的理想效果

理论上，拟态界内的异构执行体只要保证给定功能交集外不存在相交的暗功能且受攻击后总是可恢复的，就可达到我们所称的“理想效果”。此时，拟态裁决逃逸的可能性与暗功能的复杂性无关，只与非配合条件下异构执行体间的暗功能所形成的输出矢量在时空维度上的一致性表达有关。DHR架构通过基于输出矢量裁决的策略调度和多维动态重构负反馈机制显著增强了动态、异构、随机三方面的属性，着力降低暗功能输出矢量形成多数或一致性结果的概率，或最大限度地降低暗功能通过正常的输出响应序列携带目标对象敏感信息实现逃逸的可能性(如隧道穿越)。

2. 防御效果参考区间

由于DHR架构是在DRS结构中引入了提高不确定性的动态化、随机化、多样化机制，其对抗网络攻击的效果显著地高于经典的非相似余度系统，但再高也不可能大于相同余度条件下非相似余度系统硬件可靠性的极限。即防御效果的下界若以某一场景被协同攻陷的概率为基点，上界则应以所有场景都能被连续攻陷的概率为顶点，但是这个概率很可能低于相同冗余度系统同时出现物理失效的概率，所以用后者作为参考上界是合适的。

1)防御效果参考下界

非相似余度(可以看作 DHR 架构的一个微分场景)系统具有以服务功能保护为目标的最低防护能力。我们将设计缺陷导入的漏洞和植入的后门等都统一视为漏洞，那么只要基于拟态括号内漏洞的攻击不能同时使多数异构执行体出现完全或多数相同的故障，或者假定不同漏洞的可利用方法不同且不存在协同攻击的可能，该场景下的系统就是安全的。我们可以借助DRS可靠性评估模型，在给定余度和反馈环路未被激励条件下，将所有执行体输出矢量同时出现完全一致或多数一致错误的假定概率代入失效率计算公式，得到的数值作为不考虑动态异构条件下拟态防御效果的参考下界。这一参考值实际情况下可能相当保守，因为各执行体输出矢量出现一致性错误的概率又与负反馈控制环节的动态性、多样性和随机性机制强相关，即一致性错误本身可以用高阶概率函数来描述(与执行体的相异性、输出矢量语义和信息丰度、执行体冗余数量、裁决策略等因素相关)。

实际上，在动态异构以及去协同化运行环境下，不通过试错法就能达成拟态界上的一致性逃逸是难以想象的事情，加之基于拟态裁决的负反馈控制机制总是试图用替换、清洗、修复甚至重构重组异常执行体的方法收敛或迭代式地"消除"输出矢量不一致的情形，这使得试错法的应用失去了场景不变的前提条件。与 DRS 不同的是，拟态防御能有效拒止这种基于试错法的协同攻击。另外，从攻击者角度而言，因为有太多不确定性因素的导入，即使某一拟态场景下出现了攻击逃逸，其经验往往也不具有可继承性，难以在其他拟态场景下复现，因而攻击任务一旦复杂到需要克服由多重异构场景组成的拟态防御体系时，成功逃逸的概率只可能更低。

2)防御效果参考上界

DHR 系统虽然是具有动态反馈结构的 DRS 系统，但本质上仍具有非相似余度属性。因而无论动态化、多样化、随机化的调度策略和重构策略导致的系统结构表征如何的不确定，其产生的防护效果都不可能超过相同冗余度条件下 DRS 系统物理意义上的可靠性极限，即所有执行体同时出现不可恢复物理性失效的情形，所以将非相似余度的可靠性极限作为拟态防御效果的参考上界是合适的。

10.4.3 拟态防御验证与评测考虑

拟态系统的许多问题场景与容错系统的失效或故障场景同构或相似。尤其是拟态构造下能将非协同性的差模攻击场景(基于个性化漏洞后门或病毒木马等)归一化为随机性的差模故障，能将协同一致的共模攻击问题归一化为可靠性领域的同态或共模失效问题，能将基于部件的未知安全威胁归一化为系统层面失效概率可控的可靠性处理问题等。总之，相对正确公理能将针对成员个体的已知或未知安全威胁问题转化为系统层面的可靠性问题，从而使得两个看似性质完全不同的问题可以在具有可靠性属性的拟态架构内得到一体化的解决。毫无疑问，可靠性理论和相关测试验证方法能够作为拟态防御抗攻击性和可靠性

1
2
3
4
5
6
7
8
9
10
11
12
13
14

测试与度量的基础理论与方法。作者以为，未来构造拟态系统的测试方法可能会出现多样化发展的格局，但是基本的测试验证流程应当遵循如下几个步骤：

(1) 因为拟态构造系统首先是一个给定功能性能的服务系统，需要通过相应的设备标准和测试规范，检验其服务功能性能的符合性与一致性。

(2) 从拟态原理出发，根据目标对象拟态功能性能测试规范和相关测试集进行常规安全测试和注入式验证。后者测试集中的测试例之功能和效果相对宿主对象应当是可控制可验证的，测试集中至少要包括个性化测试例和同源变体测试例。

(3) 选择测试集中的注入测试例，验证目标对象拟态机制的完备性。例如给不同的执行体注入个性化的测试例，且在保证执行体间不存在相同或同源测试例的情况下，无论怎样的配置或组合测试例，都不应当影响拟态防御机制的有效性。

(4) 选择测试集中的同源变体测试例，注入系统半数以上的异构执行体，观察和统计各种组合测试下的攻击逃逸概率(类似差分放大器中的共模抑制比测试)。

(5) 在验证拟态机制的完备性基础上，还需要测试拟态防御的性能。包括基于拟态裁决的策略调度和多维动态重构负反馈机制的收敛速度，输入输出代理和裁决造成的服务响应时延，拟态括号内的防御行为在拟态界上的可感知性，异常执行体清洗恢复到可用状态的准备时间，执行体重构并完成同步跟踪进入待机状态的速度等。

1. 评测背景

理论上，拟态括号内部环境允许有毒带菌，在机制上也不会导致固有漏洞后门(陷门)等的实质性减少或彻底移除(在某种组合条件下还会再现)。与传统的安全评测思想和做法不同，拟态防御效果强调的是拟态括号中漏洞后门的可锁定性、基于防御对象漏洞后门等攻击链的可靠性、拟态界上防御行为的可探性、对目标系统功能与性能的持续性影响、敏感信息的完整性保护程度等，核心是在保障目标对象服务功能(或性能)情况下增加漏洞后门等可探测与可利用难度，降低拟态括号内病毒木马的安全威胁效果。读者不难看出，拟态防御的效果与系统可靠性指标有着强关联性。因为人为攻击所造成的多模输出矢量不一致扰动与异构执行体随机性差模故障导致的现象几乎完全一致，所以处理方法也非常类似。

在可靠性测试和验证中通常采用故障注入法，即按照给定的故障模型，用人工的方法有意识地产生故障并施加与特定的目标系统中，以加速该系统的错误和失效的发生，同时采集系统对所注入故障的反应信息，并对回收信息进行分析，从而提供有关结果的过程。由于拟态构造可以将差模攻击归一化为差模故障，将未知威胁归一化为随机故障，将协同性攻击归一化为共模故障等，因此，故障注入法及相关仿真测试等基本原理和方法，同样适用于拟态系统的抗攻击功能与性能的测试验证。因此评测中只要条件许可，应设法在拟态括号内的执行体中注入测试例，并确认执行体的反应与期望结果是否吻合，再以相同的条件观察比较拟态界上的呈现情况。这种“白盒”条件下的注入测试方式可以作为拟态防御设备的基础评测方法，但测试例设计是否合理、注入位置是否恰当、能否准确量化拟态防御效果等，仍有许多尚待研究的科学与技术问题。

需要强调的是，从纯学术意义上说，测试“拟态防御内生安全增益”时应排除传统安全防护手段的作用。但是，理论和实践上同样也可以证明融合两者的作用往往能够显著地增强拟态括号内的相异性，从而使目标对象防御能力可以获得指数量级或超非线性提升。

2. 评测原则

因为拟态系统的内生安全是基于可靠性架构下的可信安全机制，需要在同等功能和性能要求下与对照系比较(例如拟态路由器与传统路由器的比较)，依照相同的可靠性与可用性指标做功效比或效费比、安全性等方面的评价，特别是要考虑目标系统全生命周期内的安全防御代价。此外，由于评测内生安全机制时，往往需要排除防火墙、加密认证、黑白名单、沙箱蜜罐等传统安全手段或方法获得的效益。但是，就一个实用系统而言，很难剥离这些已处于融合使用状态的安全技术。由此可以得到的结论是，注入测试或许应当是拟态系统评测的主要方法。

1) 目标系统的健壮性

从根本上说，拟态防御保护的是目标系统的服务功能及相关性能(而不是具体到某个软硬件执行部件的安全)，即要解决服务提供的鲁棒性问题，并试图在应对基于目标对象漏洞后门安全威胁的同时，也能提升传统意义上的可靠性水平，包括使防御方获得应对或管控已知威胁或不确定性威胁的能力，使目标系统更具有弹性或柔韧性。换言之，拟态防御就是将基于执行体漏洞后门的非协同攻击效果转换为目标对象层面攻击的有效性问题，并将其归一化为物理失效和软硬件设计缺陷导致的随机性故障且能并案处理之。

2) 攻击链的扰乱作用

理论上，拟态防御所构造的内生安全效应能够覆盖攻击链的各个阶段，建立在负反馈架构上的动态性、多样性和随机性使漏洞扫描阶段所获得的探测信息失去真实性乃至成为不确定性信息；同样的机理将影响漏洞利用过程中各种传统方法和工具使用的有效性；在攻击植入阶段由于视在漏洞的呈现和锁定具有不确定性，使得攻击代码的准确植入或注入成为难以克服的新挑战；在攻击突破阶段，由于“去协同化”条件下的输出矢量拟态裁决机制的存在，使任何一次成功攻击都必须在动态冗余空间、非配合条件下实现多元目标间的精准协同才能完成拟态逃逸；在攻击维持阶段，只有在攻击任务的整个生存周期内确保每一次的攻击都能成功的情况下，才能实现拟态逃逸。然而，基于拟态裁决的策略调度和多维动态重构负反馈机制使攻击逃逸必定成为不确定事件。

3）融合式防御新机理

假定敏感路径或相关环节的非传统安全风险不能完全可控或者无法具备绝对可信条件，导入拟态机制使得我们能够用一种统一的架构以融合防御技术全面影响攻击链的各个阶段，以非特异性的内生防御机理融合特异性的主被动安全措施，以面防御机制结合点防御手段，有效地规避已知的未知安全风险和未知的未知安全威胁，非线性地增加攻击者的成本和代价。其中单线或单向联系机制是将点式集中处理转变为线状或树状分散处理，割裂或约束单个节点的信息获取权限，使任何节点都无法得到全景视图或全局性数据；DHR 架构中引入的基于反馈控制的动态化和随机化机制使拟态场景(包括附着其上的漏洞后门或木马病毒等)相异度尽可能大，从而能够显著地增加时空维度上拟态场景呈现的复杂性；采用“去协同化”条件下的输出矢量拟态裁决机制，使来自内外部的蓄意攻击必须克服拟态逃逸可行性与输出矢量语义和信息丰度呈反比的难题，直面动态异构冗余空间非配合情况下域间(跨物理、逻辑域等)精准协同攻击和实现连续逃逸的挑战。所有这些新机制都会对传统攻击手段产生颠覆性影响。

4）清洗和预防性处理

基于漏洞后门等的攻击问题，在 DHR 架构的目标系统中都可归一化为可靠性和可用性问题。在拟态括号的环境中，凡是能从拟态界面获得输出矢量，且可判定出是个别或少数执行体行为的，都可将其一概视为不稳定工作部件(在小概率情况下这种处理手法欠合理)而对其实施强迫中止、卷回复执、相应级别初始化或离线清洗检查甚至重构、重组等动作。更一般的情况是，执行体只要因动态随机调度而下线，就需要作预清洗或相应级别的初始化或环境重建操作，也包括触发病毒木马扫描清除等后台处理机制，以规避当前场景下可能存在的漏洞后门或上传病毒木马的影响，或阻止基于状态转移机制的潜伏(待机)攻击行动。这使得攻击者必须小心地规划设计每一个协同攻击步骤，否则任何的“闪失”一旦被拟态裁决环节发现就可能会被全部“归零”。同时，还要能有效地避开预清洗机制对攻击链稳定性的破坏作用。显然，对于攻击者而言这些都是极富挑战性的事宜。

3. 主要评测指标

1)攻击链视在复杂度

对于攻击者而言，目标环境的拟态呈现(结构表征)的未知性和复杂性，对漏洞探查与利用、后门设置与触发、攻击行为的可协同性等都会造成一系列非线性的复杂问题，客观地评估攻击链构建复杂度是拟态防御需要量化的指标之一。

按照注入测试例的“白盒插桩”验证方法，开放拟态括号内所有执行体的防御机制，根据给定的外部通道和系统的服务功能、性能以及激励规则，人为地构建出一个攻击链，使之能够在不改变被测系统服务功能和防御机理的条件下，按照某种期望的概率呈现出设定的攻击效果。例如，能够造成对目标系统信息安全等影响的事件。显然，使这个攻击链有效的所有条件、假设、软硬件代码修改和需要拥有的资源集合的“黑盒”表达就是攻击链的视在复杂度。可以设想，能够让各异构执行体分别或同时出现同样的功能性问题的攻击复杂度(如停机-死循环问题)，似乎要比给定输出矢量空间同时出现完全一致错误的视在复杂度更低些。其实，即使要出现前者的攻击效果也需要拥有使各执行体实现这一功能的全部资源和方法与途径，这对任何攻击者的能力来说都是严峻挑战，而要从目标对象中实现连续或大概率的拟态逃逸，困难程度将是难以想象的。

2)协同化攻击难度

理论上说，要突破拟态防御必须能造成测不准条件下，基于限定的攻击路径和条件，使多数异构执行体的输出矢量同时出现完全一样错误的情景。这要求攻击行动一方面能够准确地了解多个多样(或多元)目标的漏洞后门资源；另一方面要能够实时地锁定或掌控目标对象内部的漏洞后门，并能有针对性地利用这些漏洞后门造成协同一致的拟态逃逸。拟态防御的动态性和随机性给漏洞扫描或锁定造成困难，异构性使漏洞及其可利用的方式各不相同，冗余性使目标对象异构执行体之间具有时空独立性或隔离度，拟态裁决迫使攻击行动要面对动态空间、异构多目标、多方式、协同一致逃逸的挑战。可以想象，这些都是极为苛刻的条件，除了“停机或死循环”等功能性失效情形外，攻击成功率在诸多的不确定性因素影响下应当是极低的。不过，如果攻击者在拟态括号内拥有多个攻击资源，并能恰当地利用攻击表面可达性，则实现拟态逃逸也并非绝不可能。工程上应尽量避免所有执行体同时在线的情况发生。

3) 视在漏洞探测难度

对于复杂系统而言，设计缺陷往往在所难免。根据系统缺陷在拟态或非拟态情况下的表现形式，可以对系统的漏洞做如图 10.3 所示的分类。

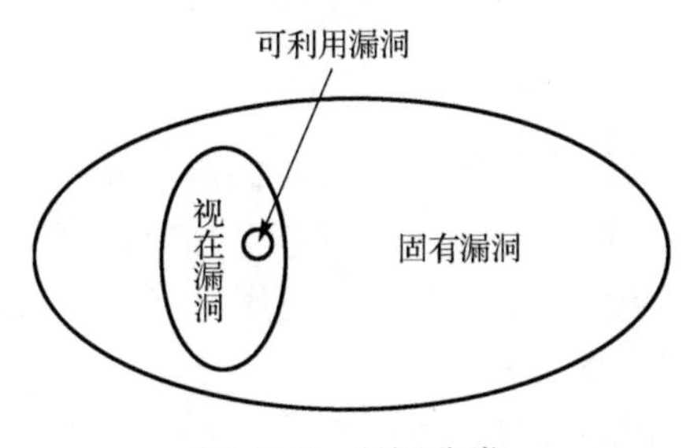

图 10.3　漏洞分类

(1) 固有漏洞：拟态构造系统在非拟态模式下或拟态括号内所有部件可探测到的漏洞。

(2) 视在漏洞：系统在拟态模式下，从拟态括号外部用探测固有漏洞相同的方式扫描探测到的漏洞。

(3) 可利用漏洞：是指可被利用的视在漏洞，且满足如下前提，视在漏洞能以某种可预测规律稳定地呈现；视在漏洞的可利用性质与固有漏洞集合中对应漏洞相同。

显然，对于攻击者而言，拟态防御机制使拟态括号内漏洞的可呈现数量、同一漏洞的可呈现频度及可利用性质等外在表现，受动态性、随机性、虚拟化以及多维动态重构和预清洗等机制的共同作用，其视在性质必然会发生不确定性改变。

按照传统的漏洞分类方法，非拟态模式下的一般性漏洞、低安全等级漏洞、高危安全漏洞等在拟态环境中可能不再表现出原有的形态或性质，高危漏洞可能会转变为低安全等级漏洞，甚至完全失去可利用价值。当然，也可能产生新的安全漏洞(因为重构、重组、虚拟化等动态因素所致)。因此在白盒测试中，不仅要对测试例(漏洞)的数量进行确认，还要尽可能地对漏洞的性质进行核对。

拟态机制启动后，如果发现视在漏洞(也许在给定时间内无法再现)应尽可能地甄别其性质是否与设定测试例相同、新漏洞的表现特征及其时空稳定度、新漏洞的安全等级确定等。拟态机制应当能改变或影响漏洞的表现形式和降低其安全危害等级，但如何科学度量仍有待深入研究。

同时，需要说明的是：由于尚未建立起严格的科学模型，还不能严格地证明基于拟态裁决的策略调度和多维动态重构的负反馈控制机制是否属于线性变换，会不会产生新的安全漏洞，特别是对拟态括号内的有毒带菌环境，在做拟态变化后会出现什么样的新质漏洞目前难以预料。但可以确定的是，负反馈控制机制下即使产生新质漏洞应该同样具有测不准的属性，应当也是难以被协同利用的。

4）漏洞利用难度

GB/T 30279—2013《信息安全技术 安全漏洞等级划分指南》中，漏洞等级划分主要依据三个因素：访问路径、利用复杂度、影响程度。

访问路径（Access Vector, AV）：攻击者利用安全漏洞影响目标系统的路径前提，分为远程、邻接和本地三种方式。

利用复杂度（Exploiting Difficulty, ED）：利用安全漏洞影响目标系统的难度，可分为简单和复杂两类。

影响程度（Damage Potential, DP）：利用安全漏洞对目标系统造成的损害程度，针对机密性、完整性和可用性某一方面的影响程度，分为“完全”“部分”“轻微”和“无”四种情况。

传统的漏洞划分指南对于漏洞评级有一定的指导作用，但划分较为粗略。对于拟态构造系统，由于视在漏洞本身的不确定性，以及漏洞利用的环境因素，因而对利用复杂度、影响程度也不同。

利用复杂度（或称利用难度），主要包括以下几个因素。

⑴攻击链视在复杂度（Complexity of Attack Chain，CAC）：利用视在漏洞进行攻击的过程所组成的有向图的复杂程度，由每一条链的实施代价决定。

⑵攻击的可再现度（Re-Exploitability，RE）：视在漏洞被再次成功利用的概率，可根据实际测试结果取概率值，也可划分为不可再现、偶然和必然三种等级。其中，攻击链视在复杂度由攻击链的中间状态数和每一条链的实施代价决定。

5）拟态逃逸

理论上，拟态构造系统期望异构执行体可能存在的漏洞后门都是相异的且具有独立性，因而在动态异构冗余环境下不可能存在基于漏洞的拟态逃逸。实践中，由于存在基于负反馈机制的动态性、随机性和运行环境的重构性，拟态括号内异构执行体中即使存在相同的恶意代码（或病毒木马等暗功能），也不一定保证能从拟态界中成功逃逸。采用可靠性验证技术中的注入测试例的“白盒插桩”方法，应当能给这种“逃逸效应”赋予一定的量化意义。

假如在给定拟态构造系统中的某个异构执行体内注入一个具有相应测试功

能的可执行代码。在开环情况下，可以得到非拟态运行机制下的攻击成功率 F_o=成功利用次数/测试次数，具有可测性。同样在闭环情况下，也可以得到拟态机制下的攻击成功率 F_c=成功利用次数/测试次数。于是有，拟态防御的有效性 $F_e=F_o/F_c$，这个值越大越好。当然，更为完备的做法是对给定应用系统建立一个测试集，然后按前述方式遍历所有测试例并用相应的统计算法得出某种置信度下的 F_e。按照同样方式将测试集内测试例源代码生成的多版本执行代码注入所有异构执行体的相应位置中，则在启动拟态机制后，按照相同的测试方法和步骤可得到逃逸成功率 E_r=逃逸成功次数/测试次数，显然这个值越小拟态环境对相同功能源代码的容忍度越高(类似差模放大器的共模抑制比测试)。

当然，即使注入相同测试功能的执行代码，由于在异构执行体内的植入位置、运行调度策略、参数赋予、运行机制等环境情况的不同，其结果会有不同的时空表现，因此测试集的完备性问题目前还很难评价。

6) 拟态括号安全性

与非相似余度系统中的多模表决环节对系统可靠性的影响类似，采用拟态裁决的策略调度和多维动态重构负反馈控制机制的拟态括号对防御的可靠性影响也非常关键。理论上，拟态括号对攻击表面中的攻击通道的内容、语法和语义以及防御目标的功能和性能应该完全透明，即括号本身不对攻击通道中的任何内容作语义层面的解析，因此不具有攻击的可达性，除非其内部已存在恶意代码。

然而，工程上不可能做到完全透明。例如，为了克服异构执行体输出矢量响应上的时间差异，需在拟态裁决环节中增加输出缓冲队列；为了解决等价算法精度可能不同的情况，需增加掩码比较功能；为了增加动态性、随机性需具备输入交换和指配功能；为了解决语义相同语法稍有差别的情况，需要增加正则表达比较功能；为了支持策略裁决、时间戳、单一 TCP 序列号、IPSec 加密而增加的代理功能；为减小判决插入的时延需要对多模输出矢量进行某种预先处理以降低裁决环节的复杂度等，这些都可能使拟态括号的工程实现复杂度大为增加，难免会出现设计缺陷或错误。特别是使用性能、功能强大且价格便宜的 COTS 级部件时，潜在的安全问题会更加突出。因此，拟态括号的设计中通常应遵循的原则有：避免使用复杂的通用软硬件；功能、性能上应以拟态括号“够用”为原则；多以可信定制或可信自重构或可信计算等具有私密性的方式实现；最大可能地缩小攻击表面，必要时可以考虑括号自身的拟态化；通过引入单向或单线联系机制，尽可能地增加拟态括号本身对其内部异构执行体的透明性(防止会话功能可能造成的协同攻击条件)等。总之，其安全性的测试(包括社会工程学意义上的影响等)都需要进行专门性研究，可能需要借鉴密码工程中的相关理论、经验和方法。

7) 内生安全增益

与传统防御的入侵检测、入侵预防、漏洞挖掘和利用、病毒木马查杀、加密认证等机理不同，拟态防御机制不涉及拟态括号内执行体资源漏洞后门或病毒木马的精确感知或及时消除问题。其内生的安全增益主要表现为一种基于增加多维异构空间协同攻击难度的迭代效应，即给定攻击任务中凡是涉及进出拟态界的非协同化的攻击步骤都有可能被拟态机制阻断，主要体现在以下四个方面：

(1) 改变了目标系统漏洞后门的呈现性质。拟态括号内防御场景的策略调度机制会扰乱漏洞后门的可锁定性与攻击链路的通达(或可达)性，增加目标系统视在漏洞后门等的可利用难度，破坏基于漏洞后门等攻击的时间有效性与功能可靠性。

(2) 防攻击扩散作用。由于拟态括号内执行体间的独立性要求，藏匿(或隐蔽植入)在执行体内部的病毒木马蠕虫等渗透性攻击无法扩散，也就是说，即使目标系统各个执行体内都存在病毒木马，“去协同化”的设计也能隔离有毒带菌功能的传递，使得病毒木马功能无法在时空维度上出现一致性表达(除非停机类事件)，理论上不会对系统服务功能造成严重影响。

(3) 未知威胁感知和预警功能。拟态界的策略判决功能可以发觉或感知针对异构执行体的未知的非协同攻击事件，必要情况下可触发相应的日志记录、现场快照、溯源查找等后台支援机制，恰当地运用数据采集和分析功能有可能高效地发现 0day 漏洞后门或者新型攻击方法甚至达成追踪溯源的目的。这对增加未知威胁感知和预警能力具有重要意义。

4. 评测方法考虑

拟态构造系统的安全性测试主要参照可靠性验证理论与方法，采用注入测试例的“白盒插桩”对比测试方法，测试集中的测试例最好是针对给定目标对象脆弱性设计的，或者模拟攻击者可能利用的攻击路径为前提条件。

构建拟态系统安全评估模型有如下基本考虑：

(1) 收集目标对象中存在弱点的设备信息，包括拟态界内软硬件漏洞信息、开放服务信息和产品信息等，获得目标对象网络拓扑结构和相关组件或部件公开信息。

(2) 对每一个构成组合攻击的原子攻击行为生成原子模型(参见本书第 2 章相关内容)，并严格定义变迁发生时需要的条件。

(3) 定义网络攻击的初始状态，并从初始状态出发，根据拟态界上协议规程信息以及攻击行为之间的关联关系，用顺序、并发、选择三种运算来描述组合攻击流程。

(4) 利用模型相关性质，或引入层次化思想，使用复合变迁表示一个原子攻击行为或者组合攻击，研究测试例的插入方式和插入位置，以达到既能降低测试复杂度又能说明问题的目的。

(5) 验证目标对象是否具备对抗非配合或配合式攻击的能力。

据此，我们给出了拟态构造系统脆弱性分析方法的概念框架，该概念框架主要由网络参数抽象、模型构造与验证以及脆弱性量化分析与评估三个核心模块组成：

(1) 网络参数抽象模块。对目标对象资源池构件、异构执行体集合、策略调度等信息进行参数抽象，包括可能存在的漏洞信息、服务信息和连接关系等，这些信息主要来自漏洞扫描工具(如 X-Scan 和 Nessus 等)的扫描结果，或漏洞挖掘技术，或基于机器学习的大数据分析，或与网络拓扑结构以及目标对象缺陷分析等有关信息。同时，根据收集到的系统脆弱性信息建立脆弱性知识库，为构建目标对象评估模型作好数据准备。

(2) 模型构造与验证模块。首先对获取的目标对象参数进行数据预处理，之后将格式化处理后的数据作为模型的输入参数，并利用模型的构建算法生成评估模型，最后对所生成的模型进行正确性验证。在建立目标对象的评估模型后，我们可以利用 Petri 网的可达标识图与可达树分析方法对模型的有效性进行验证。

(3) 脆弱性量化分析与评估模块。根据以上基础，与网络管理人员的安全目标进行交互，根据管理人员的安全需求，选择不同的方法分析目标对象中存在的脆弱性。基于最佳攻击路径分析方法，可以预测目标对象中的最佳攻击路径，验证系统的安全性。

同时，我们根据模型给出了以下三个合理假设。

假设 1：攻击者作为智能主体非常了解目标对象中存在的漏洞，具有利用这些漏洞实施攻击的能力，即只要满足攻击条件就可以攻击成功，并且总是倾向于选择时间代价最小的路径进行攻击。

假设 2：在攻击者发动的攻击事件中，任何攻击行为的变迁，在攻击路径中只允许实施一次。攻击者不会为了已经获得的安全要素而再次发动攻击。

假设 3：攻击者具有明确的目标，并且会根据自己的目的实施网络攻击，而不会随意地发动攻击，即攻击者发起的攻击行为是有目标导向的。

通常，攻击路径是指从目标对象的拟态界到拟态括号内相关异构执行体定义的操作节点的过程。当攻击者发起攻击时，在目标对象中可能存在多条基于拟态界(也可能存在未设防)的攻击路径，但由于漏洞利用的难易程度以及动态防御场景状况等因素存在差异，每条攻击路径被攻击者利用的可能性是不一样的，所以需要对攻击路径进行分析研究，通过比较找出安全风险最大的路径，即可衡量系统的安全性能的路径。

在此方面，国内外大部分的研究工作都是采用分析成功概率的方法求解最佳攻击路径。实际应用中，由于系统、服务器、网站的多样性，这些方法不易对攻击成功概率进行赋值，如果概率设置得不合理将会造成分析结果出现很大的偏差。因此我们从攻防代价角度出发，参考 GB/T 30279—2013《信息安全技术 安全漏洞等级划分指南》，把访问路径、利用复杂度、影响程度作为基本指标。

为了使评估结果更为准确，采用了量化评估的方式对测试结果进行比较和分析。根据 GB/T 30279—2013《信息安全技术 安全漏洞等级划分指南》和通用弱点评价体系(Common Vulnerability Scoring System，CVSS)，提出了测试的评估标准。评估依据包括漏洞发现难度、漏洞利用难度、漏洞影响程度及其构成因素在内的多项评估要素，通过评分的方式量化各要素并进行比较。其中每一种影响因素的等级在实际测试中依靠主观估计，因而存在一定的误差，可参照已有的漏洞评估标准校正。

5. 防御有效性的定性分析

主流的网络攻击大都是利用特定系统的脆弱性(如漏洞、后门)，而脆弱性被利用需要一定的前提条件，并且攻击者需要知道相关的“知识”(例如，操作系统或软件版本、相关对象的内存地址信息等)才能有效利用脆弱性进行攻击。一个完整的攻击任务由若干攻击步骤组成，每一个攻击步需利用前序攻击步所创造的条件，并且得到相关“获利”，为后续攻击创造条件，最终形成一条稳定的攻击链。

因此，只要破坏网络攻击所依赖的条件，阻止攻击者获得攻击所必需的“知识”(或者使其获得的知识在攻击实施时失效)，就能有效阻止攻击，尽管脆弱性可能并未被真正移除。拟态防御机制与传统安全防御机制的重要区别之一，就在于传统安全防御机制注重移除脆弱点，封堵攻击途径(如网络通道)；而拟态防御机制注重破坏攻击所依赖的前提条件(并不局限于网络通道)，以及对目标对象的准确认知，通过 DHR 架构和拟态伪装机制形成的测不准防御场景，使攻击者很难稳定地构造拟态逃逸所需的协同一致场景，因而在有毒带菌的情况下仍能保持目标对象元服务的健壮性和可信性。

然而，不同类型的攻击所利用的脆弱性是不同的，所依赖的前提条件和攻击者所需掌握的“知识”也是不同的。因此，可以将当前主流攻击进行梳理分类，针对各类攻击归纳其所依赖的前提条件、攻击者所需获得的“知识”、可能获得的利益等，然后分析拟态防御的各类工作机制，指出对各类攻击有效的策略和方法等。

10.4.4 类隐形性评估思考

隐形技术(Stealth Technology，ST)俗称隐身技术，又称“低可探测技术”(Low Observable Technology，LOT)。即利用各种不同的技术手段来改变己方目标的可探测性信息特征，最大限度地降低对方探测系统发现的概率。隐形技术是传统伪装技术的一种应用和延伸。

隐形技术在飞行器领域的典型应用就是隐身飞机(stealth aircraft)，就是利用各种技术减弱雷达反射波、红外辐射等特征信息。目前，飞机隐身的方法主要有以下三个方面：一是减小飞机的雷达反射面，从技术角度讲，其主要措施有设计合理的飞机外形、使用吸波材料、主动对消、被动对消等；二是降低红外辐射，主要是对飞机上容易产生红外辐射的部位采取隔热、降温等措施；三是运用隐蔽色降低肉眼可视度。

相应的隐形能力评估，粗分指标有雷达反射截面(Radar Cross-Section，RCS)大小、红外辐射特征强弱、肉眼可视距离等。更细的指标又有飞行器不同姿态下，相对于不同波长雷达波的反射截面、红外辐射的频谱特性和幅频特性、不同能见度和光照角度的可视距离等。

拟态防御本身也是一种隐形技术。通过拟态括号内防御场景的变化隐匿自身的设计缺陷或漏洞，模糊漏洞后门的可达性，以内在的测不准效应造成攻击者的认知和行动困境。

相应的拟态能力评估，也应当是测试者对拟态括号内已知(或设定)漏洞的可视度评估(包括漏洞特点、性质和呈现稳定性等)，以及从拟态括号外对同一漏洞的可视度评估(包括漏洞特点、性质和呈现稳定性的变化)，两者之间的差别应该成为拟态能力的主要评估指标之一。同理，测试者对拟态括号内设定后门的可利用度评估(包括后门的特性与可达性验证，上传木马可靠性，木马控制的有效性等)，以及拟态括号外对同一后门的可利用度评估(包括后门特性与可达性、上传木马和木马控制稳定性的变化)。两者之间的差别也应作为拟态能力的主要评估指标之一。以此类推，通过在各执行体内注入不同功能的测试例或者同一功能的测试例，并采集和分析拟态括号内外部的输出矢量，以便获得目标对象拟态防御能力的评估数据。

总之，拟态能力的测试评估可以仿照隐形能力测试中的对照或对比模式进行。但是，测试例的构造以及插入被测对象的功能部位等因素都会影响到最终的评估质量。如何科学地测试和度量拟态防御能力仍有待进一步的研究。

10.4.5 基于拟态裁决的可度量评测

按照拟态防御原理，拟态裁决通过多模输出矢量的不一致情况能够感知非协同化攻击(包括差模故障)状况，而对协同攻击造成的逃逸情况则无法直接感知。由于测不准效应的影响，拟态防御机制会阻断任何试错式协同攻击。换言之，试错式协同攻击能被拟态裁决环节发现，这一结论通常情况下是正确的。于是，通过注入测试例的白盒插桩法和检测裁决器状态可以度量拟态系统的防御性能。我们知道，当多模输出矢量不一致时(由于容错机制外界通常不能感知)，或者完全不一致时，基于策略调度和多维动态重构的负反馈控制机制总是试图更换当前服务集中的异常执行体，或者清洗恢复或者重构重组执行体本身，期望输出不一致的现象在拟态括号内消失或在给定观察时间内不一致现象的出现频度被控制在某一设定阈值内。显然，在攻击场景不变的情况下，不一致现象从出现到消失的响应时间是拟态系统防御能力的一个重要度量指标。

这个指标又可以细分意义：一是表明该攻击可突破哪些执行体的当前防御环境，多模输出矢量是少数不一致还是多数不一致；二是可判明何种策略或何种防御场景能够应对此种攻击，因为无论是替换异常执行体还是清洗恢复异常执行体或者重组重构执行体，输出裁决器都可感知防御场景更换后的效果；三是能够度量经过了多少次防御场景变换才使输出裁决器状态收敛等。反之，断开反馈环路情况下，可以判别攻击造成的输出矢量不一致现象是否具有时空稳定性，变化趋势如何；也可以在开环状态下采用白盒插桩方法，变化攻击场景并监测输出裁决器的状态和输出矢量，如果能造成攻击逃逸现象并能保持，则闭合环路后观察需要多长时间才能消除逃逸现象，这一指标可度量拟态防御系统的抗逃逸能力。

于是，根据一个给定测试集(可以对被测对象开放)，我们可以基于时间轴将拟态裁决环节感知到的不一致情况进行分类统计，例如，在给定的观察时间内统计：有一个输出不一致的频度；多个输出不一致的频度；完全不一致的频度；甚至具体到某个执行体输出异常的频度等，就如同可靠性领域的平均无故障时间

(MTBF)或者通信传输领域的误码率(SER 或 BER)指标那样，以表征防御对象当前的安全态势。当然，测试集的设置条件及其设置的完备性直接影响评估的科学性。不过，此时的问题性质已远远超出了现有攻击理论、方法和影响力可以覆盖的范畴，这也是拟态防御机制“改变网络空间游戏规则”的题中之意。

10.4.6 拟态防御基准功能实验

从拟态防御理论预期效果出发的测试称为基准功能实验，也可称之为从拟态防御定义出发的效果测试。拟态防御通常分为两种测试：一种是传统的安全性测试，另一种是注入测试例实验。后者属于“白盒插桩”实验，要求在不依赖实验者经验和技巧的情况下，依据产品测试规范用例就能准确甄别被测对象是否具备基本的拟态防御功能。本节将重点讨论白盒实验问题。

1) 前提与约定

(1) 约定测试例由嵌入被测对象源代码的接口功能和通过攻击可达路径注入的测试代码两个部分组成。

(2) 任何一个逻辑或物理的执行体都存在嵌入测试例的可行性。

(3) 任何一个测试例无论在哪个层面上都具有影响所在执行体输出矢量内容或控制其输出的能力。

(4) 任何一个测试例都可以通过攻击表面通道和合规方法激活或关闭相关测试功能。

(5) 任何一个测试例都具有通过攻击表面通道和合规方法接收攻击数据包或更新测试内容的功能。

(6) 任何一个活化的测试例都不应当直接导致被测对象失能或停机。

(7) 各执行体测试例接口功能相同，但测试内容及代码可定义。

2) 测试例构造

由于被测对象的异构执行体软硬件支撑环境常常只有目标代码，测试例不仅构造困难而且正确植入和功能验证也颇具挑战性。所以，可以在应用程序源代码层面上构建测试例接口及其调用功能，该接口应设计成具有通过拟态括号或攻击表面输入通道及合规方法请求激活的后门功能，能够借助攻击可达性上传攻击包，接收或更新相应的测试功能，并可通过应用程序实施在线控制注入代码的执行。当然，有条件情况下也不排除在其他层面设置测试例接口及相关功能的做法。需要指出的是，除了测试接口代码外，上传的目标对象测试代码应当是内存驻留型的，以便可灵活定义测试内容。

3）差模测试例注入实验

前提：假如一个被测目标功能函数满足 I【$p_1,p_2,p_3,\cdots,p_n$】O，其中，所有功能 p_i 相同，即 $p_1=p_2=\cdots=p_n$。但是所有 p_i 的实现算法都不相同，即 $p_{c1}\neq p_{c2}\neq\cdots\neq p_{ci}$。如果存在一个测试例 e_1 可以使 p_1 产生正常响应序列之外的输出矢量 s_1。以此类推，测试例 e_2 e_3 e_i 可以使 p_2 p_3 p_i 产生输出矢量 s_2 s_3 s_i 且 $s_1\neq s_2\neq s_3\neq s_i$。那么，按照拟态防御效果定义，将相互之间没有配合关系的测试例 e_1 e_2 e_3 e_i 分别注入 p_1 p_2 p_3 p_i 执行体，在 I【P】O 的拟态界上不应该出现任何 s_i。被测对象的拟态防御功能应该能够清晰的表明，除了停机-制瘫事件之外，只要是不存在协同关系的差模测试例都不可能产生逃逸情况，即便是将这些测试例集中注入任何一个执行体 p_i，上述结论也不应该存在与定义相左的歧义。

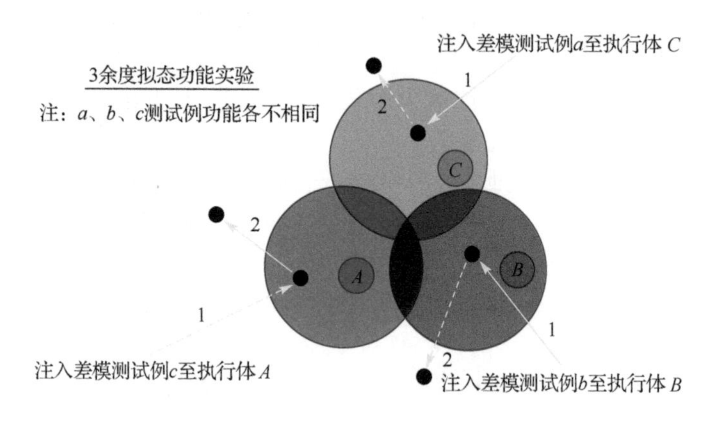

图 10.4 差模测试例注入实验

图 10.4 是一个 3 余度拟态功能的实验场景，所有落在 *A*、*B*、*C* 三个执行体区域内的差模（功能各不相同的）测试例都应该设计成能被拟态裁决环节感知。按照拟态构造的反馈控制策略和迭代收敛后向验证机制，该实验的结果要么是问题执行体本身被替换或重构，要么附着有注入测试例的执行体被清洗复位或重启。

4）$n-1$ 模测试例注入实验

如果当前服务集内的功能等价执行体数量为 n（后备或待机数量不作硬性规定），假如存在一个测试例 t_i 可分别注入 $n-1$ 个执行体内并能产生相同输出矢量 s_i。按照拟态防御定义在 I【P】O 的拟态界上虽然能出现大概率的拟态逃逸现象，但是裁决器却可感知到多模输出矢量间存在不一致状态。于是，反馈控制环节会根据预先设计的后向验证策略，决定怎样通过渐进或迭代收敛方式改变拟态括号内的防御场景，使之退化成图 10.4 的差模实验形态，直至消除或控制不一致状态的出现频度低于某一给定阈值。

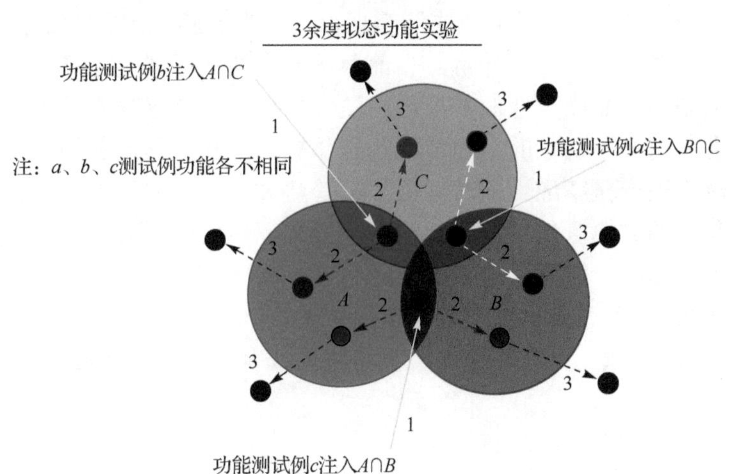

图 10.5　*n*–1 模测试例注入实验

图 10.5 是一个三余度拟态构造抗共模攻击的实验，显示了共模测试例 *a*、*b*、*c* 分别注入执行体 *A* 和 *B* 的交集区、*A* 和 *C* 的交集区、*B* 和 *C* 的交集区的情况，以及这些测试例从执行体内移除或清除的路径。假定共模（*n*–1 模）测试例能够注入任意 2 个执行体的功能交集内且可通过输入通道合规消息产生相同的输出矢量。按照拟态防御定义，裁决器此时能感知到多模输出矢量中存在不一致的情况，但不能直接甄别出问题执行体，需要通过后向验证机制区分并消除注入的测试例：首先，对输出矢量不一致的执行体作清除重启或替换操作，如果裁决器状态仍未改变，则在输出矢量相同的执行体中按照某种策略选择一个执行体实施前述操作；其次，观察裁决器状态，如果发生状态逆转就会退化为图 10.4 所示的差模状态，此时只要再对服务集内未更新过的执行体重复上述操作，注入的测试例将会被清除或移出执行体。因此，按照拟态防御定义，即便 *n*–1 共模攻击成功其逃逸状态也应当不具有稳定鲁棒性。

由此不难看出，拟态构造的系统具有“即使逃逸成功也无法维持”的特性，虽然不可能替代传统信息安全手段的全部作用，但是却具有后者所不具备的柔韧性或弹性功能。尤其是对企图利用差模攻击获取敏感信息的攻击者而言，拟态防御在信息安全性能上可能比一般的加密措施更难对付，因为拟态防御不属于可计算问题，所以也不会陷入“一旦攻破全线崩溃”的困境。

5) n 模测试例注入实验

如图 10.6 所示，假定 n 模测试例能在 3 个执行体 $A \cap B \cap C$ 的功能交集内产生一致的输出矢量，则拟态裁决环节理论上应当无感。但按照拟态防御定义，即使裁决器未发现输出矢量异常，当前服务集内的执行体也可能因为外部控制指令发生强制的、非确定性的替换或清洗重启操作，这意味着共模测试条件下的逃逸状态一定是不稳定的，当待机执行体数量或执行体本身的可重构场景大于某个值时，逃逸概率应当随时间呈下降趋势并最终趋向于零。这种情况下，注入服务集内的共模测试例会因为宿主执行体下线时的预防性清洗重启或重构重组操作而被移除。假如后向验证策略约定，执行体 C 作例行清洗后再重新加入当前服务集(也可直接重构或替换执行体 C)，当 C(或替换执行体)输出矢量与 A 和 B 仍旧不同时，反馈环路则会优先清洗或替换运行时间最长的执行体(譬如 A)。

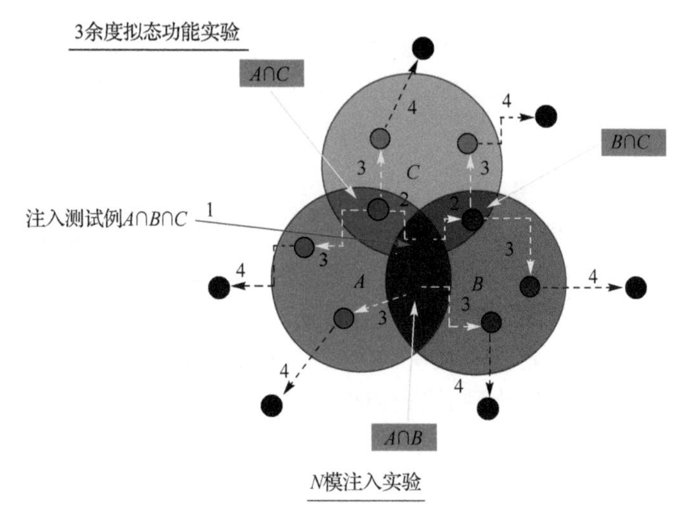

图 10.6　n 模测试例注入实验

于是，当裁决器发现 A、C 输出矢量不同于 B 的情况时，表明前述场景中出现过逃逸现象（即图 10.5 的场景），再对 B 实施上述操作直至裁决器不再有感。按图 10.6 虚线所示迁移轨迹，n 模测试例场景会退变为 n–1 模测试场景，最后会退变到差模测试场景直至全部移除。由此可见，在拟态防御环境内即使攻击者有能力实施共模或跨域协同攻击造成一时的逃逸状态，但是从机理上因为无法获得保持稳定逃逸的能力，从而使攻击成果的鲁棒性利用成为难以克服的挑战。因此，本书在提及拟态防御系统时，常常会将其与具有内生安全效应的广义鲁棒控制装置相提并论。

6) 反馈控制环路的注入测试

拟态反馈控制环路包括输入分配与代理、输出裁决与代理及反馈控制三个部分。按照拟态防御定义，反馈环路与执行体和拟态括号的输入/输出通道之间只存在“单向联系机制”，且允许反馈控制环路内存在（事实上也无法杜绝）漏洞但不能有恶意代码的前提条件，如图 10.7 所示。

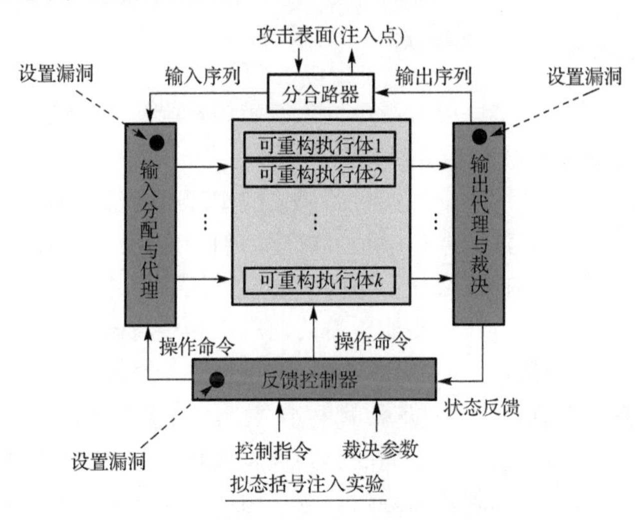

图 10.7 拟态括号单向机制验证

按照严格的单向联系机理，执行体内的病毒木马等应当无法利用反馈环路中的漏洞注入攻击代码或实现隧道穿越。反之，反馈环路中如果存在病毒木马等也应当无法利用执行体内的漏洞后门进行传播。同理，拟态括号功能对于外部攻击者而言也是“透明的”，即无论是输入通道上的输入分配与代理环节，还是输出通道的输出裁决与代理环节，或者仅用于内部策略调度的反馈控制环节应当都是“不可见的”。

理论上，拟态括号既不解析输入激励序列也不关心多模输出矢量的语法和语义，具有攻击不可达性。但是，工程实现上由于技术原因往往难以达成理想效果。所以测试时要按照拟态防御的定义，采用“白盒验证”方式，在反馈环路的相关环节上注入“漏洞测试例”，检查验证与拟态防御定义的符合性。不过，除了设置的“漏洞接口”外（这些接口功能可独立验证），所有利用这些漏洞接口实施的注入测试例操作只能通过攻击表面输入通道、方法、规则和内容进行。在不破坏输入指配与代理、反馈控制及输出裁决与代理基本功能前提下(即不考虑停机-制瘫事件的影响)，“漏洞接口”的可利用性越低说明抗攻击性越强。拟态括号无论从攻击表面还是内部实现机制视之都应该是严格单向的，即使反馈控制等环节中存在高危漏洞，若想从外部注入恶意代码也是十分困难的。这就是说，拟态括号的安全性不仅需要附加的传统或非传统安全措施来保障，而且应当能从拟态构造中汲取内生的安全增益。换言之，工程实践上应确保拟态括号即使存在设计缺陷也不能成为拟态防御构造的短板。

10.4.7 攻击者角度的思考

如果换位到攻击者角度思考，对付拟态防御系统，以下途径可能有效。

1. 发掘或设置拟态界上漏洞后门

着力提升挖掘和利用关于拟态界的协议或规程设计漏洞能力，或者具备在透明度很高的标准化算法或接口中植入深度后门的能力，特别是具有发掘和利用多协议、多标准、多模融合使用情况下可能存在特定或组合式漏洞的能力，这通常是协议安全性检查往往不能覆盖的问题，也是攻击者突破拟态防御的最有效的途径之一。当然，这对攻击者能力的挑战也是不言而喻的。

2. 利用开发工具和开源社区模式制造“同源同宗”生态环境

拟态构造系统期望执行体之间的相异性越大越好，理论上所有暗功能如果永远都不相交，就不会出现攻击逃逸问题。而“同宗同源”问题则可能会破坏多元性作用，降低异构性意义，增大攻击逃逸的可能性。通过开发工具和开源社区导入恶意代码，或借助可重用软硬件产品交易市场植入后门，或利用集成服务模式在 COTS 级产品中驻留特殊功能等都是可供选择的方式。

3. 借助“不可替代”优势实施黑箱操作

拟态防御需要有功能等价条件下的异构冗余环境保证，如果是“单一来源”黑盒产品，异构冗余的前提就难以成立。从这层意义上说，为保证网络空间健康有序地发展就必须坚决反对任何形式的技术和市场垄断，强调开放性、标准化、白盒化，营造有利于多元化技术与产品蓬勃发展的生态格局，这应当成为国际社会解决网络空间安全问题甚至网络经济问题的共同责任。

4. 开发不依赖环境的攻击代码

拟态防御通过功能等价条件下防御环境的不确定变换来达成漏洞后门、病毒木马等难以协同化利用的目的。因此，在类似于跨平台脚本文件中隐藏不良

1
2
3
4
5
6
7
8
9
10
11
12
13
14

代码，或者在单一来源应用软件中驻留与执行环境无关的恶意代码，或者在具有“同宗同源”代码的多样性软硬件中专门设计便于突破非配合条件下协同攻击的专门机制等，都有可能影响拟态防御的效果。

5. 利用输入序列实现非配合条件下的协同操作

拟态环境强调“去协同化”，总是设法避免异构执行体之间存在通信、协商或同步机制。但是，无法阻止攻击者利用正常输入序列实现协同操作的目的。例如，按照事先约定且合规的输入序列或内容的编排关系，可以使相关执行体中的暗功能实现相对精确的跨域协同操作(攻击)。当然，前提条件是攻击者能够完全掌控多样化执行体内相应的暗功能。

6. 设法绕过拟态界

利用侧信道效应或者其他的手段或途径绕过拟态界是瓦解拟态防御的有效方式，特别是执行体中的暗功能，如果能访问执行体内的敏感信息，则借助声波、光波和电磁波等物理(侧信道)形式隐蔽地发射信息，拟态界上是无法感知的。反之，也可以利用侧信道注入攻击代码，只是需要更长的时间罢了。

7. 攻击拟态控制环节

无疑，输入/输出代理、拟态裁决、反馈控制等拟态构造核心环节将成为攻击者的新目标。理论上，这些环节也不可避免地存在设计缺陷，也有可能被植入恶意代码，因而不存在绝对可信的例外情况。但是，由于这些环节功能相对简单且严格单向(如图 10.7 所示)，即使本身存在高危漏洞若要从攻击表面利用之，困难也是可想而知的。不过，如果只是以破坏或瘫痪拟态控制机制为目的，例如，让负反馈机制频繁动作使执行体不断处于策略调度状态下无暇提供正常服务功能(服务颠簸)，或者使裁决器不工作、乱动作，或使输入/输出代理失效等造成拒绝服务攻击(DoS)效果可能相对容易些。

需要强调的是，这些环节的状态通常比较简单且演化路径可预估，一般可以通过比较完备的形式化检查手段来发现潜在的后门。换句话说，在这里恶意代码的彻查问题通常不会遭遇状态爆炸问题的掣肘。读者不难发现，如果将这一环节软硬件代码开源开放、标准化，再引入用户可定义、可定制等私密性功能，并使之与执行体在产品形态上构成多元化的生态环境；或者干脆设计成硬化的“黑盒”部件，都能给攻击者带来难以克服的困难。

8. DDoS 暴力攻击

以堵塞通信链路或耗尽服务资源为目标的 DDoS 攻击，拟态防御从机理上无效。但是，对于“灵巧 DDoS 攻击”而言，因为无法准确感知目标对象服务资源开销情况，故而难以达到预期攻击效果。

9. 基于社会工程学的攻击

理论上，如果能在拟态构造产品的多元化构件供应链中植入“一剑封喉”式的木马或后门，即一旦激活就可以造成“永久停机”效果，则拟态界内的执行体资源会由此逐步耗尽，从而可能给拟态防御带来灾难性的影响。尤其是那些借助侧信道方式启动或激活的制瘫、制乱性后门或木马，由于根本不触碰拟态界，故而拟态防御在机理上无效。然而，要达成这样的目的，攻击者如果没有社会工程学方面的强大资源和能力仅凭网络技术手段恐难以企及。

10. 直接破译接入口令或密码

拟态防御对于从“前门或正门”进入的攻击者在机理上没有作用。但是，建立在拟态防御环境中的身份认证或行为合规性检查等传统安全手段，就不需顾虑被对象环境中的漏洞后门等暗功能旁路或短路的风险，这也是拟态防御重要的基础性应用价值之一。

参 考 文 献

[1] May G A. Social Engineering in the Philippines: The Aims, Execution, and Impact of American Colonial Policy. New York: Greenwood Press, 1980.

[2] Dawkins J, Hale J. A systematic approach to multi-stage network attack analysis// Proceedings of The Second IEEE International Information Assurance Workshop, 2004: 48-56.

[3] Ye N, Zhang Y, Borror C M. Robustness of the Markov-chain model for cyber-attack detection. IEEE Transactions on Reliability, 2004, 53(1): 116-123.

[4] Wang S, Zhang L, Tang C. A new dynamic address solution for moving target defense// Proceedings of Information Technology, Networking, Electronic and Automation Control Conference, 2016: 1149-1152.

[5] Evans N, Thompson M. Multiple operating system rotation environment moving target defense: U.S. Patent 9,294,504. [2016-3-22].

[6] Intel. Skylake server processor, external design specification addendum for SKL + FPGA. www.intel.com/design/literature.htm. [2016-3-22].

[7] 魏少军，刘雷波，尹首一. 可重构计算. 北京：科学出版社, 2014.

[8] Hataba M, Elkhouly R, El-Mahdy A. Diversified remote code execution using dynamic obfuscation of conditional branches//2015 IEEE 35th International Conference on Distributed Computing Systems Workshops (ICDCSW), 2015: 120-127.

[9] 马海龙, 江逸茗, 白冰, 等. 路由器拟态防御能力测试与分析. 信息安全学报, 2017, 2(1): 43-53.

[10] 张铮, 马博林, 邬江兴. Web服务器拟态防御原理验证系统测试与分析. 信息安全学报, 2017, 2(1): 13-28.

第11章

拟态防御基础与代价

11.1 拟态防御实现基础

正如前述章节指出的那样，拟态防御本质上属于广义鲁棒控制的 DHR 架构与拟态伪装机制结合而形成的一种内生安全效应，特别适合于高可靠、高可用、高可信等具有稳定鲁棒性和品质鲁棒性服务要求的应用场合，在 IT、ICT、CPS 和智能控制等领域具有较好的普适性。相关技术既能用于各种软硬件组件、模块、中间件、IP 核等中低复杂度的应用场合，也可以用于各种信息处理与控制设备、装置、系统、平台、设施、网元甚至网络环境，其内生安全功能应当成为新一代信息系统的标志性功能之一。不过，基于 DHR 架构的目标系统，需要借助专用或 COTS 级信息技术产品、先进开发工具和多样化产品生态环境来降低其实现复杂度与成本代价。以下技术进步或发展趋势为拟态防御的工程化应用奠定了重要基础：

11.1.1 复杂性与成本弱相关时代

在微电子领域，摩尔定律推测的趋势已经持续了半个多世纪[1]，电路集成度获得了飞速的发展，如图 11.1 所示。这使得在成本相对不变条件下，芯片上能够容纳越来越多的晶体管，可以承载更多更复杂的逻辑功能。进一步地有，芯片功能性能的提升又支撑了软件的大型化发展，进而形成设计制造复杂度与产品定价弱相关的“奇妙”市场格局。因此，信息领域行业规则完全不同于机械制造业，其产品市场价格只与销售规模强相关而与产品设计制造阶段的复杂性似乎关系不大。另一方面，CPU 技术架构正从单核演进到多核、众核、多模混合架构。例如，Intel 于 1971 年向全球推出 4004 处理器，仅有 2300 左右个晶体管，单核性能低下；而最新一代的 i7-6700K 处理器采用 skylake 架构[2]，晶体管数目高达 19 亿，配备 4 核 8 线程，运算性能极强。目前，无论是 CPU 还是操作系统等多样化的 COTS 级软硬件产品已相当普遍，拟态防御要求的动态异构冗余环境与软硬件的发展趋势具有时代吻合性。

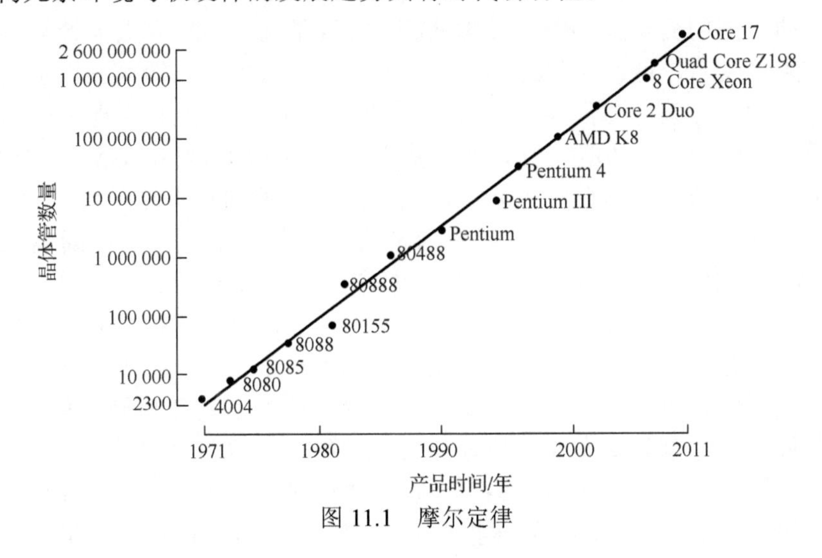

图 11.1 摩尔定律

11.1.2 高效能计算与异构计算

不同架构的处理装置具有不同的能效特性，不同架构的计算系统在不同的负载情况下能效差别也很大。例如，相比通用处理器，大规模的流式处理器更适合计算密集型的应用，因此“天河一号”高性能计算机采用 CPU+GPU 的异构模式[3]来应对 LINPACK 测试，在高性能应用领域获得了巨大的成功。当然，还有采用多核指令流并行技术架构的“神威•太湖之光”，已经连续两年拔得全球高性能计算机 TOP500 头筹。2018 年 6 月，美国橡树岭国家实验室的新一代超级计算机“Summit(顶点)”又成为该领域新的王者。尽管如此，这些“电老虎”的胃口成为用户头上不散的幽灵，现实中“买得起马备不起鞍”的故事总在不断地上演。实际上，十年前国家高技术研究发展计划(863 计划)就在上海部署了“新概念高效能计算机体系结构及系统研究开发”重大任务专项。由国家数字交换系统工程技术研究中心(NDSC)主持研发，2010 年提出了一种“基于主动认知的多维动态函数架构 PRCA”，使得同一任务在不同时段、不同负载、不同资源、不同运行场景的情况下，通过主动认知的多维动态重构技术，实时组合不同能效比的模块或算法进行软硬件协同计算来获得预期的任务处理效能。由于其工作机理与生物拟态现象非常相似，故而称之为拟态计算(Mimic Structure Calculation，MSC)并依此开辟了除工艺降耗与运行状态管控降耗之外的第三种基于计算机体系架构技术的节能降耗途径。2013 年 9 月，中国研制成功世界上第一台拟态计算原理样机，通过功能等价条件下，基于主动认知的变结构(异构)拟态计算，实现了高性能与高效能计算的完美结合。测试表明，对于经典的计算密集型、存储密集型和输入输出密集型三种计算实例，其能效与同期的 IBM 主流服务器相比有数十倍至 300 倍以上的提升。同时，其“功能等价条件下基于主动认知的多维动态函数结构”也自然成为拟态防御的基础技术之一。两者之间的差别只是应用场景的不同，前者是为了实现高效能计算，后者则是为了对付基于目标对象漏洞后门等“暗功能”之安全威胁。目前，基于 CPU+FPGA 的异构计算、用户可定制计算、领域专用软硬件协同计算、软件定义硬件(SDH)等正在兴起。例如美国 Intel 公司新近推出的基于 QPI(Quick Path Interconnect)连接的 Xeron+FPGA 结构，可以同时提供数据并行以及流水线并行的加速处理功能。与此同时，计算环境的可定制与动态异构处理等新型功能，从防御角度视之，也大大改善了信息系统或控制装置的静态性、确定性和相似性等脆弱性。特别是目标系统应用诸如 FPGA、SDH 等非指令流控制方式，且使用算法可重构甚至在线重构功能的构件或部件时，几乎可以在不用增加过多防御成本或者损失太多系统性能的条件下，显著地提升攻击难度和代价。可以预期，以用户可定义异构计算、领域专用软硬件协同计算等新型部件作为拟态构造系统的执行体基础组件，发展前途值得期待。

11.1.3 多样化生态环境

拟态界内需要有多样化或多元化的功能等价执行体或种类丰富的异构防御场景，通过基于拟态裁决的策略调度和多维动态重构负反馈控制机制降低攻击逃逸概率，增加攻击者的入侵和渗透难度。通常，一个信息系统或控制装置，无论是从其顶层的应用软件到中间层的支撑软件(例如操作系统、数据库、虚拟化软件等)，还是其底层的硬件存储及处理设备和交换互连网络，市场上往往存在多种可供选择的 COTS 级产品，并且相互之间有良好的兼容性。例如，目前可以使用的操作系统有Windows、Linux、UNIX等，Linux又包括Debian、Ubuntu、RedHat、麒麟等；PC处理器有Intel、AMD、ARM、IBM、龙芯、申威、飞腾等厂家，手机处理器有Intel、Qualcomm、Samsung、华为、联发科等；路由器有华为、Cisco、Juniper、H3C 等品牌，其上的域间路由协议又有多种标准化的路由控制协议(例如 RIP)和开放式最短路径优先(Open Shortest Path First，OSPF)版本等。标准化、多样化的COTS级软硬件产品为拟态防御所要求的异构冗余环境提供了基础性支撑。

从新业态来看，开源社区已成为技术创新和产品开发备受追捧的新模式。例如，国外有影响力的开源社区OpenSource、RISC-V以及国内的Linux中国。由于开放源码主要由散布在全世界的编程者所开发，编程者的文化环境、思维习惯以及开发工具和技术方法的不同，使得相同功能的软硬件模块具有不同的实现版本。这为构建拟态防御所需的异构资源池提供了多元化基础并融入了强劲的市场活力。

从工具技术进步角度看，通过多样化编译工具可实现源程序的多变体化。借助现代编译或解释工具，一个源程序可以被编译成多种目标代码(跨平台指令集)的可执行文件，也可以通过改变编译参数(尤其是那些事关并行性识别和自动优化的参数)，生成目标指令集相同但编译结果不同的多样化的可执行文件。由同一源代码通过编译器生成多个不同的可执行文件，进而实现软件的多变体化，是获得异构功能等价体的有效途径之一。同理，这一方法也能用于可编程或软件可定义硬件领域。必须强调的是，无论是采用多样化编译器还是使用不同的编译器或解释器都不可能消除源程序中的设计缺陷或暗功能。例如，如果应用程序不过滤审查用户的输入，那么即使采用不同的语言创建 SQL 查询语句或者使用不同的编译器或解释器，也并不能够解决 SQL 注入问题。但是，多样化编译方法确实能够改变目标执行文件的攻击表面[4]，增加注入攻击难度。

从工程实现角度看，通过工程管理实现功能等价条件下执行体的相异性设计，其经典范例就是“非相似余度架构 DRS”。要求工程实现上保证各功能等价执行体中的设计缺陷具有不相互重合的性质。目前，DRS系统的相异性设计主要通过严格的工程管理手段来实现，由不同教育背景和工作经历的人员组成的多个工作组，依托不同的开发环境，根据不同的技术路线，遵循一个共同的功能规范，独立开发多个功能等价的装置。例如，基于DRS架构的飞控部件，其异构冗余体间具有较好的相异性或差异性[5]，使得B-777客机飞控系统的失效率能够低于10^{-10}，F-16飞控系统的失效率能够低于10^{-8}。

11.1.4 标准化和开放架构

标准化及开放架构已经成为技术界和产业界的共识，有利于生产者的分工与协作，促进生产力的快速发展。同时，标准化和开放架构也为拟态防御提供了重要的技术支撑。

开放式体系架构[6]（Open System Architecture，OSA）使得应用系统具有可移植性和可剪裁性，保证了部件或模块间的互操作性，扩大了使用者选择软硬件产品的范围，避免市场垄断或“单一来源，黑盒使用”的风险，同时也能促进新技术、新功能的发展和完善。因此，开放架构能为拟态防御提供多元化、可裁剪、可扩展的软硬件组件或模块。

标准化是实现开放性的基础，为了确保互联和互操作等性能的实现，就必须制定一些标准规范。国际标准化组织（ISO）信息处理系统技术委员会已经制定了一系列的开放系统互连标准，几乎覆盖了信息处理的各个重要领域。世界上各大计算机制造商和用户都支持 OSI 标准，建立在 OSI 上的环境，称为 OSIE，开放体系结构也是实现 OSIE 的技术基础。标准化规范了可选作拟态界内执行体构件的接口和协议，屏蔽了其内部实现上的差异，有利于将不同供应商处获得的执行体构件集成在 DHR 架构中，并能保证无差异的服务功能或性能。标准化极大地减轻了拟态构造内融合多个异构执行体的工作量，同时也使得在不需要密切沟通协作的情况下，各团队或受委托的第三方能够独立开发不同软硬构件的执行体。

开放的架构以及标准化的技术和接口，促进了专业化、多元化的细分市场的形成，这就为 DHR 架构系统提供功能等价的 COTS 级软硬部件或构件创造了可持续进步的条件。例如网络技术领域，SDN、网络功能虚拟化（Network Function Virtualization，NFV）等技术和标准的出现，使得传统的路由交换、域名服务之类的专用市场实现了“黑盒到白盒”的开放式发展，形成了百花齐放的市场格局，也为拟态防御提供了可持续发展的生态环境。

11.1.5 虚拟化技术

在计算机科学中，虚拟技术[8]是一种通过组合或分区现有的计算机资源（CPU、内存、磁盘空间等），使得这些资源表现为一个或多个操作环境，从而提供灵活性优于原有资源配置的访问技术。虚拟化就是把真实资源予以抽象，转变为与物理特性无关、逻辑上可以统一管理、能灵活高效部署、方便用户使用的资源。虚拟资源可以不受现有资源的部署方式、地域或物理组态的限制。虚拟技术对于拟态防御的工程实现，特别是提高其经济性具有重要的工程意义。

例如，具有代表性的操作系统虚拟化技术 Docker[9]，采用 C/S 架构 Docker Daemon 作为服务端接受来自客户的请求，并处理这些请求(创建、运行、分发容器)，以实现类似虚拟机 VM 的功能，从而能更加高效灵活地利用处理资源。虚拟化环境通常需要多种技术的协调配合，例如，服务器和操作系统的虚拟化、存储虚拟化以及系统管理、资源管理和软件提交等手段的支持。而虚拟技术本质上是以虚拟空间为背景，创建虚拟资源、构建虚拟结构、形成虚拟处理环境和实现虚拟功能。

诚然，虚拟化技术带来使用灵活性的同时不可避免地会以处理资源开销为代价。问题是如果局部的开销能带来或改善全局的效益，虚拟化的合理性就能得到应用层面的支持。例如，网络服务的多样性和负载分布的不确定性，使得传统的静态配置处理资源方式效费比低下，要么出现分配的处理资源不能满足用户体验要求，要么不同业务服务器之间忙闲状态失衡严重影响资源的有效利用。虚拟化技术能够将静态分配方式转变为动态分配方式，从而既提高了处理资源的综合利用效益也大大改善了用户服务体验，虽然增加了虚拟化本身的开销但对于提升应用系统整体效费比而言，仍具有很强的吸引力。

虚拟化技术对于拟态防御的经济性实现具有重要意义。其一，可以经济性地提供异构执行体资源。假设有 x86、ARM、POWER 三个处理平台，Windows、Linux、Android 三种 OS，VMware、VirtualBox、MiWorkspace 三种虚拟化软件，理论上可以组合出数十种乃至上百个虚拟执行体。其二，虚拟化技术比较好地解决了虚机切换、服务迁移和同步恢复等动态调度方面的问题。其三，高度共享化的网络服务环境(例如数据中心、云平台等)，以及其内在的动态性、多样性和不确定性因素，可以被拟态架构经济地利用并能事半功倍地获得广义鲁棒性服务功能。但是，虚拟控制环节的防护需要采取一些特殊措施。

11.1.6 可重构与可重组

近年来随着网络通信技术和多媒体技术的飞速发展，对计算资源的需求日趋复杂，特别是各种各样的计算密集型多媒体应用和数据密集型大数据应用对计算环境的要求越来越高，促使了可重构技术的发展和应用。同时，重构技术的发展又对 DHR 架构防御场景的多样化提供了不可或缺的技术支撑。

可重构技术[7]兼备了软件的通用性和硬件的高效性，广泛应用于信息技术、生产制造、智能服务等领域，旨在通过灵活地改变系统处理结构或算法，使得有限的资源能够适应更多的应用需求，以达到提高效率、降低成本、缩短开发周期等目的。在信息技术领域，可重构主要有硬件可重构和软件可重构，而硬件可重构又可具体划分为基于 FPGA、基于极限处理平台(eXtreme Processing Platform，XPP)、软件定义硬件(SDH)和针对芯片设计的可重用。软件可重构可具体分为基于模块代理与实现相分离、可重构动态框架和基于控制计划程序等可重构技术。基于上述重组或重构技术，在拟态系统资源池中选择不同的元素集合，可以构造出多种不同的异构执行体或防御场景，使得有限资源能为目标对象提供更为丰富的结构表征。系统或执行体的重构过程也可视为拟态防御场景动态、多样、随机性变化的过程，其等效作用既能扩大拟态括号内执行体间的相异度，又能为问题规避机制提供可灵活实现的手段。因此，无论是理论上还是技术上，可重构或软件可定义等变结构(算法)技术，对于降低拟态括号攻击逃逸概率具有重要的工程实践意义。不过，重构控制环节也可能会成为攻击者的新目标。

11.1.7 分布式与云计算服务

分布式技术[10]的一种典型应用就是基于网格的计算机处理技术，研究如何把一个需要非常巨大计算能力才能解决的问题分解成许多小的部分(实践中这一方法不总是可行的)，然后分配给许多计算机进行处理，最后把这些计算结果综合起来再得到最终的处理结果。分布式技术不仅能解决单个计算机能力有限的瓶颈问题，还可以提高系统的可靠性、可用性以及可扩展性。拟态防御强调运行环境的异构性、去协同化和分布式处理的重要性，尽力避免存在“统一资源管理”“全景资源视图”“集中处理环境”等情况。在不影响或最少影响系统功能和效能的前提下，对关键节点作实体化的动态分段、分片和分散化处理应当是普遍遵循的原则。经典的分布式理论、方法和技术都是拟态防御重要的实现基础。

随着分布式技术的广泛应用和深入发展，云计算服务的概念也应运而生。云计算[11]是一种按需使用、按使用量付费的模式，通过可配置的计算资源共享池(包括网络、服务器、存储、应用软件、服务等资源)，用户能够便捷地、按需地使用网络和计算资源。只需投入很少的管理工作或与服务供应商进行很少的交互，这些资源就能够被快速提供，如图 11.2 所示。国外的 Amazon EC2、Google App Engine 以及国内的阿里云在商业应用上都获得了巨大的成果，各种“云计算”的应用服务范围正日渐扩大，其影响力不可估量。

云计算的规模效应使得服务的“云端汇集”提供方式相比传统方式更为经济。同理，云端系统对平台设施成本包括安全性投资不敏感。因此，DHR 架构可以在技术上很好地支撑云计算、云服务的稳定鲁棒性和品质鲁棒性要求。由于服务功能实现的“云端化”，理论上，终端设备只要完成网络接入和输入输出界面管理等功能即可，从而可以大大地简化终端的安全防护设计。

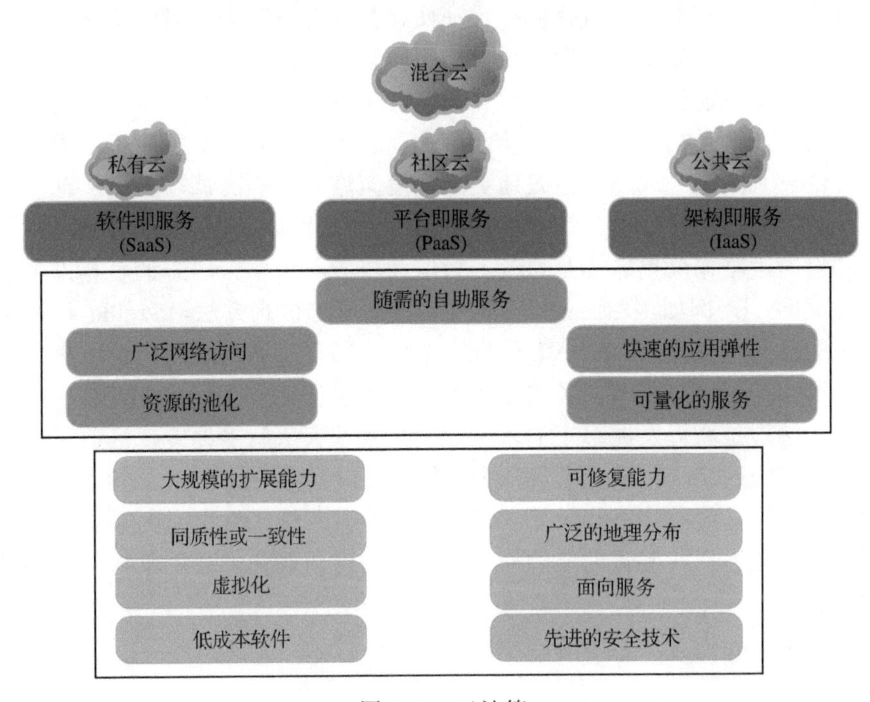

图 11.2　云计算

云服务因为可以提供灵活便捷、廉价高效、可扩展的虚拟化处理资源和功能实现环境，且具有内生的动态性、随机性和多样性，故而可以将这些池化的资源、虚拟化的异构执行体按照 DHR 架构组成高可靠、高可信和高可用具有广义鲁棒控制功能的拟态云(Mimic Cloud)服务系统，通过增量部署专门的拟态括号部件(也可以是云端的一个虚拟化部件)，就能够有效防护括号内有毒带菌软硬构件或暗功能带来的安全威胁，经济地实现具有拟态防御功能的云平台。

一般而言，功能等价的分布式系统或基础设施通常具有构造拟态防御所需的基本要素。例如，互联网域名服务系统、分布式文件存储系统、数据中心、路由和交换网络、具有负载均衡要求的分布式处理系统等都可以通过增量部署拟态括号的方式，经济地获得拟态防御的功能和性能。与此同时，拟态括号自身的安全性也必须给予足够的重视。

11.1.8 动态调度

拟态防御过程中需要根据拟态裁决状态或相关控制参数策略性地动态调度或多维度地动态重构异构执行体，旨在变化目标对象防御场景使拟态逃逸情况趋向于最少，瓦解或干扰试图通过试错手段达成协同一致攻击行动的努力，显著地降低攻击链的稳定性与可靠性。与 MTD 的“盲目”动态过程不同，通常意义的动态调度是指，在调度环境和任务存在不可预测扰动情况下，根据逐步获得的信息来渐进式或非自主式地更新调度策略。与静态调度相比，动态调度能够针对实际情况产生更具针对性的决策方案，特别是带有反馈控制、收敛迭代等功能的策略调度更能提升系统的效能和资源利用率。动态调度有许多经典的研究案例[12]，例如，Ramash 研究了动态调度的仿真方法，Szelde 研究了基于知识的反应调度方法，Suresh 研究了单件车间动态调度问题。近年来，动态调度理论和应用研究都取得了很大进展，包括最优化方法、仿真方法和启发式方法等，特别是新近发展起来的基于 AI 技术的人工智能调度，涵盖了专家系统、人工神经网络、智能搜索算法和 Multiagent 等多种方法。虽然上述方法大都是用于优化系统的性能和效率的，但如果将其目标函数定义为系统抗广义不确定扰动的能力，或服务功能的安全性、可信性，同样能适用于拟态防御的动态调度要求。

11.1.9 反馈控制

拟态防御具有典型的负反馈机制，拟态裁决环节通过目标函数可定义的反馈控制回路，触发策略调度和多维动态重构机制形成具有自动收敛性质的闭环控制系统，并按输出矢量不一致情况和给定裁决参数产生相应的操作指令，以期通过拟态场景的迭代变换消除输出矢量不一致情况或者将其控制在给定阈值范围内。借助美国科学家维纳 1948 年创立的控制理论和方法，我们有可能定量地分析拟态防御的性质与各要素之间的关系，对防御质量、攻击行为、安全态势、裁决策略、收敛速度等进行评测评估，并建立追踪、控制、反馈、决策、调整等策略的持续改进机制，不断增强拟态防御场景变化的最优化过程。

11.1.10 类可信计算

本书第 4 章简要地介绍了 SGX 技术要点。继美国 Intel 公司后，ARM 公司也发布了类似功能(Trusted Area)的产品。尽管 SGX 的安全边界仍然包括可信性不能确保的 CPU，就如同可信计算那样，用户并未彻底打消“厂家提供的可

1
2
3
4
5
6
7
8
9
10
11
12
13
14

信根(TPM)是否可信”的疑惑。但是，在拟态环境中使用 SGX 技术则无此类担忧。因为拟态架构的内生效应是由异构资源的冗余配置和相对性判决机制共同决定的，只要分布在不同执行体上的 CPU 无法协同一致地修改各自 SGX 存储区中异构配置的核心代码和数据，输出矢量裁决机制就可能发现拟态界上“协同攻击方面的差池”并能适时更新问题执行体的 SGX 的内容。同理，CPU+FPGA 的结构也可以实现类似的功能。假如目标系统设计规范不赋予 CPU 修改 FPGA 比特文件的权限，并硬性规定异构执行体某些核心功能只能由 FPGA 模块来完成，则 CPU 的安全边界职能和可信性问题就可以完全忽略。至于 FPGA 本身是否可信的问题在拟态环境下也不会成为突出问题，因为各执行体上的 FPGA 比特文件是异构的，且“去协同化”的机制可以保证执行体间的独立性要求，因而没有非配合条件下协同介入能力，很难通过在线修改物理隔离的 FPGA 代码文件方式实现拟态逃逸。此类方法对提高拟态防御系统的技术经济性以及加速规模化应用意义重大。需要指出的是，如何找到“一夫当关万夫莫开”的防御隘口(通常与加密认证设置场景相同或相似)，要将哪些核心功能代码或敏感信息存入 SGX 区域，决定哪些功能必须要由 FPGA 或 ASIC 来执行，服务集内执行体间采取何种性质的隔离方法等问题，最终都可能影响到拟态括号的封闭防御质量，以及被攻击者“绕过”或“旁路”的可能性大小。因此，需要通过深入细致的分析研究和小心谨慎的技术规划方能达成期望的效果。

11.1.11 体系结构技术新进展

拟态防御的核心是用创新的鲁棒控制架构和多样化的可重构执行体的协同机制获得内生的测不准效应，达成对拟态构架中包括已知的未知风险和未知的未知威胁等在内的广义不确定扰动，实现可量化的管控。2018 年 5 月，计算机体系结构顶级会议 ISCA 给出了未来可能的 4 种发展趋势：①专用领域架构全栈设计与软硬件协同将是走出摩尔定律困境的一个富有前景的方向。这也正是拟态界内多样化可重构执行体未来需要的实现技术之一。②神经网络加速器开始从研究设计阶段走向落地应用阶段。③安全领域的研究方法除了软件、系统之外，也需要从体系结构层面给予足够的关注。这使得我们未来有可能将拟态防御的核心思想嵌入到安全体系架构中。④RISC-V 开放指令集架构为敏捷开发提供了可能，未来有希望成为开源硬件的基础。利用该项技术我们可以像使用多样化编译器那样，一个硬件源代码可以快速地生成多样化的 RISC-V 版本，甚至做到一个执行体一版且流片成本可承受。倘若再关联软件多样化编译技术，我们有可能协同设计出多样化程度和性能更高的拟态构造场景。

11.2 传统技术相容性分析

我们知道，拟态防御的基础是广义鲁棒控制构造 DHR 和拟态伪装机制形成的内生安全效应，注重的是用架构层面技术来增强目标系统抗攻击性能及服务提供的鲁棒性与柔韧性。正因为如此，它与附加形态的传统安全技术具有很好的相容性。主要表现在以下几个方面。

11.2.1 自然接纳附加型安全技术

传统安全技术通常与目标对象功能弱相关或不相关，大多属于外在的或附加型技术，往往不涉及目标系统内层架构和功能。例如，防火墙、加密认证、入侵检测、威胁感知等都是通过外层包覆或串并联的手段介入，如图 11.3 所示。拟态防御的内生安全效应尽管不以传统安全技术为基础，但是如果结合附加的安全手段或防护措施，则通过基于策略裁决的动态调度和可重构机制能够非线性地增强拟态防御效果。换言之，DHR 架构具有自然接纳附加型安全技术的特性。

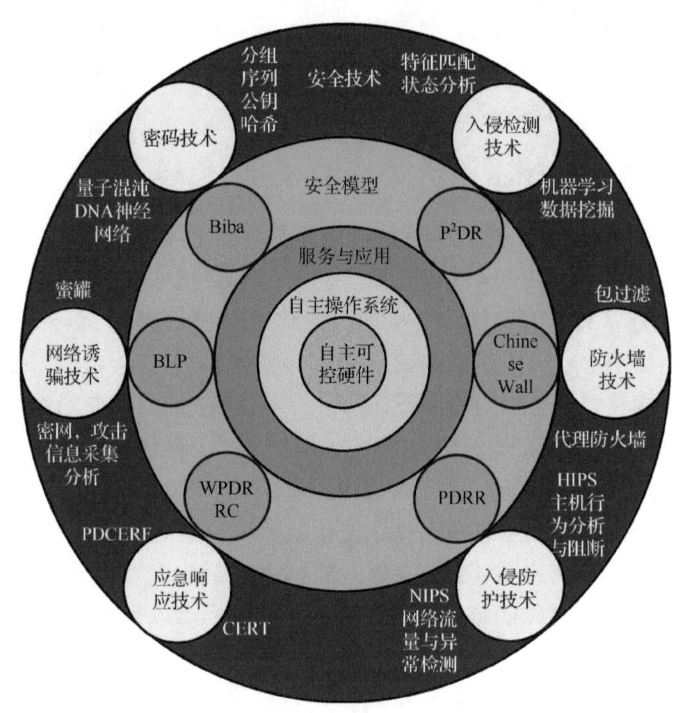

图 11.3　传统防御技术体系

(1) 传统的安全技术多以附加形式作用于目标对象，而 DHR 是一种架构技术，其服务提供和反馈控制功能是分离的，在拟态括号内执行体上附加任何安全技术只要保证输出矢量关于裁决环节的“透明”性都是被允许的。

(2) 目前主流的主被动防御技术种类繁多且大多属于系统不可见功能，倘若有意识地分散用于拟态括号内的异构执行体上，其技术效果相当于增强了执行体间的广义相异性或动态性，提高了拟态构造整体抗攻击逃逸能力。

(3) 传统防御技术在精确感知与精确防御方面已做得相当完善，能够在拟态界上未发现异常前就启动应急响应机制(特别是在应对已知攻击方面具有精确反应优势)，或在拟态裁决发现异常时作为精准排查、隔离或清洗手段等。

(4) 拟态防御既具有非特异性免疫的面防御功能也具有特异性免疫的点防御功能，而传统防御技术绝大多数属于特异性免疫的点防御技术，两者结合使用可以非线性地增强点面融合式防御效果。

11.2.2 自然接纳硬件技术进步

拟态防御技术在硬件设计层次上的表现只是增加或改造已有的模块。例如增加功能等价的异构冗余模块和拟态括号控制器，或将众核、多核处理器转变用途成为功能等价多样化的异构处理器，或冗余配置设定功能的程序或数据存储器，或在传统控制链中引入“单线联系机制”，或在数据文件存储中导入“空间分片化”模式，或使用可重构、可重组技术甚至是软件可定义硬件 SDH 增加拟态场景的丰度，或在执行体中使用 CPU+FPGA 等用户可定义计算组件等。开放、标准、多样化的硬件生态环境有助于拟态技术的经济性应用。

11.2.3 与软件技术发展强关联

反映到软件设计方面的主要改变是，在关键或敏感的安全路径上增加功能等价的冗余模块和相应的动态选择(调用)、反馈控制环节，或者将集中处理方式转变为分散处理方式，或者将静态环境计算转变为可变环境计算，或者有意识地使敏感控制链路的控制功能分布化、控制关系简约化、控制信息最小化，或者采用多路径、碎片化、分片化的传输和存储等(难度上远小于大规模并行软件设计和运行控制)。当然，拟态构造的软件最好依托多核、众核或者多处理器运行环境，以避免在服务响应方面引入太多的时延。此外，诸如多样化编译、软件基因图谱分析、虚拟化、程序自动生成、二进制编译、跨平台技术等都将极大丰富拟态防御的工程实现手段，降低技术应用的门槛。

11.2.4 依赖开放的多元化生态环境

信息化已进入开放体系架构时代，特别是新型架构的高性能服务器+高速网络接口+虚拟化的通用平台技术正在全面渗透传统的专用设备领域，功能虚拟化已成为势不可挡的发展趋势。例如封闭的网络路由器正在被开放的 SDN 架构和网络功能虚拟化(NFV)所取代，控制平面功能可以基于通用服务器环境来实现；基于池化资源管理和虚拟容器技术打破了“烟囱”式的生态环境，实现了异构冗余资源管理和使用的便利化；开放式、跨平台体系架构使得软硬部件具有可移植性和可剪裁性，并可保证互操作性，从而能为拟态防御提供多样化的异构组件或模块，尤其是为解决应用软件多元化问题奠定了技术和市场方面的基础。

11.3 拟态防御实现代价

拟态防御的内生安全效应能将高可靠性、高可用性、高可信性统一到一个架构内实现，使目标系统具有了内生的抑制随机性失效或人为攻击的广义不确定扰动能力。但是，拟态构造和相关控制机制在带来内生安全效应的同时，也必然会引入一定的技术成本和实现开销。下面我们将从九个方面对其实现代价问题做扼要地分析。

11.3.1 动态的代价

拟态场景呈现需要策略性地调度当前服务集中的执行体或防御场景，以及多维度动态地重组、重构相应的执行体等，目的是要尽可能地扩大或保持服务环境内的相异度，使拟态裁决机制尽量能感知到多模输出矢量不一致的情况，使目标对象呈现出期望的测不准属性，使攻击者无法准确感知目标对象当前防御场景，增加非配合条件下协同一致的攻击难度。由于拟态场景的呈现、转换、迁移，识别或隐匿异常都需要额外增加专门的处理资源，所以这些操作的实施不可能像跳频抗干扰通信那样过于频繁稠密，也不可能像移动目标防御(MTD)那样实施无量化标定的动态性。因此，在拟态防御中导入基于拟态裁决的负反馈控制机制，使得执行体或防御场景的动态变化具有可收敛性质是非常必要的。同时，对于额外增加的处理资源，应尽可能减少该环节中的暗功能，缩小攻击表面，降低攻击的可达性。不过，在有些应用领域，场景切换与同步恢复可能会带来难以承受的处理开销，需要有创新的技术方法和对策。

此外，为监视调度环节可能会发生的故障，还需要设置看门狗或可信根之类的辅助功能模块等，这也会增加系统的复杂度和成本。

11.3.2 异构的代价

目前，尽管有多种途径可以获得多样化的异构功能等价体，但它们之间的相异性如何保证不仅存在需要突破的理论问题而且工程实践上也缺乏可量化的设计方法，一些部件(尤其是专用性很强的部件)仍然需要采用严格的管理手段来实现其相异性设计。即由不同教育背景和工作经历的人员组成的多个工作组，依托不同的开发环境，根据不同的技术路线，遵循一个共同的功能规范，独立开发多个功能等价的构件。然而，这种设计方法的代价相对高昂，或许对产品的市场价格并不敏感(可能是面广量大的原因)，但在维护与升级方面肯定会增加负担。因此，在拟态防御系统的设计中，不可能要求对目标系统的各个部分都做异构冗余处理，只能对系统薄弱点、敏感热点以及关键路径等实施多样化设计和异构冗余配置，也就是要找到合适的隘口或要地设防。但是，这又带来另一个问题，就是如何证明所选的热点或关键路径或防御隘口是攻击者无法绕过的。对于一个复杂系统来说这并不是容易做到的事情。

另外，功能等价的异构执行体在性能上或多或少存在差异(尽管可能处在系统允许的范围内)，例如请求或响应方面的时延等。即使是符合标准功能的执行体其实现上也可能存在差异，例如不同操作系统自带的 IP 协议栈，由于系统输出缓冲区当前状态不同，并非严格按照请求——应答的 I【P】O 模式操作，其“粘包”功能可能会将来自同一源地址的多次请求合并成一个响应包发回以减少应答操作次数，这些差异性会给多模输出矢量的裁决操作带来不小的麻烦。

需要特别指出的是，DHR 架构其实不需要 DRS 那样严格的相异性设计。首先，DHR 强调避免多模输出矢量同时出现多数或完全一致错误的情况，而 DRS 更关注避免同时出现多数故障(即使是差模故障)的情况。与 DRS 不同，DHR 并不认为多模输出矢量完全不一致是“最坏”的情况，因为后者还可以利用权重值等更为复杂的策略实施迭代判决。其次，DHR 基于裁决的策略调度和多维动态重构负反馈控制机制使得当前防御场景会随裁决状态作可自动收敛的变换或更替，而 DRS 的场景通常是固定不变的或只是作“零和”变化。理论上，对于 DRS 架构而言，只要通过充分的试错攻击总能达成攻击逃逸(例如隧道穿越)，且所获得的攻击经验可以“一击洞穿”目标对象的防御底线。而在 DHR 环境下，试错攻击的前提条件会因为动态反馈机制的作用和影响而不再成立，所以很难期待通过试错或排除等方法实现或维持可持续的攻击逃逸。这就是为什么基于拟态裁决的策略调度和多维动态重构负反馈机制能够降低 DHR 系统相异性设计要求的原因所在。

11.3.3 冗余的代价

通常，拟态括号内需要配置异构冗余的物理或虚拟执行体，由此引入的成本或处理开销与冗余度呈线性增加关系。理论上，拟态界内异构执行体的冗余量越大，设备开发、生产成本、运行成本以及功耗可能会随之成倍增加，所以拟态括号的运用一般具有“要地防护”的特点。例如，路由器的控制平面相对数据转发平面而言对基于漏洞后门的攻击更为敏感些，故而可以采用只加固控制平面的策略。幸运的是，控制平面虽然重要但其实现成本通常只占系统售价的一小部分(例如,处于网络核心位置的路由器中,最昂贵的部件是高速接口板,每块板的价格一般是 COTS 级控制部件的数倍乃至数十倍)。即使由于拟态架构的控制平面增加了数倍的成本，但相对系统总成本而言仍然属于小比例成分(不同类型产品的比例也许有所不同)，成本增量部分一般不会超过系统成本的20%(见第 14 章相关分析)，故而对系统售价影响不大，但安全性的提高则可以显著地增强产品的市场竞争力。

同时，我们也注意到，一些集中化或网络化共享的信息服务设施或控制装置中本身就存在大量的冗余资源，并不一定需要特意加入额外的异构冗余执行体来实现拟态防御。例如，数据中心(IDC)配有大量的异构冗余计算、存储资源，网络中常常包含有异构冗余互为备份的数据链路、存储装置或不同供应商提供的网元设备，SDN 网络中设有动态备份的主从控制器和异构冗余的数据转发器，云计算服务环境更是存在数量丰富、多样化的虚拟服务资源等。按照拟态架构合理规划和利用这些异构冗余资源，就能够非常经济地提供高可靠性和高安全等级的鲁棒性服务。换言之，在这些环境中甚至只需在资源管理层上增量部署一些与输入分配、反馈控制和输出裁决有关的实体或虚体设备，就可达成高安全等级的拟态防御效果，且不需特别关注异构冗余执行体的来源、配置和动态管理等问题。

11.3.4 清洗与重构的代价

重构、重组、重配或清洗(包括不同程度的初始化) 操作是拟态防御保证其场景资源多样性和可用性的基础功能。当拟态裁决环节发现多模输出矢量不一致时，其负反馈控制机制可以有多种操作策略，例如更换或迁移输出不一致的执行体或防御场景，或者对疑似问题执行体进行清洗或初始化，或对异常执行体实施重构、重组或重配操作等。这些操作都是旨在通过变化防御场景干扰或瓦解攻击链的稳定性，使得攻击成果不具有可继承性，攻击经验难以复制。但是，清洗需要额外的资源和时间开销，甚至涉及数据文件合法性检查与恢复等复杂处理问题，特别是深度清洗还包括漏洞木马扫描、杀毒灭马、封门堵漏等安全手段的应用。此外，重构不仅涉及可利用资源的多寡、软件跨平台兼容性或适配性等问题，而且还关系到重构模块或软硬构件的可组合性等限制，并可能带来重构控制环节本身的安全性问题。

11.3.5 虚拟化代价

近些年来虚拟化技术得到了长足进步，这给拟态防御的经济性实现带来重要的支撑作用。这些技术包括诸如数据中心、云计算、云服务中的虚拟化和任务、作业、进程的迁移，也包括新近发展起来的虚拟容器技术；分布式网络环境的普及应用；基于软件的动态化技术；跨平台脚本解释执行技术；多样化或多版本编译器以及其他技术等。但是，除了虚拟化固有的处理效能损失问题外，还有许多颇具挑战性的技术问题待研究解决，例如虚拟化底层设施安全性、虚拟化环境中迁移机制的安全性与可恢复技术、异构虚拟机的创建和拟态化应用等。

11.3.6 同步的代价

当拟态括号内某些执行体发生偶发跳动性失效时，为了在后续工作中能够充分利用或使用这些执行体资源，需要对其做卷回或清洗操作，因此，系统在正常运行中，需要按照某种机制保留必要的状态和数据，以便基于状态机原理的卷回和清洗操作能够尽快同步其他正常执行体的操作，缩短系统降额运行的时间。因此需要额外的同步机制，不仅要保留系统某一时刻的运行状态和数据(例如场景快照)，而且要能够将该状态和数据发送给实施卷回或清洗操作的执行体，使其能够尽快进入与其他正常执行体步调一致的待机状态。相关的同步操作和数据环境恢复策略必然会引入一定程度(也可能是代价不菲)的资源开销，因此需要做合理规划和仔细设计才行。

一般来说，拟态场景切换会伴随着存储数据的移动。如果防御场景间的数据迁移量过大，不仅消耗系统性能和效能，甚至劣化用户服务体验。因此，控制迁移的数据量是拟态防御实现中需仔细商榷的问题。此外，拟态构造的系统中，为了防止多个执行体之间的协同作弊，或者恶意传播病毒木马等，专门强调“去协同化”的设计要求，以尽量避免执行体之间的会话机制与数据交互。这会给异常情况下执行体的清洗与恢复操作等带来不容小视的挑战，尽管不同应用场合下的挑战程度多有不同。

需要指出的是，同步问题并非只发生在多模输出矢量异常情况下的执行体更替与场景迁移、清洗与恢复等阶段。例如，执行体中存在TCP/IP协议栈时，因为各执行体的初始TCP序列号一般是随机确定的，输出裁决器不仅要将选中的IP包序列号与对端设备关联，输入分配器还要将对端IP确认号设法与各执行体关联。特别是那些与“长会话状态转移机制”强相关的应用(例如网络路由器)，可能需要专门增加匹配TCP序列号的代理操作。所以说，异构冗余体系架构及其运行机制与同步操作问题具有强关联性质。

11.3.7 裁决的代价

由于拟态括号内异构执行体在输出矢量响应时延、长度、内容甚至字段上可能存在差异，即使语义相同语法上还可能存在差异。拟态括号在机理上又是串联在拟态界的两侧，因此拟态裁决环节的处理复杂度、时间开销以及自身的安全性(抗攻击性)等可能成为新的挑战性问题。不同的裁决方法需要权衡的利弊关系也不同，例如：

1. 同步研判

如果应用场合允许插入时延(即对输出响应时延不敏感)，可以最慢到达的执行体输出响应作为裁决操作的起点，也可以在满足最低数量(例如≥2)要求的输出矢量到达时开始。当需要判决的内容较多且输出时间又参差不齐时，可以对陆续到达的输出矢量内容进行分片分段研判处理，以最大限度地减少判决本身带来的时延。这种方式要求正常情况下，多模输出矢量的语义和语法清晰，或者参与研判的内容或值域是明确的。由于多模输出矢量到达裁决环节的时延不同，可能需要设置缓冲队列及管控机制。

2. 约定输出

以历史统计数据或自主可信程度为依据，选择性能或可靠性最优的执行体输出矢量作为约定输出。其他执行体的输出矢量只作为约定输出矢量的“确认”参照系，如果研判结论不满足相对多数要求，则需要启动否定前次输出的操作(例如发送修正结果等)，这种方法适用于在给定时间窗口内“允许更正”操作的应用场合。

3. 先到先输出

实际上各执行体对服务请求的响应在时间上是离散的，且有一定的随机因素，所以很难说某个执行体在所有服务的响应上都是最快的。因此，输出裁决中采用“先到先输出”的策略也许是合理的。与上述约定输出策略相同，在随后的“确认”研判中，决定是否启动“更正操作”等。适用场合同上。

4. 正则研判

对于在语法语义上大体相同的多模输出矢量，可以采用正则表达方式仅对特别关注的字段、定义域或载荷情况进行研判。以最先到达的输出矢量相关信息为模板，对随后到达的输出矢量进行正则比较，选择满足多数一致性要求的输出矢量作为裁决器输出。这种方法适合于对那些留有未定义项、存在扩展字段、时间戳、优先权、通联序号、自定义域等非一致性表达字段的多模输出矢量研判场合。但是，这也给利用非判决字段实施隧道穿越提供了可乘之机。

5. 掩码判决

与正则研判相似，多模输出矢量协议报文或消息格式中有不确定内容选项时(典型的像计算精度误差、TCP序列号等)，或者只关心部分定义域的状态时，可以先用掩码模板从输出矢量中屏蔽或抽取相应的字段后再用合适算法作判决处理。其存在的问题同上。

6. 归一化预处理

当输出矢量较长(例如一个IP长包)，或者语义相同语法有差异，或者存在未定义、自定义、扩展域等非完全定义字段等情况，可以对输出矢量作归一化的预处理(如基于数据流的预处理)。例如，可以用求检查和、计算哈希值等算法将输出矢量转化为一个确定的编码值以减少裁决时延；用掩码模板提取输出矢量中感兴趣的字段用做随后的比较；设置输出矢量缓冲队列来感知多模输出矢量到达情况；设置模板和权重参数库应对复杂判决情况等。归一化预处理可以简化研判环节的实现难度但会增加输出时延和相关技术代价。

11.3.8 输入/输出代理的代价

在拟态括号两侧设置输入/输出代理环节通常有助于拟态功能的实现。例如，配合反馈控制环节选择或激活备用状态下的执行体，选择指定的执行体输出矢量参与拟态裁决，实现拟态界内外部的某种归一化转换或同步操作，提供输入请求或输出响应缓冲功能，为各种可能的预处理操作提供支撑环境等。但是，引入的插入时延和技术复杂度将不可避免，其自身的安全缺陷也可能成为攻击者的新目标。

11.3.9 单线联系的代价

单线联系方式通常在隐秘战线，为了防止组织成员可能被俘发生不测事件导致组织体系破坏而采取的安全联络机制。单线联系机制就是一个节点只有一个上级和一个下级，不与其他任何节点发生联系。即使某个中间节点发生意外，仅需转移其上级和下级成员，就可以保证组织系统的安全。拟态括号的单线联系机制需要保证多个执行体之间无协同作弊的途径，拟态括号与执行体之间也不应当存在双向会话或通联机制等。然而，由于单线联系需导入控制功能的分布化、控制关系的简约化和控制信息最小化等机制，使得一些原本可在同一空间集中处理或控制的服务功能需要配置额外的处理资源、存储空间或增加控制链长度等。

单线联系机制是用工程化的方法来保证系统的可信性不依赖于任何环节的绝对忠诚度，这能在很大程度上简化各个环节的安全性设计和验证。但是，单线联系这种串行工作机制的应用不可避免地会增加系统可靠性设计复杂度，需要仔细权衡为宜。

综上所述，即便是隘口设防或要地防御，拟态界内的实现成本通常也是线性增加的。幸运的是，虽然硬件处理资源和环境支撑软件等 COTS 级产品在目标系统中的控制意义可能举足轻重，但是在目标系统总成本构成中的占比却不高，即使拟态界内异构执行体的实体资源增加 3～5 倍，对于总成本的影响仍然低于 20%(本书第 14 章给出了一些实例分析)。如果考虑目标系统在整个安全防御体系中起到的不可或缺作用，以及目标系统全生命周期综合使用成本，则其性价比几乎没有其他产品可以比拟。因为拟态防御不仅能有效管控(无论是来自“面上还是点上”)针对拟态界内已知或未知漏洞后门、病毒木马等暗功能引发的风险或威胁，而且可以在不依赖任何附加安全技术手段的情况下，仅凭内生构造效应就能显著地提升信息系统服务功能的健壮性和柔韧性。这一集高可靠、高可信、高可用鲁棒功能为一体的架构内生效应是拟态防御技术所特有的，也是无法用现有技术、装备和财力、人力资源可以堆砌成就的。

11.4 需要研究解决的科学与技术问题

坦率地说，微电子技术的进步使得技术系统的设计制造成本只与市场应用规模强关联而与复杂度弱相关甚至有时看似不那么相关，带来的好处是我们可以在工程实现领域广泛采用“杀鸡用牛刀”的做法而避免专门化设计带来的种种烦恼。丰富的、成熟的、功能强大的、可重用的、标准化的 COTS 级产品价格低廉，供应链、服务链、工具链等生态环境发育完整，为衍生、派生、集成等技术和产品创新奠定了坚实基础。同理，软件技术进步特别是虚拟化技术、跨平台脚本技术、中间件以及嵌入式等技术的进步使得软件的集成创新门槛降低、技术资源日臻丰富，开源社区等众创众筹模式不仅加快了软硬件开发速度以及产品成熟度，更是促进了多样化生态环境和多元化技术市场的发展。

然而，当代信息技术的高速进步虽然为网络空间拟态防御的工程化实现奠定了坚实的基础。但是，仍有许多挑战性的科学问题和工程技术问题亟待解决。

11.4.1 CMD 领域亟待探讨的科学问题

CMD 领域亟待探讨的科学问题主要包括：

(1) 网络空间拟态防御还缺乏哪些科学认识？

(2) 为达成这些科学认识需要进行哪些研究？

(3) 实现网络空间拟态防御还面临哪些重大理论与技术挑战？

(4) 网络空间拟态防御的发展路线图是什么？

(5) 拟态防御环境下的攻击理论与模型如何构建？

(6) 如何科学地设定拟态防御粒度及安全等级并能做到可度量？

(7) 如何根据拟态防御安全等级给出可标定度量的最简设计？

(8) 如何给出或建立拟态防御的数学原理？

(9) 如何量化评价拟态括号内的防御场景的异构度?

(10) 拟态防御系统的测试标准和验证方法等。

11.4.2 CMD 领域亟待解决的工程技术问题

1. 相异性设计与甄别理论问题

理论上说，功能等价的异构执行体之间应具有绝对意义上的相异性，即满足以下三点要求，才能保证拟态防御具有理想化的防御效果：

(1) 给定功能交集与异构冗余执行体间的最大功能交集完全匹配。

(2) 给定功能交集的实现算法完全相异。

(3) 给定功能交集的实现算法在物理空间完全独立。

然而实践上，这些要求既不可能完全满足也不需要如此严格的相异性，这可从非相似余度架构在航空航天领域的工程实践和应用历史得到印证。但是，以下的理论和工程问题也是无法回避的：

(1) 采用什么样的模型和方法才能设计出只在给定功能集上存在交集，而其他功能(包括暗功能)都没有交集的多样化或多元化的异构执行体。

(2) 对于满足拟态界面功能等价性要求的多样化执行体(如 COTS 级产品)，用什么办法可以甄别或测量出它们之间是否存在其他的交集功能(可能的暗功能)。

⑶ 在给定输入激励的条件下，异构执行体之间具备何种可量化程度的相异性，就可以保证多模裁决逃逸概率满足期望的要求。

⑷ 如果各执行体仅在输入激励的敏感部分、关键路径或核心环节做相异性设计，能够满足什么样的安全性要求。

⑸ 从机理上说，“动态异构冗余空间，非配合条件下的协同一致攻击”不允许试错，如何从数学上证明“拒绝试错”就能“阻止协同攻击”。

2. 多元化和多样化工程问题

在拟态防御技术的实现过程中，也会面临一些多元化和多样化带来的新问题，包括：

⑴ 多元化执行体之间的等价功能交集虽然可以通过标准化或可归一化的界面功能的符合性和一致性测试来认定，但如何才能判断是否还存在着其他的暗功能交集。

⑵ 同源多样化软硬变体之间是否一定存在基于本源的交集功能，如果是，怎样才能判定给定的异构软硬构件之间存在基于本源的交集功能。

⑶ 在非协同独立空间和同一受限激励源条件下，给定的异构执行体之间除了等价的交集功能之外，如果存在其他交集功能，这些额外的交集功能如何才能被同时激活且产生相同一致的输出矢量。

⑷ 多样性软硬构件在层次化、动态化组合配置后，固有漏洞后门、病毒木马等暗功能的可利用性如何评估等。

3. 评估“同源同宗”构件漏洞对DHR架构的安全影响问题

在开放开源创新模式泛在化的今天，功能等价多样性或多元性软硬构件中很可能存在相同的基因缺陷。如何找出这些构件中是否存在“同宗同源”的问题代码，是否具有相同的可利用条件，对相应执行体可能会产生什么样的影响，以及对 DHR 架构广义鲁棒性带来多大的副作用，可能采取的方法和措施是什么等等。

如果能形成有效的分析方法和技术手段，我们就能够可靠且经济地避免或弱化“同宗同源”问题代码造成的影响。

4. 如何建立系统设计参考模型问题

与非相似余度的静态性架构不同，拟态防御架构中导入动态、多样、随机性和反馈控制等属性，目的有二，一是最大限度地降低非配合条件下，各执行体受同一输入激励产生多数相同或完全一致错误输出矢量的概率；二是用尽可能少的异构冗余资源获得最大程度的内生安全效应。同时，基于拟态裁决的策略调度和多维动态重构负反馈机制的存在使得攻击者在“非配合盲协同”场景下没有试错机会。无论直观上看还是理论分析都表明，各执行体之间相异度越高，拟态括号内防御场景的动态性越强，可资利用的异构场景越多，输出矢量的语义越丰富，拟态裁决策略越复杂，基于输出矢量的逃逸概率就越低。然而，为获得具有工程指导意义的设计原则和评测准则，在给定的经济技术条件下，如何在 DHR 架构内科学地运用上述因素达成期望的不确定扰动抑制能力，目前还没有精准的设计方法。

5. 如何防止待机式攻击问题

工程实践中我们注意到，拟态防御(或非相似余度)架构内各异构执行体之间的相异性并没有理论上要求的那么苛刻。首先，多元化的异构环境本身差异化就很大，例如指令系统、寻址方式、地址空间、缓存调度、工作主频、总线控制、配套芯片组等硬件环境上的差异，还有操作系统、相关支撑软件等引入了更多的算法和功能上的差异。其次，非单一来源应用程序，虽然基本功能都满足相关标准的要求，但是其实现架构和采用的方法或算法可能都不尽相同。再者，即使同一源代码通过不同版本的编译器并结合宿主操作系统产生的可执行文件，它们之间的差异其实也相当显著。例如，并行与非并行环境、堆栈与存储管理、库函数、文件系统、驱动程序甚至功耗管理等都很难说有多少共同之处，加之优化参数的设置不同等都会影响到编译器最终生成的可执行文件的结构和运行效率。上述例子中包括或未包括的差异不仅会使预期的多模输出矢量存在时间上的离散度，而且除了共同算法(等价功能)或方法存在一致性错误(不排除蓄意设置的情况)外，很难同时得到完全或多数相同的错误输出矢量，并能满足攻击任务规划要求的拟态逃逸概率。然而，就目前的认知水平而言，攻击者如果能获得多数执行体的“超级特权”(例如 OS 特权)，或者具有发起待机式协同攻击的能力，从机理上说就具备了破解拟态防御的可能。因此，阻止攻击者通过“超级特权”达成跨域协同攻击就成为拟态防御理论和工程上需要优先解决的问题。其中包括，如何防止多数执行体“超级特权”被稳定劫持问题，如何建立与“超级特权”无关的功能或信息保护区问题，如何扰乱攻击链“待机同步态”下的稳定性问题，如何利用多维异构动态空间瓦解待机式攻击前提条件问题，如何通过反馈控制环节的外部通道命令随机改变当前运行环境问题等。

6. 拟态裁决问题

拟态裁决是拟态防御的关键环节，通过给定的裁决策略比较多模输出矢量间的一致性能够及时发现执行体的异常或异样表现，阻止可能的蓄意攻击对目标系统的进一步破坏行为。然而，拟态裁决往往不是简单的大于、小于、相等或不等运算可以处理的，这是由于多个异构执行体尽管功能等价但并不能时时保证输出矢量在语法结构甚至语义上总是相同的。例如，TCP/IP 协议栈为了提高处理效能就设计了“粘包处理”算法，即将来自同一个源的多次请求用一个“超长”包响应之，而不是严格的分次请求-响应模式；再比如，由于各执行体TCP 起始序列号的不确定性、IP 包可选项的非强制性要求、不同算法计算精度上的差异、加密操作引入的不透明性等都会增加裁决环节的复杂度。另外，多模输出矢量在时延上存在离散性，也或多或少会给拟态裁决造成实现上的难度。如果裁决策略中还包含权重值、历史表现、版本置信度等条件判断参数，则拟态裁决的工程复杂度很难忽视。因此，拟态界的设置虽然在理论上具有透明性，但在工程实践上很难做到与协议规范和语义语法完全无关，所以仍需要深入分析研究与拟态裁决实现相关的问题。从一般意义上说，引入输出代理机制可能有助于简化裁决本身的工程难度，但也会引入插入时延、附加成本和输出代理部件可靠性等新问题。

7. 拟态控制自身的防护问题

由于应用场景的不同，拟态架构的输入/输出代理、拟态裁决以及负反馈控制等环节的实现复杂度差别会很大。除了拟态裁决可能面临的技术挑战外，反馈控制的实现也会碰到许多棘手问题。例如异常执行体替换、迁移、清洗、修复、再同步、重构重组重配等功能的实现都不属于简单处理的范畴，且直接决定或影响反馈控制的收敛速度，而重构重组的质量又会涉及当前服务集执行体间的相异性程度等。如果考虑到失效率、逃逸率、不确定性三项指标的经济性折中问题，还需要在配置服务集元素时根据置信度、可靠性、兼容性和多元性等做出差别化的安排或部署。此外，拟态控制环节的复杂性和重要性无疑会成为攻击者的新目标。当然，也还存在类似可信计算中“可信根是否可信”的“终极疑问”。本书 9.4.2 节“拟态括号可信性考虑”初步回答了上述问题，关键是要利用单线联系或单向处理机制将拟态括号功能关联到包括服务功能 P 在内的整个反馈环路中，使之尽可能地获得基于拟态构造的内生安全属性。此外，也可以综合考虑以下的措施：一是利用控制和服务分离的特点，将控制部件的设计开源化，供应多元化；二是增加带有私密性的用户自定义功能和硬件可重构功能；三是利用目标对象内部不确定参数实现变结构处理；四是控制部件本身运用可信计算或再拟态化技术；五是控制功能完全采用非指令流硬化处理技术实现。

11.4.3 防御效果测试和评估问题

对于信息系统或控制装置，功能性能(包括功能指标和安全指标)的可测性是其能够被推广应用的前提条件。例如，防火墙的性能测试可以参考 RFC 3511 定义的基准[13]；软件定义控制器的性能可以依据 SDN 控制平面的 RFC 基准[14]。拟态防御是一种革命性的技术架构，在此之前并无基于动态异构冗余构造的技术系统，缺乏对其可量测的参考基准。其中，如何确认受测系统是拟态架构，包括如何对拟态系统的防御效果进行测试度量等都是最现实也是最急迫的问题。鉴于拟态构架的系统中，基于拟态裁决的策略调度和多维动态重构负反馈机制使得攻击表面不确定，攻击包相对目标而言可达性不能保证且攻击效果的可复现性也无法确保。因而，传统的基于漏洞探测、发现和利用的理论已经不适用于拟态系统，现有的安全检测理论和方法的有效性前提也不复存在，需要创立新的理论和方法以及指标体系。幸运的是，拟态防御效应源自 DHR 的广义鲁棒控制构造与运行机制，借助成熟的鲁棒性、可靠性评估理论以及参考模型和仿真分析工具，加之注入测试例的验证度量方法，我们可以为拟态系统的抗攻击性和可靠性等建立起相应的参考指标与功能测试集。但是，测试集的完备性、测试例注入的适当性和指标体系的科学性等也都存在需要进一步研究探讨的问题。

11.4.4　防御能力的综合运用

通常，拟态构架内存在诸如动态、多样、随机、相对性判识和反馈控制等多种“防御元素”，也包括传统的威胁感知、行为分析、特征提取以及其他主被动防御措施(例如入侵检测、入侵预防等)，还有应对不确定扰动的广义鲁棒控制手段等。如何经济地配置这些资源，合理有效地部署这些能力，形成一体化的防御效果需要有综合性的考虑和安排。例如，对于以功能致瘫和性能衰减为目标的网络攻击而言，如果仅以努力缩短拟态控制环路渐进收敛时间，降低问题执行体的清洗恢复时间为单一对策，其防御代价和效果肯定不如在输入分配环节增加“问题消息”过滤功能经济有效。再比如，策略调度或动态重构如果要做到“兵来将挡，水来土掩”的适配度，或者欲提高场景资源的利用度实现“问题场景精准规避”，没有基于历史场景数据的人工智能分析与决策支持恐难以实现。再有，拟态防御为“堡垒往往是从内部攻破的”安全管理提供了制度之外的可管理手段，从技术原理上支持“多把钥匙开一把锁”的模式，如同“核按钮”非得由多个武器操作员同时动作一样，维护管理人员的操作行为都是相互约束的。

11.4.5　需要持续关注的问题

需要持续关注的研究内容主要有：拟态构造、运作机制及有效性的科学论证与概念抽象；拟态环境下漏洞可利用机制的形式化描述方法，论证拟态系统对攻击者跨域协同利用漏洞后门能力的影响；基于拟态裁决的策略调度和多维动态重构负反馈机制对于目标系统“同宗同源”暗功能的抑制作用；拟态架构内不确定性的科学描述等。

11.4.6 重视自然灵感的解决方案

自然界有很多的生物系统远比人类的网络空间系统稳健、灵活和高效。在抵御细菌和病毒入侵时，非特异性免疫与特异性免疫的分工和协同关系，对完善拟态防御点面结合的融合式控制机制具有重要的启迪作用，尤其是要搞清非特异性免疫的面防御机制和自身基因多样性改变的影响，以及特异性免疫的点防御机制与自然进化间存在什么样的作用机理。例如，分布式处理、病原体识别、多层保护、分散控制、多样性、信号表征、非特异选择清除的“敌我识别”和“误伤防护”等，都展示出众多具有启发意义的机制，能够成为解决网络空间安全问题的新创意。

参 考 文 献

[1] Schaller R R. Moore’s law: Past, present and future. IEEE Spectrum, 1997, 34(6): 52-59.

[2] Rotem E, Engineer S P. Intel architecture, code name skylake deep dive: A new architecture to manage power performance and energy efficiency//Intel Developer Forum, 2015：1-43.

[3] 朱小谦, 孟祥飞, 菅晓东, 等. “天河一号”大规模并行应用程序测试//全国高性能计算学术年会, 2011：265-269.

[4] Jajodia S, Ghosh A K, Swarup V, et al. Moving Target Defense: Creating Asymmetric Uncertainty for Cyber Threats. Berlin: Springer, 2011.

[5] Yeh Y C B. Triple-triple redundant 777 primary flight computer//Proceedings of Aerospace Applications Conference (AAC’ 96), 1996: 293-307.

[6] Heinecke H, Schnelle K P, Fennel H, et al. Automotive open system architecture-an industry-wide initiative to manage the complexity of emerging automotive e/e-architectures//Convergence Transportation Electronics Association, 2004: 325-332.

[7] 段然, 樊晓桠, 高德远, 等. 可重构计算技术及其发展趋势. 计算机应用研究, 2004, 21(8):14-17.

[8] Wang L, Tao J, Kunze M, et al. Scientific cloud computing: Early definition and experience//The 10th IEEE International Conference on High Performance Computing and

Communications, 2008: 825-830.

[9] Merkel D. Docker: Lightweight Linux containers for consistent development and deployment. Linux Journal, 2014(239): 2.

[10] Braun T D, Siegel H J, Beck N, et al. A comparison of eleven static heuristics for mapping a class of independent tasks onto heterogeneous distributed computing systems. Journal of Parallel and Distributed Computing, 2001, 61(6): 810-837.

[11] Armbrust M, Fox A, Griffith R, et al. A view of cloud computing. Communications of the ACM, 2010, 53(4): 50-58.

[12] Ouelhadj D, Petrovic S. A survey of dynamic scheduling in manufacturing systems. Journal of Scheduling, 2009, 12(4): 417-431.

[13] Hickman B. RFC 3511-Benchmarking methodology for firewall performance. http://www.ietf.org/rfc/rfc3511.txt. [2016-03-22].

[14] Vengainathan B, Basil A, Tassinari M, et al. Benchmarking methodology for SDN controller performance. https://tools.ietf.org/html/draft-bhuvan-bmwg-sdn-controller-benchmark- meth-00.html. [2016-03-22].

第12章 拟态原理应用举例

12.1 拟态路由器验证系统

12.1.1 威胁设计

路由器是信息网络设施的枢纽节点，通过网络路由计算决定数据包转发路径，实现数据端到端的网络传输。路由器作为网络空间的基础要素，覆盖整个网络的核心层、汇聚层和接入层，互联多种异构网络，其服务的可靠性与可信性对网络空间安全具有决定性意义。然而，路由器的安全现状并不容乐观。斯诺登称“美国国家安全局通过思科路由器监控中国网络和主机”[1]。中国国家互联网应急中心(CERT)对 Cisco、Linksys、Netgear、Tenda、D-link 等主流网络设备厂商的多款路由器产品进行了分析，确认其存在预置后门漏洞[2]。这些事件充分反映了路由器安全形势的严峻。

路由器在网络中的位置和路由转发功能决定了它将是攻击者实施攻击的一个极佳切入点。一旦被攻击者控制，将会对网络空间安全产生难以估量的危害。针对主机的攻击，危害对象仅是主机自身，而针对路由器的攻击，危害的则是与路由器相连接的整个网络。众所周知，通过路由器可以方便地获取用户隐私数据、监控用户上网行为、获取账户与密码信息、篡改关键用户数据、推送传播虚假信息和病毒木马程序等，甚至直接扰乱网络数据流向、瘫痪网络信息交互功能，乃至制瘫整个目标网络等。

理论上，路由器的安全威胁，主要来自两个方面：一是系统设计与实现中的漏洞无法避免；二是使用开源代码无意带入的陷门或蓄意植入的后门。因此，漏洞和后门等带来的不确定性威胁是路由器最为严峻的安全挑战。

作为一种封闭式的专用系统，路由器的防御难点主要表现在三个方面：一是缺乏辅助安全手段，与通用系统不同，它没有也不可能设置防火墙之类的附加安全防护手段，因此大多数路由器对恶意攻击基本不设防或无法设防；二是可利用漏洞更多，因为设计与实现环节的巨量代码(有的高达数千万行)决定了其潜在的漏洞众多，只是由于系统封闭使用的原因，设计缺陷一般难以发现；三是后门隐藏更深，因为其设计、制造和应用环节的非开放性，后门甚至木马的植入几乎随心所欲且常常隐藏在正常功能中。

针对这些安全难题，本节从拟态防御原理出发，给出一种路由器拟态防御的实现案例，以系统特有的内生安全机制，对抗基于未知漏洞后门或病毒木马等的不确定性威胁，从目标对象架构层面解决“有毒带菌”不可信构件带来的安全问题，彻底改变传统的“挖漏洞、堵后门、分析特征、查毒、灭马”打补丁式的被动防御模式。

12.1.2　设计思路

路由器从功能上可以划分为三个平面：数据转发平面、路由控制平面和配置管理平面。数据转发平面的功能就是对进入系统的数据包进行查表，并按照查表结果将数据包转发出去。路由控制平面通过运行各种不同的路由协议(如RIP、OSPF、BGP 等)[3-5]实现路由计算，并将产生的路由表项传送给数据转发平面使用。而路由控制平面各个功能的运行则由配置管理平面通过配置管理规则(如CLI、SNMP 或者 Web 等)进行配置管理。路由器系统逻辑功能简要模型如图 12.1 所示。

路由控制平面的处理流程可以归纳为：从网络中邻居节点接收路由通告，进行路由计算后生成路由表项，并向邻居节点输出本地计算的路由结果。配置管理平面的处理流程可以归纳为：接收网络管理者的管理配置请求，执行配置管理操作，输出配置管理结果。数据转发平面的处理流程可以归纳为：从接口单元获得接口输入的数据包，再查找本地转发表，一旦与数据包携带的地址信息匹配后，即刻按照转发指示从对应接口将数据包输出。

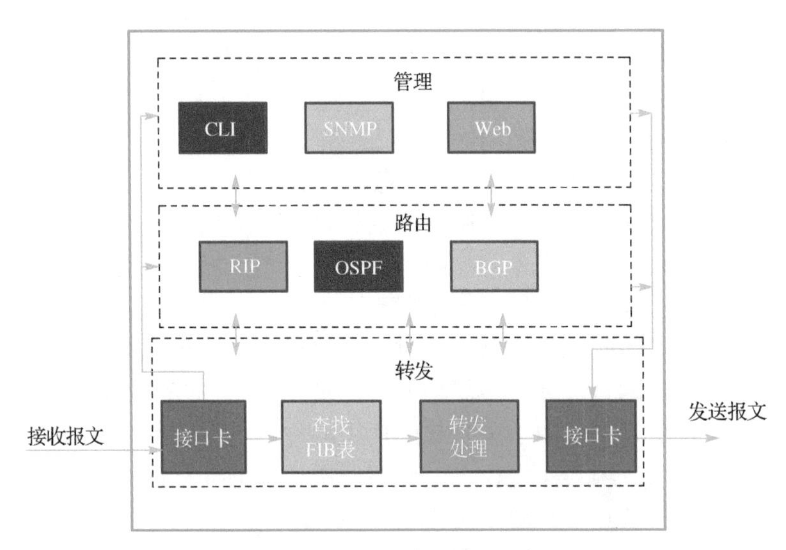

图 12.1 路由器系统逻辑功能简要模型

由于路由器不同平面功能流程的差异性，各平面所面临的安全威胁也不尽相同。路由控制平面的主要威胁是：篡改路由表进行中间人或路由劫持攻击以及发布虚假路由信息。配置管理平面的主要威胁是：获取控制权限进行管理员操作或窃取管理配置信息。数据转发平面的主要威胁是：基于数据包触发系统中的预置后门(潜伏者)、窃取敏感用户数据，甚至直接致瘫系统本身。

针对路由器各平面的安全威胁，设置拟态界以明确相应的防护目标。数据转发平面的拟态界设置在查表转发操作环节；路由控制平面的拟态界设置在路由表项信息修改操作环节；配置管理平面的拟态界设置在系统管理配置信息操作环节。

结合拟态界确定的防护目标，下面将路由器功能结构模型和拟态防御的DHR架构相结合，设计了基于动态异构冗余的路由器拟态防御体系(DHR based router architecture for defense)模型，简称DHR2模型，如图12.2所示。该模型以DHR架构为基础，在配置管理平面引入多个实体或虚拟管理执行体，在路由控制平面引入多个实体或虚拟路由计算执行体，在数据转发平面引入多个实体或虚拟数据负载语义变换执行体，从而在各个平面构建出物理的或逻辑的异构冗余的处理单元。同时引入输入代理进行消息分发，引入拟态裁决进行输出结果裁决，拟态裁决结果通过负反馈控制器反馈给动态调度模块，实现各个执行体的动态调度和执行体的清洗恢复。

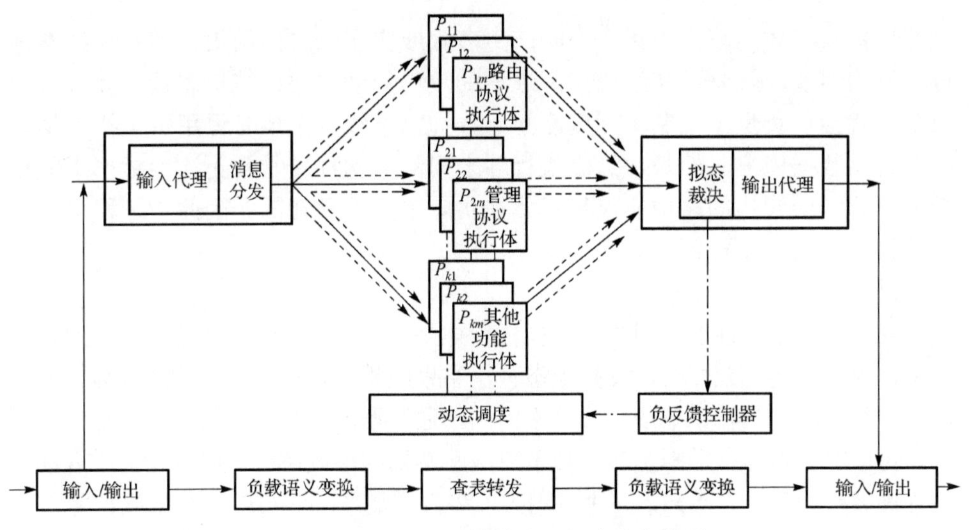

图 12.2 基于 DHR 的路由器拟态防御模型

12.1.3 基于 DHR 的路由器拟态防御体系模型

针对系统的每一种软件功能单元可以用以下模型来描述：存在一个功能等价的异构功能执行体池 $\overline{P}=(P_1,P_2,\cdots,P_n)$，动态地从池中选择 m 个执行体 $\overline{P}'=(P_1,P_2,\cdots,P_m)$ 进行工作。由输入代理模块将输入消息分发给 $m(m\leqslant n)$ 个执行体，由它们对同一个输入进行计算后得到 m 个输出结果，对 m 个结果进行基于某种策略的拟态裁决，得到归一化的输出结果，输出结果由输出代理操作后输出。

基于动态异构冗余的路由器防御体系结构模型，可以有效地应对拟态界内已知或未知的安全威胁。这是由该结构的三个特性决定的。

1) 异构性

异构性是指功能等价的两个执行体结构组成不相同，描述的是两个执行体之间的差异性，这种差异性一般可以保证同样的攻击不会同时使两个执行体出现完全一致的失效[6-8]，当然不包含针对拟态界外诸如系统功能原理性缺陷的攻击。路由协议执行体的漏洞后门通常具有特异性，例如美国思科公司 2600 系列路由器的 SNMP 软件功能漏洞与 6500 系列的 SNMP 漏洞可能就不同，与 Juniper 公司路由器产品的 SNMP 漏洞相同的概率几乎为零。因此，一种基于特定漏洞的攻击方法至多影响与之相关的功能执行体。DHR2 架构通过冗余配置多个异构功能执行体，使得攻击者的攻击行动很难在非配合条件下让多个基于反馈控制的异构执行体的输出矢量，同时产生多数或完全一致的结果，即实现拟态逃逸。换句话说，凡是不能达成拟态逃逸的攻击行动只要能被拟态裁决环节识别出来，就会被负反馈控制机制调度问题执行体下线清洗或者调用待机执行体上线并进行数据恢复。但是，给定执行体之间的异构程度常常无法度量也不能精准控制，完全异构的路由协议执行体在实际中是不存在的。因此，工程实现上不能仅靠异构性来保证系统安全。

2) 冗余性

冗余性是指当前服务集中的异构执行体是多元化配置的实体或虚体。通常意义上认为，异构冗余性可以支持拟态裁决结果的相对正确性。异构执行体在面临同一种攻击时，其输出响应一般是不同的，通过增加当前服务集异构执行体的数量，可以非线性地提升拟态裁决环节对威胁感知的准确率，同时也能为引入动态性提供必要的条件。当然，冗余度过大，势必增加系统的实现成本和部署代价。

3) 动态性

动态性是指基于拟态裁决器的输出状态和时空维度的策略调度改变当前服务集的异构冗余运行环境。动态性的作用主要体现在以下三个方面。

(1) 拟态裁决器一旦发现当前服务集多模输出矢量存在不一致的状况就会触发负反馈控制器，后者根据调度策略渐进或迭代式的更换迁移服务集内的执行体，或者指定相关执行体下线清洗重启或重组重构，直至裁决器状态回到稳定平衡状态。

(2) 通过外部控制命令非规律性地更换或重构（重组）服务集中的工作执行体，降低单位时间内特定部件或特定结构的暴露时间，增加目标对象防御行为的不可预测性，减小漏洞、后门等的可利用风险。尤其对于潜伏或隐蔽式攻击，动态性的存在可以扰乱或清除攻击者的前期努力，破坏基于状态转移机制的攻击行动。

(3) 动态性在时间维度上也是对多样性的一种扩展，即使未感知到威胁，动态性也可以增加基于特定后门或场景攻击行动的不确定性，有效降低非配合条件下多元目标协同一致攻击的成功率。在感知到威胁发生时，适时地替换并隔离清洗被感染执行体，阻断或瓦解攻击者对目标系统的持续控制，尽可能地保障系统功能的完整性和敏感信息的私密性。

12.1.4 系统架构设计

1. 总体框架

依据 DHR2 模型构建具有内生安全机制的路由器，需要解决以下几个问题。

(1) 功能执行体的异构性构建问题。对于商业公司而言，通常不会投入人力开发两套功能相同的异构软件。但是对于路由协议而言，目前已经存在几种较为成熟的开源软件包，如FRRouting[9]、Quagga[10]、BIRD[11]等，它们采用不同的语言，由不同的团队采用不同的架构开发，存在相同漏洞的概率几乎为0[12,13]。而且，一些主流路由器厂商推出了路由器仿真器，如思科的Simulator[14]、Packet Tracer[15]、Juniper的Olive[16]、华为的eNSP[17]等，以及开源仿真器GNS3[18]、Qemu[19]等的出现，可以使得在没有源码的情况下，基于可执行文件仿真出具备等价功能的路由系统，这为路由器异构性的构建提供了宽阔的选择条件。更进一步，即使同一款路由软件的多个实现版本之间也存在一定程度上的异构性，在修复旧版本的bug时，会引入新bug。引入拟态防御机制可以采用同时使用新旧版本互补运行方式来克服上述问题。例如，Quagga 0.99.9中引入的bug，有30%没有在Quagga 0.99.1中出现[12]。此方法可以加速新版本的成熟。

(2) 功能执行体的动态调度。DHR2模型的动态性要求功能执行体能够从执行体池中动态选择加载，对异常执行体能够下线清洗，对工作的执行体能够动态地改变其视在结构表征。利用网络功能虚拟化(Network Function Virtualization，NFV)技术来实例化异构冗余的执行体，将功能执行体通过虚拟机承载，从而可以方便和经济地实现执行体的动态调度，同时降低异构冗余引入的实现成本。

(3) 消息处理路径上的分发代理和拟态裁决点的插入。传统路由器实现结构中软硬件紧耦合，内部通信接口自定义，消息处理环节自封闭，拟态防御实现难度较大且经济性欠佳。SDN技术[20]的出现为DHR2模型的实现提供了良机。SDN的南向接口将传统路由器中软硬件之间的内部消息接口标准化并开放，所有消息通过标准OpenFlow接口[21]承载，通过在OpenFlow控制器(OpenFlow Controller，OFC)上插入分发代理和拟态裁决模块，就可以实现对进出路由器的所有消息进行分发和判决处理。同时，可以基于冗余配置的异构路由执行体产生的路由表进行拟态裁决，确保系统路由计算结果的正确性。

基于上述考虑，设计的DHR2路由器系统架构如图12.3所示，分为硬件层面和软件层面。硬件层面为标准的OpenFlow交换机(OpenFlow Switch，OFS)，软件层面包括OFC、代理插件、拟态裁决、异构执行体池、动态调度以及感知决策单元(这些单元统称为拟态插件)。

OFC基于进入消息的协议类型进行消息分发，由多个代理插件基于各自的协议机制进行有状态或者无状态处理并完成对各个执行体的消息分发；各个执

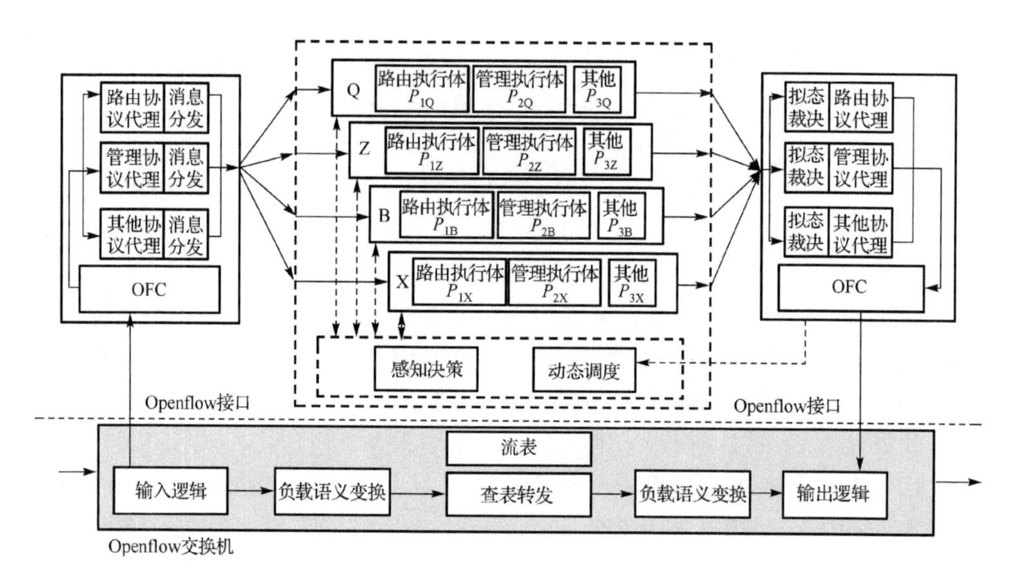

图 12.3　拟态路由器系统架构

行体的协议软件对收到的消息进行处理，产生流表信息和对应的输出消息；多份输出消息经拟态裁决处理后通过 OFS 发送到线路上；各个执行体产生的路由表信息经拟态裁决产生“可信”的表项下发给 OFS。拟态裁决结果通过负反馈机制通告调度控制部件，实现执行体运行状态感知，以便按照给定的调度策略对执行体进行调度操作。

2．功能单元设计

本节详细介绍系统中各重要部件的功能特性和工作原理。

1) 代理插件单元

代理插件单元是消息进入系统的出入口，消息包括路由协议报文、网管协议报文等。因此，代理插件单元按照代理的协议类型可以分为路由协议代理和管理协议代理等，其功能主要体现在以下几个方面。

(1) 输入消息的动态复制分发。

代理插件负责将收到的外部消息复制分发给多个异构功能执行体进行处理。但复制分发并非是简单意义上的操作，而是与所代理的协议机理有一定的关联性。这些操作可以概括为有状态的操作和无状态的操作，前者需要对复制分发的消息进行一定的修改并记录状态，后者只是简单地复制分发。像 OSPF、ISIS 等路由协议代理在进行消息分发时需要对原始报文中的某些域进行一定的修改以适配各个执行体中的协议状态机，而像 SNMP 或者 Telnet 等管理协议代理，则仅需要将传输层承载的载荷复制分发到执行体即可。

(2) 非授权业务消息的识别、过滤及威胁感知。

每一个代理插件处理的消息分别具有不同的功能特性，如果代理插件处理了不属于自己功能范围的消息，可能会引入一定的安全威胁。因此，在代理插件层叠加一定的安全过滤列表，对进入各个代理的消息进行缜密的检测，可以把一定的安全威胁阻挡在功能执行体之外。

同时，代理插件作为消息进入系统的第一关口，可将执行体的抗攻击面前移。通过在此处应用传统的安全防护手段，一方面，可以将纷繁复杂的恶意流量阻挡在外，减少了内部功能执行体遭受的威胁；另一方面，又可以通过统计分析和入侵检测方法，进行威胁感知，并提前预警。

2) 拟态裁决单元

拟态裁决单元是输出消息的必经通道，以多个异构执行体的输出矢量为输入，通过比特级、载荷级、行为级甚至内容级的拟态裁决，实现对系统内部功能执行体异常的感知并通过负反馈机制触发相应的后处理程序。感知决策单元依据安全等级要求指定该单元所采用的拟态裁决算法，例如，择多判决、权重判决、随机判决等。尽管拟态裁决能够发现哪个执行体发生了异常并能将其屏蔽，但并不能准确判断异构执行体内究竟发生了什么样的异常。例如，路由器转发表的某个表项更改，当且仅当多数协议执行体输出结果完全一致的情况下才能实现更改操作。否则仅仅一个执行体发出与众不同的路由表项修改请求将被拟态裁决环节阻断。同时，该判决单元会提取多维度的拟态裁决信息，反馈给感知决策单元，为决策单元对执行体的可信评估提供必要信息。

拟态裁决的方法与拟态界内保护的对象有关。对于路由控制平面，通过比对多个执行体产生的路由表是否一致来实现。由于路由表规模很大，可以采用增量哈希整个路由表的方法来实现快速的比对裁决。对于配置管理平面，则通过比对多个执行体针对同一个输入激励产生响应消息的不同来进行比对裁决。在语义无关的情况下，也可以通过比对多个执行体的外连行为来进行比对裁决。

拟态裁决的基本假设就是不同执行体不会存在相同的漏洞/后门等暗功能，也就是说相同的外部触发条件不会导致多数异构执行体产生完全一致的错误输出矢量。当然，也存在某些特殊情况，例如，攻击者通过触发多个执行体的不同异常，来使多模输出矢量同时出现完全相同的错误结果，这是一种动态冗余空间非配合条件下多元目标协同一致的“超级攻击”，DHR 机制可以控制这种攻击的成功概率但无法根本解决这种攻击问题。其实，对于攻击者而言，要达成这种攻击条件，需要获知内部若干个执行体的漏洞/后门等信息，明确系统内部工作机制，并在合适的时机发起协同一致的攻击，在DHR 架构下，这是相当困难的事情：执行体动态运行、输出结果被拟态裁决，并通过负反馈机制进一步修正执行体的异常，从而使得拟态裁决输出结果趋于一致收敛，使得非配合条件下跨域协同一致攻击难以达成。所以，系统的异构冗余程度越高，裁决内容越丰富，协同化攻击的难度就越大。

3）动态调度单元

动态调度单元的主要功能是管理异构执行体池及其功能子池内执行体的运行，按照决策单元指定的调度策略，调度多个异构功能执行体，实现功能执行体的动态性和多样性，增加攻击者扫描发现和探测的难度，干扰未知漏洞后门、病毒木马等的可见性或可达性，破坏非配合条件下的协同一致攻击的任何努力。动态调度单元设计的关键环节是执行体的调度策略。下面给出一种基于执行体可信度的随机调度策略。

异构执行体池中的每一个执行体都有一个可信度的属性值，调度单元依据可信度的大小，采用基于可信度权重的随机调度方法，即可信度越高，被优先调度的可能性越大。系统初始状态时，将各个执行体设置为相同的可信度值，当某个执行体被检测出工作异常时，其可信度会急剧下降，依据实践经验和七个执行体的工程实现约束，设定连续出现四次异常，便将执行体置为不可用；同时，随着执行体持续正常工作时间的增加，其可信度会缓慢地提升，可信度的增长率与当前信用值和基准调度时间间隔有关，基本原则是保证下一个调度时刻，执行体的可信度值不会增长到最大信用值。即一旦执行体出现异常，它在下一个调度时刻被调度的概率将小于其他正常执行体。调度时以执行体可信值为权重，采用基于权重的随机调度方法，权重越大，被调度概率就越大。

4）异构执行体池

异构执行体池中存储了具有功能等价的异构执行体单元。异构执行体池的多样性，增大了攻击者分析和利用漏洞后门的难度，使整个路由系统具有强大的入侵容忍能力。功能等价的异构执行体被划分为不同的子网，彼此之间相互隔离，不能通信。处于同一个子网的异构执行体属于不同的功能面。由代理插件确保不同子网内执行体数据和状态机的一致性与完整性。

在实现过程中，基于开源路由软件，利用虚拟化技术从底层 CPU 类型、操作系统到路由软件等三个层面上构建出完全异构化的多个虚拟执行体，从而形成异构执行体池。开源软件选择了 FRRouting、BIRD 和 Quagga 等三种，操作系统选择了 Ubuntu、Debian、Centos、VyOS 等，并通过虚拟化方法模拟了 x86、x86-64、ARM32 和 ARM64，从而使应用软件、操作系统到 CPU 等三个层面尽可能异构。

虽然这种执行体的异构性的构建粒度较粗，但由于开发团队、操作系统、运行环境等均存在较大差异，漏洞后门等非一致性要求通常还能够满足，执行体间发生共模问题的可能性属于小概率事件。

在构建异构执行体池的过程中，将这些异构执行体打包成虚拟机，便形成一组异构执行体集。对于商业路由器厂商而言，在无法研发多异构执行体的困境下，可以考虑利用团队提供的异构执行体集来构建异构冗余环境，打造各自品牌的拟态路由器。

5）感知决策单元

感知决策单元主要负责统管代理插件、拟态裁决、异构执行体池、动态调度等单元，它定义了代理插件的消息分发方法、拟态裁决单元的裁决算法、动态调度单元的策略调度方法等。它负责从多方面收集系统运行过程中的各类异常和状态信息，进行系统环境感知，并在此基础上，基于拟态裁决结果，甄别异常执行体，通过负反馈机制，主动调整运行参数，使其自主跳变，主动防御。与此同时，对不可信的功能执行体进行下线清洗和初始状态回滚，或触发传统安全机制进行精确检查和清理。

对异常执行体的数据清洗和回卷操作，是保证执行体尽快恢复到正常状态所必需的。清洗过程分为三步。

（1）将关联执行体产生的路由信息清洗掉。首先确定当前使用的路由表为异常执行体产生的，然后撤销对应的路由转发表，最后重新计算新的转发表并完成更新。

（2）将关联执行体通告的路由信息撤销。首先确定当前异常执行体产生并向邻居通告了哪些路由信息，并重新通告新的路由信息。

（3）将关联的执行体关闭，并重新进行启动引导、初始化内存、进程、任务，重新加载初始化配置文件，使得整个系统进入一个全新的初始状态。状态回卷则使得被清洗的执行体从初始状态恢复到之前相同的工作状态。回卷操作要基于本地缓冲的路由数据池，依据不同的路由协议采用不同的回卷方式。对于OSPF协议而言，利用状态机复制的方式，将外部的链路状态数据库（LSDB）信息同步到本地。对于边界网关协议（BGP）而言，可以采用路由刷新技术以及平滑重启技术实现路由信息的同步。

6）负载语义变换

从后门触发角度讲，利用负载特征进行后门触发并加以利用具有很强的隐匿性。负载语义变换单元利用负载语义变换控制器、报文封装、入口负载语义变换和出口负载恢复等方法，对负载数据进行可逆变换，消除隐藏在报文载荷中的安全后门启动指令语义，实现了对具有安全缺陷的网络节点的防护，而且能够根据管理策略动态地选择负载语义变换方法，使得外来攻击难以预测本系统使用的报文负载语义变换方法，提高了系统的安全特性。

图 12.4 给出了一种负载语义拟态隐匿流程示意图，按照负载语义变换控制器设定的变换方法对进入节点的报文载荷进行语义变换，负载语义变换方法包括对载荷进行扰码处理以及其他数据可逆变换；对载荷语义变换后的报文进行重新封装，重新封装包括报文长度、校验和等的重新计算；在节点内部根据报文头部处理该报文，具体地，查表转发模块提取报文头部，对报文进行路由、转发等操作；在节点出口处对报文进行逆变换，恢复载荷信息；对恢复载荷信息的报文重新封装。负载语义变换控制器可以控制负载语义变换机制，从而在通信过程中在对数据负载语义进行拟态隐匿的同时，对负载语义变换方法进行动态改变，从而极大地降低基于载荷特性的数据平面漏洞后门、病毒木马等的触发概率。

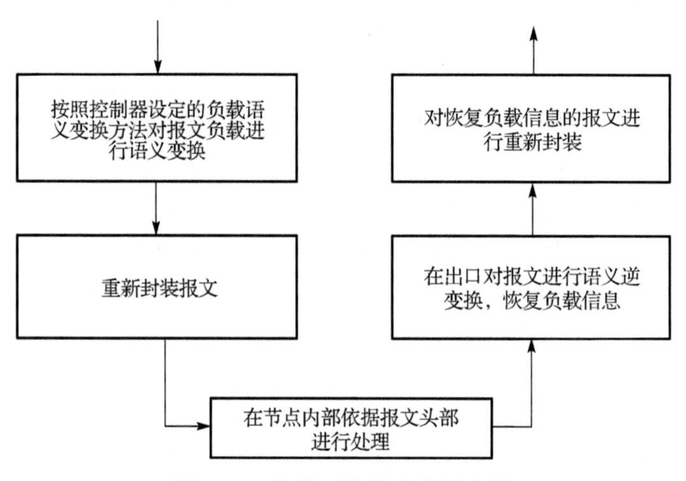

图 12.4　负载语义拟态隐匿流程

12.1.5　既有网络的拟态化改造

基于 DHR 的路由器拟态防御体系模型，通过多个虚拟化异构执行体来实现动态异构冗余架构。实际上，还可以利用网络中路由器的多样性和异构性，通过网络的拟态化改造方法实现路由拟态防御。可以采用以下两种方案实现网络拟态化改造。

第一种方案是将传统网络中路由器自我约束机制改变为互相监督机制，通过路由器软件平滑升级实现。具体机制是在利用路由器进行组网部署时，保证邻居路由器的异构性。邻居路由器之间通过新增信息通道，交互各自的路由信息，每台路由器完成自身和邻居的路由计算与共享，最后每台路由器动态选择自己和多个邻居路由器的路由器计算结果，通过拟态裁决机制后产生最终转发表项。

第二种方案是在传统网络中使相邻路由器按异构原则集群部署并扩充相应的路由监督机制，通过在集群中增量部署路由拟态裁决器实现。具体机制是将集群中的路由器的路由计算结果都汇聚到一个拟态裁决器并进行裁决，形成的合规路由计算结果作为最终转发表项再行分发。

12.1.6 可行性及安全性分析

本节以拟态防御机制为指导，利用软件定义网络(SDN)和网络功能虚拟化(NFV)技术，设计了一种路由器的动态异构冗余实现架构，给出了该架构的验证系统实现与测试评估方法，并进一步探讨了网络的拟态化改造方法。

就技术可行性而言，SDN 和 NFV 技术为路由器拟态防御系统的工程实现提供了很好的机遇，第一，拟态插件易于添加。随着 SDN 和 NFV 技术的发展，专用设备逐渐开放内部结构，统一和标准化模块接口，为拟态插件的添加提供了便利。第二，异构性易于满足。SDN 技术解耦了软硬件模块之间的依赖性，使得各模块可以由不同的厂家提供，丰富了执行体的物种，为异构性提供了基础。第三，冗余性成本可控。NFV 技术使得网络功能可虚拟化实现，进而执行体的数量不会显著影响系统总成本，为冗余度的增加提供了条件。

就成本可行性而言，路由器拟态防御系统成本增加主要来自于拟态插件，其中输入代理模块、拟态裁决模块、动态调度模块以及异构冗余执行体均基于虚拟化软件技术实现，负载语义变换模块通过硬件逻辑实现。对于中低端路由器，总体成本增加量可以控制在 10%以内。对于高端路由器而言，成本增加量应当不超过 2%。

就安全性能而言，路由器在引入 DHR 机制后，提升了攻击者扫描探测漏洞的难度，使得目标对象内部的漏洞、后门、病毒、木马很难被锁定，更难以触发，即使能被触发也几乎不可能实现拟态逃逸。基于 DHR 架构的路由器，客观上在没有修补或无法发现问题的情况下，容忍系统在“有毒带菌”环境中继续提供可信的服务功能，这一特点是 DHR 内生安全机制所决定的，将能极大地降低安全维护的实时性要求和频繁升级的代价。由于拟态插件，并不对通过的信息进行语法语义解释与操作，对攻击者是透明的，理论上具有攻击的不可达性。因此，拟态插件的引入不会因为漏洞因素额外增加系统的风险系数。

实践证明，在路由器控制平面中引入 DHR 机制，技术可行，成本可控。既不影响路由器功能，也不会降低系统性能，可以显著地提升路由器对抗已知安全风险或未知安全威胁的能力。

12.2 网络存储验证系统

12.2.1 总体方案

网络存储拟态原理验证系统是对 COTS 级的文件系统的一种拟态化改造，改造的原则是：采用拟态防御技术，引入基于 DHR 的存储架构，对存储系统中的硬件平台、本地文件系统、节点操作系统等进行拟态化处理，增加系统的异构性、多样性、动态性、随机性，解决当前存储系统中基础组件的相似性、单一性、静态性问题，创造动态、异构、冗余的存储环境，从而提升存储系统中未知漏洞、后门、病毒、木马等的利用难度，防控未知风险和未知威胁，提高整个集群存储系统的安全性。

网络存储拟态原理验证系统的总体方案如图 12.5 所示。

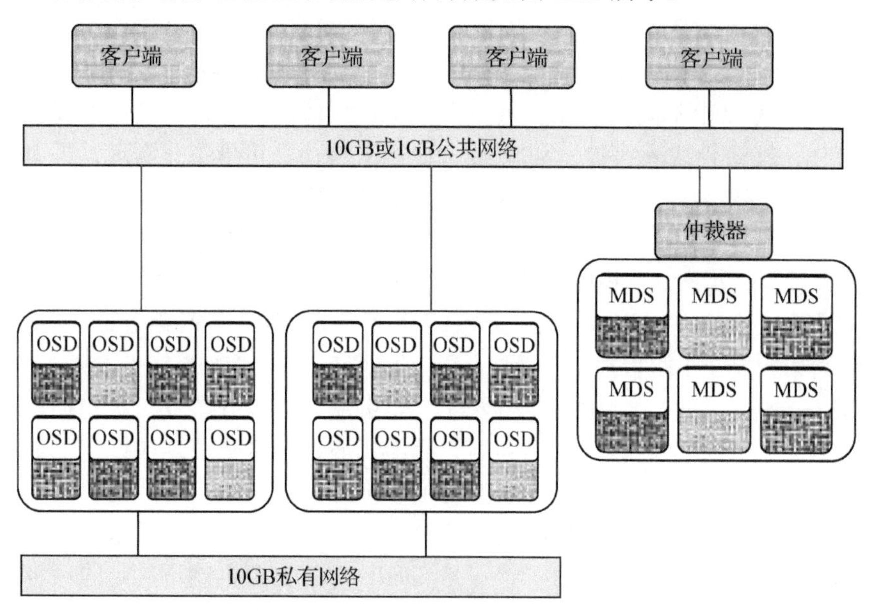

图 12.5　验证系统总体架构

网络存储拟态原理验证系统由元数据服务器（Meta Data Server，MDS）、对象存储设备(Object based Storage Device，OSD，也称数据服务器)、仲裁器、客户端等组成。元数据服务器用于管理整个网络存储系统中的元数据，包括文件控制块 inode、目录树等。数据服务器用于存储文件数据的片段。客户端生成的文件分别存储在元数据服务器和数据服务器中，其中文件的管理信息存储在元数据服务器中，文件数据被策略性地切分或加密成片段，分别存储在不同的数据服务器中。系统中的元数据服务器至少应由三台功能等价的异构服务器组成(也可以是虚拟形态的服务器)。仲裁器将来自客户端的请求转发给至少三台元数据服务器。元数据服务器各自独立工作，将处理结果分别返还给仲裁器。仲裁器对各元数据服务器的处理结果进行拟态裁决，从中选择一个合规结果返回给客户端。仲裁器还可以在发现异常的元数据服务器或异常行为时触发后台处理机制。

元数据服务器和数据服务器都是独立的计算处理系统，其中包含硬件平台、操作系统、本地文件系统、管理程序、虚拟化软件等。系统的硬件平台选用 Intel、ARM、龙芯等多种型号的处理器，增加了 VMware、VirtualBox、Hyper-V、KVM 等虚拟机监控器，从而可以将一台物理的硬件平台转化成多台虚拟机，每台虚拟机中都可以安装 Ubuntu、CentOS、Kylin、FreeBSD 等操作系统，并可支持 Ext4、XFS、Btrfs、UFS、ZFS 等文件系统，因而元数据服务器和数据服务器可以有多种组合方式，大大提升了系统的异构性。

操作系统、本地文件系统等的组合方式如图 12.6 所示。

<table>
<tr><td colspan="10">操作系统等的组合</td></tr>
<tr><td>UFS</td><td>ZFS</td><td>Ext4</td><td>XFS</td><td>Btrfs</td><td>UFS</td><td>ZFS</td><td>Ext4</td><td>XFS</td><td>Btrfs</td></tr>
<tr><td colspan="2">FreeBSD</td><td colspan="3">Ubuntu、CentOS、Kylin、Oracle Linux</td><td colspan="2">FreeBSD</td><td colspan="3">Ubuntu、CentOS、Kylin、Oracle Linux</td></tr>
<tr><td colspan="2">VMware</td><td colspan="2">VirtualBox</td><td>Hyper-V</td><td colspan="2">VMware</td><td colspan="3">KVM</td></tr>
<tr><td colspan="5">Windows</td><td colspan="5">CentOS</td></tr>
</table>

图 12.6　操作系统、本地文件系统等的组合方式

网络存储拟态原理验证系统的工作流程如图 12.7 所示。在操作已存在的文件之前(如读写文件中的数据)，客户端必须先请求元数据服务器解析文件路径名，以便获得文件的元数据(控制信息)。在创建文件之时，客户端也需要先请求元数据服务器创建文件的管理结构(如 inode，并将其插入指定的目录中)并获得文件的元数据。在获得文件元数据之后，客户端根据元数据和要读写的数据块在文件中的位置，算出数据块所在的数据服务器及其存储位置，然后直接向数据服务器发出数据块的读写请求，从而将数据块从系统中读出或将数据块写入系统。

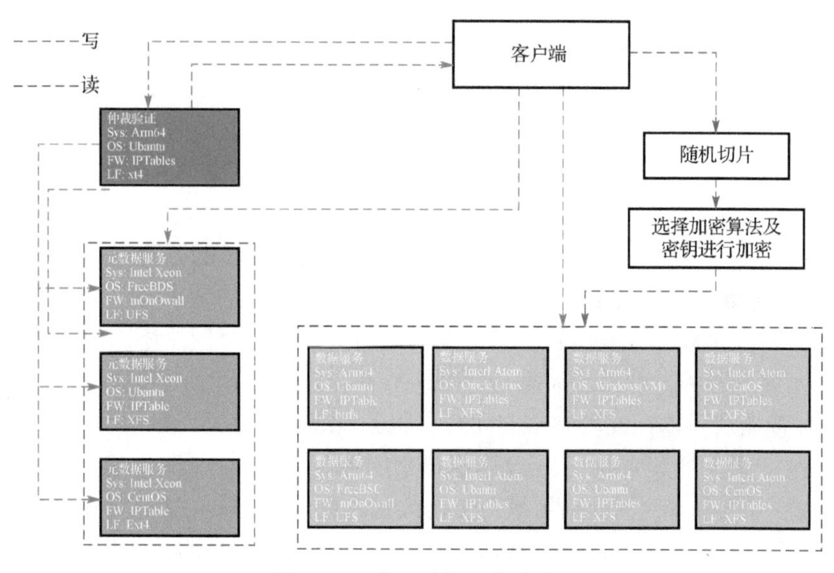

图 12.7　验证系统工作流程

12.2.2　仲裁器

在网络存储拟态原理验证系统中，仲裁器位于客户端和元数据服务器之间，相当于一个网关。在客户机看来，仲裁器就是一台独立的元数据服务器，它屏蔽了系统中的真实元数据服务器。客户机将请求发给仲裁器，并等待从仲裁器获得处理结果。在元数据服务器看来，仲裁器就是客户机，元数据服务器接收并处理来自仲裁器的请求，将处理结果返还给仲裁器。躲在仲裁器背后的元数据服务器独立运行，每台元数据服务器都认为自己是系统中唯一的元数据服务器，不知道其他元数据服务器的存在与否。

当需要查询文件元数据时，客户端将查询请求递交给仲裁器。仲裁器将来自客户端的请求转发到至少三台异构的元数据服务器。当收到来自元数据服务器集群中的返回结果时，仲裁器根据约定策略(先来先出/后更正、多数一致、完全一致等)将结果返回给客户端。假定采用“先来先出/后更正”的仲裁策略，第一个到达的返回结果不经仲裁立刻输出，将结果返回给客户端，在收到来自所有元数据服务器的返回结果后，仲裁器对各元数据服务器节点的返回结果进行一致性对比，如果返回结果与众不同则将向客户端返回更正结果并启动相关服务器的后处理流程。如果是其他元数据服务器结果异常则将该元数据服务器节点的信息记录到系统警告日志中，同时迁移该元数据服务器节点

1
2
3
4
5
6
7
8
9
10
11
12
13
14

的服务工作，将其状态改为备用，并启动后处理程序对此元数据服务器进行复位清洗或实施环境重构操作。

12.2.3　元数据服务器集群

网络存储拟态原理验证系统中配备有多台(既有实体的也有虚拟的)元数据服务器，构成元数据服务器集群。集群中的各元数据服务器具有不同的组成结构，如不同的硬件平台、不同的虚拟机监控器、不同的操作系统和本地文件系统等，以保证各元数据服务器中的安全问题尽可能不一致。集群中的各元数据服务器可以工作在三种不同的状态，分别是运行状态、就绪状态和备用状态。新加入集群的元数据服务器处于备用状态，被仲裁器确定为异常的元数据服务器会从运行状态切换到备用状态。进入备用状态的元数据服务器必须经历清理程序和后处理工序。只有在清理工作完成之后，元数据服务器才能进入就绪状态。

元数据服务器的清理程序会随机选择一种软件组合，包括虚拟机监控器、操作系统、文件系统、应用软件等，并用该组合对元数据服务器进行重新安装。

不管是否出现异常，运行一个清理周期之后，元数据服务器都会自动转入备用状态，以便对其进行常规或例行的清理工作。

在运行之初，系统按照随机、异构的原则，从集群中的多台处于就绪状态的元数据服务器中至少选择三台服务器，将其转化为运行状态，启动并运行它们。在运行过程中，一旦有元数据服务器进入备用状态，系统会再随机启动一台就绪状态的服务器，从而保证同时处于运行状态的元数据服务器的数量不少于三台。

12.2.4　分布式数据服务器

网络存储拟态原理验证系统中配置有多台不同厂家的数据服务器，构成分布式异构数据服务器集群。集群中的各数据服务器具有不同的组成结构，如不同的硬件平台、不同的操作系统和本地文件系统等，以保证各数据服务器中的设计缺陷或安全问题不会完全一致。数据服务器用于存储来自客户端的数据片段。为了提高存储系统的可靠性，数据服务器集群自动为其中的数据片段生成数目不等的冗余片段，并将它们分别存储(或加密存储)在不同的数据服务器中。任意一个数据服务器看到的都是来自不同客户的、大小不等甚至是加过密的数据片段，并不了解它们的来源及全景意义。

系统中的客户端和元数据服务器把数据服务器集群看作一个单一的对象存储池，其中的每个对象都可存储一个数据片段。在数据服务器上，一个对象表现为一个独立的本地文件，各对象文件采用统一的命名方式，整个数据服务器集群拥有统一的命名空间。当需要向数据服务器写入数据时，客户端或元数据服务器首先根据数据所属文件的元数据信息对数据进行切片，然后用一个 Hash 函数 SmartSection 算出各数据片段的存储位置(目的数据服务器及目录)及对象文件的名称，最后将数据片段直接交给目的数据服务器，由数据服务器将其转化成本地文件，以指定的名称存储在指定的目录中。函数 SmartSection 是一个伪随机的数据分布函数，用于生成存储服务器列表 SmartSection Map。这种方法有两个关键性的优势：一是完全分布，便于任何一端(客户端、存储服务器或元数据服务器)独立计算任何一段数据片段的存储位置；二是 Map 很少被更新，实际上排除了和分布有关的元数据的交换。SmartSection 同时解决了数据分布和数据定位问题。

函数SmartSection的计算依据是数据片段的OID，即数据所属文件的inode+数据的片段号，因而数据片段的分布方式不依赖于前端的应用服务器，也不依赖于元数据服务器，这一机制增加了存储系统的随机性和安全性。

出于可靠性和安全性考虑，网络存储拟态原理验证系统为每个数据片段创建一到多个副本，并自动将副本复制到不同的数据服务器中。副本的创建由系统或数据服务器负责，其名称与存储位置和正本相同，所不同的仅是存储它们的数据服务器。

12.2.5 客户端

在网络存储拟态原理验证系统中，客户端是存储系统的用户。客户端将文件保存在存储系统中，并在需要时将其读出。

客户端在将文件数据保存到存储服务器之前，会根据从元数据服务器中查询到的文件元数据随机选择一种切片方式和片段大小，然后对文件数据进行切片。切片后的数据片段分别存储在不同的数据服务器中。数据片段的大小是随机选择的，范围为 1～4MB。如果数据的实际长度小于片段的大小，则用随机的内容对其进行填充。

客户端在将文件片段存入数据服务器之前还要对其进行加密处理，存储在数据服务器中的文件片段都是密文。片段加密的方法是可配置的，包括如下几种方式。

(1)统一静态加密。所有保存到存储服务器中的文件片段，无论大小和存放目录，主本都使用统一的加密方法及密钥，副本使用另一种统一的加密方法及密钥，如图 12.8 所示。

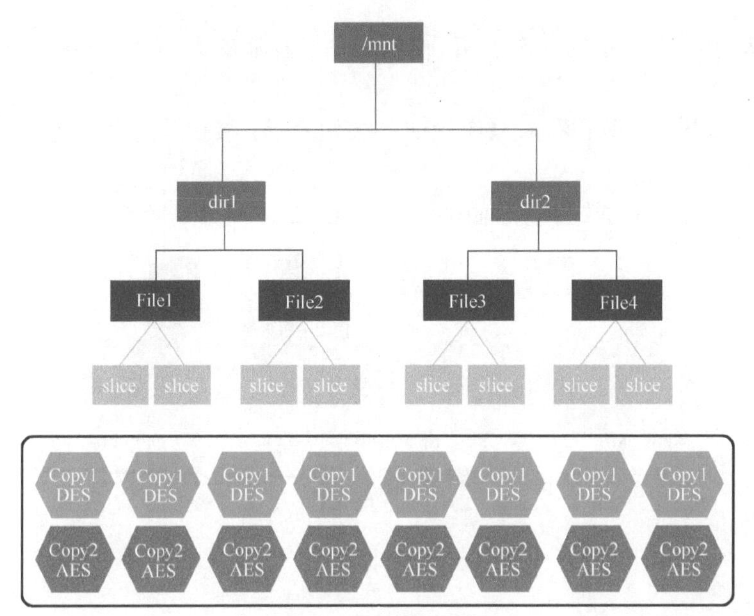

图 12.8 统一静态加密

(2)基于目录的静态加密。为存储系统中的每个 1 级目录或每级目录配置一种加密算法及密钥。在该方式下，当同一文件存入不同的目录时，其片段的加密方法会不同，如图 12.9 所示。

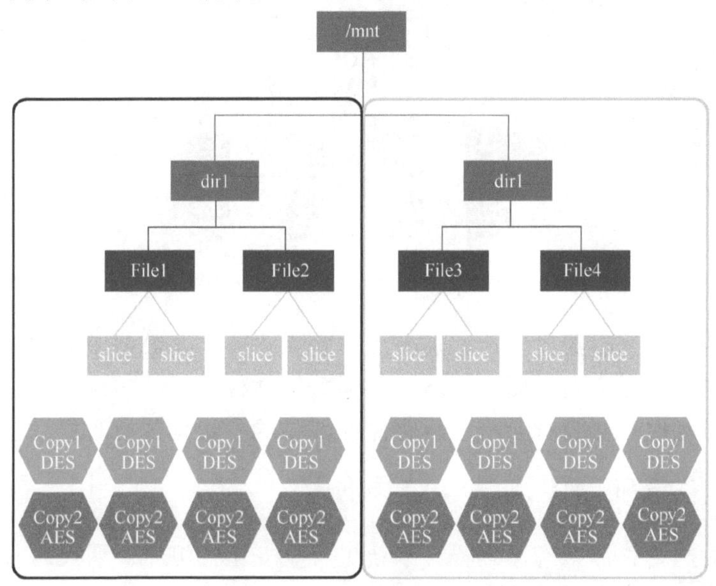

图 12.9 基于目录的静态加密

(3)基于文件大小的静态加密。根据文件切片后的大小配置不同的加密算法及密钥。

(4)动态加密。所有存入系统的文件被切片后，按切片为其动态选择加密算法及密钥。

文件存入时的切片与动态加密流程如图 12.10 所示。

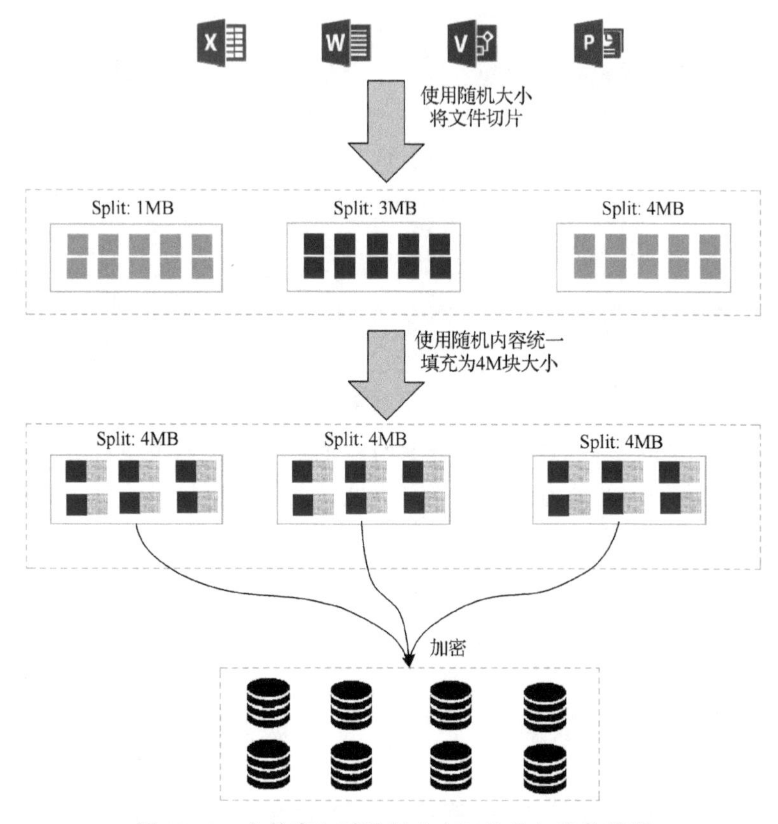

图 12.10　文件存入时进行动态切片及加密的流程

客户端的数据在经过切片、加密处理之后才存储到数据服务器中。在数据服务器上看到的是来自不同客户端、不同数据文件的不同的切片，且经过了加密处理，数据服务器自身无法了解存储在其中的各数据片段的意义。

12.2.6　系统安全性测试及结果分析

我们对网络存储拟态原理验证系统进行了安全性测试。通过对测试结果的分析，可得出以下测试结论。

(1) 系统具备存储所需的所有功能，包括文件接口、块接口、对象接口、虚拟化专用接口。

(2) 系统能够通过仲裁器实施对所有子系统的监控与比对，及时发现对元数据和对文件数据的非正常访问。

(3) 系统具有发现利用已知漏洞、未知漏洞、预置后门等的单执行体攻击的能力，阻止攻击导致的窃情、致乱、致瘫行为，并自动替换被攻击的异常执行体。

(4) 系统可发现利用已知漏洞、未知漏洞、预置后门等的多执行体攻击，阻止攻击导致的窃情、致乱、致瘫行为，并实施预置的安全防护策略(按照预置的顺序、策略性地动态替换正在被攻击的工作执行体)。

(5) 系统可发现从数据平面、管理平面、控制平面发起的针对单个执行体、所有执行体的网络攻击，并实施预置的安全防护策略(按照预置的顺序、策略性地动态替换正在被攻击的工作执行体)。

(6) 实践证明拟态防御机制不仅对系统服务功能和性能没有明显影响，而且可以大幅度地提高抗广义不确定扰动的能力。

12.3　拟态构造 Web 服务器验证系统

12.3.1　威胁分析

由本书第 1 章内容可知，软硬件系统的漏洞后门存在是不可避免的，这是信息系统受到安全威胁的根本原因之一，因而提高安全性的根本在于对漏洞(广义上既包含漏洞也包含后门、病毒、木马等)的防护。在网络空间攻击与防御的长期博弈中，攻击方一直占据主动地位，而防御方处于被动的劣势地位。因为对于攻击者而言，只要发现并成功利用一个漏洞就可能造成系统瘫痪、服务失效；而对于防御者而言，无法检测并修复所有漏洞，只能在遭受到攻击后对系统进行溯源式修复。另一方面，即使进行补丁修复也无法保证不会引入或产生新的漏洞，因而防御者始终处于一个极为不利的地位。

Web 服务器由于其中所存储的文档、所支持的业务以及对受害机构造成的有形损失与无形损失而成为网络攻击的主要目标。作为当前最重要的互联网服务承载和提供方式，Web 服务器是政府、企业以及个人在互联网上的虚拟代表，如政府、企业的门户网站，个人主页、博客等，都是现实实体在互联网上的虚拟表示。Web 服务日趋复杂、Web 应用质量良莠不齐，绝大多数网络攻击都是以 Web 服务器作为攻击的发起点，其安全性和可用性已成为网络空间安全领域的焦点问题。

当前 Web 服务器的软件栈，自上而下的构成主要包括应用软件层、服务器软件层、操作系统层以及虚拟化层，大部分漏洞存在于各种各样的 Web 应用中，然而危害程度较高的漏洞往往存在于服务器软件层和操作系统层，同时由于这两层的基础地位，也时常成为新型攻击的主要目标。位于服务器软件层和操作系统层的漏洞危害程度高、危害范围广、危害能力强，是 Web 服务器面临的严重威胁；应用软件层虽然漏洞百出，然而该层的漏洞分布广、危害范围小、危害能力弱，因而虽然其漏洞数量大，但是危害程度上不及底层漏洞。

针对网络信息技术后进国家而言，信息化起步晚于发达国家。鉴于互联网络的开放性，而且自主技术推广缓慢，不得不依赖国际市场的技术和设备，这种现状对要害或关键部门的信息化建设是一种潜在的威胁，使得信息通信网络服务设施处于“被后门、被透明、被制网、主权失控”的状态，给国家安全造成了极大的隐患。为了避免处于被后门的危险状态，需要基于可信性不能确保组件来构造 Web 服务器，并使其能够在有漏洞后门的情况下，仍能提供可靠、可信的服务。基于以上原因，本原理验证系统在研究了传统 Web 服务器及其常态化的安全威胁的基础上，结合拟态防御的基本思想研制而成。

12.3.2　设计思路

拟态构造 Web 服务器原理验证系统设计思路是：依据拟态防御原理，构建功能等价的、多样化的、动态化的非相似 Web 虚拟机池，采用多余度表决、动态执行体调度、数据库指令异构化等技术，阻断攻击链，增大漏洞后门或病毒木马等的利用难度，保证 Web 服务的可用性和可信性。

图 12.11 给出了原理验证系统在硬件、操作系统、数据库、虚拟化、虚拟机操作系统、数据库指令、服务器软件、应用脚本等层面的逻辑结构。可以看出在软件栈的多个层面采用了多样性设计，这种多样性设计为拟态防御机制的实现提供了基础。其中动态、异构和冗余特性体现在：

(1)异构性。在不同层面部署不同种类的异构的软件和硬件，如在虚拟操作系统层有 Red Hat、Ubuntu 等。

(2)冗余。对同一请求，采用多个不同的软件和硬件同时执行该请求并对结果表决，实现多余度操作。

(3)动态性。根据调度策略或者来自威胁感知的反馈，收敛式的更换当前服务集中的异构执行体，增加系统运行场景的不确定性。

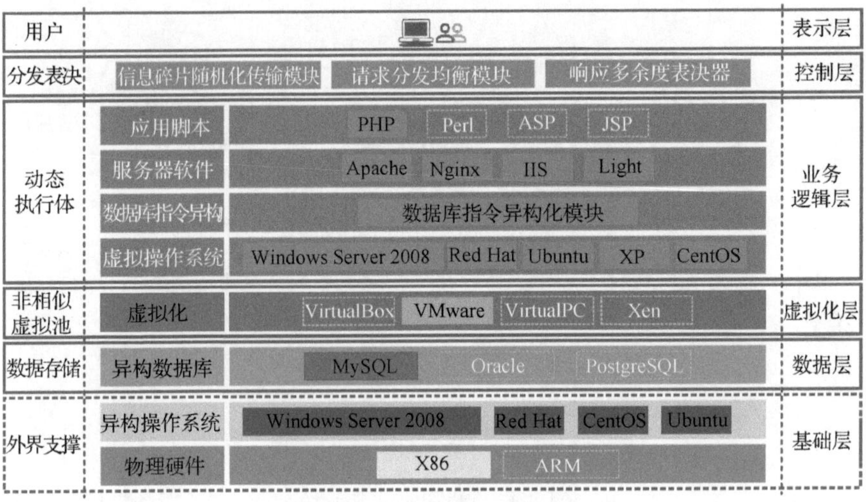

图 12.11 原理系统逻辑结构

12.3.3 系统架构设计

依据第 7 章所介绍的 DHR 模型(见图 7.1)设计了拟态构造 Web 服务器原理验证系统。该系统是由请求分发均衡模块、响应多余度表决器、动态执行体调度器、非相似 Web 虚拟机池、中心调度器、数据库指令异构化等模块组成，系统结构如图 12.12 所示。

请求分发均衡模块(Request Dispatching and Balancing Module，RDB)的参考依据是图 7.1 中的输入代理和输出代理，是用户请求的真实入口，将用户访问请求按照资源异构性最大化策略，动态分发至非相似 Web 虚拟机池中的多个互相独立且隔离的 Web 服务执行体(也是动态调度的对象)，是实现执行体动态、多样和异构性的前提。

响应多余度表决器(Dissimilar Redundant Responses Voter，DRRV)的参考依据是图 7.1 中的多模裁决，是服务器响应的真实出口，根据安全等级要求，采用同/异步自适应大数表决算法对同一请求的多个异构执行体响应进行交叉判决，从中滤除不一致信息，保证输出结果的一致性，并将裁决结果传送到中心调度器的负反馈控制模块，是拟态构造 Web 服务器最为关键的组成部分。

动态执行体调度器(Dynamiclly Executing Scheduler，DES)是非相似 Web 服务子池内执行体状态的控制管理单元。通过执行体在线/离线状态切换(二级动态性调度)，减小执行体持续暴露时间，提高了 Web 服务执行体的安全性；

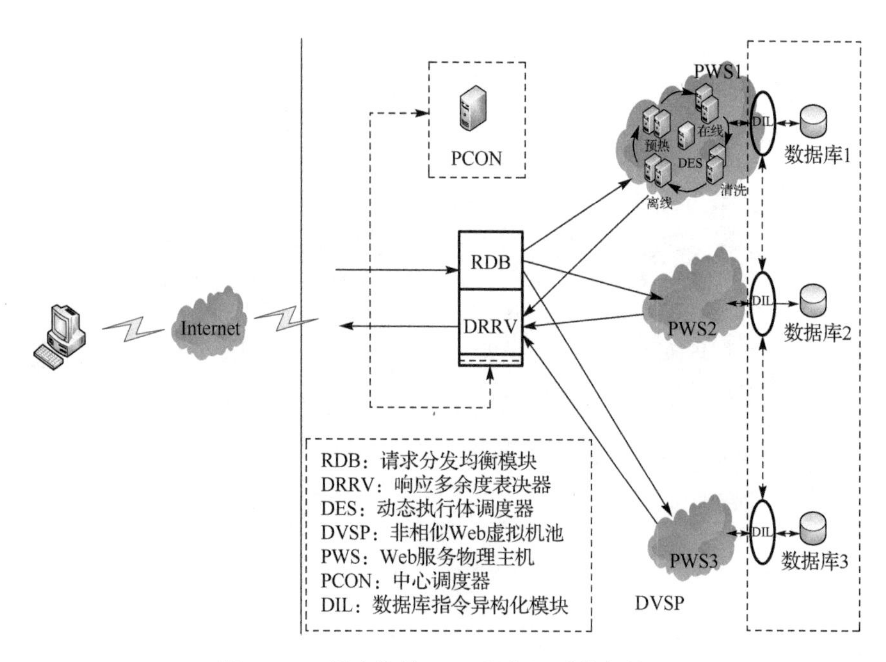

图 12.12　拟态构造 Web 服务器系统架构图

接收中心调度器的负反馈控制模块传输裁决结果，通过认知裁决结果，决定采用事件或定时触发策略进行执行体的清洗或回滚，保证了 Web 服务执行体的完整性；通过对子池内执行体进行拟态构造 Web 服务器二级异构性调度，进一步增强参与同一次多余度表决的执行体间的差异性，最终使得系统收敛于一个暂稳定状态。

非相似 Web 虚拟机池(Dissimilar Virtual Web Server Pool，DVSP)的参考依据是图 7.1 中的多个可重构执行体，是 Web 服务的真实提供者，由异构的、多样的、冗余的 Web 服务执行体组成。依据异构性最大化原则，将所有 Web 服务执行体聚合为物理上彼此独立且隔离的子池(也是异构组合的对象)。多个隶属不同子池的执行体非协同地处理来自请求分发均衡模块复制后的同一个 Web 服务请求，并将各自的响应信息返回给响应多余度表决器。Web 服务执行体的异构性和多样性、子池间的独立性和隔离性是拟态构造 Web 服务器的实现基础。

中心调度器(Primary Controller，PCON)的参考依据是图 7.1 中的负反馈控制器，监测其他功能模块运行状态，保证系统拥有足够的资源，同时使系统各个模块单元松耦合，避免系统单点故障而引起系统无法正常运行现象；其中的负反馈控制模块负责接收响应多余度表决器的裁决结果，并将结果传送到动态执行体调度器。

数据库指令异构化模块(Database Instruction Labelling Module， DIL)包含三个子模块：SQL 保留字指纹化模块、注入指令过滤模块、数据库一致性离线表决器。SQL 保留字指纹化模块对 Web 应用程序中 SQL 保留字进行指纹化处理，实现了 Web 应用程序 SQL 指令的特征化；注入指令过滤模块依据指纹对数据库读写操作指令进行过滤，剔除攻击者注入的非法指令；数据库一致性离线表决器对不一致的数据库进行表决恢复，对出现故障的数据库进行还原保护，保证了数据库的一致性。

12.3.4　功能单元设计

1．请求分发均衡模块

请求分发均衡模块主要功能如下。

(1) 动态流量复制：用户请求被复制成多份发送至后端非相似 Web 虚拟机池中，增加系统的不确定性，增大攻击者扫描漏洞的难度，保证了系统能够提供性能稳定的 Web 服务。

(2) 子网隔离：复制后的用户请求被转发至不同子网中的异构资源池，不同子网中的虚拟机资源互不影响、独立运行，避免了单点故障而影响系统的正常响应，增强系统的鲁棒性。

RDB 通过划分子网隔离了后端非相似 Web 虚拟机池，保证非相似 Web 虚拟机池相互独立，增加攻击者探测的难度。RDB 作为反向代理接收用户请求，复制 3 份，分别转发至不同子网内的在线状态 Web 服务器。利用多网卡转发用户请求提高了系统性能和自适应性。承载 RDB 的物理服务器采用 VLAN 技术或多网卡技术至少支持 4 个网卡，本方案采用 4 个独立的网卡实现请求分发均衡，一个网卡用于提供外部访问的 IP 和端口，其他用于反向代理转发请求，使请求流量通过不同网卡发送至不同子网内的功能等价的异构 Web 服务器，这样可以减小单一网卡承受的流量压力。设计的难点是用户请求动态复制转发实现和一对多复制对系统性能的损耗。由于 RDB 是 DRRV 的实现基础，RDB 和 DRRV 的设计模型如图 12.13 所示。

RDB 使 DRRV 具备表决异构 Web 服务器对同一请求的异构响应的条件，保证处理同一请求的服务器之间的异构性，同时增大攻击者探测 Web 服务器真实 Banner 信息的不确定性。

RDB 和 DRRV 是 Web 服务器原理验证系统中最重要的部分，是系统阻断攻击者通信链条的关键组件。RDB 将攻击者的攻击行为在后端异构冗余的 Web 服务器执行体上共同执行，进而对大多数环境依赖的攻击行为产生不一致的执行结果，DRRV 通过对执行结果的表决发现异常响应，阻断攻击行为。

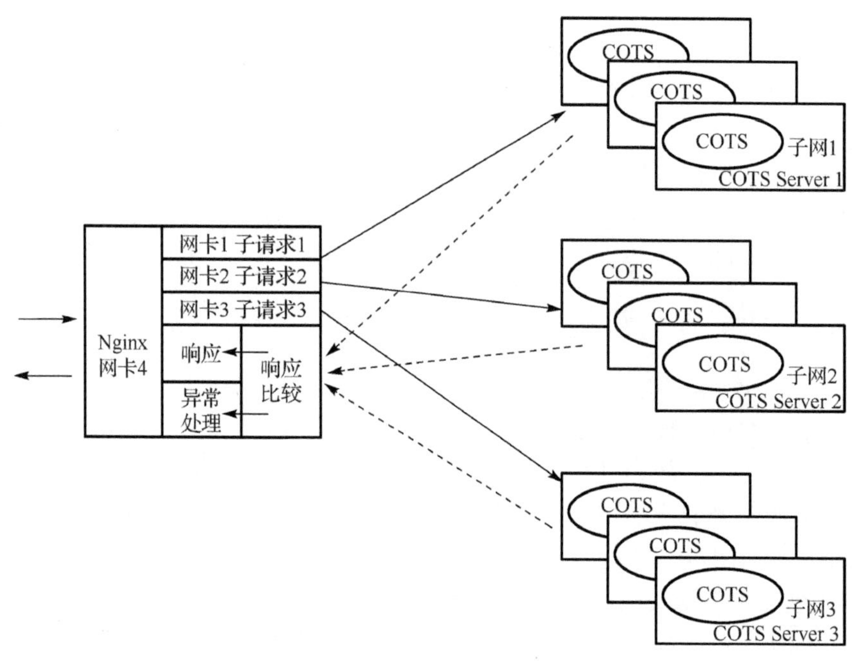

图 12.13　RDB 和 DRRV 的设计模型

2. 响应多余度表决器

响应多余度表决器的功能是对同一个请求的多个响应按照特定算法投票选择，选择投票后的结果返回用户，使系统具备入侵容忍能力，保证响应数据的正确性；能够及时发现异常虚拟机，触发异常处理机制。

响应多余度表决器是拟态构造的 Web 服务器原理验证系统的关键技术。通过给定的表决算法对异构 Web 服务器响应进行拟态判决，例如择多判决。选择正确的响应返回用户，否则把异常（“警告”或者说是“响应”）按照异常类型封装成特定格式，发送至中心调度器。主要功能是防止网页篡改和关键信息泄露。

3. 动态执行体调度器

动态执行体调度器的主要功能是管理非相似 Web 虚拟机池中虚拟机的运行，监测虚拟机状态、策略性调度、接收中心调度器推送的异常，及时处理异常虚拟机，阻断利用漏洞后门、病毒木马等的攻击链。动态执行体调度器按照预定策略完成非相似 Web 虚拟机池中虚拟机启动、清洗等调度工作；根据中心调度器广播的异常 Web 服务信息，执行查杀清洗任务。动态执行体调度器结构如图 12.14 所示。动态执行体调度器由监测系统、执行器、分发器组成。

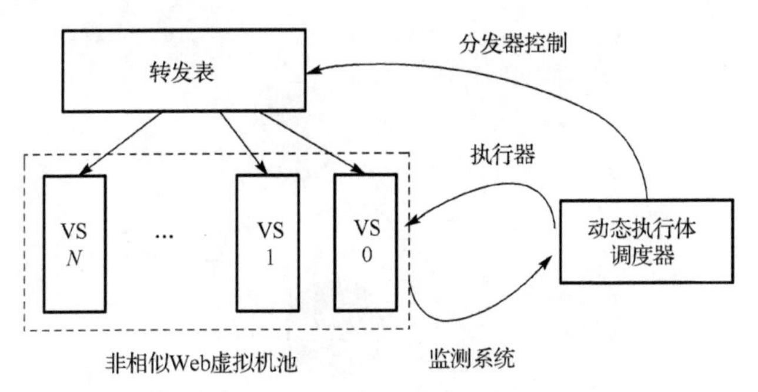

图 12.14　动态执行体调度器结构

动态执行体调度器设计的关键环节是虚拟机调度策略。虚拟机调度方法采用非相似 Web 虚拟机子池独立调度，并由中心调度器通过跨平台消息传递机制实现远程协助调度，这可以降低虚拟机管理复杂性和动态执行体调度器调度的独立性。虚拟机调度方案基于可视化的编程脚本，完成非相似 Web 虚拟机池中虚拟机的启动、停止、快照恢复等调度任务并记录虚拟机的各个运行状态存储到数据库中。拟态构造 Web 服务器原理验证系统中采用的两种虚拟机状态切换方式如图 12.15、图 12.16 所示。

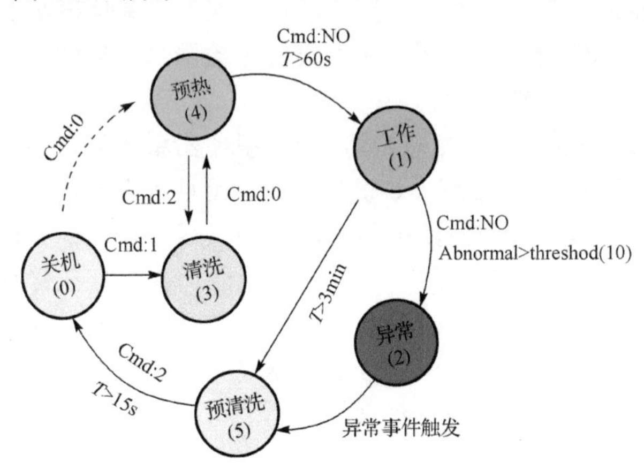

图 12.15　虚拟机的状态切换方案 1

动态执行体调度器主要功能是保证 Web 服务器的多样性和周期性或以事件驱动形式清洗回滚可能存在漏洞的 Web 服务器。动态执行体调度器缩短了攻击者探测某一台 Web 服务器的时间，增大了探测结果的不确定性，扰乱攻击者视线，使其无法确定攻击对象。更为重要的是，显著增加了非配合条件下多元目标协同一致攻击的难度。

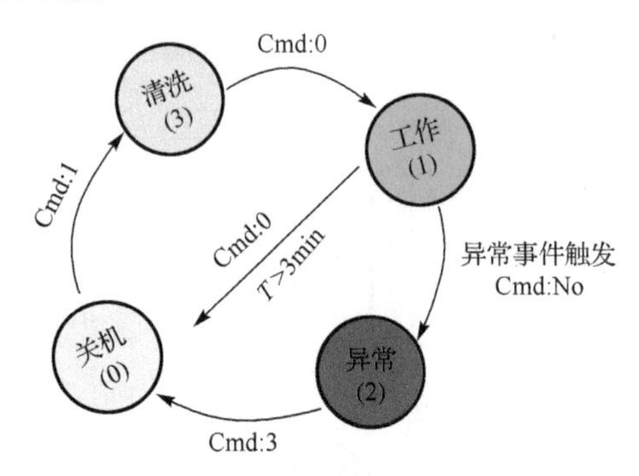

图 12.16　虚拟机的状态切换方案 2

4. 非相似 Web 虚拟机池

非相似 Web 虚拟机池即异构资源池，功能是构成了异构多余度虚拟 Web 服务资源池，具有异构性、冗余性、多样性和动态性。非相似 Web 虚拟机池保证了漏洞扫描工具的输出结果的多样性，增大了攻击者分析漏洞和利用后门的难度，使系统具有入侵容忍能力和自恢复能力。不同的非相似 Web 虚拟机池子池划分在不同子网中，彼此之间不能直接通信，每个子网拥有一个数据库代理，子网内共享数据库。不同子网内数据库通过数据库多余度表决器实时同步。数据库隔离和数据库实时同步机制保证了数据库数据的一致性和安全性，单点数据库故障不影响整体系统运行。

异构 Web 服务器构成了拟态构造 Web 服务器系统的核心。这些服务器提供相同的 Web 服务，但应用程序、操作系统、硬件等存在相异性，这就减小了异构平台服务器共模故障发生的可能性，目的是尽可能保证异构平台服务器中漏洞后门、病毒木马等的相异性。因此，可以认为在一次入侵行为中，很难同时触发所有异构服务器中的所有漏洞并能产生完全一致的错误输出。拟态构造 Web 服务器系统中，基于异构平台的 Web 服务的调度选择算法非常重要。调度过程中选择异构资源的标准如下：

(1)保证系统的功能集不变。

(2)尽可能减小系统漏洞交集。

在非相似 Web 虚拟机池中，有多个功能等价的异构 Web 服务器，在线 Web 服务器是动态变化的。虚拟机 Web 服务在动态 Web 执行体调度器的控制下，按照特定策略进行调度。如表 12.1 给出了非相似 Web 虚拟机池中软件栈的多样性配置。

表 12.1 非相似 Web 虚拟机池详细信息列表

编号	IP：PORT	软件栈组成	快照名称
1	192.168.10.211	Ubuntu12.04+Apache+PHP	SnapUbuntuApachePHP
2	192.168.10.212	Ubuntu 12.04+Nginx +PHP	SnapUbuntuNginxPHP
3	192.168.10.213	CentOS 6.6+Apache+ PHP	SnapCentOSApachePHP
4	192.168.10.214	CentOS 6.6 +Nginx+PHP	SnapCentOSNginxPHP
5	192.168.10.215	Windows XP+Apache+PHP	SnapWindowsXPApachePHP
6	192.168.10.216	Windows XP +Nginx+PHP	SnapWindowsXPNginxPHP
7	192.168.10.217	Windows 7+Apache +PHP	SnapWindows7ApachePHP
8	192.168.10.218	Windows 7+Nginx +PHP	SnapWindows7NginxPHP
9	192.168.10.64	Windows Server 2003+Lighttpd+PHP	SnapWinServer2003LighttpdPHP
10	192.168.10.65	Windows Server 2003+IIS+PHP	SnapWinServer2003IISPHP
11	192.168.10.66	Windows Server 2008+Apache+PHP	SnapWinServer2008ApachePHP
12	192.168.10.67	Windows Server 2008+IIS+PHP	SnapWinServer2008IISPHP
13	192.168.10.68	Windows Server 2008+Lighttpd+PHP	SnapWinServer2008LighttpdtpdPHP
14	192.168.10.69	Windows Server 2008+Nginx+PHP	SnapWinServer2008NginxPHP
15	192.168.10.81	Debian+Nginx+PHP	SnapDebianNginxPHP
16	192.168.10.82	Debian+Apache+PHP	SnapDebianApachePHP
17	192.168.10.83	Red Hat+Nginx+PHP	SnapRedHatNginxPHP
18	192.168.10.84	Red Hat+Apache+PHP	SnapRedHatApachePHP

5. 中心调度器

中心调度器的主要功能是监测其他功能模块的运行状态，保证系统拥有足够的资源，同时使系统各个模块单元松耦合，避免系统单点故障而引起系统无法正常运行现象，系统具有可扩展性，降低管理复杂性。中心调度器收集响应多余度表决器、数据库指令异构化模块等检测出的异常信息，综合处理后发送至动态执行体调度器，使动态执行体调度器根据异常信息执行虚拟机调度任务。此外，中心调度器还能监测响应多余度表决器、数据库指令异构化模块、动态执行体调度器等的运行状态。中心调度器结构如图 12.17 所示。

6. 数据库指令异构化模块

数据库指令异构化模块的功能如下：

(1) Web 应用程序 SQL 指令的特征化。

(2) 依据指纹对数据库读写操作指令进行过滤，剔除攻击者注入的非法指令。

(3) 通过表决判断异常数据库，对出现故障的数据库进行还原保护。

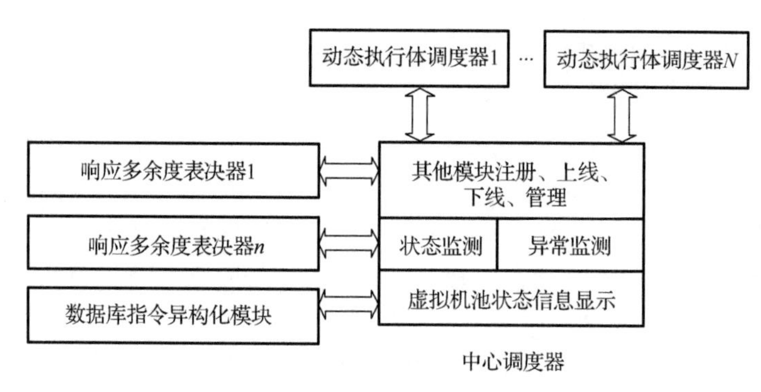

图 12.17　动态 Web 中心调度器结构图

数据库指令异构化模块包含三个子模块：SQL 保留字指纹化模块、注入指令过滤模块、数据库一致性离线表决器，其功能结构如图 12.18 所示。SQL 保留字指纹化模块对 Web 应用程序中的 SQL 保留字进行指纹化处理，数据库多余度表决器的主要功能是防止恶意篡改数据库，保证数据库存储数据的正确性，通过同步机制保证非相似 Web 虚拟机池中数据库的一致性。

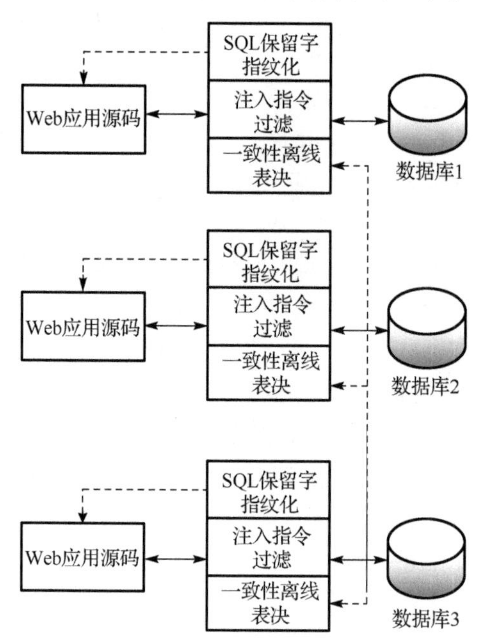

图 12.18　数据库指令异构化模块功能结构

同一非相似 Web 虚拟机子池中的 Web 应用通过 SQL 保留字指纹特征模块处理，以至于不同的非相似 Web 虚拟机子池中的 Web 应用中 SQL 保留字异构。

异构虚拟机子池中的注入指令过滤模块对 Web 应用的数据库访问 SQL 保留字进行过滤和去指纹化。子池间 SQL 指纹差异化，池内 SQL 过滤和特定去指纹方法，保证了数据库访问的安全性。数据库一致性离线表决器是为了同步不同非相似 Web 虚拟机子池内的数据库，对表决不一致的数据库表信息进行恢复，对出现故障的数据库进行还原，保证数据库的数据正确性。为了降低误报，数据库多余度表决器采用基于时间间隔的异常阈值双重判决机制。

12.3.5 样机设计与实现

拟态构造 Web 服务器的硬件平台为系统提供计算、交换、存储等资源，为系统提供底层设备支持，硬件平台设计方案如图 12.19 所示。

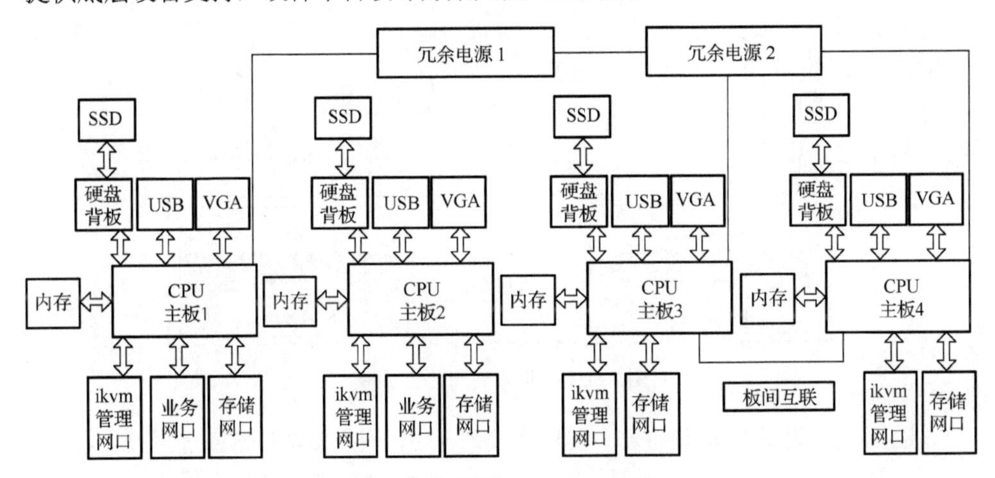

图 12.19 硬件平台设计方案

硬件外观为标准的 19 寸 2U 机架式设备，设备内集成了多个计算节点，每个节点都配备独立的 CPU、内存、硬盘、网络等组件，节点之间共用 1 套 1+1 的冗余电源，整体功耗在 1000 瓦以内。其中，硬件接口主要有 3 种，分别如下：

1) 业务接口

业务接口主要基于 https 通信协议对外提供正常业务，用户通过业务接口与系统交互。主板 1 通过业务网口接收用户请求，与主板 2 交互数据，并向用户输出 Web 服务器响应。

2) 管理接口

管理接口主要是对系统资源进行管理分配及系统维护，管理者通过主板 1、2、3、4 上的 ikvm 管理网口进行系统资源管理分配及系统维护。

3）存储接口

存储接口主要存储或备份关键数据，系统通过主板 1、2、3、4 上的存储网卡存储关键数据，主板 3 和 4 互为双击热备存储单元。

为实现表决模块的高可用，避免单点故障，采用 Keepalived 工具实现表决模块的高可用，如图 12.20 所示，达到主表决模块发生故障时，另一块板卡中的从表决模块接管虚拟 IP 接管服务。

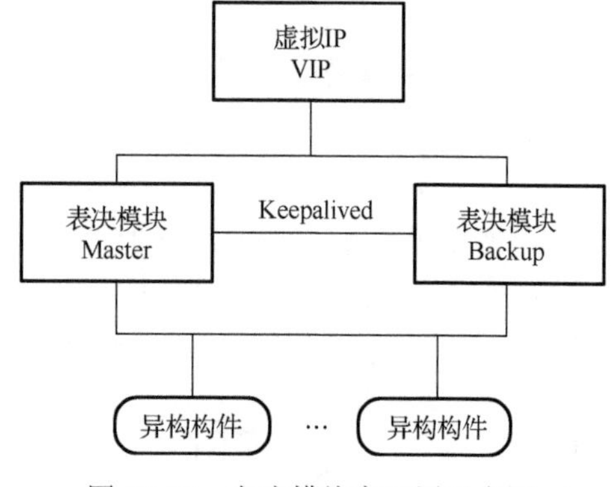

图 12.20 表决模块高可用示意图

同时在实现表决模块高可用的基础上，为实现两块表决模块服务板卡之间数据的一致性，达到数据容灾和网络冗余的目的，采用 glusterfs 实现存储的高可用，存储高可用示意图如图 12.21 所示。

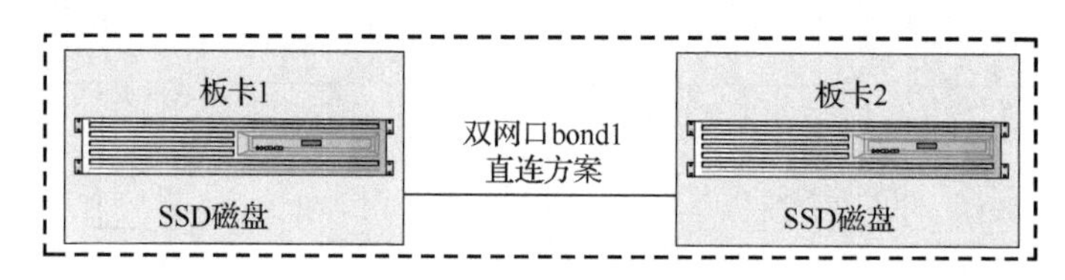

图 12.21 存储高可用示意图

根据以上设计思路和方法，实现了两种形态的拟态构造 Web 服务器原形样机，如图 12.22、图 12.23 所示。

图 12.22 样机形态 1

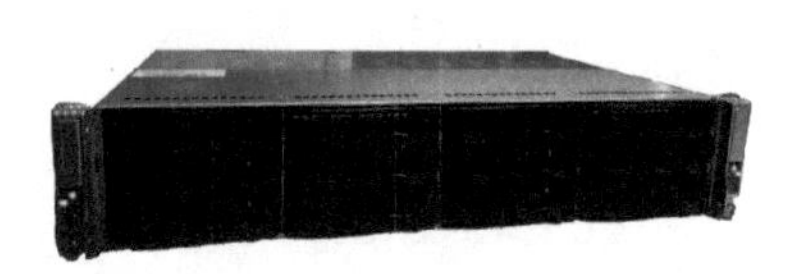

图 12.23 样机形态 2

12.3.6 攻击难度评估

如图 12.24(b)所示，拟态构造 Web 服务器等效为一个基于 I【P】O 模型的

DHR 软件协议栈。图 12.24(a)是假定的攻击链，且约定攻击操作一旦被拦截则攻击链将被复位。

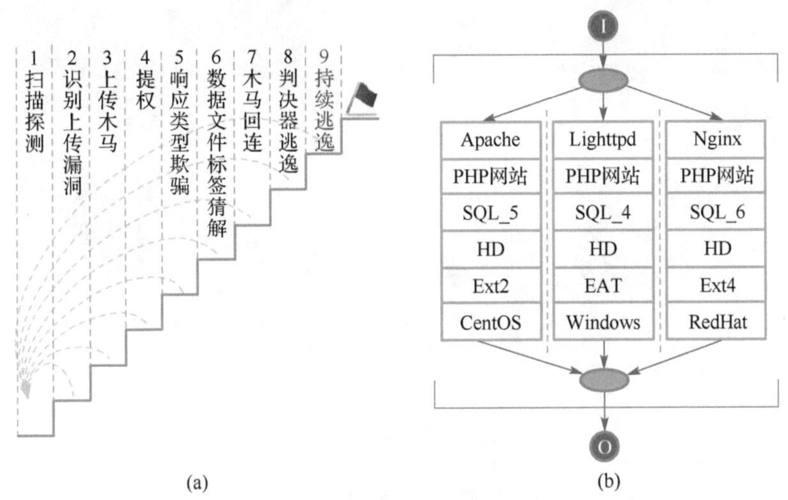

图 12.24 DHR 软件协议栈与攻击链

图 12.25 是攻击链的状态转移图。

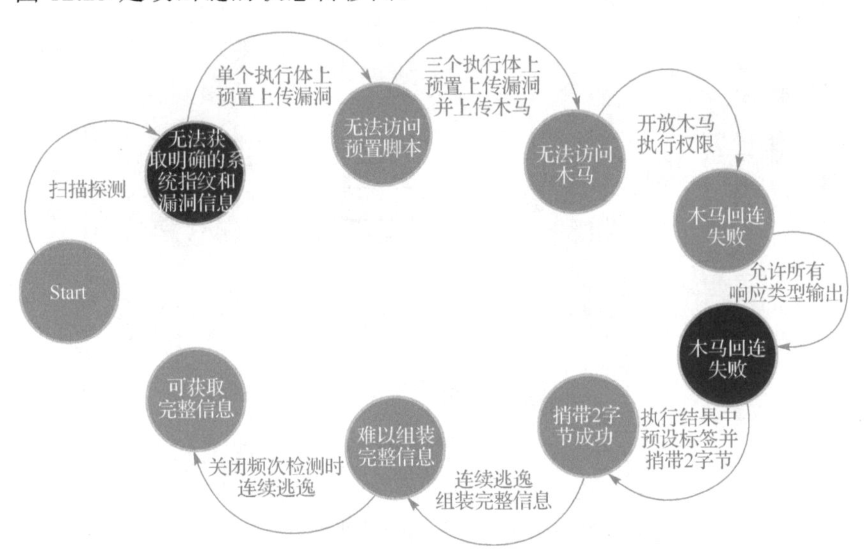

图 12.25 攻击链的状态转移图

图 12.26 是带有成功拦截条件的状态转移图。

为了突出重点的表达，假定非拟态条件下各阶段的攻击成功率 P_i，P_{A_i} 表示

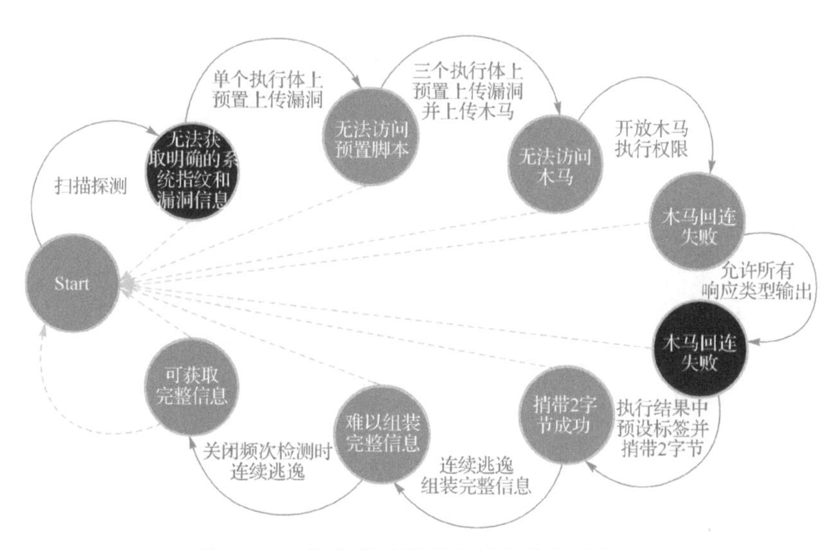

图 12.26　带有成功拦截条件的状态转移图

执行体 A 在 i 阶段被攻击成功的概率。表决器比对各执行体的返回值时，若返回值完全相同，V_i 的取值为“1”，否则为“0”。于是，拟态条件下的阶段性攻击成功率 P_i' 可以表述如图 12.27 所示。

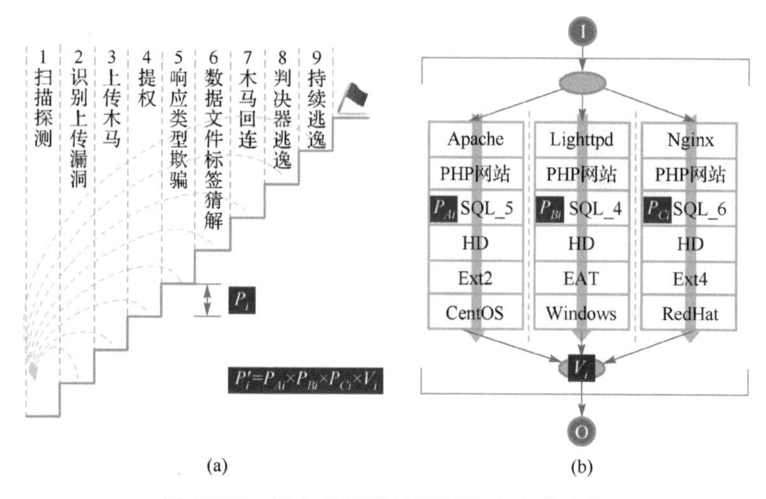

图 12.27　拟态条件下的阶段性攻击成功率

由于攻击不同阶段的攻击难度不一样，所以可能出现图 12.28 所示结果。说明如下：其中第 4 步“提权”操作的难度远大于第 7 步“木马回连”，P_4 远小于 P_7。而在拟态防御条件下，第 4 步三个执行体返回信息很容易一致，V_4

为 1，而第 7 步却由于受到整个系统异构性的影响很难一致，V_7只能为 0。因此，拟态防御条件下，第 7 步反而更难被攻击者突破。

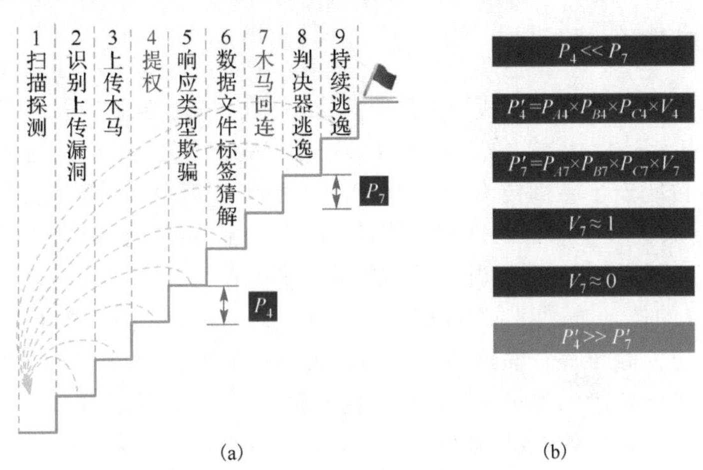

图 12.28　攻击不同阶段的攻击难度

进一步，假设完成整个攻击链的成功概率为 P''。如图 12.29 所示，由于在黑盒情况下，一个完整的攻击可能会多次触发攻击预警，从而触发系统的动态清洗机制，攻击者需要多次反复遍历攻击链，因此完成完整攻击的概率将是各阶段概率的乘积。在这种反复尝试的过程中，只要有一个步骤不能产生一致性的输出，理论上整个完整的攻击链就不可能完成。

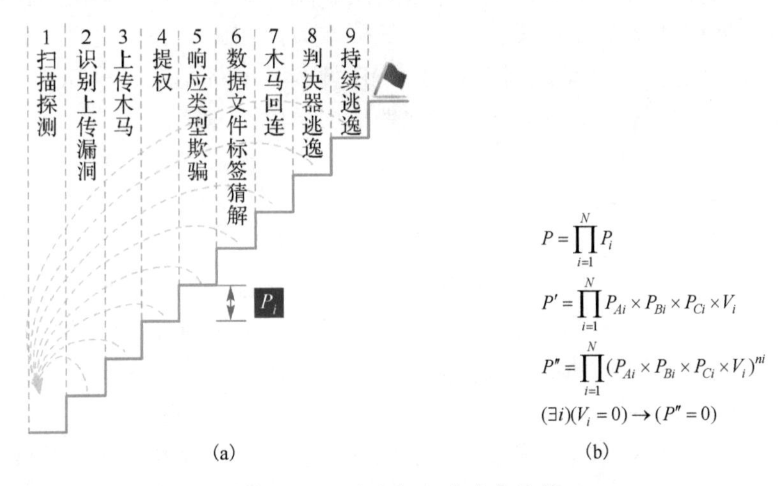

图 12.29　攻击任务成功率计算

得出推论：越是构造精巧，即环境依赖程度高的攻击行为越容易被拟态防御机制所防御，这就是拟态防御能够应对未知威胁的原因。

12.3.7 成本分析

在保证功能和性能的前提下，典型的拟态构造 Web 服务器采用了 3 余度异构方案，其初始购置成本约等于 3 台 COTS 级 Web 服务器。但是这种增加的成本除了带来传统安全防御技术无法达到的针对后门和漏洞的防御能力之外，还增加了 Web 服务装置的可靠性和可用性，在增强服务健壮性的同时也显著地降低了日常安全维护(打补丁、升级杀毒查毒软件、配置或调整防火墙规则、分析运行日志等)的技术难度和成本开销。总体而言，拟态构造的 Web 服务系统是一个集高安全、高可靠、易维护三种特性为一体的整体解决方案，其全生命周期性价比远高于传统的 Web 服务器与外挂式安全设施独立部署的方案。

对于商用环境下的 Web 服务器而言，为保证可用性，大多采用多机热备技术，其购置成本基本上接近于拟态构造 Web 服务器。为了保证安全性，还需要购置和部署各种外挂或内置安全防御设备或系统，例如防火墙、病毒查杀、入侵检测等，其投入将反超拟态构造 Web 服务器，而其对未知漏洞和后门的防御能力却远不及拟态构造 Web 服务器。进一步考虑运维难度，由于拟态防御技术原生的针对未知漏洞和后门的防御能力，对于频发的 0day 漏洞不需立即响应和修补，其运维难度和人力开销将远低于现有安全防御技术方案。

另一方面，在面向中小企业的普通商用环境中，可以采用简化的拟态防御实现方案，采用 2 余度表决来进一步降低成本。而在云服务环境中，甚至可以采用单执行体的方法(如单路冗余执行 PHP 脚本、单路冗余执行 SQL 脚本)，在不增加成本的情况下实现部分关键软件栈层面的拟态防御。

12.4 云化服务平台应用设想

近些年来云化服务平台发展迅速，正在从 IT-PaaS 模式向 ICT-PaaS 模式发展，带来服务敏捷、资源高效利用、用户可定制等诸多益处的同时，安全可信问题成为焦点。各种软硬件技术设备生产开发厂商不同，使用了不同的软硬器件、构件、组件、部件甚至中间件、IP 核，设计链、生产链、工具链、供应链、服务链等全球化开放，APP 平台向云端的迁移以及开源模式泛在化发展等，这一切变化都为基于信息系统脆弱性和可信性不能确保的供应链中的不端行为等的攻击提供了高价值目标和难得的机会场景。随着不同领域、不同层面、不同应用的云端化进程的加快，相应的漏洞后门、病毒木马等向云端集中的步伐也在加快，传统业务环境下的安全边界和保障模式都在发生深刻变化，业务的开放性、用户的自定义和资源的可视化应用给云平台的安全可信带来前所未有的挑战。

拟态防御可能不失为解决上述难题的新途径。因为云平台中的资源通常来自多元化市场，具有天然的异构性，资源的配置体系毫无疑问是冗余的，池化资源与虚拟化技术的使用又必定伴随着动态性或不确定性，而这些特性正是拟态防御所需的基本要素。按照拟态防御的思想将这些特性进行综合利用，在资源分配、进程任务管理、虚拟容器使用、池化资源配置等调度管理环节导入策略性的动态机制，有意识地转移、迁移或改变服务环境，随机地利用一些功能等价的异构资源，即使在不使用拟态裁决机制的情况下也能给攻击链的构建与稳定带来难以克服的障碍。如果在云平台中能够层次化、协同化地部署拟态防御机制，并融合使用其他的一些安全技术，有希望破解云化服务的安全困局。

实际上，拟态防御思想适用于绝大多数存在动态、异构、冗余要素的应用场合。

12.5 软件设计上的应用考虑

动态异构冗余架构也可以应用到高可靠、高安全性的软件设计中，尽管无法保证处理空间的物理隔离，但通过以下措施仍然能够增强软件自身的抗攻击能力，降低软件设计缺陷可能带来的可靠性和安全性问题。

12.5.1 随机调用移动攻击表面效应

通过系统内部随机(如当前进程数、处理器占用率、剩余存储空间等)参数动态调用这些功能等价异构冗余模块，使软件运行规律的不确定性增加，从而增加了这些模块设计缺陷或脆弱性的外部可利用难度。例如，在配置了多种printer函数的软件中，每次系统调用时使用的函数都不确定，即使这些函数设计中可能存在未知的漏洞或已被植入了后门，但由于随机调用使静态攻击表面变成了移动攻击表面，攻击包的可达性转变为不确定性问题。当然，移动攻击表面效应的取得是以该软件的设计者不存在蓄意安插后门或恶意代码为前提的。

12.5.2 防范第三方安全隐患

当前集成使用第三方软件模块或委托第三方开发的模式在业界已经非常普

遍，如何在委托开发构件可信性不能确保的情况下保证网络服务安全正成为十分严峻的挑战。例如，2017 年 2 月 28 日，百度公司接到举报，当用户从百度旗下的 http://www.skycn.net/和 http://soft.hao123.com/这两个网站下载软件时，会被植入恶意代码。接到举报后，百度安全部门通过紧急排查，对举报材料中的事实进行了认定，并于 3 月 3 日发出《关于"百度旗下网站暗藏恶意代码"事件的调查说明》，声明表示，事件中两个网址所提供的 hao123 软件下载器为第三方外包团队开发，其目的在于利用私自植入存在风险的驱动程序，以劫持用户流量，从百度联盟中骗取分成。倘若采用拟态架构，按照功能等价前提，使用多个可信性不能确保的第三方软硬构件就能够从构造机理上有效规避这一风险，尽管初始代价会增加一些，但全生命周期综合性价比优势却是显而易见的。

12.5.3 经典拟态防御效应

一个调用请求在逻辑上同时激活多个异构冗余模块，通过多模裁决机制选择完全相同或多数相同的处理结果作为调用输出。这就使存在于这些模块中的设计缺陷或从外部注入的恶意代码无法发挥作用，从而能同时满足高安全性和高可靠性应用场合的需要。但是，逻辑上的"同时激活"需转化为物理上的"分别激活"，这意味着需要以额外的性能开销为代价。值得庆幸的是，在"廉价多核、众核处理器时代"，采用多核或众核并行计算方式，同时调度运行多个异构冗余模块可以显著地弱化这个问题。

需要特别指出的是，在软件设计者无蓄意安插后门的前提下，复杂软件系统设计无法规避的设计缺陷甚至被植入陷门的问题，可以通过拟态架构的应用从机理层面得到有效改善，这是安全技术的一大进步，对于基础软件、核心软件、工具软件和重要应用与管理软件等具有普遍的意义。

12.6 系统级应用共性归纳

从以上典型应用中不难看出拟态防御系统级应用有以下共性：

(1) 符合 I【P】O 模型。

(2) 具有一对多的输入分配器(可静态、动态指配)。

(3) 存在多元化或多样化异构冗余配置软硬部件或虚拟构件的条件。

(4) 能够汇聚多路输出并具有处理空间独立的多模裁决输出机制。

(5) 都利用了基于多模裁决的策略调度和多维动态重构负反馈机制。

(6) 都是为了防范系统内部未知漏洞或陷门甚至后门可能带来的安全威胁。

参 考 文 献

[1] 邵泽宇, 皎丽丽. “棱镜门”折射我国工业软件何去何从. 中国信息：E 制造, 2013, 11: 24-33.

[2] CERT. 关于多款路由器设备存在预置后门漏洞的情况通报. http://www.cert.org.cn/publish/main/9/2014/20140429121938383684464/20140429121938383684464_.html. [2016-12-12].

[3] Rekhter Y, Li T. A Border Gateway Protocol 4（BGP-4）. RFC 4271, 2006.

[4] Moy J. OSPF Version 2. RFC 2328, 1998.

[5] Malkin G. RIP Version 2. RFC 2453, 1998

[6] Chun B G, Maniatis P, Shenker S. Diverse replication for single-machine byzantine- fault tolerance. Usenix Technical Conference, Boston, 2008: 287-292.

[7] Junqueira F, Bhgwan R, Hevia A, et al. Surviving Internet catastrophes. Usenix Technical Conference, Anaheim, 2005: 45-60.

[8] Zhang Y, Dao S, Vin H, et al. Heterogeneous networking: A new survivability paradigm. Workshop on New Security Paradigms, 2001: 33-39.

[9] Xorp, inc. http://xorp.org. [2016-03-22].

[10] Quagga. Quagga software routing suite. http://www.quagga.net. [2016-03-22].

[11] BIRD. The BIRD Internet Routing Daemon. http://bird.network.cz. [2016-03-22].

[12] Keller E, Yu M, Caesar M, et al. Virtually eliminating router bugs. ACM Conference on Emerging Networking Experiments and Technology, Rome, 2009: 13-24.

[13] Knight J, Leveson N. A reply to the criticisms of the Knight & Leveson experiment. ACM SIGSOFT Software Engineering Notes, 1990, 15(1): 24-35.

[14] Cisco 7200 simulator. software to run Cisco IOS images on desktop PCs. http://www.ipflow.utc.fr/index.php/Cisco_7200_ Simulator.[2016-03-22].

[15] Packet Tracer. http://www.cisco.com/Web/learning/netacad/ course_catalog/ PacketTracer. html. [2016-03-22].

[16] Olive. software to run Juniper OS images on desktop PCs. http://juniper. cluepon.net/index.php/Olive. [2016-03-22].

[17] Huawei. eNSP：Enterprise Network Simulation Platform. http://support. huawei.com/enterprise/toolNewInfoAction!toToolDetail?contentId=TL1000000015&productLineId=7919710. [2016-03-22].

[18] GNS3. GNS3 Technologies Inc. https://www.gns3.com. [2016-03-22].

[19] QEMU. http://wiki.qemu.org. [2016-03-22].

[20] Casado M, Freedman M J, Pettit J, et al. Ethane: Taking control of the enterprise. ACM Sigcomm Computer Communication Review, 2007, 37(4): 1-12.

[21] Goransson P, Black C. The OpenFlow specification. Software Defined Networks, 2014: 81-118.

第13章

拟态原理验证系统测试评估

2014 年 3 月，由国家数字交换系统工程技术研究中心（NDSC）联合中国电子科技集团（CECT）第 32 所、浙江大学、复旦大学、上海交通大学、深圳中兴通信公司、武汉烽火通信公司、成都迈普公司等十家研究机构和企业，共同承担了上海市科学技术委员会发布的“网络空间拟态防御原理验证系统”研制任务。该项任务旨在验证拟态防御原理在信息通信网络领域的有效性和适用性，为此分别设立了针对专门应用的“路由器环境下的拟态防御原理验证”（又称拟态构造路由器）课题，以及具有通用性质的“Web 服务器环境下的拟态防御原理验证”（又称拟态构造 Web 服务器）课题。2015 年 11 月，相关研发团队先后实现了各自的目标系统并完成了自测试验证。2015 年 12 月，上海市科学技术委员会向国家科技部递交了实施国家测试验证评估的申请。2016 年 1 月，国家科技部正式批复上海市科学技术委员会启动联合测试与验证评估工作。本章内容主要源自此次测试验证评估工作所产生的相关文件和资料，特此说明。

13.1 路由器环境下的拟态原理验证测试

13.1.1 拟态构造路由器测试方法设计

对传统路由器的测试至少包括功能测试和性能测试，此外还有稳定性测试、可靠性测试、一致性测试和互操作性测试等。其中，功能测试主要用于评估路由器的接口功能、通信协议功能、数据包转发功能、路由信息维护功能、管理控制功能、安全功能。性能测试主要考查路由器的吞吐量、时延、丢包率、背靠背帧数、系统恢复时间等性能指标。虽然针对传统路由器的测试方法能对路由器的功能、性能、可靠性等指标做出评判，但在评估路由器抵御网络攻击能力方面仍然没有较好的解决方法，而且传统的测试方法也无法对拟态防御机制在路由器中的实施过程进行验证。

为此测试组设计了针对拟态防御机制的测试方法以及对防御效果的测试方法，这两种方法综合利用开放内部模块接口、结果对照分析等手段，分别从实现过程和实现效果两个角度对被测对象的防御能力进行评估。按照这一测试思路，可将测试内容分为以下三个部分[1]。

(1) 路由器基础性能测试。主要目的是检测拟态构造路由器在其架构中加入用于实现拟态防御机制的相关单元和模块后，是否会对系统的转发性能和路由计算等基础能力产生影响。

(2) 拟态防御机制测试。主要目的是测试实现拟态防御机制的相关模块是否能够按照设计要求正常运行，并能有效地实现拟态防御机制。

(3) 防御效果测试。主要目的是测试在不消除路由器固有漏洞或后门的前提下，被测系统是否能够：①改变固有漏洞或者后门的呈现性质；②扰乱漏洞或后门的可锁定性与攻击链路通达性。③大幅增加系统视在漏洞或后门的可利用难度。

测试的整体构架如图 13.1 所示。

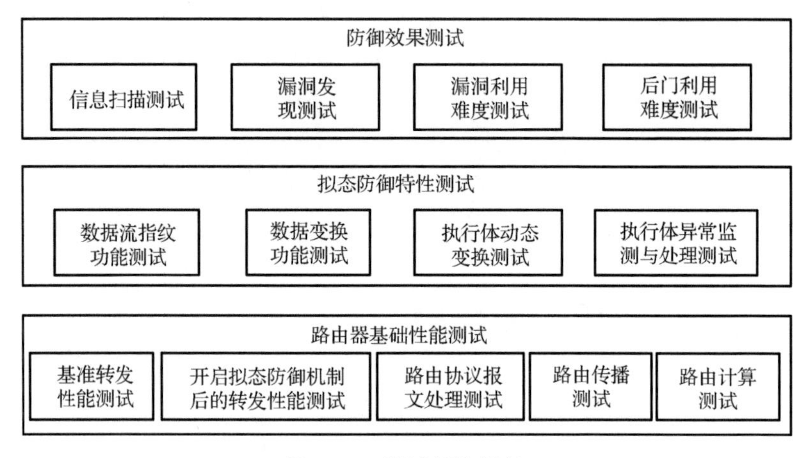

图 13.1　测试架构设计

测试方法可以分为两类：符合型测试和开放配合型测试[2]。对于有标准或设计规范可遵循的内容，按照符合型测试方法，测试被测对象与相关标准、理论框架、设计要求等的一致性[3]。而对于网络攻击，攻击链前一环节的成功是后续环节开展的前提，为突破这一限制，覆盖攻击链的所有环节，评估拟态机制对斩断攻击链各个环节的效果，采用开放配合型测试方法。其具体方法为：公开系统实现结构，设置内部观测点、植入后门、关闭拟态机制等。

测试的主要依据是拟态防御理论，同时参考了如下标准：

(1) GB/18018—2007《信息安全技术路由器安全技术要求》。

(2) YD/T1156—2001《路由器测试规范》。

(3) GB/T 20984—2007《信息安全技术信息系统风险评估规范》。

(4) GB/T 14394—2008《计算机软件可靠性和可维护性管理》。

测试环境设置如图 13.2 所示，被测系统的一个接口与互联网进行连接，接收来自外部网络的攻击，另外 3 个接口与思博伦测试仪构建的虚拟网络相连，虚拟

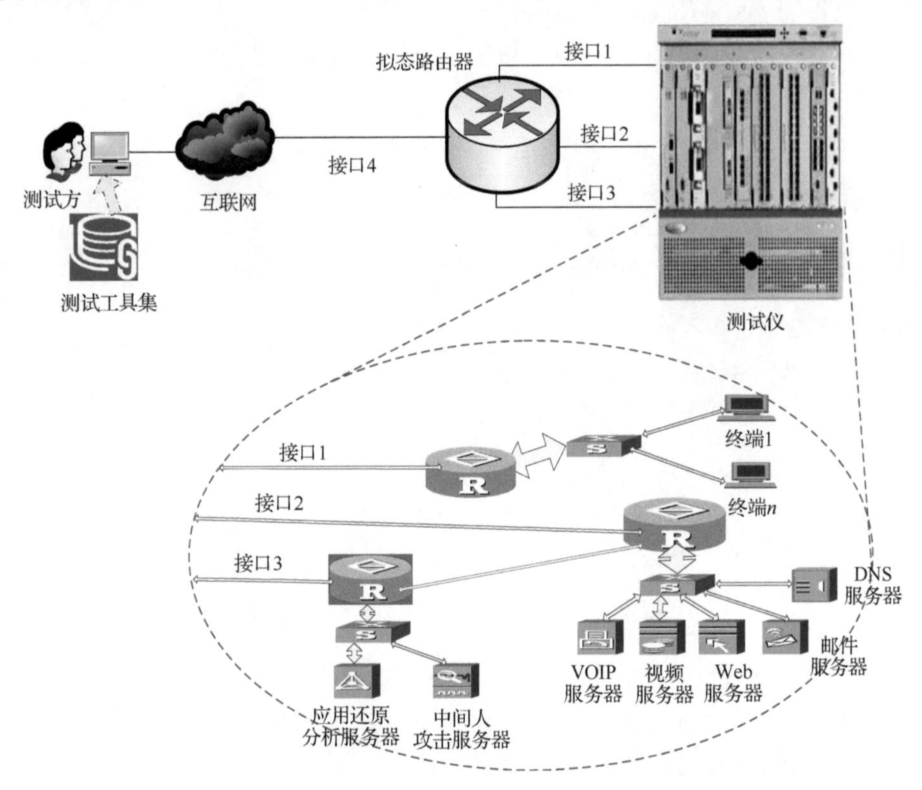

图 13.2　测试拓扑环境

网络中虚拟了视频服务器、邮件服务器、终端等业务节点，也包括用于实施攻击的虚拟节点。拟态构造路由器验证系统所有相关测试均在此拓扑环境下进行测试与分析。测试工具包括思博伦测试仪 TestCenter、Wireshark[4]、Nmap[5]、Nessus[6]、Metasploit[7]等。

13.1.2 路由器基础功能与性能测试

本节测试的目的是为了验证在路由器中引入拟态防御机制后，系统的功能符合性和操作一致性是否得到保证，这是进行安全性测试的前提。基础性能测试主要包括路由协议功能测试和转发性能测试两部分内容。测试采用思博伦测试仪 TestCenter 完成协议功能测试和性能测试。

1. 路由协议功能测试

该测试的目的是验证系统实现的路由协议功能是否符合标准协议规范。测试的对象设为 OSPF(open short path first) 协议[8]。测试方法是，通过思博伦测试仪向被测系统发送特定数据包，依据 OSPF 协议标准进行符合性测试。测试结果如表 13.1 所示。

表 13.1 OSPF 协议功能测试结果

测试编号	测试项	测试结果
1	OSPF 报文头合法性检查	通过
2	HELLO 报文头合法性检查	通过
3	各种接口发送的 HELLO 报文	通过
4	接收 HELLO 报文	通过
5	数据库同步过程中的主/从关系的确定	通过
6	发送和接收数据库描述报文	通过
7	接收非法数据库描述报文	通过
8	对各种链路状态广告的数据库同步	通过
9	发送和接收链路状态请求报文以及链路状态更新报文和链路状态确认报文	通过
10	链路状态更新报文合法性检查	通过
11	路由传播	通过
12	最短路径优先算法	通过

从测试结果可以看出，拟态构造路由器所实现的 OSPF 协议符合 RFC 标准，可以认为拟态防御机制的引入不影响路由器原有的路由协议功能。

2. 转发性能对比测试

该测试的目的是对比系统在引入拟态防御机制前后转发性能的变化，从而比较拟态防御机制对于路由器基础转发性能的影响。测试方法是，第一步，关闭系统的拟态防御功能(此时系统等价为一台传统路由器)，测试系统的转发性能，作为性能对比的基准；第二步，分别测试在单独开启系统的数据变换或动态调度功能的条件下，系统的转发性能；第三步，在同时开启数据变换和动态调度功能(即开启系统的全部拟态功能)的条件下，测试系统的转发性能。采用测试仪的 GE 接口与被测系统对接，在 1000Mbit/s 速率下测试系统的转发性能指标。在丢包率和时延抖动均为 0 的条件下，选取系统的吞吐率和时延作为转发性能的评价指标。每一步测试的帧大小包括 64，128，256，512，1024，1280 和 1518 字节。测试结果如表 13.2 所示。

表 13.2 转发性能对比测试结果

测试条件	平均吞吐率/%	平均时延/ms
基准(关闭拟态功能)	85.7	0.35
仅开启数据变换	83.7	0.35
仅开启动态调度	84.2	0.38
开启数据变换和动态调度	85.4	0.39

从测试结果来看，拟态构造路由器在部分或者全部开启拟态防御功能的情况下，其转发性能(吞吐率和时延)与基准转发性能相比，并无明显下降，因此可以认为，拟态防御机制的引入对路由器的基本转发性能并无明显影响。

综上所述，拟态构造路由器在引入拟态防御机制后，仍然能够保证其作为路由器的基本功能，且性能指标无明显下降。

13.1.3 拟态防御机制测试及结果分析

为了实现拟态防御的目标，拟态构造路由器在其体系架构中加入了数据变换机制、数据流指纹生成机制、执行体动态调度机制、多模裁决机制和负反馈控制机制等。而要评测拟态防御机制的防御效果之前，首要测试拟态构造路由器是否实现了声称的拟态防御机制，确定这些机制能够按照设计要求完成其预定的功能。

在数据层面，针对数据变换机制、数据流指纹生成机制的两项测试，需要构造相应的测试数据包，并在系统外部和内部设立多个流量监测点，通过对不同观测点上的数据进行对比，判断相应的功能是否被实现。数据变换机制、数据流指纹生成机制的功能主要是在输入输出代理模块中实现。数据监测点的设置如图 13.3 所示。

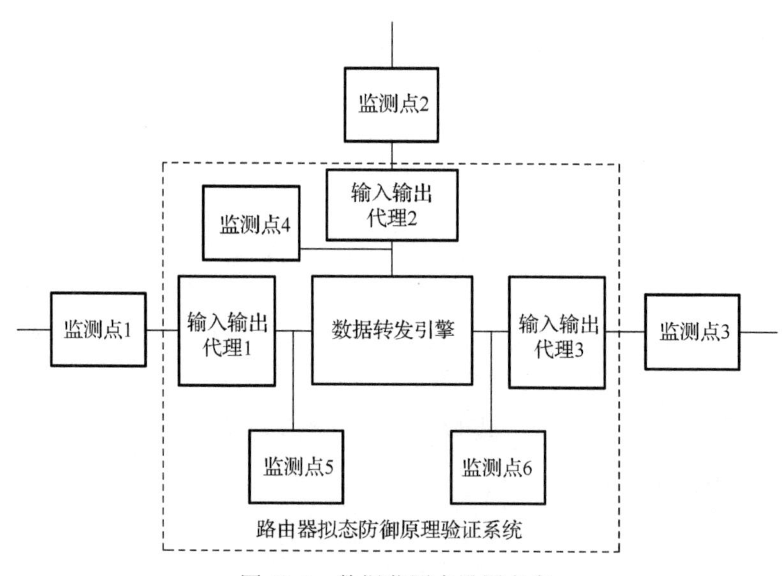

图 13.3 数据监测点设置方案

1. 数据变换功能测试

该测试的目的是验证系统是否能对输入的数据报文执行数据变换操作，并且在数据报文离开系统前执行逆变换，从而防止利用数据平面数据流触发后门/漏洞，导致路由器工作异常或者瘫痪。测试方法是，在某一线路上向被测系统发送多个数据包，其中部分数据包具有特定的负载，其他线路不发送任何数据。然后在发送数据的线路上的监测点记录所有流经的数据包，同时在其他监测点监测线路上的数据包流经情况，一旦发现有数据包通过，则将这些数据包与其他监测点上截获的流量进行比对，从而判断数据变换功能是否正常实现。该过程重复三次，每次测试数据由不同的线路输入。测试结果如表 13.3、表 13.4 和表 13.5 所示。

表 13.3 数据变换功能测试结果(监测点 1 输入)

监测点编号	是否有流量经过	负载比对结果
1	有	与监测点 3 相同，与监测点 5、6 不同
2	无	—
3	有	与监测点 1 相同，与监测点 5、6 不同
4	无	—
5	有	与监测点 6 相同，与监测点 1、3 不同
6	有	与监测点 5 相同，与监测点 1、3 不同

表 13.4 数据变换功能测试结果(监测点 2 输入)

监测点编号	是否有流量经过	负载比对结果
1	有	与监测点 2 相同，与监测点 4、5 不同
2	有	与监测点 1 相同，与监测点 4、5 不同
3	无	—
4	有	与监测点 5 相同，与监测点 1、2 不同
5	有	与监测点 4 相同，与监测点 1、2 不同
6	无	—

表 13.5 数据变换功能测试结果(监测点 3 输入)

监测点编号	是否有流量经过	负载比对结果
1	无	—
2	有	与监测点 3 相同，与监测点 4、6 不同
3	有	与监测点 2 相同，与监测点 4、6 不同
4	有	与监测点 6 相同，与监测点 2、3 不同
5	无	—
6	有	与监测点 4 相同，与监测点 2、3 不同

从测试结果来看，数据包进入被测系统内部，其负载会被输入输出代理进行编码变换处理，而在送出被测系统后，该数据又会被实施逆变换，从而与输入的数据负载保持一致。数据在被测系统内部成功实施数据变换。

2. 数据流指纹功能测试

该测试的目的是验证系统对于进入系统的数据报文是否能正常施行添加数据流指纹操作，在离开拟态构造路由器前执行去数据流指纹功能，防止攻击者利用数据平面功能组件进行数据包篡改或转移。测试方法是在某一线路上向被测系统发送多个数据包，其他线路不发送任何数据。然后在发送数据的线路上的监测点上记录所有流经的数据包，同时在其他监测点上检查流经的数据包里是否被插入字符串指纹，从而判断数据流指纹功能是否正常实现。该过程重复三次，每次测试数据由不同的线路输入。测试数据如表 13.6、表 13.7 和表 13.8 所示。

表 13.6 数据流指纹功能测试结果(监测点 1 输入)

监测点编号	是否有流量经过	是否发现字符串指纹
1	有	否
2	无	—
3	有	否
4	无	—
5	有	是
6	有	是

表 13.7　数据流指纹功能测试结果（监测点 2 输入）

监测点编号	是否有流量经过	是否发现字符串指纹
1	有	否
2	有	否
3	无	—
4	有	是
5	有	是
6	无	—

表 13.8　数据流指纹功能测试结果（监测点 3 输入）

监测点编号	是否有流量经过	是否发现字符串指纹
1	无	—
2	有	否
3	有	否
4	有	是
5	无	—
6	有	是

从测试结果来看，对于进入系统的数据报文，输入输出代理依据算法执行对每个数据包执行了加指纹操作；在离开系统前，输入输出代理执行了删除指纹操作。数据流指纹功能正常实现。

3. 协议执行体随机呈现测试

该测试的目的是验证被测系统是否能正常完成执行体的选取和动态切换，从而在完成正常的路由计算等功能的同时，对外随机呈现。测试方法是启动执行体的切换功能后，每隔 10 分钟记录正在对外呈现的执行体的编号，也就是 worker 执行体的编号，同时向被测系统中注入路由表项，然后通过测试仪不间断地向被测系统输入测试数据流，在出口处监测数据流是否中断，同时观测路由协议的更新数据包是否正常发送。worker 执行体的默认切换时间为 5～15 分钟之间的随机值，为了便于测试，将切换时间设为固定值 10 分钟；路由协议采用 OSPF，注入 4 条路由。7 个执行体编号为 A～G，同一时间处于在线状态的 inspector 执行体设为 5 个，这 5 个在线的执行体将按照编号顺序依次从 7 个执行体中选取，观测时间以系统初始化完成的时间为起点进行记录。

测试开始后，各个观测时间点的执行体对外呈现情况如表 13.9 所示，可以看出系统每个周期对外呈现的 worker 执行体都与前一个观测周期呈现的不一样，且调度顺序随机。在向执行体注入路由以后，各个监测点也捕获到 OSPF

协议发送的 LSA 通告。在注入测试数据流以后，在出端口能够观测到流量，且没有出现流量中断情况。

表 13.9　协议执行体对外呈现观测结果

观测时间/min	worker 执行体编号	inspector 执行体编号
5	E	A、B、C、D、E
15	C	B、C、D、E、F
25	F	C、D、E、F、G
35	A	A、D、E、F、G
45	B	A、B、E、F、G
55	A	A、B、C、F、G
65	G	A、B、C、D、G
75	D	A、B、C、D、E

测试结果显示，拟态构造路由器能够实现在线执行体的动态随机调度，且流量转发和路由协议运行不受调度操作的影响。

4．协议执行体路由异常监测与处理测试

该测试的目的是验证系统是否能依据设定规则通过多模裁决机制激活反馈控制功能，切换异常执行体。测试方法是启动执行体的切换功能后，通过测试仪模拟邻居路由器，向被测系统中注入路由表项，同时，通过测试仪不间断地向被测系统输入测试数据流。接下来模拟 worker 执行体被恶意入侵并修改路由，方法是不通过中央控制器下发，而直接向在线的执行体写入一条静态虚假路由。同时观测执行体的调度和测试流的转发情况。该过程在不同时间点重复3 次。观测时间以系统初始化完成的时间为起点进行记录。

由表 13.10 的测试结果可以看出，每次向在线的执行体注入虚假路由以后，系统的多模裁决点立刻发现了路由表异常，并进行了工作执行体的切换操作，新呈现的执行体的路由表中不含有被注入的虚假路由表项。当执行体 B 被切换下线之后再次被调度到呈现状态时，由于被测系统已经对其进行了数据清洗，所以其路由表中不再含有被注入的虚假路由。测试过程中没有出现流量中断或流向被干扰情况。

表 13.10　协议执行体动态变换测试结果

时间/min	操作	观测结果
3	观测执行体呈现情况	执行体 B 为 worker
4	注入虚假路由	虚假路由被注入执行体 B 的路由表中
5	观测执行体呈现情况	执行体 D 为 worker，路由表不包括虚假路由
7	注入虚假路由	虚假路由被注入执行体 D 的路由表中

续表

时间/min	操作	观测结果
9	观测执行体呈现情况	执行体 C 为 worker，路由表不包括虚假路由
14	观测执行体呈现情况	执行体 C 为 worker，路由表不包括虚假路由
15	注入虚假路由	虚假路由被注入执行体 C 的路由表中
17	观测执行体呈现情况	执行体 F 为 worker，路由表不包括虚假路由

测试结果表明：被测系统能够及时检测出路由表的异常表项，并实施执行体调度切换操作，切换后异常路由表项将被清除。

5. 内生流量拦截测试

该测试的主要目的是验证系统的多模裁决点是否能阻断由异常执行体主动对外发送的异常流量。测试方法是：假设 worker 执行体已经被攻击者恶意控制，测试人员通过 worker 自身的网管其向发送命令，使 worker 主动对外发起 TFTP（Trivial File Transfer Protocol）服务请求，模拟漏洞或后门被触发以后路由器主动向攻击者建立连接并发送数据的过程。然后在多模裁决点两侧设立监测点，检查该请求是否被拦截。为了进行对比，第二次测试通过网管功能同时向 worker 和 3 个 inspector 执行体下发对外建立 TFTP 连接命令（目的 IP 地址相同），并通过监测点观察 TFTP 请求是否被发送出去。监测点的部署方案如图 13.4 所示。

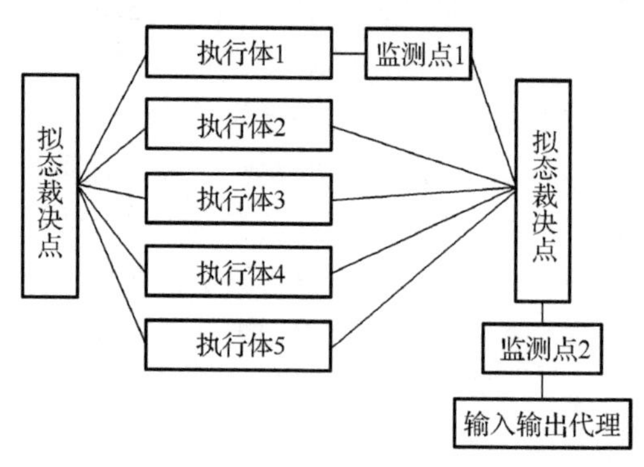

图 13.4　内生流量拦截测试的监测点部署方案

测试结果为：第一次测试中，在监测点 1 监测到 TFTP 请求的数据报文，在监测点 2 则没有监测到 TFTP 数据报文。在第二次测试中，在监测点 1 和监测点 2 都监测到了 TFTP 请求的数据报文。

通过测试结果可以看出，当只有 1 个执行体向外建立连接时，则多模裁决点会将其视为异常行为，并拦截建立连接的请求包。当有大部分 inspector 执行体同时向外部发起连接请求时，多模裁决点会认为这是正常行为，并对 worker 的请求予以放行。

测试结果表明，被测系统的多模裁决机制能够有效阻止单个执行体的漏洞和后门被触发后对外发送异常报文的行为。

13.1.4 防御效果测试及结果分析

针对路由器的攻击主要分为两类[9]：一类是针对路由协议自身机制缺陷进行的攻击，这类攻击使得路由协议无法收敛或者产生错误的路由输出。此类攻击的目标是协议机制，不属于被测系统的防御范围，所以，对此类攻击场景不进行测试。另一类攻击是针对路由器实现过程中引入的漏洞或者有目的地植入后门而发起的攻击行为。此类攻击将以获得目标控制权，窃取情报信息、致乱或者致瘫目标系统为攻击目标，是被测系统的主要防御对象，防御效果测试主要围绕此类攻击场景展开。

实现过程中引入的漏洞或者后门，对于被测系统而言，依据其产生位置，可以分为两类。一类位于各个执行体，一类位于拟态插件(为实现拟态机制而引入的功能部件，包括输入输出代理、多模裁决、动态调度等模块)。对于拟态插件而言，其中动态调度模块单方向连接执行体，攻击消息不可达。输入输出代理负责消息匹配转发，多模裁决处理对象为比特流，它们都不对数据内容或者语义做处理。因此，无法构建针对拟态插件的攻击。同时拟态插件由于功能简单、单一，功能代码量远远小于执行体的代码量，可以采用代码审计的方法进行安全评估与测试。因此，本节主要针对执行体上存在的漏洞或者后门进行防御效果测试。

1. 攻击模型与测试场景

依据被测系统的防御目标，攻击者利用漏洞对路由器发起攻击的一般性攻击链如图 13.5 所示。攻击者首先通过扫描探测的方法，确认目标路由器的相关信息，例如，设备型号、操作系统版本、周围网络拓扑情况、开放端口号、启动的网络服务等信息。基于扫描探测信息识别目标路由器上存在的漏洞，然后

图 13.5 路由器漏洞利用攻击链

利用漏洞进行权限提升。在提权后，可以修改路由器的ACL(access control list)规则等，打开恶意流量进入内部网络大门；也可以修改路由表、部署隐蔽通道，对经过路由器的所有数据实施嗅探和中间人攻击。更进一步，可以在路由器系统上设置后门，进行长期持续的隐蔽控制。

分析上述攻击链，可以看出攻击链前一环节的成功是后续环节开展的前提。为了覆盖攻击链的所有环节，评估拟态机制对斩断攻击链各个环节的效果，本节采用开放配合型测试方法对拟态构造路由器的防御效果进行测试分析，即分别对攻击链每一环节进行逐项测试，每个环节的测试假定攻击者已经完成该环节在攻击链中的前序步骤。

2. 系统信息扫描测试

系统信息扫描是攻击者进行网络攻击所进行的第一步操作，检测目标系统开放的端口、启动的服务以及操作系统版本等信息，决定后续攻击所采用的方法手段和工具。该测试的目的是验证系统对于攻击链第一步的防御能力。测试方法是采用Nmap工具对系统进行10次扫描，每次扫描的开始时间是随机选定的，从扫描开始一直到返回扫描结果视为一次扫描。在扫描过程中系统执行体采用随机调度方法进行调度切换。

由于这10次得到的结果基本类似，选择其中一次扫描结果进行分析。扫描结果如图13.6所示，这次扫描持续了904秒，通过开放的端口号、端口上的服务来确定这是一台路由设备，型号为ZXR10路由器。通过查看目标系统的调度

```
PROTOCOL STATE          SERVICE
1        open           icmp
2        open|filtered  igmp
4        open|filtered  ipv4
6        open           tcp
17       open           udp
41       open|filtered  ipv6
46       open|filtered  rsvp
47       open|filtered  gre
89       open|filtered  ospfigp
103      open|filtered  pim
112      open|filtered  vrrp

PORT     STATE          SERVICE VERSION
23/tcp   open           telnet
161/udp  open           snmp     SNMPv1 server; nil SNMPv3 server (public)
| snmp-sysdescr: ZXR10 ROS Version V4.6.03b GER Software,
| Version V2.6.03b41 Copyright (c) 2000-2005 by ZTE Corporation Compiled Jul
520/udp  open|filtered route
1701/udp open|filtered L2TP
Network Distance: 1 hop
Service Info: Host: ZXR10
```

图13.6 系统信息扫描探测结果

日志得知，在扫描过程中共有三个执行体轮流上线，依次为中兴执行体、思科执行体和 Quagga 执行体。因此，Nmap 扫描得到的最后的测试结果实际上不是对同一个目标进行扫描探测得到结果，基于这些结果做出的测试结论必然是不准确的。汇总这 10 次扫描结果，每次得到的结果都是不一致的，也就是说扫描测试结果具有不可预测性。

拟态构造路由器的工作机制决定了它同时运行多个执行体，并进行随机调度对外呈现，使得系统对外呈现的信息发生了跳变，仅仅凭借一两次扫描探测难以准确识别目标系统的相关信息。为了获得准确的目标信息，攻击者将不得不增加扫描探测的次数和频度，这将明显增加攻击成本。如果扫描探测频次过高，就很容易被安全检测设备或者通过日志分析发现。所以，在扫描探测阶段，拟态防御机制可以有效地迷惑攻击者，明显降低攻击者获取目标系统信息的准确度，增加扫描探测花费的时间，显著提升了攻击者获取目标系统信息的难度。

3. 拟态界内漏洞发现测试

前一测试过程中，通过 Nmap 扫描探测并未确定目标系统的具体信息，但是可以基本明确系统开放了哪些端口，运行了哪些服务协议。本测试目的是在上节系统信息扫描的基础上，对这些开放的服务做进一步的漏洞扫描，测试验证拟态界内固有漏洞或者后门的呈现性质。测试方法是采用 Nessus 工具对目标系统的几个服务进行漏洞扫描，共进行 10 次扫描。

测试结果仅 1 次发现了目标系统存在高危脆弱点，结果如表 13.11 所示。该高危脆弱点为 SNMP 协议的 public 团体字。这是因为拟态界内有一个执行体使用了 public 团体字。由于系统动态性的存在，其他执行体并没有采用这种易猜的团体字，所以，在 10 次扫描过程中仅有 1 次发现目标系统存在该脆弱点。

表 13.11　漏洞扫描结果

漏洞级别	漏洞数量	漏洞明细
Critical	0	—
High	1	SNMP Agent Default Community
Medium	0	—
Low	1	Unencrypted Telnet Server

漏洞扫描是攻击者实施攻击第二步，该阶段的结果将决定了后续攻击手段、工具和攻击的难易程度。如果扫描到目标系统存在漏洞，那么攻击成功的概率将会大增。系统通过随机调度机制，多个执行体以跳变的形式对外呈现，使得漏洞扫描工具面向变化的目标，很难在短时间内准确得到目标系统

的漏洞信息。因此，拟态防御机制可以在未消除系统漏洞或脆弱点前提下改变漏洞或系统脆弱点的呈现特性。

4. 拟态界内漏洞利用难度测试

本测试目的是评估验证拟态界内视在漏洞的利用难度。跳过攻击链的前序环节，我们直接假定攻击者已经获知拟态界内存在一个可利用漏洞，在此基础上，利用该漏洞发起攻击，验证系统的防御效果。测试选用思科 IOS 的 SNMP 漏洞，该漏洞存在于系统的思科执行体上，该漏洞被利用后会启动 TFTP 服务，允许攻击者通过 TFTP 下载目标系统的配置文件。测试方法是，首先暂停拟态内的动态调度和多模裁决机制，即关闭系统的拟态防御机制，并设定思科执行体为 worker，此时可以认为系统等价于一台思科路由器，在该条件下验证漏洞的可利用情况。然后恢复拟态界内的动态调度和多模裁决机制，即启用拟态防御，再次验证该漏洞的可利用情况。

测试结果如下：关闭拟态机制的情况下，利用 Metasploit 工具对系统进行渗透攻击，得到结果如图 13.7 所示，可以看到该漏洞可被成功利用，利用该漏洞可以获得目标系统的 enable 口令，以及相应的系统配置文件。在 60 分钟内，每隔 180 秒，发起一次上述攻击，均得到相同结果。

```
msf auxiliary(cisco_config_tftp) > exploit
[*] Starting TFTP server...
[*] Scanning for vulnerable targets...
[*] Trying to acquire configuration from 1.1.1.66...
[*] Scanned 1 of 1 hosts (100% complete)
[*] Providing some time for transfers to complete...
[*] Incoming file from 1.1.1.66 - 1.1.1.66.txt 860 bytes
[*] Saved configuration file to /home/1.1.1.66.txt
[+] 1.1.1.66:161 Unencrypted Enable Password: !qaz@wsx
[*] Collecting :!qaz@wsx
[+] 1.1.1.66:161 Username 'nmgdcy' with Password: n@Qos$mpls
[*] Collecting nmgdcy:n@Qos$mpls
[+] 1.1.1.66:161 SNMP Community (RO): nmgdcy@demaxiya
[*] Collecting :nmgdcy@demaxiya
[+] 1.1.1.66:161 SNMP Community (RW): public
[*] Collecting :public
[*] Shutting down the TFTP service...
[*] Auxiliary module execution completed
```

图 13.7 关闭拟态机制时的漏洞利用结果

开启拟态机制的情况下，重复上述过程，发现漏洞始终无法被成功利用。这是由于拟态构造路由器采用的多模裁决机制，攻击者通过漏洞触发的 TFTP

数据流是个体行为(针对同一个 TFTP 输入仅有一个执行体进行响应)，与其他执行体的响应行为不一致，因此无法通过裁决点，漏洞利用失败。

漏洞的触发利用是攻击者实施攻击的核心步骤，可以说，漏洞能否被成功触发是评价一个系统安全性的最终指标。因此，拟态防御机制能够在不消除系统漏洞前提下，大幅增加系统视在漏洞的可利用难度。

5．拟态界内后门利用难度测试

本测试目的是评估拟态界内后门的利用难度，测试拟态防御机制对于后门攻击的防御能力。对于一个给定的信息系统，可以利用后门进行系统致瘫以破坏可用性、信息获取以破坏机密性、系统致乱以破坏完整性。所以，测试例分别围绕这三个方面进行设置。测试前在系统执行体中内置后门，测试方法与系统漏洞利用难度测试类似，首先关闭系统的拟态防御机制，并将后门所在执行体设定为 worker，在该条件下验证后门的可利用情况；然后启用系统拟态防御，再次验证该后门的可利用情况。

1) 致乱后门

为了验证对致乱后门的防御效果，在执行体上进行了后门设置，该后门特征为：如果收到的 OSPF 协议 hello 报文中 Neighbor 字段含有 0x5a5a5a02 值，则后门被触发，执行体自动增加一条到 A.B.C.D 的缺省路由，并使得其他路由无效，其中 A.B.C.D 由 hello 报文中的 Designated Router 字段指定。

在关闭拟态机制条件下，测试仪发向路由器接口 1 的数据被从接口 2 正确转出。测试方通过接口 4 发送后门触发报文，触发后门，原本从接口 2 发出的数据，被修改为从接口 3 转出。通过 SNMP 可以查看到执行体中被自动添加了一条下一跳为 192.168.3.100 的默认路由，如图 13.8 所示。说明后门被成功触发并被利用。在开启拟态机制后，重复上述后门触发操作，通过 SNMP 仍然可以看到后门执行体生成了默认路由，说明执行体后门已被触发。但是，并未发现数据流向的改变。这说明拟态界内的后门可被触发，但未能成功利用。

分析测试结果，拟态防御机制启动以后，路由表篡改的后门无法成功利用。这是由于拟态防御机制的多模裁决特性决定的。攻击者通过触发后门修改的路由表只存在单个执行体上，与其他在线执行体的路由表不一致，因此无法通过裁决点，路由表篡改失败。

2) 窃情后门

为了验证对窃情后门的防御效果，在执行体上进行了后门设置，该后门特征为：执行体收到特定的 SNMP 触发报文后，自动将内部路由表信息每隔 30 秒以 UDP 报文发送给指定 IP 地址，该 IP 地址由 SNMP 触发报文指定。

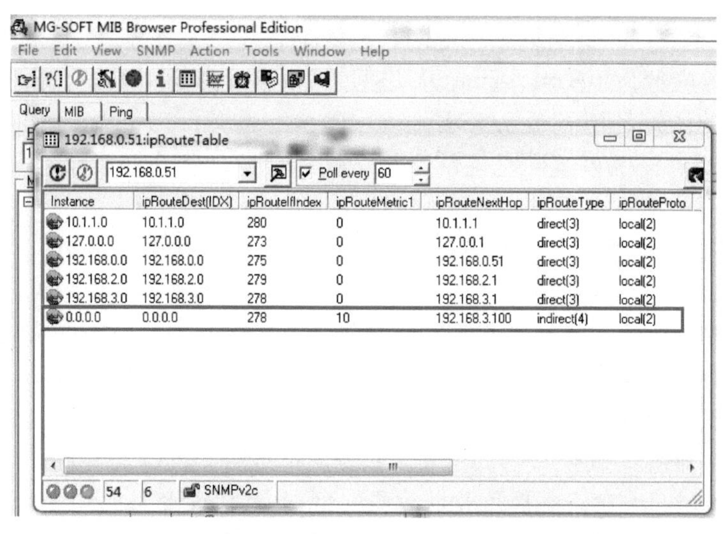

图 13.8　关闭拟态机制时路由表篡改后门的利用结果

在关闭拟态机制条件下，测试方通过接口 4 发送后门触发报文，之后测试仪在接口 3 上收到了原目端口号为 8993 的 UDP 报文，如图 13.9 所示。经查验其载荷部分携带的信息与执行体的路由表一致。说明后门被成功触发并被利用。在开启拟

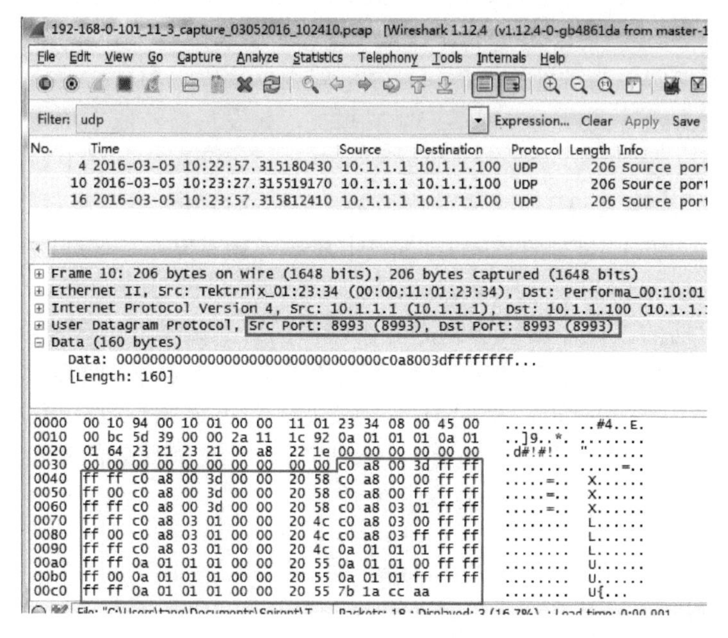

图 13.9　关闭拟态机制时窃情后门利用结果

态机制后，重复上述后门触发操作，测试仪在接口3上一直未收到原目端口号为8993的UDP报文，这说明拟态机制使得后门无法被成功利用。

从测试结果可以看出，拟态防御机制启动以后，窃情后门无法被成功利用，与路由表篡改后门相同，这也得益于多模裁决特性，后门所在执行体向外部发送的UDP报文同样是个体行为，会在裁决点被发现，无法送出。

3）致瘫后门

为了验证对致瘫后门的防御效果，在数据转发平面人为植入后门，该后门特征为：当收到源、目的端口号为66535且载荷为全F的UDP报文后，系统瘫痪，转发功能失效。

在关闭拟态机制条件下，测试仪发向路由器接口1的背景流量数据被从接口2正确转出。之后，在接口1上叠加发送后门触发报文，发现测试仪的接口2收不到任何报文。通过串口查看转发单元，发现其对任何命令均没有响应。说明后门被成功触发并被利用。在开启拟态机制后，重复上述后门触发操作，测试仪在接口2上一直能够收到背景流量和后门触发报文，这说明拟态机制使得后门无法被成功利用。

从测试结果可以看出，拟态防御机制启动以后，致瘫后门无法被成功利用，这得益于转发平面的负载语义变换功能，通过对进入到转发平面的数据负载进行动态变换，使得基于特殊比特流进行硬件逻辑触发的后门无法工作。

通过对上述三个测试例的测试结果分析，可以得出以下结论，拟态防御通过引入动态异构冗余以及多模裁决机制，能够在不消除拟态界内后门的前提下，大幅提升利用后门攻击的难度。

13.1.5 拟态构造路由器测试小结

路由器是网络空间中最为重要的基础核心设备，由于其封闭性，导致存在大量未知漏洞和后门，使其成为攻击者的重要攻击目标。拟态构造路由器采用动态异构冗余架构设计，为路由器安全研究提供了新的思路。拟态构造路由器原理验证系统测试结果表明，系统在不影响基础功能和性能的前提下，实现了拟态防御机制的核心功能，并对基于未知漏洞或后门的攻击进行有效阻断和防御，极大增加了攻击难度，大幅提升了自身的安全防护能力，证明了拟态防御机制的有效性。拟态构造路由器原理验证系统的测试方法和手段，对拟态机制测试规范或标准的制定具有一定的参考价值。

13.2 Web 服务器环境下的拟态原理验证测试

13.2.1 拟态构造 Web 服务器测试方法设计

Web 服务器环境下的拟态原理验证测试的目的是为了评估拟态防御理论的有效性及工程实现的可行性。因此，此次测试评估重点不只是判断目标对象内部是否存在漏洞后门、病毒木马，而是要检验基于这些漏洞后门、病毒木马等的攻击能否获得成功以及攻击成果是否可持续利用的问题，即是否能达成“有漏洞不一定可利用，可利用不一定能持续有效”的拟态防御目标。

1. 测试过程设计

测试组设计了针对拟态构造 Web 服务器原理验证系统的测试方法，分别从 Web 服务器基础功能与兼容性测试、拟态防御机制测试、防御效果测试以及 Web 服务器性能测试展开[10]。具体内容为以下四个部分[11]：

1) Web 服务器基础功能测试与兼容性测试

主要目的是测试在 Web 服务器中引入拟态防御机制后，系统的功能符合性和页面兼容性是否得到保证，是否符合 HTTP 协议功能，是否影响用户的正常使用。

2) 拟态防御机制测试

主要目的是测试实现拟态防御机制的相关模块是否能够按照设计要求正常运行，并能有效地实现拟态防御机制。

3) 防御效果测试

主要目的是测试拟态构造 Web 服务器原理验证系统能够允许漏洞和后门存在的情况下，仍能提供安全可靠的服务；并且从根本上改变传统网络安全防御方法，阻断利用漏洞或后门的攻击链；达到能够有效防御未知漏洞和后门的效果。

基于拟态防御原理的 Web 服务器作为新型的 Web 安全防御手段，为验证其防御效果有效性，保证测试结果的完整性和客观性，测试过程中制定以下原则：

(1) 被测系统开发人员不得进行增量开发。

(2) 被测系统不采用现有的安全防护手段，例如防火墙、入侵检测系统等。

(3) 因为利用未知漏洞和后门发动未知攻击的测试场景无法构造，所以在不采取已有安全防护手段的情况下，部署或注入已知漏洞和后门，来模拟未知漏洞和后门。

测试方法完全模拟黑客可能使用的漏洞发现技术和攻击技术，对目标 Web 服务系统的安全防御能力做深入的测试，将受测设备暴露在更真实的使用环境中。采用可控制的方法和手段发现目标服务器、Web 应用程序和网络配置中存在的弱点，其中包括黑盒测试、注入测试和基于让步规则的灰盒测试，最终本阶段测试根据测试人员模拟黑客的攻击效果来验证拟态构造 Web 服务器原理验证系统的防御效果。

测试的主要依据是拟态防御理论，同时参考了如下标准及文献：

(1) GB/18336—2008《信息技术安全性评估准则》。

(2) GB/T 30279—2013《信息安全技术安全漏洞等级划分指南》。

(3) GB/T 20984—2007《信息安全技术信息系统风险评估规范》。

(4) GB/T 14394—2008《计算机软件可靠性和可维护性管理》。

4) Web 服务器性能测试

主要目的是在保证安全防御有效性的基础上，进行性能测试，验证拟态防御机制是否影响了系统的性能、是否在工程实现中引入了性能瓶颈。

2. 测试环境设置

为避免 Web 服务器硬件差异给测试结果带来误差，测试中采用统一的 Web 服务器硬件配置，如表 13.12 所示。

表 13.12 Web 服务器硬件配置表

类型	配置信息
CPU 型号	Intel Xeon (R) CPU E5-2620 v3 @ 2.40GHz
主板	GIGABYTE MD30-RS0
显卡	ASPEED，16MB
磁盘驱动器	LSI MR9260-8i SCSI Disk Device
内存	LSI MegaRAID SAS 9260-8i（32GB）
网卡 1	Broadcom BCM57810 NetXtreme II 10 Gige
网卡 2	Intel (R) I210 Gigabit Network Connection

13.2.2 Web 服务器基础功能测试与兼容性测试

本节测试的目的是为了验证在 Web 服务器中引入拟态防御机制后，系统的功能符合性和页面兼容性是否得到保证，是否符合 HTTP 协议功能，是否影响用户的正常使用。这是 Web 服务器提供服务的根本保证，是系统所有测试的基本前提。

1. HTTP 协议功能测试

HTTP 协议是 Web 服务器遵循的基本协议[12]，其最新版本为 1.1 版。HTTP

协议定义了客户端与服务器交互的几种不同的方式，其中最基本的通信方式有4种，分别是GET、POST、PUT、DELETE[13]。在本次测试中，为了保证测试的完整性，依据HTTP/1.1协议对系统开展全面的HTTP 1.1通信协议测试[14]，测试内容如表13.13所示。

测试全部通过，具体测试流程与结果参看《Web服务器拟态防御原理验证系统联合测试报告》的4.2 HTTP1.1 协议一致性测试、4.6.6 持久性连接测试和4.6.7 非持久性连接测试。

表13.13 HTTP通信协议测试内容

序号	名称	测试内容	测试结果
1	GET请求测试	使用HTTP协议测试工具对Web服务器拟态防御原理验证系统发送GET请求，查看是否服务器会返回响应信息(Header和Body)	可以接收 GET 请求并返回正确的响应信息
2	POST请求测试	1号样例同理，发送POST请求	可以接收POST请求并返回正确的响应信息
3	PUT请求测试	1号样例同理，发送PUT请求	可以接收 PUT 请求并返回正确的响应信息
4	DELETE请求测试	1号样例同理，发送DELETE请求	可以接收 DELETE 请求并返回正确的响应信息
5	HEAD请求测试	1号样例同理，发送HEAD请求	可以接收 HEAD 请求并返回正确的响应信息
6	OPTIONS请求测试	1号样例同理，发送OPTIONS请求	可以接收 OPTIONS 请求并返回正确的响应信息
7	TRACE请求测试	1号样例同理，发送TRACE请求	可以接收 TRACE 请求并返回正确的响应信息
8	持久性连接测试	通过测试仪向网页发起请求，并观察TCP连接情况	支持HTTP1.1持久性连接
9	非持久连接测试	通过测试仪向网页发起请求，并观察TCP连接情况	支持HTTP1.1非持久性连接

测试结果显示，Web服务器拟态防御原理验证系统完全支持HTTP协议功能，引入的拟态防御机制不会影响Web服务器的正常协议功能。

2. 页面兼容对比测试

用户体验是 Web 服务器着重考虑的因素，由于主流浏览器的不断扩充(包括IE、Firefox、Chrome 等)，显示器设备的不断丰富，使得Web服务器系统需要兼容各种用户环境。在本节中，设计测试案例对比Web服务器拟态防御原理验证系统与普通服务器提供的Web页面，判断是否存在页面显示完整性、网页功能、JS

脚本兼容性、页面排版布局、不同分辨率下网页布局方面的差异，测试内容如表 13.14 所示。

表 13.14 兼容性测试内容与结果

序号	测试内容	测试环境	测试结果
1	页面显示完整性测试	操作系统+浏览器：Linux+Chrome、Win8+Chrome、Win7+Chrome、Win10+Chrome、Linux+Firefox、Win8+Firefox、Win7+Firefox、Win XP+Firefox、Win7+IE、Win8+IE、Win XP+IE	系统页面显示完整性方面与普通 Web 服务器表现一致
2	网页功能完整性测试	操作系统+浏览器：Linux+Chrome、Win8+Chrome、Win7+Chrome、Win10+Chrome、Linux+Firefox、Win8+Firefox、Win7+Firefox、Win XP+Firefox、Win7+IE、Win8+IE、Win XP+IE	系统页面功能完整性方面与普通 Web 服务器表现一致
3	JS 脚本兼容测试	操作系统+浏览器：Linux+Chrome、Win8+Chrome、Win7+Chrome、Linux+Firefox、Win8+Firefox、Win7+Firefox、Win XP+Firefox、Win7+IE、Win8+IE、Win XP+IE	系统 JS 脚本兼容性与普通 Web 服务器表现一致
4	排版布局测试	操作系统+浏览器：Linux+Chrome、Win8+Chrome、Win7+Chrome、Win XP+Chrome、Linux+Firefox、Win8+Firefox、Win7+Firefox、Win XP+Firefox、Win7+IE、Win8+IE、Win XP+IE	系统网页排版布局与普通 Web 服务器表现一致
5	不同分辨率下的网页布局	操作系统+浏览器+分辨率：Linux+Chrome+w-800 h-600、Linux+Chrome+w-1280 h-720、Linux+Chrome+w-1855 h-1056、Linux+Firefox+ w-800 h-600、Linux+Firefox+w-1280 h-720、Linux+Firefox+w-1855 h-1056、Win7+Firefox+w-800 h-600、Win7+Firefox+w-1280 h-720、Win7+Firefox+w-1920 h-1080、Win7+Firefox+w-1928 h-1044、Win7+IE+ w-800 h-600、Win7+IE+w-1280 h-720、Win7+IE+ w-1920 h-1080、Win7+IE+w-1928 h-1044	系统在不同分辨率下网页布局与普通 Web 服务器表现一致

测试全部通过，具体测试流程与结果参看《Web 服务器拟态防御原理验证系统联合测试报告》的 4.6 兼容一致性测试。

测试结果显示，Web 服务器拟态防御原理验证系统引入拟态防御机制后不会影响网页兼容性，不会影响用户的访问效果。

13.2.3 拟态防御机制测试及结果分析

Web 服务器拟态防御原理验证系统是由请求分发均衡模块、响应多余度表决器、动态执行体调度器、中心调度器、数据库指令异构化模块等组成。评测系统的防御效果之前，首要测试系统的组成模块是否实现了预期设计的拟态防御机制，确定这些机制能够按照设计要求完成其预定的功能，测试内容如表 13.15 所示。

表 13.15　拟态防御原理功能测试内容

序号	测试对象	测试方法	测试结果
1	请求分发均衡模块	抓取前端出口数据，观察数据目的地址及内容	输出到每个虚拟机服务器池的数据包相同
2	响应多余度表决器	在三个在线虚拟机服务器池中，更改其中一个池中的网页，观察变化	网站正常提供服务，并且服务器控制端返回错误信息
3	动态执行体调度器	限定虚拟机服务器池中有 5 台设备，且全部处于在线状态，更改其中某台在线服务器的网页，观察变化	基于异常事件驱动，更改过的服务器被清洗恢复
4	中心调度器	切换不同的调度策略，观察系统是否能正常运行	系统正常运行
5	数据库指令异构化模块	是否有指令指纹异构能力、指令离线判决能力、维持数据库一致性能力	测试能力全部通过
6	中心调度器应急处置能力测试	某虚拟机服务器池故障断电	系统正常运行

测试全部通过，具体测试流程与结果参看《Web 服务器拟态防御原理验证系统联合测试报告》的 4.1 功能测试。

测试结果显示，Web 服务器拟态防御原理验证系统中各模块功能均符合拟态防御原理。

13.2.4　防御效果测试及结果分析

Web 服务器拟态防御原理验证系统的防御效果测试流程完全模拟黑客攻击流程。从黑客攻击 Web 的角度出发，此阶段测试人员进行了扫描探测测试、操作系统安全测试、数据安全测试、抗病毒木马测试和 Web 应用攻击测试[15-17]。对比拟态构造 Web 服务器原理验证系统与普通服务器的测试结果，分析发挥防御作用的拟态防御机理，确定拟态防御机理发挥作用后系统漏洞或后门的状态（在线/离线），来评测拟态构造 Web 服务器原理验证系统的防御有效性。

测试全部通过，具体测试流程与结果参看《Web 服务器拟态防御原理验证系统联合测试报告》的 4.3 安全测试和《Web 服务器拟态防御原理验证系统互联网渗透测试报告》。

1. 扫描探测测试

攻击者通过扫描探测，可以获取目标系统的关键信息，从而制定攻击方案。

若 Web 服务系统能够抵御攻击者的扫描探测行为，则会大大提升 Web 服务系统的安全防护能力，从而削弱攻击者的破坏能力，扰乱其攻击计划。在扫描探测测试中，根据获取目标系统的信息类别划分为指纹信息扫描测试和漏洞信息扫描测试，测试内容如表 13.16 所示。

表 13.16　扫描探测测试内容

测试内容	测试类别	防御机理				漏洞或后门状态	测试结果
		异构	冗余	动态	清洗		
扫描探测测试	指纹信息扫描测试	√	√	√		在线	测试通过，执行体间组成异构导致指纹信息不一致，输出结果无法通过表决
	漏洞信息扫描测试	√	√	√		在线	测试通过，执行体间间组成异构漏洞信息不一致，输出结果无法通过表决

测试结果显示，Web 服务器拟态防御原理验证系统利用异构、冗余、动态特性扰乱攻击者的判断，起到了隐蔽作用，从而迫使攻击者面临攻击发起难的障碍，提高了攻击门槛。

2. 操作系统安全测试

操作系统作为较底层的软件栈，承载着上层软件栈的稳定运行和正常使用，若 Web 服务器操作系统被恶意攻击，将带来严重的安全威胁。在操作系统安全测试中，根据常见的攻击类型分为操作系统提权测试、操作系统控制测试、操作系统文件目录泄露测试和操作系统致瘫测试，测试内容如表 13.17 所示。

表 13.17　操作系统安全测试内容

测试内容	测试类别	防御机理				漏洞或后门状态	测试结果
		异构	冗余	动态	清洗		
操作系统安全测试	操作系统提权测试	√	√		√	离线	测试通过，执行体操作系统不一致，并非所有执行体存在提权漏洞，且提权方法不一致，攻击无法在全部执行体中成功执行
	操作系统控制测试	√	√		√	离线	测试通过，执行体操作系统不一致，系统控制程序依赖系统环境，且控制方法不一致，攻击无法在全部执行体中成功执行

续表

测试内容	测试类别	防御机理				漏洞或后门状态	测试结果
		异构	冗余	动态	清洗		
操作系统安全测试	操作系统文件目录泄露测试	√		√		离线	测试通过，文件目录中生成随机数据，造成文件目录信息不一致，输出结果无法通过表决
	操作系统致瘫测试	√	√		√	离线	测试通过，执行体操作系统不一致，并非所有执行体存在致瘫漏洞，且致瘫方法不一致，攻击无法在全部执行体中成功执行

测试结果显示，Web 服务器拟态防御原理验证系统采用了异构的操作系统，非相似 Web 虚拟机池中功能等价的异构 Web 服务执行体间几乎不存在一致的操作系统漏洞，利用多余度表决技术及时发现异常，斩断被攻击目标的输出；又利用清洗机制及时调度执行体，清理隔绝被攻击目标，阻断了攻击的持续尝试。因此，Web 服务器拟态防御原理验证系统具有抵御操作系统层攻击的能力。

3. 数据安全测试

数据作为攻击者的重要获取目标，如何保护数据安全也是 Web 服务系统面临的重要安全问题。在数据安全测试中，根据获取或破坏数据的不同方式分为传输节点嗅探测试、传输节点致瘫测试、网站目录提取测试、SQL 指令指纹破坏测试[18]和表决器逻辑逃逸测试，测试内容如表 13.18 所示。

表 13.18 数据安全测试内容

测试内容	测试类别	防御机理				漏洞或后门状态	测试结果
		异构	冗余	动态	清洗		
数据安全测试	传输节点嗅探测试		√	√		在线	测试通过，信息碎片随机化传输模块中数据进行节点随机化传输，单一节点嗅探无法得到全部信息
	传输节点致瘫测试		√	√		在线	测试通过，信息碎片随机化传输模块中数据进行节点随机化传输，单一节点致瘫不影响信息传输

1
2
3
4
5
6
7
8
9
10
11
12
13
14

续表

测试内容	测试类别	防御机理				漏洞或后门状态	测试结果
		异构	冗余	动态	清洗		
数据安全测试	网站目录提取测试	√		√		在线	测试通过，网站目录中生成随机数据，造成网站目录信息不一致，输出结果无法通过表决
	SQL 指令指纹破坏测试	√		√		在线	测试通过，SQL 指令动态随机切换，被破坏执行体被清洗还原
	表决器逻辑逃逸测试		√	√		在线	测试通过，执行体动态切换，无法发起可靠、持续的协同逃逸攻击

测试结果显示，Web 服务器拟态防御原理验证系统在数据层面利用随机化技术构造拟态防御特性，其中包括数据传输的动态性、数据操作指令的异构性和数据存储的异构性，利用多余度表决技术及时发现异常，斩断被攻击目标的输出；针对表决器逻辑，执行体的动态切换使得攻击者无法发起可靠、持续的协同逃逸攻击。因此，Web 服务器拟态防御原理验证系统具有抵御数据层攻击的能力。

4．抗病毒木马测试

病毒、木马作为攻击者的有力武器，危害大、变种多、涉及范围广。若 Web 服务系统能够抵御病毒木马的攻击行为，则强有力地遏制了大部分攻击的发生。在抗病毒木马测试中，根据病毒木马的攻击方式类别划分为木马连接测试、木马执行测试、恶意弹窗致资源耗尽病毒测试、服务器信息泄露病毒测试、系统致瘫测试和网站内容篡改测试等，测试内容如表 13.19 所示。

表 13.19　抗病毒木马测试内容

测试内容	测试类别	防御机理				漏洞或后门状态	测试结果
		异构	冗余	动态	清洗		
病毒木马测试	木马连接测试	√	√		√	离线	测试通过，执行体间操作系统不一致，连接信息无法通过表决
	木马执行测试	√	√		√	离线	测试通过，执行体间操作系统不一致，执行结果无法通过表决

续表

测试内容	测试类别	防御机理				漏洞或后门状态	测试结果
		异构	冗余	动态	清洗		
病毒木马测试	恶意弹窗致资源耗尽病毒测试	√	√		√	离线	测试通过，执行体间操作系统不一致，病毒无法在全部执行体中成功执行
	服务器信息泄露病毒测试	√	√		√	离线	测试通过，执行体间服务器信息不一致，输出结果无法通过表决
	系统致瘫病毒测试	√	√		√	离线	测试通过，执行体间操作系统不一致，病毒无法在全部执行体中成功执行
	网站内容篡改病毒测试	√	√		√	离线	测试通过，执行体间操作系统不一致，病毒无法在全部执行体中成功执行

测试结果显示，Web服务器拟态防御原理验证系统在非相似Web虚拟机池中功能等价的异构Web服务器间采用了不同的软硬件结构，又因为病毒木马的执行严重依赖于系统环境，同一病毒木马几乎不能在异构的执行环境中触发，利用多余度表决技术及时发现异常，斩断被攻击目标的输出；同时利用清洗机制及时调度执行体，清理隔绝被攻击目标，阻断了攻击的持续尝试。因此，Web服务器拟态防御原理验证系统具有抵御病毒木马攻击的能力。

5. Web应用攻击测试

Web应用作为Web服务系统提供给用户最重要的内容，直接暴露给用户。正因为此，Web应用成为攻击者最直接的攻击目标。同时，Web应用开发时由于开发人员的疏漏，或多或少会存在安全漏洞。若Web服务系统能够抵御针对Web应用的攻击，则建立起了Web服务系统的第一道安全屏障。在Web应用攻击测试中，根据常见的攻击类型分为目录配置漏洞测试、SQL注入测试、解析漏洞测试、文件包含测试和DoS漏洞测试，测试内容如表13.20所示。

表13.20 Web应用攻击测试内容

测试内容	测试类别	防御机理				漏洞或后门状态	测试结果
		异构	冗余	动态	清洗		
Web应用攻击测试	目录配置漏洞测试	√	√		√	离线	测试通过，执行体间服务器软件不一致，并非所有执行体存在目录配置漏洞，攻击无法在全部执行体中成功执行
	SQL注入测试	√	√	√	√	在线	测试通过，执行体间SQL指纹不一致，攻击无法在全部执行体中成功执行

续表

测试内容	测试类别	防御机理				漏洞或后门状态	测试结果
		异构	冗余	动态	清洗		
Web应用攻击测试	解析漏洞测试	√	√		√	离线	测试通过，执行体间服务器软件不一致，并非所有执行体存在解析漏洞，攻击无法在全部执行体中成功执行
	上传漏洞测试	√	√		√	在线	测试通过，执行体操作系统、服务器软件等层次存在不一致，无法通过上传的脚本发动攻击
	文件包含测试	√	√		√	在线	测试通过，执行体操作系统、服务器软件等层次存在不一致，无法通过包含执行的脚本发动攻击
	DoS漏洞测试	√	√		√	离线	测试通过，执行体间服务器软件不一致，并非所有执行体存在DoS漏洞，攻击无法在全部执行体中成功执行

测试结果显示，Web服务器拟态防御原理验证系统在非相似Web虚拟机池中功能等价的异构Web服务器间采用了不同的软硬件结构，又因为Web应用运行同样严重依赖于系统环境，底层的异构环境可以阻断上层应用的漏洞利用攻击，利用多余度表决技术及时发现异常，斩断被攻击目标的输出；同时利用清洗机制及时调度执行体，清洗隔绝被攻击目标，阻断了攻击的持续尝试。因此，Web服务器拟态防御原理验证系统具有抵御Web应用攻击的能力。

13.2.5　Web服务器性能测试

本节测试的目的是为了验证在Web服务器中引入拟态防御机制，且验证了拟态防御机制的安全防御有效性后，系统的性能是否受到较大影响，这是衡量Web服务器拟态防御原理验证系统具有实际应用价值的重要保证。测试仪为Spirent Avalance 3100B。

评价Web服务器性能的指标包括四个主要方面：最大TCP并发连接数（Max Concurrent TCP Connection Capacity，MCTCC）、吞吐量（throughput）、平均响应时间（Average Response Time，RTT）、每秒事务处理次数（Transactions Per Second，TPS）[19]。

1）最大TCP并发连接数

IETF 2647中指出，该指标为穿过网关的主机之间或主机与网关之间能同时建立的最大TCP连接数[20]。

2) 吞吐量

该指标主要体现网络设备的数据包转发能力，通常表现为网络设备在不丢包前提下的数据转发能力，单位为 kbps[21]。

3) 平均响应时间

响应时间为服务器端对客户端的请求作出响应所需要的时间，该指标为服务器端在运行稳定后平均完成一个用户端请求的时长。

4) 每秒事务处理次数

一个事务是指客户端向服务器端发送请求，然后服务器端作出响应的过程。该指标体现服务器每秒事务处理的次数，确定服务器的事务负载能力。

具体测试流程与结果参看《Web 服务器拟态防御原理验证系统联合测试报告》的 4.5 性能测试。

1. 基准 Web 服务器性能测试

Web 服务器拟态防御原理验证系统由基本的 Web 服务器搭建而成，且系统中的 RDB、DRRV 等模块均基于反向代理服务器及其中间件进行研发，故需要设计测试样例，为 Web 服务器拟态原理系统整体性能对比和相应模块性能对比提供基准参考依据，测试内容如表 13.21 所示。

表 13.21 基准 Web 服务器性能测试内容

序号	测试内容	服务器配置	测试结果
1	单台 Web 服务器访问性能测试	虚拟机软件：VMware CPU：双核双线程 内存：2GB 页面：1KB 静态页面(吞吐量测试时采用 32KB 静态网页)	TPS：5114 MCTCC：186652 吞吐量(kbps)：472144 RTT(ms)：0.58
2	单台 Web 服务器访问性能测试	虚拟机软件：VMware CPU：双核双线程 内存：2GB 页面：1KB 动态页面(吞吐量测试时采用 32KB 动态网页)	TPS：4362 MCTCC：179230 吞吐量(kbps)：465716 RTT(ms)：4.766
3	单台 Web 虚拟机服务器+挂载数据库访问性能测试	虚拟机软件：VMware 数据库软件：MySQL CPU：双核双线程 内存：2GB 页面：1KB 动态页面(吞吐量测试时采用 32KB 动态网页)	TPS：708 MCTCC：29984 吞吐量(kbps)：135665 RTT(ms)：58.814

2. DIL 模块性能测试

Web 服务器拟态防御原理验证系统中部署了数据库和数据库代理，并基于数据库代理开发了系统的DIL模块，故需要设计测试案例，为测试数据库、数据库代理和DIL模块对系统整体性能的影响，测试内容如表13.22所示。

表13.22 DIL模块性能测试内容与结果

序号	测试内容	服务器配置	测试结果
1	单台Web虚拟机服务器+数据库代理+挂载数据库访问性能测试	虚拟机软件：VMware 数据库软件：MySQL 数据库代理：Amoeba CPU：双核双线程 内存：2GB 页面：1KB 动态页面(吞吐量测试时采用32KB动态网页)	TPS：612 MCTCC：26375 吞吐量(kbps)：110012 RTT(ms)：55.67
2	单台Web虚拟机服务器+数据库代理+挂载数据库+DIL模块访问性能测试	虚拟机软件：VMware 数据库软件：MySQL 数据库代理：Amoeba CPU：双核双线程 内存：2GB 页面：1KB 动态页面(吞吐量测试时采用32KB动态网页)	TPS：480 MCTCC：24002 吞吐量(kbps)：109343 RTT(ms)：61.592

测试结果显示，其中DIL模块的应用会使得每秒事务处理数变化明显，下降21.56%，说明SQL指令的异构化处理与执行带来了少部分性能损耗，DIL模块在设计实现中仍需要优化。

3. 系统整体性能测试

对Web虚拟机服务器拟态原理系统整体性能进行测试，测试对象为RDB+DRRV+DIL+三台Web虚拟机服务器挂载数据库与数据库代理，测试内容如表13.23所示。

表13.23 系统整体性能测试内容与结果

序号	测试内容	服务器配置	测试结果
1	RDB模块+DRRV模块+三台Web虚拟机服务器+数据库代理+挂载数据库+DIL模块访问性能测试	虚拟机软件：VMware 数据库软件：MySQL 数据库代理：Amoeba CPU：双核双线程 内存：2GB 页面：1KB 动态页面(吞吐量测试时采用32KB动态网页)	TPS：488 MCTCC：23139 吞吐量(kbps)：109458 RTT(ms)：109.246

对比测试结果，Web拟态防御原理验证系统的每秒事务处理数和响应时间变化明显，分别下降20.26%，增加96.23%。然而由DIL模块性能测试结果可知每秒事务处理数值的下降主要因为DIL模块的应用，响应时间的拖长

则主要因为 RDB 模块和 DRRV 模块的应用。测试结果显示来看，与无任何防护的基准虚拟 Web 服务器相比，Web 服务器拟态防御原理验证系统具有一定的性能损耗，但毫秒级的响应时间并不会给用户的使用体验带来影响，在可接受范围内。

13.2.6 Web 原理验证系统测试小结

综合测试结果来看，Web 服务器拟态防御原理验证系统在满足通用 Web 服务器功能、性能标准的同时，能够抵御动态异构冗余结构中基于漏洞后门等的已知风险和未知威胁，改变漏洞或后门的呈现形式，阻断大多数针对 Web 服务器漏洞或后门攻击的响应链，其叠加与迭代效应能够非线性地增加攻击难度[22]。除此之外，因为动态性、冗余性的防御作用，在动态异构冗余结构中实现可靠的、持续的协同逃逸攻击变得几乎不可能。总之，该系统能够达到“有漏洞不一定可利用，可利用不一定能持续有效”的拟态防御目标。

13.3 测试结论与展望

国家科技部委托上海市科学技术委员会组织针对拟态防御原理验证系统的联合测试验证评估，由中国科学院信息工程研究所、国家信息技术安全研究中心、中国信息通信研究院、中央军委装备发展部第 61 研究所、上海交通大学、浙江大学、北京奇虎科技有限公司、启明星辰信息安全技术有限公司和安天科技股份有限公司等十余家单位组成的联合测试组，根据国家相关技术标准和规范及拟态防御原理制定了详细的测试验证方案，并分别对“Web 服务器拟态防御原理验证系统(以下简称拟态构造 Web 服务器)”和“路由器拟态防御原理验证系统(以下简称拟态构造路由器)”进行了“黑盒”联合测试和“注入”渗透测试。测试历时 6 个月，先后有 21 名院士和 110 余名同行专家参与不同阶段的测评工作。测试评估专家组认为：测试组织严谨，测试方案合理，测试手段多样，测试记录详尽，测试结果真实，圆满达到了测试评估“拟态防御理论的有效性及工程实现的可行性”的预期目标。

测试评估结论如下：

(1)“拟态构造 Web 服务器和拟态构造路由器”是拟态防御理论与方法的成功实践。在满足“Web 服务器”和“路由器”功能和性能指标要求的同时，实现了基于异构冗余多维动态重构的内生安全机制，即拟态防御机制。能够独立且有效地应对和抵御基于目标对象漏洞后门、病毒木马等的已知风险与不确定威胁，其叠加或迭代效应能够非线性地增加目标对象的攻击难度。测试验证结果完全符合拟态防御理论预期。

(2)拟态防御是网络空间一种原创性的主动防御理论与方法，其体制机制能在不依赖传统安全手段和设施的情况下，对于拟态界内基于未知漏洞后门、病毒木马等的各种安全威胁具有普遍而显著的防范和抵御功效。“黑盒、灰盒、注入”测试和综合验证分析表明，现有的扫描探测、漏洞利用、后门设置或者注入病毒、植入木马乃至高级持续攻击(APT)等攻击手段和方法，对拟态防御没有预期的作用和可靠的效力。该理论与方法有可能逆转网络空间目前“攻防不对称”的战略颓势，颠覆“软硬件代码漏洞攻击时代”的防御理念。

(3)拟态防御在机理上允许拟态界内部件、模块或子系统等软硬构件带有未知漏洞后门，容忍界内运行环境中存在未知的病毒木马等。“注入”渗透测试验证结果表明，基于拟态界内软硬构件漏洞后门的攻击，在异构冗余多维动态重构机制作用下，难以从拟态裁决环节实现精准、可靠、持续的协同逃逸。从而可极大地降低全生命周期内，系统安全防护实时性要求和版本升级频度与代价。在全球化的生态环境中，使得利用“有毒带菌”的商业级或开源模式软硬构件实现可管可控信息系统成为可能。同时，也可以有效制衡基于“后门工程和隐匿漏洞”的“卖方市场”优势。对“改变网络空间游戏规则”具有革命性的意义。

(4)测试验证结果还表明，拟态防御并非只是纯粹用于安全防护的专门技术，而是一种集“安全防护、可靠性保障、服务提供”三位一体的、具有普适意义的信息系统鲁棒控制架构技术。既能为高可靠、高可信应用场景提供所期望的服务功能，又能自然地接纳信息领域现有技术或新技术，以及融合网络空间已有的或未来的安全技术。可为国家“自主可控”战略开辟一条基于系统架构优势克服瓶颈问题的新途径，对全球化环境下实现网络安全和信息化领域“一体两翼、双轮驱动”总目标，具有不可或缺的现实意义和广泛的战略影响。

(5)理论预期和测试验证显示，非拟态界内的安全问题，例如基于网络协议、服务功能实现算法、统计复用机理等原始设计缺陷，或利用社会工程学方法和手段实施的攻击，拟态防御亦有安全增益但效果不确定。

通过本次专项联合测试验证评估工作，验证了拟态防御原理的有效性，并为基于拟态防御原理实现的网络设备与信息系统提供了参考测试规范，有力推动了拟态防御理论的研究与应用。有兴趣的读者可以关注10.4.6节“拟态防御基准功能测试”内容。作者相信这将有助于产品开发企业更好地掌握和理解拟态防御技术标准，并能使独立的产品质量检验部门可以有效甄别市场拟态产品真伪，从源头规范好产品市场秩序，保障最终用户的权益。

尽管拟态防御原理具有普适性，但是不同应用领域还需要因地制宜的理论和技术再创新，包括具体测试技术和方法的创新。

创新的概念总是要在技术和应用的创新中才能逐渐修成正果，拟态防御不能也不可能例外。

最后，需要着重指出的是，拟态防御原理与技术源于可靠性理论和方法，同样具有可标定、可设计、可度量、可验证的基本属性，应当可以通过类似可靠性试验、验证的方式进行量化测试和评估。换句话说，正如三角形在欧几里得空间的几何稳定性可以通过测试三个内角之和是否等于 180° 来判定那样，拟态防御系统的功能和性能既然取决于动态异构冗余构造效应就一定能够通过“白盒”测试方式来度量。仅此而言，拟态防御实现了迄今为止绝大多数安全防御技术所无法企及的目标。

参考文献

[1] 马海龙, 江逸茗, 白冰, 等. 路由器拟态防御能力测试与分析. 信息安全学报, 2017, 2(1): 29-42.

[2] 李宁, 李战怀. 基于黑盒测试的软件测试策略研究与实践. 计算机应用研究, 2009, 26(3): 33-37.

[3] 张智轶, 陈振宇, 徐宝文. 测试用例演化研究进展. 软件学报, 2013, 24(4): 663-674.

[4] Wireshark. https://www.wireshark.org. [2016-10-15].

[5] Lyon G. Nmap security scanner. http://namp.org. [2016-10-15].

[6] Nessus. Tenable network security. http://www.tenable.com/ products/nessus-vulnerability- scanner. [2016-10-15].

[7] Metasploit. https://www.metasploit.com. [2016-10-15].

[8] Moy J. OSPF Version 2. STD 54, RFC 2328, DOI 10.17487/RFC2328. http://www.rfc-editor.org/info/rfc2328. [2016-10-15].

[9] Andrew A V, Konstantin V G, Janis N V. 思科网络黑客大曝光. 许鸿飞, 孙学涛, 邓琦皓, 译. 北京: 清华大学出版社, 2008.

[10] 卢伟涛. Web 应用系统的测试与分析. 北京: 北京交通大学, 2011.

[11] 张铮, 马博林, 邬江兴. 拟态构造Web服务器原理验证系统测试与分析. 信息安全学报, 2017, 2(1): 13-28.

[12] Berners-Lee T, Masinter L, Mccahill M. Uniform Resource Locators (URL). RFC, 1994.

[13] 刘武. 基于报文类型的 WSP 协议和 HTTP 协议转换研究. 长沙: 国防科学技术大学, 2004.

[14] Fielding R. RFC 2616: Hypertext Transfer Protocol-HTTP/1.1. http://www.w3.org/Protocols. [2016-10-15].

[15] Aroms E. NIST Special Publication 800-115 Technical Guide to Information Security Testing and Assessment. CreateSpace, 2012.

[16] Okhravi H, Hobson T, Bigelow D, et al. Finding focus in the blur of moving-target techniques. IEEE Security & Privacy, 2014, 12(2): 16-26.

[17] Ron D, Shamir A. Quantitative analysis of the full bitcoin transaction graph// Financial Cryptography and Data Security. Berlin: Springer, 2013: 6-24.

[18] 张卓. SQL 注入攻击技术及防范措施研究. 上海: 上海交通大学, 2007.

[19] Avritzer A, Weyuker E J. The role of modeling in the performance testing of e-commerce applications. IEEE Transactions on Software Engineering, 2005, 30(12): 1072-1083.

[20] Newman D. Benchmarking Terminology for Firewall Performance. RFC, 1999.

[21] 孙红兵, 陈沫, 蔡一兵, 等. IPv4/IPv6 转换网关性能测试方法研究. 计算机工程, 2006, 32(24): 93-95.

[22] 仝青, 张铮, 张为华, 等. 拟态防御 Web 服务器设计与实现. 软件学报, 2017, 28(4): 883-897.

第14章 拟态防御应用示范与现网测试

14.1 概述

为推动拟态防御技术发展，国家工业和信息化部网络安全管理局于 2017 年10月13日下发了“关于开展拟态防御技术试点工作的通知”(以下简称通知)，要求河南省通信管理局组织指导中国联通河南省分公司(以下简称河南联通)、郑州市景安网络科技股份有限公司(以下简称景安网络)等单位开展拟态构造域名服务器、拟态构造 Web 服务器、拟态构造路由器等设备在现网环境的应用部署；协调河南联通、景安网络与拟态防御研究团队交流合作，研究制定试点工作方案；评估拟态防御在提升现网安全以及防御未知网络攻击方面的有效性，形成拟态防御试点工作总结报告。2018 年 1 月起，拟态构造域名服务器、拟态构造 Web 服务器、拟态构造路由器等网络设备先后在中国工商银行、国家电网等单位投入应用示范，并作为成套靶标装置参加中国南京“强网”拟态防御国际精英挑战赛。

为落实通知要求，顺利完成拟态网络设备应用试点任务，拟态防御研究团队邀请三支国内专业安全测试团队针对多款拟态构造网络产品进行专家测试工作。他们分别是：中国信息通信研究院(以下简称“中国信通院”)、南京赛宁信息技术有限公司(以下简称南京赛宁)、北京天融信网络安全技术有限公司(以下简称天融信)。

14.2 拟态构造路由器应用示范

按照河南省通信管理局的统一部署，拟态构造路由器(简称拟态路由器)于2018年4月8日正式在景安网络上线部署开展示范应用。拟态路由器采用增量部署模式，在景安网络已有的业务支撑网络之上通过拓展路由域，负载分担的方式承载景安业务数据，提供高可信、高可靠和高安全的业务传送。

14.2.1 试点网络现状

1. 威胁分析

路由器在网络中的位置和路由转发功能决定了它将是攻击者实施攻击的一个极佳切入点。一旦被攻击者控制，将会对网络空间安全产生难以估量的危害。如果能掌控住路由器则可以方便地获取用户隐私数据、监控用户上网行为、获取账户与密码信息、篡改关键用户数据、推送传播虚假信息、扰乱网络数据流向、瘫痪网络信息交互、直接发起网络攻击等。

景安公司服务平台其内部网络采用传统路由器构建，所有服务数据都要依据这些网络节点定义的数据路径进行路由转发。网络设备的安全性将决定服务数据路径的正确性。景安网络引入了IDS、防火墙、WAF等安全防护手段来提升Web云服务主机的安全性，但缺少路由交换设备的安全防护手段，尽管防火墙能够在一定程度上滤除对路由交换设备的恶意访问与攻击。但是，在应对未知威胁，尤其是利用0day漏洞或后门之类的攻击时，安全防御能力则是无从保证的。一旦相应型号的路由交换设备漏洞或后门被成功利用，将会对用户托管数据、业务、服务等产生致命影响。

因而，阻断或瓦解基于路由交换节点固有安全缺陷的攻击链，就成为景安网络提供可信服务必须解决的挑战性问题之一。拟态路由器的试点工作将主要围绕景安基础网络路由交换节点的拟态防御展开。

2. 应用场景

景安网络作为国内IDC和云服务提供商之一，为中小企业提供专业一站式产品服务。景安网络某机房是高标准的BGP多线机房，为了提供高效高可靠的云服务能力，通过BGP线路与主流网络运营商互联，避免了单线机房不同线路因为识别程序而带来的延时，保证了不同线路用户的高速访问。机房通过200G出口带宽直连郑州骨干网，接入中国电信、中国联通、中国移动、中国教育网等多线路骨干网。景安的AS号为37943，拥有26万个IP地址存量，IP地址段包括 116.255. 0.0/16，122.114.0.0/16，203.171.0.0/16 等。为了保障网络的稳定性和高速性，景安网络设备全部采用双点备份方式。其内部网络包括三层，分别是核心层、汇聚层和接入层：

(1) 核心层通过堆叠技术虚拟为骨干路由器，通过 BGP 协议与多运营商建立 BGP 会话，实现高效服务提供。与每一个运营商通过多链路聚合方式，提高上行带宽和连接的可靠性。

(2) 汇聚层通过 OSPF 协议与核心层出口路由器互联，用于汇聚各云主机和 IDC 地址和流量，并通告路由给核心路由器，从核心层将流量引入下辖的主机和服务器。

(3) 接入层利用 VxLAN 技术连接云主机和服务器。

本次上线使用的拟态路由器，本质上是一个具备内生安全功能的路由交换平台，支持主流路由协议和各种网络服务，通过自身的拟态构造产生的测不准效应抵御已知或未知漏洞后门等的攻击。结合景安网络架构和部署特点，如果将拟态路由器部署在整个网络出口，将涉及外部多家网络运营商，需要进行多方配合，在较短时间内难以完成。考虑到试点应用时间任务的紧迫性，将拟态路由器的部署位置定位在景安网络内部的汇聚层。通过在景安网络已有的业务支撑网络之上拓展路由域，以负载分担的方式承载业务数据，实现拟态路由器的增量部署。

3. 产品方案

路由器是一个十分复杂的信息系统，商用路由器要求路由协议、配置管理协议以及各种类型的增值服务有几十种。目前商用路由器的供货厂商几乎没有小型企业，这也从一定层面反映了路由器自身技术的复杂性。

拟态路由器产品研发实际上围绕两个主要问题。一是如何构建满足行业入网测试要求的可商用路由器，支持大量不同种类路由协议、管理协议和增值服务；二是如何将拟态构造引入路由器设计以便获得广义鲁棒控制能力，包括专用封闭系统的拟态界设定、执行体的多元异构性设计等。

综合分析认为，基于 SDN/NFV 技术是个不错的选择。利用 SDN 架构控制与转发分离的思想将数据平面剥离，采用 NFV 技术支撑商用路由器的各类业务与服务需求，这样可以借助价廉物美的 COTS 级虚拟路由功能软件来提供泛化的路由、管理和业务功能，使用 COTS 级交换板卡来支撑数据的高速转发需求，产品架构如图 14.1 所示。

实际上，路由器的安全威胁主要来自于路由控制平面。因此，拟态路由器产品研发采用增量演进的总体技术思路，先在路由控制平面，依托既有研究基

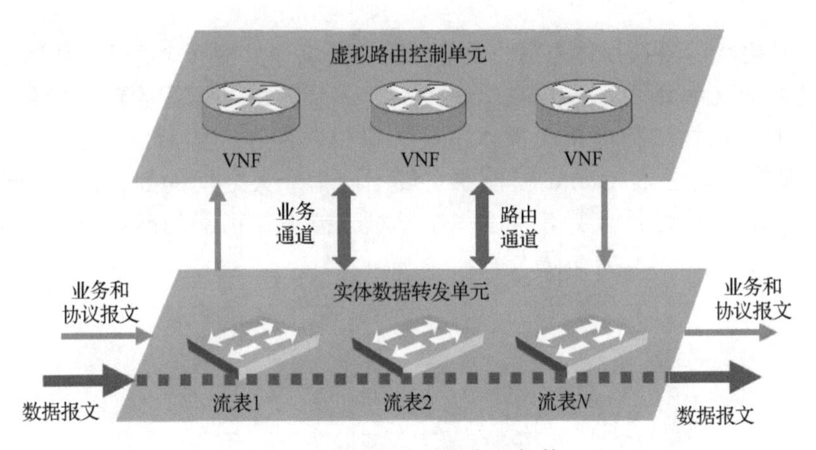

图 14.1 拟态路由器产品架构

础，完成主流路由协议拟态化，其他协议和业务依托成熟商用虚拟化路由器支持，进而逐步将其他协议逐步加入到控制和管理平面。数据转发平面则依托 COTS 交换板卡，支撑业务和统计功能以及硬件的电信级可靠性。

系统总体方案如图 14.2 所示，其中红色方框圈出部分是典型的 DHR 构造。路由协议采用拟态构造确保路由计算的正确性。占比小的业务流量通过虚拟化路由软件堆叠负载分担。占比大的转发流量通过硬件查表转发线速处理。拟态与非拟态处理场景隔离确保配置管理的安全性。

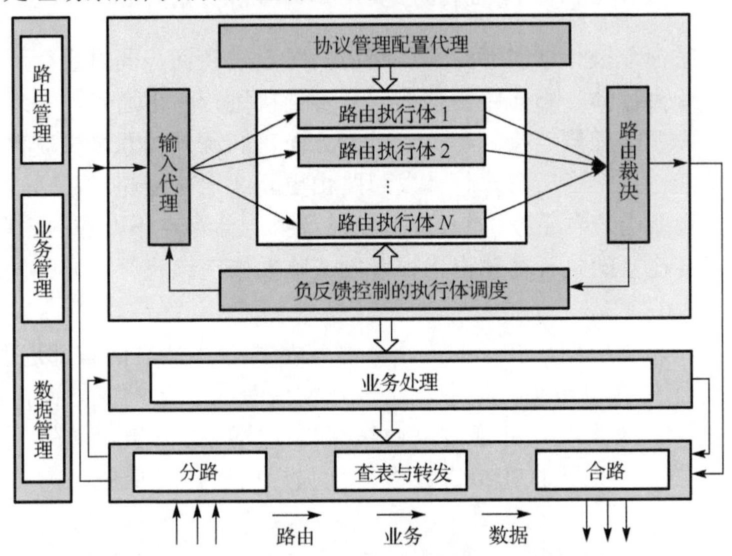

图 14.2 拟态路由器总体方案

在异构路由器执行体方面，采用源码交叉编译异构冗余方式，如图 14.3 所示。借助交叉编译，将源码编译成在不同体系架构上运行的路由软件，利用指令集的异构性防护虚拟机操作系统、路由软件存在的后门和漏洞。其中，ARM 架构需要通过 Qemu 模拟器实现不同指令集之间的翻译，这样会导致不同的执行体的性能差异，但这些差异对于拟态路由器的路由计算来说都是可以接受的。

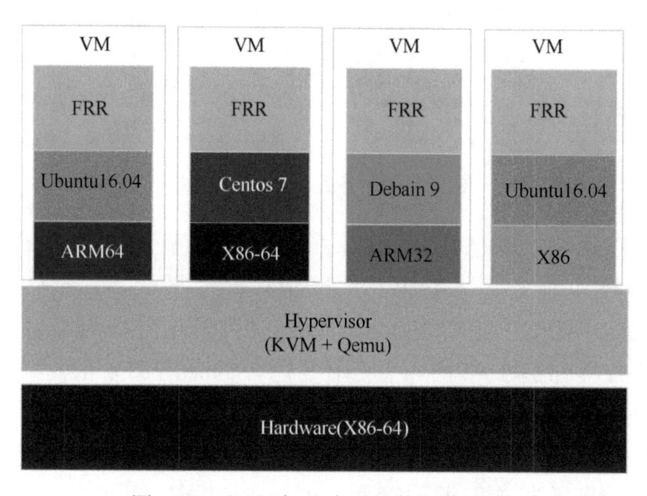

图 14.3 源码交叉编译异构冗余方案

为了确保各个执行体能够与邻居路由同时建立会话，同时进行路由计算，需要选择一个执行体与邻居路由器建立真实连接进行路由通告，并通过代理与其他各执行体建立虚假连接。在裁决机制方面，同源异构冗余机制保证了路由表输出的可归一化，当所有执行体发起路由更新或定时器超时，通过加权判决机制选择合规路由表项下发。当裁决机制发现执行体存在不一致的表项输出时，如果建立真实连接的执行体输出错误，则清除并修正该执行体向外发送的错误路由信息。

在负反馈调度层面，初始状态下，系统从执行体队列的首部选取 5 个执行体上线运行并参与判决。拟态裁决一旦发现有执行体响应异常，则使之下线清洗，重新加载上线，并通过路由缓存机制实现再同步。此外，受随机性操作命令的影响，系统将在拟态界内进行强行切换，以保证拟态防御环境的不确定性。

拟态路由器 MR1810E-N4 基于 COTS 元部件研发，整机规格为 4U 19″ 上架式，电源冗余备份，具备电信级可靠性，产品外型如图 14.4 所示。

图 14.4 MR1810E-N4 外型

4. 应用部署

拟态路由器作为汇聚层路由器，上行与景安网络核心路由器互联，通过OSPF 协议交互路由信息。下行连接云服务平台，从云环境中迁移出至少 1 个 C 网段的业务用于拟态路由器的测试，部署示意图如图 14.5 所示。

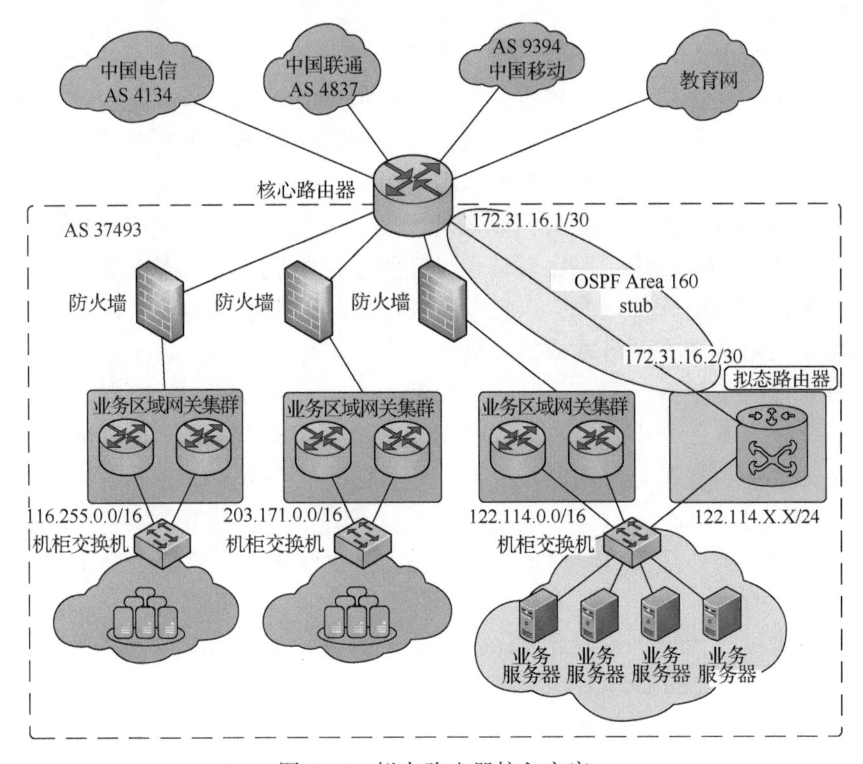

图 14.5 拟态路由器接入方案

在拟态路由器的部署过程中，仅需对试点单位网络配置做细微调整，即可实现拟态路由器的增量部署，现网改造成本低。在拟态路由器上游，通过修改一台路由器的配置即实现了与拟态路由器的路由协议的互操作；在拟态路由器下游，通过修改服务主机的网关，即可将现有服务器托管业务迁移到拟态路由器，实现已有业务通过拟态路由器承载。因此，在拟态路由器的部署过程中，2名网络工程师，用时 3 天即可完成拟态路由器设备上架、组网、加电、配置、协议互通和业务的平滑迁移等工作。

综上所述，拟态路由器通过自身引入动态异构冗余架构，产生内生安全性能，同时保证系统整体的功能与性能，整机对外接口、交互协议以及互操作接口等与传统路由器一致。其现网部署方式与传统路由器一致，其部署时仅需修改邻居路由器和主机的配置即可完成，不需网络物理级和软件代码级的改造。因此，在所有传统路由器的可应用场景中，都可以几乎零代价地部署拟态路由器，不需要应用场景作任何特殊或适应性的改造。

5. 成本分析

拟态路由器 MR1810E-N4 按照高端路由器入网指标设计，并结合路由器的主要安全威胁，采用要地防御方式，即通过拟态防御机制防护路由器配置信息不被恶意修改、路由表不被蓄意篡改，就能保证路由器路由功能的正确性。除此以外的安全威胁不在拟态防御的范围之内。

按照图 14.2 产品方案，数据查表转发功能采用 COTS 级交换板卡，业务服务承载使用 COTS 的虚拟路由软件，只在路由控制层面引入多个通过虚拟机承载的异构冗余路由软件，并引入拟态组件即可构建拟态路由器。以下从工程成本和运维成本两个方面进行成本分析。

1) 工程成本分析

从工程成本上分析，拟态机制的引入所增加的成本来自于两个部分：异构冗余路由软件和拟态组件的研发成本和承载这些软件的 COTS 系统成本。

(1) 人力投入成本。

异构路由软件基于开源路由和虚拟化 OS 软件研发，需要 1 名工程师，研发周期为 1 个月。

拟态组件包括输入代理分发、输出拟态裁决、动态调度等软件开发，需要 4 名工程师，研发周期为 3 个月。

COTS 板卡、COTS 软件、异构执行体以及拟态组件等整合到一起，并进行业务适配、服务迁移、配置管理、日志维护、系统运维接口等软件开发，需要 4 名工程师，研发周期为 3 个月。

因此，整个研发过程的人力投入为 25 人月。

(2) 硬件增加成本。

硬件增加成本与拟态组件和异构路由虚机软件部署方式有关。

资源共享方式：将上述软件部署于运行业务模块的 COTS 计算板卡（CPU 为 2×Intel Xeon E5-2680v3，RAM：32GB，Disk：1TB）上。这种部署方式使得异构执行体与业务模块共享相同的资源，拟态组件与主控模块共享相同的资源。这种部署方式存在两个缺点：一是异构执行体与业务模块存在资源竞争，当业务流量处理负载重时，会影响到异构执行体的路由计算速度；二是所有异构执行体的可靠性依赖于当前 COTS 计算卡的相关性能，降低了整个系统的可靠性和可维护性。这种部署方式虽不会增加硬件成本，但会使运行业务的 COTS 计算板上的 CPU 开销增长 5.6%×4，内存开销增长 5.4%×4，硬盘开销增长 3%×4。COTS 计算板上运行主控模块的处理开销是，CPU 增长 6.3%，内存增长 10%，硬盘增长 1%，严格意义上还增加了电力损耗。

资源独享方式：将上述软件部署于独立的 COTS 计算板卡上。这种部署方式使得异构执行体分布于不同的计算板卡，即避开了资源竞争，又确保了路由器拟态构造的鲁棒增益。但是，因为需要增加一块 COTS 计算板卡，所以，整机成本有所增长。由于异构执行体和拟态组件的计算量主要来自于路由计算和分发调度裁决，其 CPU 占用率和内存使用率远远低于承载业务的 COTS 计算卡。所以，承载异构执行体和拟态组件 COTS 计算卡的性能指标远弱于承载业务的计算卡。这种情况下，新增 COTS 计算卡（CPU 为 1 个 Intel Xeon E5-2620v3，RAM：32GB，Disk：1TB）的成本占整机的 10%以下。

2) 升级运维增量

引入拟态机制后，拟态路由器的运维方式发生一定改变。

日志信息处理方面：因拟态防御机制，能够通过裁决及时发现、识别和阻断已知/未知漏洞后门引入的安全威胁，这些威胁信息是传统路由器所不具备的。因此，需要开发一定接口，将这些威胁信息统一纳入到已有风险管理平台，并对运维人员进行对应培训，从而使得运维人员具备识别和分析拟态威胁信息的能力。

打补丁或系统升级方面：传统路由器的运维人员要密切跟踪路由器厂商发布的最新漏洞补丁和版本，需要具备专业知识，能够及时对系统进行打补丁或者升级版本。如果不能及时跟踪厂商通告，就会将路由器置于危险境地，进而使得网络面临严重风险。如果专业能力不足，可能会因为打补丁或升级导致宕机断网事件。更为严重的是恶意攻击者针对运维人员发布虚假信息，使其下载更新安装预置后门的系统补丁/升级包，传统路由器没有任何手段能够甄别出一个补丁/升级包是否被预置后门，这样就会将路由器置于完全不可控状态。与之相比，拟态路由器具备内生安全特性，能够不依赖于威胁特征发现并阻止基于漏洞/后门的攻击，拟态路由器既可以避开不能及时打补丁或者升级系统版本而引入的威胁，又可以省去不停打补丁堵漏洞的工作，极大地降低了因系统漏洞补丁升级、故障维护和安全策略维护等引入的运维工作量。同时，由于内生安全机制不依赖专业人员的操作技能，降低了运维人员专业能力和素质要求，因此运维成本可得到显著降低。

从设备成本增量、升级运维量、安全防护增量等三个方面的成本分析表明，拟态路由器是一个低成本、高安全增益的一体化产品。

6. 应用效果

自 2018 年 4 月 2 日，拟态路由器进入实际应用以来一直可靠稳定运行，整体流量维持在 60Mbps 左右，平均每日转发数据约 3.7TB，为部分景安云业务提供持续数据路由转发服务。

14.2.2 现网测试

1. 测试目的

为验证拟态防御技术在提升路由器安全防御能力方面的有效性，并验证拟态路由器的应用部署对已有网络服务的影响，为评估拟态构造路由器对现网业务的功能性能影响，依次开展功能测试、性能测试、兼容性测试；为了评估拟态构造路由器的安全防御能力，开展对比测试、注入测试和在线测试。

2. 测试方案

拟态路由器在景安网络的测试工作依次分为生产功能测试和专业安全测试两个阶段，其中生产功能测试包括：功能测试、性能测试、兼容性测试。专业安全测试包括：安全对比测试、安全注入测试、分析与评估。

生产功能测试主要测试拟态路由器能否正常进行配置管理维护，能否与网上其他路由器进行协议对接。能否通告正确的路由信息和学习到路由信息，能否以正常路由转发景安网络业务数据等。此环节主要用于测试拟态路由器是否具备与传统路由器相同的功能与性能。专业安全测试主要采用对比方法和注入方法，测试拟态路由器的安全防御能力，此环节主要用于测试拟态路由器是否能够有效应对基于拟态界内漏洞/后门等的攻击以及相关安全问题。

3. 测试与评估内容

按照测试方案描述的内容，结合第 10 章给出的测试原则和基准功能测试方法，细化了拟态路由器 MR1810E-N4 的测试评估内容，如表 14.1 所示。

表 14.1 测试和评估内容

评估目标	测试阶段	主要内容	评估内容
拟态构造路由器的符合性测试	功能测试	(1)测试拟态路由器能否正常接入网络，接口信号是否正常，指示灯是否正常； (2)测试拟态路由器能否远程配置管理维护； (3)测试拟态路由器能否按照静态路由进行数据转发	评估拟态路由器能否正常工作
	性能测试	测试拟态路由器性能	评估拟态路由器能否按照给定的路由交换能力转发数据，吞吐量和时延是否满足行标
	兼容性测试	(1)测试拟态路由器能否与景安传统路由器之间建立对应的路由协议会话； (2)测试拟态路由器能否发现本地路由，并正确通告给邻居路由器； (3)测试拟态路由器能否正确从邻居路由器学习到路由； (4)测试拟态路由能否按照路由正常的转发数据	评估拟态路由器能否与传统路由进行互联互通，是否能够按照动态协议规范进行数据转发
拟态构造路由器的安全防御能力测试	安全对比测试	(1)在现有的防御基础上，测试拟态路由器的安全增益； (2)在不采用IDS、黑白名单过滤系统、非法信息排查系统、防火墙等现有防御手段的基础上，测试拟态路由器的安全防御能力	通过拟态路由器发现的安全威胁，比较现有防御手段与拟态防御技术的防御能力
	安全注入测试	(1)向路由器注入后门； (2)测试路由器抵御利用注入后门攻击的能力； (3)向拟态路由器注入漏洞； (4)测试拟态路由器抵御利用注入漏洞攻击的能力	通过测试在不打补丁情况下，防御注入后门和漏洞的效果，评估拟态路由器抵御未知威胁的防御能力

按照第 10 章中的方法对拟态构造的路由器进行功能性测试和符合性测试。测试结果表明，拟态机制的引入未改变路由器的功能特性，满足主流标准路由协议、配置管理协议等测试规范要求，拟态路由器具备传统路由器完全相同的功能。

按照第 10 章中的方法对拟态构造的路由器进行性能对比测试，通过启动/关闭拟态机制来对比路由器的转发性能。测试结果表明，拟态机制的引入不影响路由器的转发性能，拟态构造路由器的吞吐量和时延满足相关行业标准要求。

按照第 10 章中的方法对拟态构造的路由器进行安全对比测试。测试结果表明，拟态构造路由器通过动态调度和拟态伪装，有效降低扫描探测手段获取目标信息的准确性，改变系统脆弱点的呈现性质。

按照第 10 章中的方法对拟态构造的路由器进行安全注入测试。测试结果表明，拟态构造路由器具备抵御拟态界内未知威胁的能力，能够防御基于漏洞/后门等的未知攻击。

4. 现网测试

2018 年 4 月 2 日，拟态构造路由器在通过了与景安网络部署设备的一致性互通性测试后，正式上线，将部分景安云业务通过拟态路由器承载，景安网络未部署针对拟态路由器的任何附加安全防护措施，拟态路由器向互联网开放拥有弱口令的普通管理员账户，以开放的接口迎接来自互联网的真实攻击。

在拟态路由器运行过程中，监测到大量针对拟态路由器的扫描探测、口令爆破、用户提权、路由篡改以及加载恶意资源等攻击，截至 2018 年 6 月 25 日，拟态路由器累计检测并阻断 108 167 次攻击，包括扫描探测、密码爆破、尝试提权、修改路由配置、加载恶意资源等，这些威胁攻击来源于不同国家的 3750 个 IP，威胁次数排名前 10 位的攻击者 IP 及其所属地分布如图 14.6，所有攻击威胁均被拟态路由器发现、记录并阻断。

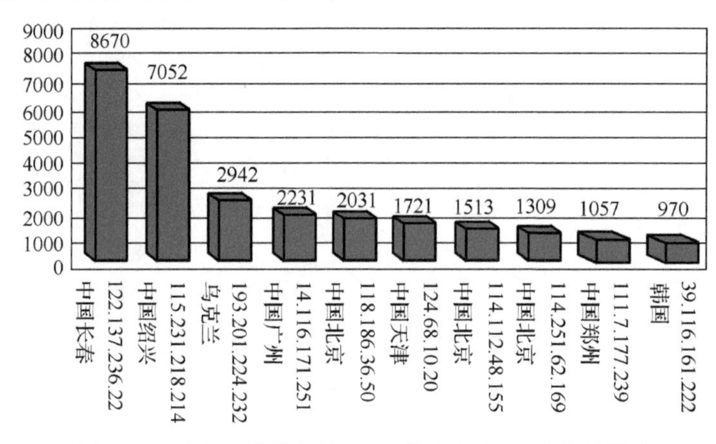

图 14.6 威胁次数排名前 10 位的攻击者 IP 及其所属地

5. 测试评估

截至目前，拟态路由器在确保正常数据转发的同时，检测阻断来自互联网的持续威胁，设备可靠、稳定、安全运行。通过测试分析，在较小的成本投入下，拟态构造路由器在可信性、可用性、可靠性等方面具有很高的性价比。

14.3　拟态构造 Web 服务器

14.3.1　应用示范

1. 拟态构造 Web 服务器在某金融企业中的应用

1) 威胁分析

某金融企业综合实力雄厚，经营管理稳健，具有健全的服务网络且对外服务具有良好的稳定性。此外，该金融企业的科技实力强大，安全防护手段完善。然而，在目前的网络空间环境中，各类网络设备、操作系统、应用程序中都被证实存在着大量可被攻击者利用的漏洞后门。由此产生的安全不可控问题在该金融企业内部很可能发生。该金融企业的电商网站存在以下安全威胁：

(1) 网站存在被篡改网页的风险。

(2) 网站现有防御手段单一，不能应对越来越丰富的攻击手段。

2) 应用场景

应用对象是该金融企业的电商网站的静态资源，目标是搭建拟态构造防篡改的 Web 系统，防止静态 Web 资源被恶意篡改，保证网站稳定运行，并及时将报警信息推送至该企业的预警联动平台。

3) 产品方案

模块化接入：对于复杂业务逻辑的拟态化来说，想要在短时间内进行对原有的全部功能方法进行兼容是不可行的。因此，对于像该金融企业这种大型的企业级应用，应当从企业内部的业务逻辑出发，根据功能的不同进行模块划分。以隘口设防和要地防御的方式将拟态防御的构造方法融入原系统中。在该企业应用中，考虑将动态数据流和静态数据流分离，先解决静态资源模块的拟态化部署，然后对动态资源进行细粒度的业务逻辑划分，从而实现拟态防御的模块化接入。

稳定服务：在经过拟态防御改造后的网络应用，也应具有企业级应用的容灾能力。因此，对于接入的拟态防御模块，也要进行冗余备份。在该企业应用中，使用了双节点文件级热备的部署方式对拟态表决器进行冗余备份。

兼容现在安全手段：大型企业在长时间的运行过程中，必然会对自己的服务应用增加相应的安全防护手段。由于拟态防御构架内生的非线性效应，在兼容传统安全手段方面具有得天独厚的优势，任何增强的安全手段在等效意义上都是增加执行体间的相异性，能够使拟态界内获得指数量级的防御增益。此外，将拟态防御表决器所产生的报警信息与该企业的预警联动平台相结合，还可以增强企业整体的安全防护能力。本次应用部署的设备形态如图 14.7 所示。

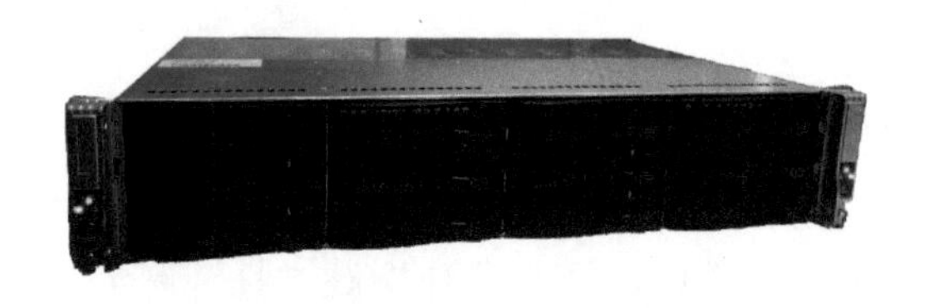

图 14.7　拟态构造 Web 服务器

4) 应用部署

若要在金融企业内部导入拟态防御，需要对异构执行体构造、拟态防御表决器接入、兼容现有防御手段和保证服务稳定性等问题逐一解决。本应用主要以保护网站静态资源为主，保证系统的高可用、高安全，针对安全和兼容性需求，设计拟态构造 Web 服务器系统架构如图 14.8 所示。将网站动态资源和静态资源进行分离，并对静态资源进行拟态化改造，在执行体 1、执行体 2 和执行体 3 上部署静态资源，在执行体 0 上部署动态资源。分发和表决模块将对静态资源和动态资源的请求分发到部署静态资源的执行体 1、2、3 和动态资源的执行体 0，并对静态资源进行表决。为保证服务的高可用和高可靠，分发和表决模块采用双节点热备，如果主分发和表决节点发生异常无法正常提供服务，则备份分发和表决节点立刻上线提供服务。为了实现和该金融企业现有防御手

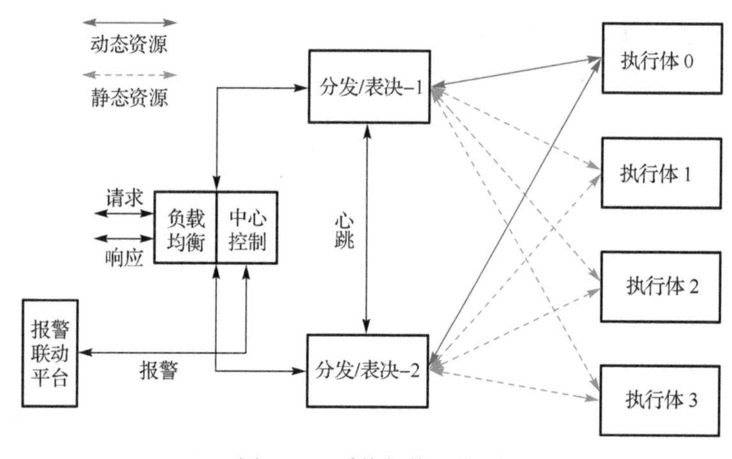

图 14.8　系统架构示意图

段的融合，将拟态防御表决器生成威胁日志通过内部网络传输到该金融企业报警平台上，实现报警联动机制。

本应用主要以保护网站静态资源为主，保证网站页面正常访问，部署拟态后，该网站具有以下特点。

(1) 易接入：可较方便地接入到应用环境当中。

(2) 高安全：异构执行体及冗余执行，裁决机制提升系统安全。

(3) 高可用、高可靠：异构执行体多机热备与安全设备双机热备的双层防护设计保证系统稳定运行。

(4) 及时预警：可向该金融企业联动报警平台推送预警消息。

(5) 易管理：为用户提供方便、高效的可视化管理接口。

5) 成本分析

由于该金融企业对于可靠性和可用性的高要求，本次应用部署增加一台双节点分发和表决服务器，两个节点作为冗余热备；动静资源分离采用虚拟化技术，并未增加任何硬件设备。因此，此次应用只增加了一台双节点的分发和表决服务器，与原网站成本相比，增加成本并不是很高。

6) 应用效果

拟态构造 Web 服务器应用到该金融企业网络环境后，至今稳定运行，且能够及时发现故障和攻击，保证了其电商网站静态资源管理的安全可靠。

2. 拟态构造 Web 服务器在政府某网站的应用

1) 威胁分析

该网站存在以下安全威胁：

(1) 该网站采用了 CentOS 作为操作系统，Tomcat 作为 Web 服务，此两种软件曝出了很多漏洞。

(2) 虽然该网站采用了 IDS 等安全防护手段，但不能有效应对 0day 漏洞或后门攻击。

2) 应用场景

该官网多为静态资源，且由后台服务器发布生成，主站与后台分离。此外，为提高官网的可靠性，设置了备份服务器。提供静态网页的主站 Web 服务器是外界用户访问的目标，结合拟态防御部署原则，应当将主站 Web 服务器作为设防对象。为了保证该官网的安全性，目前引入了“加速乐”服务，提供 CDN 服务，不仅加速了内容的传输，还可避免冗余流量进入网络服务环境。在通过加速乐服务后，首先要经过 IDS 入侵检测系统阻挡一部分入侵行为，再通过防火墙的规则进入 DMZ 区，在流量进入主站前必须经过自动攻击检测设备进行自动检测。现有的安全设备与 Web 服务器组成的网络框架如图 14.9 所示。

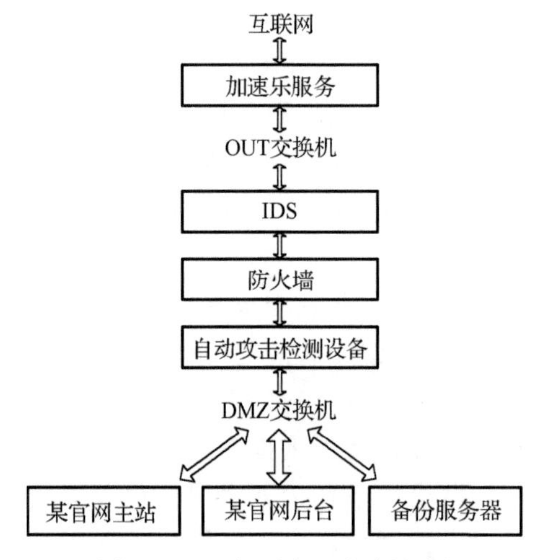

图 14.9　目标对象网络框架图

该官网的日访问量达到 35 万次左右，5～10GB 的流量。在原有安全设备部署情况下，加速乐检测到日攻击次数达到 10 000 次左右，主要包含 Webshell、文件注入、文件包含、恶意扫描、代码执行、恶意采集、SQL 注入等。部署的 IDS 入侵检测系统半年检测到恶意攻击 82 136 起，具体攻击类型如表 14.2 所示。从检测结果分析，木马后门、SQL 注入攻击、命令注入以及利用软件漏洞的攻击依然占据着主要的攻击方式。由此可见，该官网不断遭受攻击者的攻击，但从检测结果中可以看出，未出现 0day 漏洞攻击的拦截结果。

表 14.2　IDS 入侵检测系统检测结果

攻击类型	攻击次数
HTTP_木马后门_Webshell_PHP_eval_base64_decode 木马	31 769
HTTP_SQL 注入攻击	13 859
HTTP_Linux 命令注入攻击	10 094
HTTP_IIS 解析漏洞	4448
HTTP_Acunetix_WVS_漏洞扫描	4185
HTTP_GNU_Bash 远程任意代码执行	3356
HTTP_木马后门_Webshell_china_chopper_20160620_asp 控制命令	1732
HTTP_目录遍历[../]	1700
HTTP_木马后门_Webshell_PHP_fatalshell 木马上传	1619
HTTP_XSS 脚本注入	1566

3）产品方案

该网站要求基于现有环境，做尽量小的改动，实现高可靠、高可信拟态防御。高可靠：利用现有备份服务器作为拟态构造 Web 服务器冗余执行体。高可信：将现有安全设备融入拟态构架以便显著提升目标系统对未知攻击的感知和防御能力。

异构执行体的设计：考虑到该官网系统的软硬件配置情况，为尽可能使执行体间的异构性更大，分别对软件服务层和执行体操作系统层做了异构化处理；为消除不同层次软件的兼容性问题，通过对不同层次间各种组合的测试，确定出较为稳定的异构执行体组合。

数据同步传输的设计：数据同步传输需要考虑传输系统间的文件系统是否相互支持或兼容，传输文件是否被接收系统所接受。同时，还需要考虑数据同步的稳定性。

负载均衡接入：出于降低示范应用系统对该官网服务稳定性的考虑，负载均衡按照 1∶9 的比例将流量划分给拟态构造 Web 服务器和原官网服务器。

拟态构造 Web 服务器以 Web 应用服务器为基础平台，以拟态防御技术为核心，设备形态如图 14.10 所示。

图 14.10　拟态构造 Web 服务器

4）应用部署

根据该官网现状，对该官网进行拟态改造。拟态构造 Web 服务器在该官网的部署框架如图 14.11 所示。工作时，原请求流量由 DMZ 交换机直接转发至该官网主站，由负载均衡设备负责将请求流量按照设定的比例分别均衡至原正常架构的某官网和拟态架构的某官网中。其中，采用的负载均衡设备属国产品牌；拟态构造 Web 服务器负责承载拟态化升级的某官网应用，提供 Web 服务与安全防护能力。

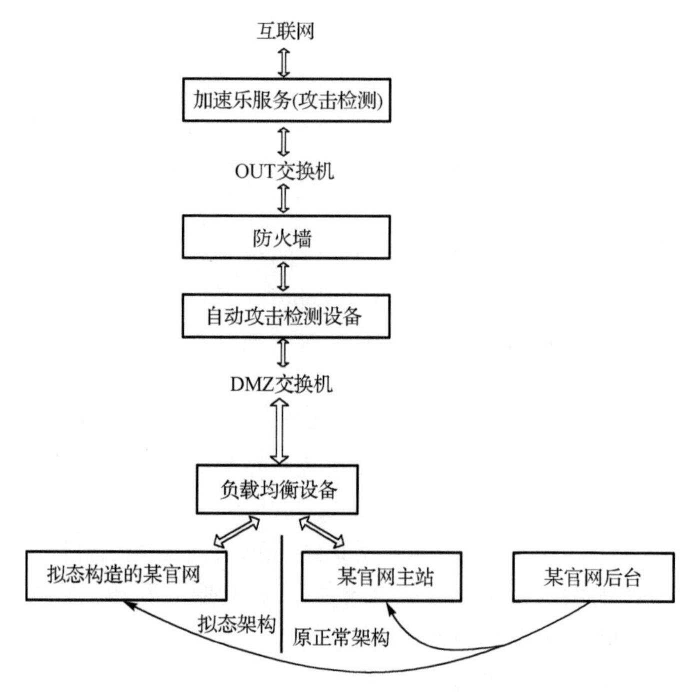

图 14.11　拟态防御构造的 Web 服务器部署框架图

为了保证试点工作新引入的拟态构造 Web 服务器与其他附加设备不会影响官网正常服务，通过拟态构造 Web 服务器自身的冗余特性与设备层面的双机热备配置，在 Web 应用层面与设备层面实现了与原有系统同等程度的容灾能力，保证了官网在发生网络安全或者设备故障问题时，能最大限度地减少服务损失。

拟态构造 Web 服务器基于“请求-响应”服务模式构造异构冗余的 Web 服务执行体，拟态构造 Web 服务器内部架构如图 14.12 所示。当请求到来时，分

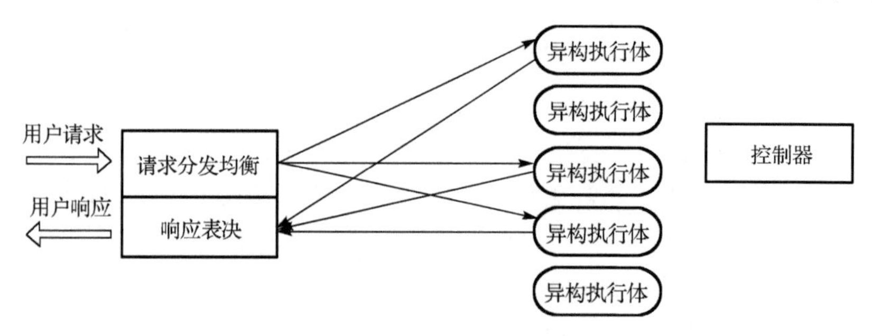

图 14.12　拟态防御构造的 Web 服务器内部架构

发至 N 个异构的执行体；表决模块接收比较 N 个响应间的异同，产生合规的响应输出；基于表决信息，发现异常执行体。异构冗余的 Web 服务执行体不仅实现了拟态防御功能，其执行体的冗余配置模式也为 Web 服务的高可用性提供了保证。

拟态构造 Web 服务器与原某官网主站通过负载均衡设备进行流量分配，当拟态构造 Web 服务器发生故障时，负载均衡设备会自动将全部请求流量引流至某官网主站上。

5) 成本分析

某网站要求以可控的拟态防御部署运维成本为中心官方网站提供可观的安全性增益，因此，控制部署运维成本与提高安全性是此次某官方网站拟态化升级调整过程中的两个重要调整目标。

(1) 硬件购置。

调整前，某官网采用 3 台曙光服务器(Quad-Core AMD Opteron(tm) Processor 2378 2×4，16G，2TB+254GB)来承载运维某官方网站的 Web 服务，但该类型曙光服务器是十几年前采购的，现已停产，不适合作为硬件购置成本比较的对象，故以曙光 I620-G20 (Intel Xeon E5-2620 v4，16GB×2，300GB×3)为对比对象，其购置成本约为 2.0 万元/台。经计算，购置 1 台拟态构造 Web 服务器用来部署某官方网站，所需硬件购置成本 7.1 万元。对比 1 台拟态构造 Web 服务器与 3 台曙光 I620-G20 服务器，硬件购置成本增加 17.6%。

(2) 部署成本。

拟态构造 Web 服务器在上线部署前需要进行网站拟态化调整、网站平滑迁移、功能一致性测试等工作，为此，投入了 2 人月的工作量来完成相关工作，共计投入 2 人月×1.0 万元/人月=2.0 万元。

(3) 运行维护。

拟态构造 Web 服务器在试点过程中所需的运维管理成本体现在两个方面，其中，一方面是环境资源，其消耗产生的费用主要包括电费、机位费等，经参数对比测算，1 台拟态构造 Web 服务器的运维基本费用要低于 3 台曙光服务器的运维基本费用；另一方面是人力资源，其消耗产生的费用被称为运维人力成本，由于拟态设备具备内生安全特性，可以避开不能及时打补丁或者升级系统版本而引入的威胁，又可以省去不停打补丁堵漏洞的工作，从而降低了运维人力成本。

(4) 安全防护。

目前，某官方网站原环境部署了防火墙设备(3.2 万元)、云端 CDN 服务(20.0 万元/年)、IDS 设备(37.5 万元)等，而承载某官网的曙光服务器被部署在防火墙的DMZ区内。若将拟态构造Web服务器顺利接入到现网环境，且具有访问数据库的权限，需将拟态构造Web服务器同承载某官网的曙光服务器一样，接入在防火墙的DMZ区内。拟态构造Web服务器凭借其内生安全机制，本身就具有良好的安全防御功能，因此，部署拟态构造Web服务器安全防护投入为0元。

6）应用效果

拟态构造Web服务器于2018年4月通过功能一致性与安全性测试，正式提供对外服务。迄今为止，运行稳定正常。相关数据表明：某官方网站的原防护措施已经较为安全，未曾发生安全事故，且拟态构造Web服务器达到了与其原防护措施同等的安全防护效果，甚至发现并拦截到更多异常行为。且全生命周期内，拟态构造Web服务器的性价比显著高于现有安全防御设备，是一个高安全、高可用、低成本、低误报的拟态防御产品解决方案。

3. 拟态构造Web虚拟主机在景安快云中的应用

1）威胁分析

基于Web的“景安快云”服务存在以下安全威胁：

(1) 由于快云系统中的网站，大多是基于开源版本的再次开发，源码安全审计不足，系统中的网站存在大量易被发现、利用的漏洞和后门，容易遭受攻击。

(2) 快云系统已部署的WAF防御手段过于单一，不能适应越来越丰富的攻击手段。

(3) 应用层攻击面极大，主要威胁有PHP漏洞和SQL注入等。

(4) 快云系统中的网站存在被篡改网页的风险，为黑站引流；重则数据丢失，网站内容被恶意更改，损坏客户利益和公众形象。

(5) 缺乏有效应对0day漏洞等未知威胁的手段。

2）应用场景

景安快云Web云服务，具备功能完善的业务处理能力，为中小企业提供专业的Web云服务支持。景安网络快云服务系统是在物理设备支撑的基础上，使用物理设备搭建云服务集群，在集群环境中创建虚拟机，虚拟机之间使用VXLAN技术确保网络相互隔离，防范ARP等跨网络攻击，每个虚拟机中创建多个虚拟站点，每个虚拟站点可为用户的一个网站提供Web访问服务，且每个虚拟站点创建独立的系统用户以及系统权限进行安全隔离。

运行网站Web服务的虚拟站点是外界用户访问的目标，所以云环境中的虚拟站点就是要保护的攻击面。景安网络为了保证快云服务主机的安全性，引入了IDS、防火墙、WAF等安全防护手段。用户访问流量首先经过IDS入侵检测系统，会阻挡一部分入侵行为，再通过防火墙的规则进入云环境中，在流量进入虚拟站点前经过 WAF 检测，WAF 防护中包括了黑白名单过滤系统、非法信息排查系统以及第三方安全宝网站漏洞防护功能。现有的安全防护手段与 Web 云服务主机组成的网络框架如图 14.13 所示。

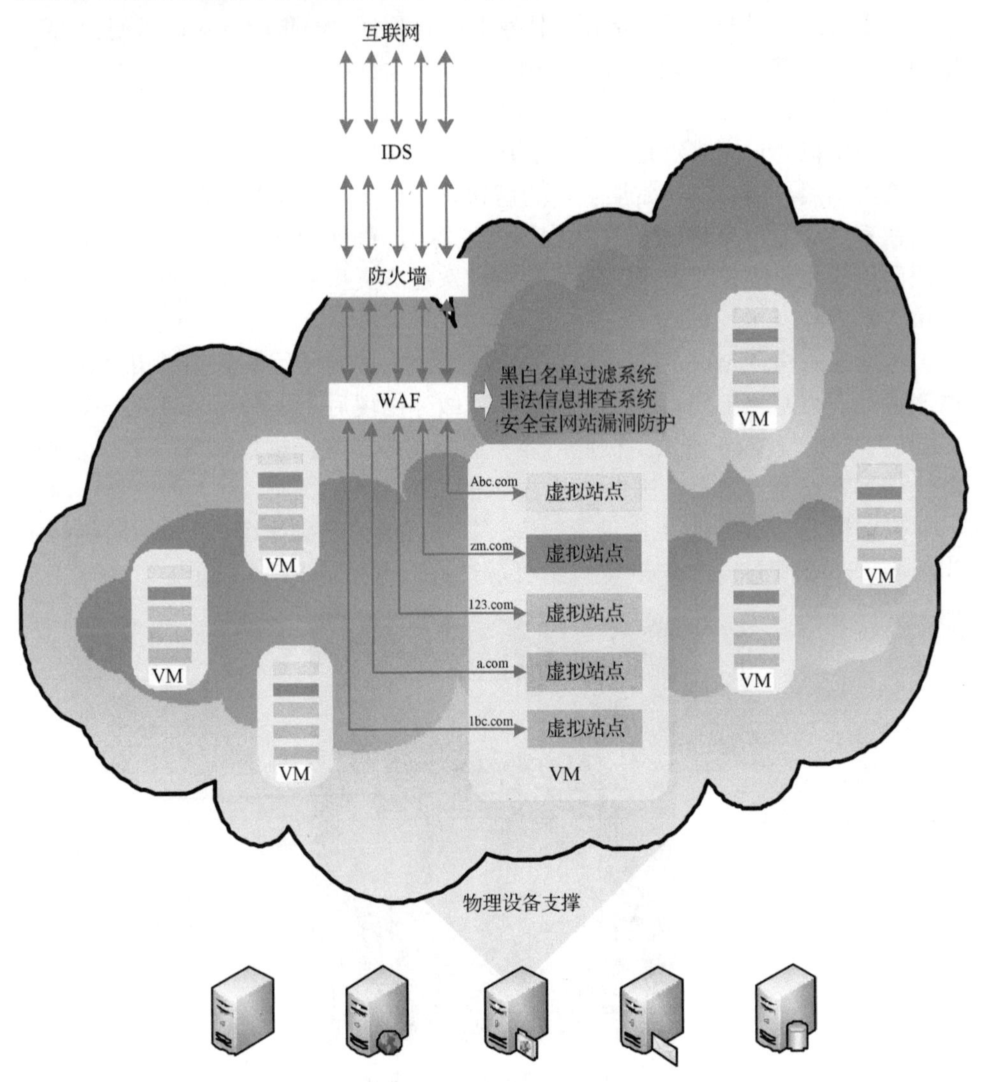

图 14.13　景安快云 Web 云服务主机安全防护示意图

由此可见，景安网络 Web 云服务主机中现采用的安全防护手段均以规则匹配、黑白名单匹配、先验条件匹配等传统的方法发现入侵，阻止入侵。但是安全威胁是多维度的，基于包过滤技术的 WAF 虽然通过大量的规则提高了攻击者的入侵门槛，阻挡大部分类型的攻击，但是通过 Web 服务内部的安全漏洞或者可能被预先植入的后门发起的攻击，通常依赖于正常服务为攻击链路，不受 WAF 规则的约束。

综上所述，景安快云 Web 云服务主机需要有效的防御技术，以便使 Web 云服务主机具有应对未知威胁的防御能力。

3）产品方案

应用示范的一大难点是，在 2 万个网站向拟态构造 Web 虚拟主机上迁移要保证不影响用户网站的正常服务。为解决这一问题，基于拟态防御技术内生冗余性在系统层面与 Web 应用层面实现双层容灾，确保即使因为迁移过程中不可知原因造成系统故障情况下，会立即启动双层容灾机制，以便能不间断地对外提供正常服务。

考虑拟态构造 Web 虚拟主机运行的稳定性，部署过程中提供了相关的应急措施设计。为避免出现不可抗力因素，或故障出现后无法在短时间内排查并解决的，拟态构造 Web 虚拟主机使用容灾服务器搭建双机热备服务，可实时将业务迁移到容灾服务器上，确保 Web 服务的高可用性。

拟态构造 Web 虚拟主机以景安快云物理设备为基础平台，以拟态防御技术为核心，部署拟态构造 Web 虚拟主机后设备形态如图 14.14 所示。

图 14.14　拟态构造 Web 虚拟主机

4）应用部署

为提升景安快云 Web 云服务应对未知威胁，尤其 0day 漏洞和后门攻击的安全防御能力。景安快云 Web 云服务平台中部署拟态构造 Web 服务器，构建拟态构造 Web 虚拟主机。基于景安快云当前主要安全威胁分析结果，现网部署采用了“静态资源冗余表决、动态内容单体异构”部署方案。拟态构造 Web 虚拟主机将作为向大众提供互联网业务功能的平台，要求不仅具有持续稳定提供业务功能的作用，还应具有防止用户信息泄漏的功能。结合景安快云现采用云服务主机为中小企业提供 Web 云服务的现状，给出相应的拟态构造 Web 虚拟主机部署方案，如图 14.15 所示。大量的 Web 服务攻击都是针对上层应用发起，为了以较小的成本实现较为显著的防御成效，拟态构造 Web 虚拟主机将对景安快云服务平台现有的 Web 应用拟态化处理，构建轻量化的拟态构造 Web 虚拟主机。

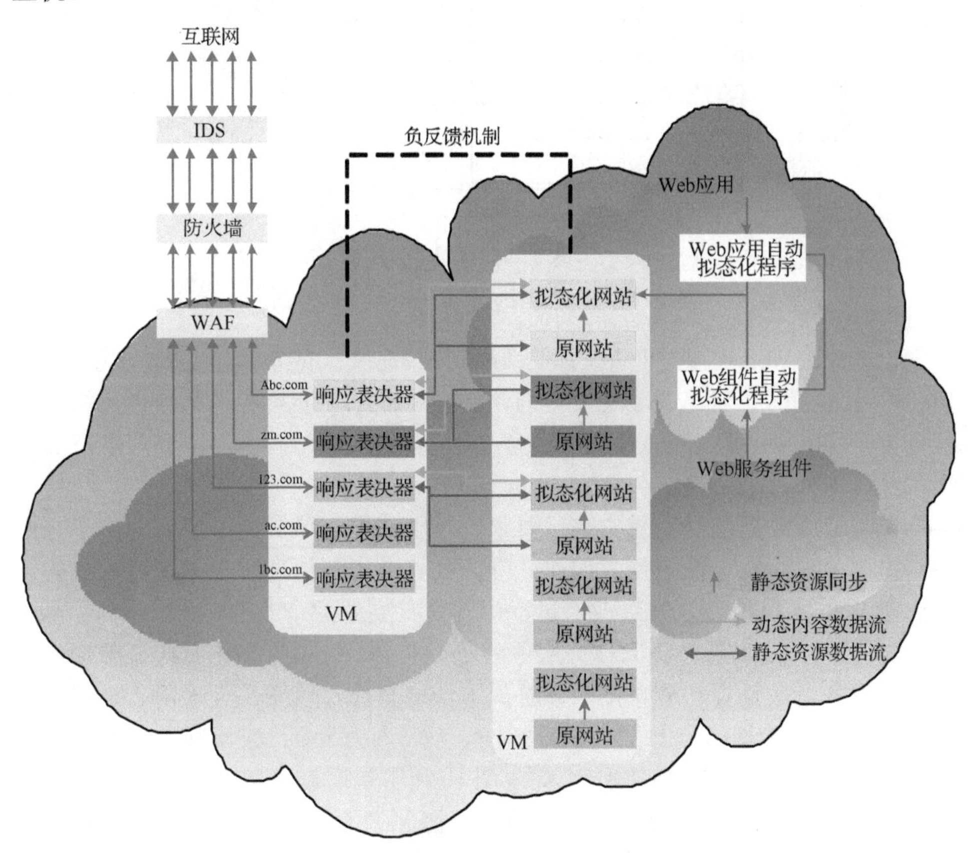

图 14.15 拟态构造 Web 虚拟主机部署方案

在现有 Web 服务入口与出口增设了输入和输出代理。针对静态资源请求，输入代理复制请求并分发至冗余的静态资源组件中，静态资源表决器并收集比较 2 个响应的异同，通过表决算法得到唯一正确响应输出，若响应不一致，则通过静态文件还原的方法消除威胁；针对动态内容请求，输入代理转发请求至拟态化运行环境中执行，并将正确的执行结果输出，若检测到执行异常，则表明正在遭受动态攻击，动态代码实时异构机制会立即消除威胁，工作原理如图 14.16 所示。

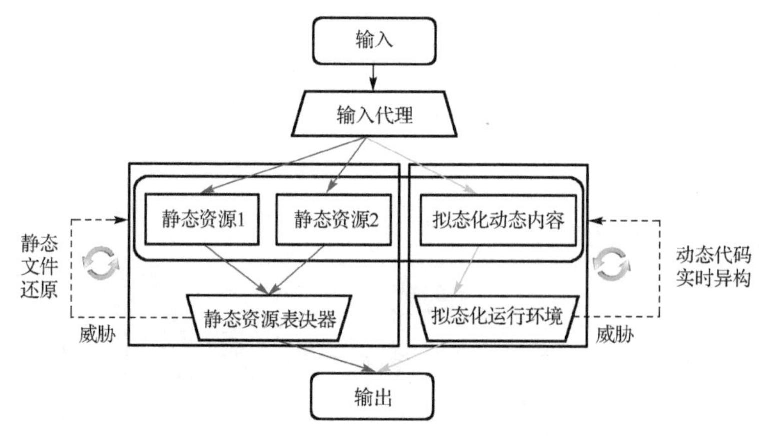

图 14.16　拟态 Web 虚拟主机工作原理图

拟态构造 Web 虚拟主机将发挥灵活部署、快速接入的特性，能够进行方便的移植和扩展。在提供同等 Web 服务功能与性能的基础上，轻量化应用部署的成本不高，但会显著提升 Web 服务的安全防御能力，同时能够实现 Web 服务的高可用。

5) 成本分析

作为云服务提供商，景安快云要求以最小的拟态防御部署成本为中小企业网站提供可观的安全性增益。因此，降低部署成本与提高安全性是此次景安快云虚拟 Web 主机拟态化升级改造过程中同等重要的两个改造目标。

(1) 硬件购置。硬件资源作为服务的承载实体，为了拟态化升级调整新购置的硬件设备是最直观、最直接的部署成本。调整前，景安快云采用 2 台服务器(Intel Xeon E5-2620 v4×2，256GB，5TB，约 5.5 万元/台) 来承载 2 万个网站的 Web 服务。表决器软件模块所引入的 CPU 利用率增长不超过 10%，依据目前 CPU 使用情况，不需升级 CPU。静态资源冗余存储后磁盘占用增长不超过 20%(景安快云虚拟 Web 主机原始网站模板存储占用为 145.4MB，拟态调整完成后该模板存储占用为 165.7MB，增加了 13.96%)。试点过程中，拟态 Web 虚拟主机按照 20%的存储增量为原有 2 台服务器上各增配一块 1TB 固态硬盘 (0.3 万元/块)，硬件购置费用为 0.6 万元，平均每个网站调整升级的硬件费用仅为

0.3 元，增长仅 5.45%。即使购置 2 台服务器(Intel Xeon E5-2620 v4×2，256GB，6TB，约 5.8 万元/台)用来部署 2 万个拟态 Web 虚拟主机，所需硬件购置成本 11.6 万元，平均每个网站的硬件成本也仅为 5.8 元。

(2) 部署成本。拟态 Web 虚拟主机在部署时需要投入人力成本，景安网络快云技术团队和拟态防御团队共计投入 10 人月×6000 元/人月=6 万元。平均到 2 万个网站，每个网站初始部署成本仅 3 元。随着拟态 Web 虚拟主机的应用规模增加，平均每个网站初始部署成本将显著降低。

(3) 运行维护。拟态 Web 虚拟主机在试点过程中运行维护管理成本包括两部分。一是运维基本费用，包括电费、机位费、空调制冷费等，经景安网络测算，2 台服务器拟态化调整前后运维基本费用不变，约为 340 元/天。二是运维人力成本，2 万个网站在拟态化调整升级后，拟态 Web 虚拟主机能够发现异常并进行自动处置，不需人为因素干涉，减小了有关安全排查的工作量，不需要投入额外安全运维人员。

(4) 安全防护。此次景安快云拟态化升级调整中未增购任何新的安全防护设备和系统，安全防护新增投资为 0 元。

综上可知，无论是在初始购置部署、还是在安全管理运维，拟态 Web 虚拟主机都是一个低投入成本的云服务产品。

6) 应用效果

2018 年 4 月 2 日，拟态构造 Web 虚拟主机通过了与现有产品的功能一致性测试后正式上线。截至目前，采用拟态构造 Web 虚拟主机方式部署的网站数量超过 2 万个，所有网站运行稳定正常。虽然防火墙能够防御大部分类型的 Web 威胁，仍然有部分攻击行为突破了防火墙的外挂式防御而对用户网站造成威胁。而采用了拟态防御架构的拟态 Web 虚拟主机却能以极小的漏报率和误报率对这些攻击行为进行拦截和记录。拟态 Web 虚拟主机的要地防御方案设计不仅能够有效解决用户网站被恶意篡改的威胁，还能通过表决器异常发现现有防御手段未知的攻击行为，并依据该异常信息对攻击类型进行简单分类。在未来应用中，拟态 Web 虚拟主机将配合现场快照、文件追踪、数据还原等取证技术，在针对攻击行为能够自动报警并处置的基础上，准确定位未知攻击。

14.3.2 现网测试

1. 拟态构造 Web 服务器测试

1) 测试目的

为评估拟态构造 Web 服务器在该官网应用试点中线上运行的防御效果、运行情况，在完成功能一致性测试和安全性测试的情况下，将拟态构造 Web 服务器部署到该网站现网环境，并进行线上测试，为试点工作的应用效果提供数据支撑。

2）测试方案

在现网测试过程中，分别从拟态构造 Web 服务器、负载均衡器及该官网平台上采集测试数据。拟态构造 Web 服务器的硬件参数和软件配置分别如表 14.3 和表 14.4 所示。负载均衡设备选用 A10 Networks® Thunder® ADC 系列，其高性能的下一代应用交付控制器产品线可为应用提供更加完善的可用性、加速性和安全性。设备硬件参数和软件配置分别如表 14.5 和表 14.6 所示。通过负载均衡将访问流量以 1∶9 的配比分配给拟态构造 Web 服务器与中心原平台服务器。现网测试场景如图 14.17 所示。

表 14.3　拟态构造 Web 服务器物硬件参数

CPU	Intel Xeon E5-2620 v4 [2.10GHz,20MB 三级缓存]
内存	32GB DDR3
网卡	千兆以太 Intel I350
存储	1T 2.5 寸 SATA
电源	675W 热插拔电源

表 14.4　拟态构造 Web 服务器软件配置

物理主机操作系统	Windows Server 2012 R2、Centos 7		
虚拟机软件	VMWare 10.1		
执行体编号	DUT2-1	DUT2-2	DUT2-3
虚拟机操作系统	Windows Server 2012 R2	SUSE11	Solaris10
Web 服务器	Jetty	Resin	Tomcat
Web 应用	Java		
拟态系统控制软件	RDB 与 DDRV 运行软件		

表 14.5　A10 Networks Thunder ADC 负载均衡物硬件参数

品牌型号	Thunder840 ADC
CPU	Intel Communication 处理器
内存	8G ECC RAM
网络接口	1GE 电口 5；1/10GE 光口（SPF+）2
存储	SSD
电源能耗	57W/75W

表 14.6　A10 Networks Thunder ADC 负载均衡性能参数

应用吞吐量(L4/L7)	5 Gbps / 5 Gbps	SSL 包吞吐量	1Gbps
4 层 CPS	200 K	SSL CPS	RSA(1K)：2K；RSA(2K)：500
4 层 HTTP RPS	1 Million	DDoS 防护 SYN/秒	1.7 Million
4 层 并发会话	16 Million	应用交付区(ADP)	32
7 层 CPS	50K		

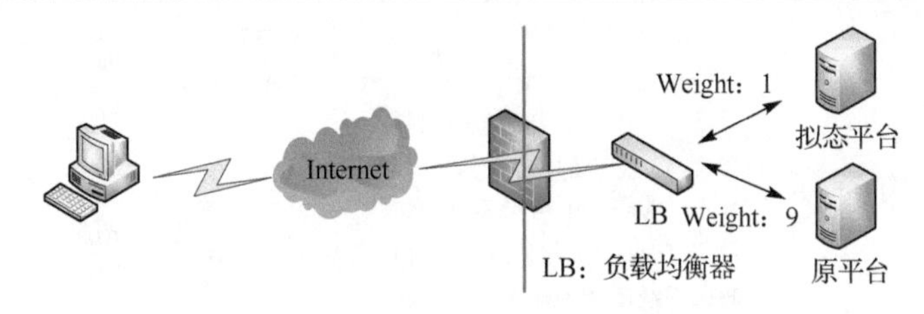

图 14.17　现网测试场景示意图

3)测试与评估内容

(1)功能一致性测试。

拟态构造 Web 服务器部署政府某官网后，进行了详细且严格的功能测试，按照第 10 章中的对比测试的方法进行测试评估。测试过程采用人工抽样访问和网络爬虫自动化扫描相结合的方式，两种访问方式优势互补，可全面检验拟态构造的官网与原官网在功能上是否具有一致性，测试内容如表 14.7 所示。

表 14.7　功能一致性测试和评估内容

评估目标	测试阶段	主要内容	评估内容
拟态构造的某官网的业务功能	功能一致性测试	测试拟态构造的某官网的各个功能模块能否正常提供 Web 服务，且业务功能与原某官网是否一致； 测试拟态构造的某官网与原某官网的活链接总数、死链接总数，再进行数量及链接比较。	评估拟态构造的某官网在业务功能上是否与原官网具有一致性

人工抽样访问测试从该官网的 14 个不同功能模块中抽取了 24 个测试页面，测试页面均成功输出；且与原网站对比，测试结果是一致的。分别对拟态构造该官网与原该官网进行网络爬虫自动化扫描测试，总链接数均为 2437，活链接数均为 2431，死链接数均为 6，扫描结果一致。拟态构造官网与原官网在业务功能上具有一致性。

(2)安全性测试。

拟态构造 Web 服务器部署政府某官网后，进行了详细且严格的安全性测试，本次测试共有扫描探测、植入木马、Webshell 连接、篡改网页及系统故障等 5 个测试项，按照第 10 章方法进行测试评估。为评估拟态防御技术在防范已知及未知网络攻击方面的有效性，结合某官网试点应用，对拟态构造的某官网展开了安全性测试工作，测试内容如表 14.8 所示。

表 14.8 安全性测试和评估内容

评估目标	测试阶段	主要内容	评估内容
拟态构造的某官网的安全防御能力测试	安全渗透测试	(1)扫描拟态构造的某官网 (2)扫描拟态构造中单个执行体下的某官网	比较扫描结果，评估拟态构造的某官网的防御效果
	安全注入测试	(1)向拟态构造中单个执行体下的某官网注入木马、Webshell 及恶意网页 (2)向拟态构造中各个执行体下的某官网注入木马、Webshell 及恶意网页 (3)关闭单个执行体或执行体内的 Web 服务器测试系统故障的影响	通过测试在不打补丁情况下，防御注入木马、后门(漏洞)及恶意篡改的效果，评估拟态构造的某官网的安全防御能力

对拟态构造的某官网进行安全渗透测试，测试结果表明，拟态构造的某官网通过表决机制，有效抵御了渗透扫描攻击；对拟态构造的某官网进行安全注入测试，测试结果表明，拟态构造的某官网经过拟态化升级调整后，能够有效抵御木马、后门、漏洞及恶意篡改等攻击，且能够有效容忍系统故障问题。

(3) 现网测试。

在功能一致性测试和安全性测试的基础上进行了现网测试，测试拟态构造 Web 服务器是否具有及时发现网络攻击、系统异常的能力，测试数据来源如下：

① 分发裁决单元形成的拟态裁决日志。

② 负载均衡器具有实时捕获网络流量的功能，相关流量数据被存储成流量日志。

③ 该官网平台的运维数据包括访问日志和攻击过滤日志。

拟态构造 Web 服务器上线以来，官网工作稳定正常。从 4 月 2 日起 20 天内，拟态构造 Web 服务器的总访问量 632 892 次，日均访问量 31 644.4 次。发现并记录 12 736 次异常访问，日均 636.8 次。平均每小时记录 26.53 次；其中，记录异常访问量最多的时段为 11～12 时，日均 58.15 次；记录异常访问量最少的时段为 14～15 时，日均 20.9 次。并记录的威胁次数占总访问量的 2.01%。访问流量、每日异常访问和每小时异常访问的数据趋势图分别如如图 14.18～图 14.20 所示。

通过对访问流量和异常流量分析可知，拟态构造 Web 服务器在承载该官网 10%的数据流量的情况下，能够记录服务器自身的整体运行状态和通过服务器的异常访问流量，运行状态稳定正常。

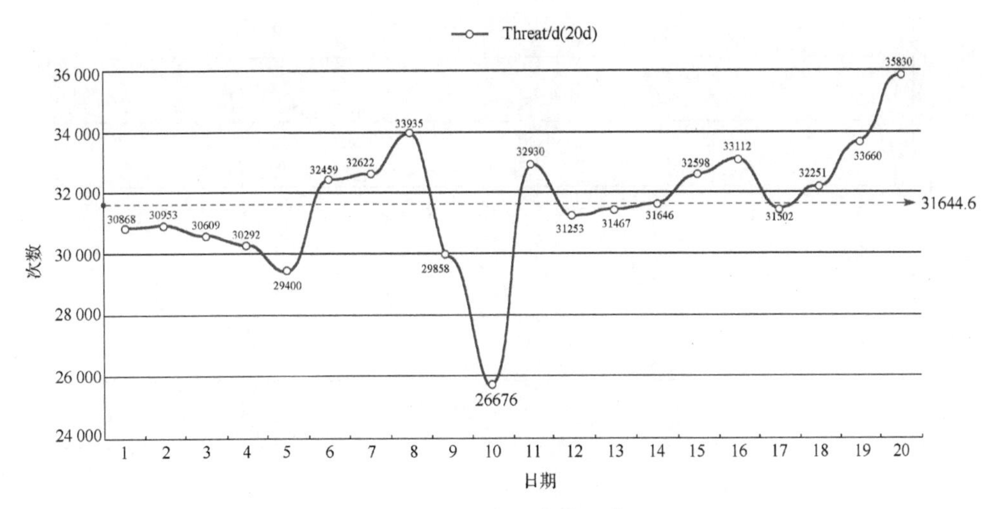

图 14.18 访问流量日志

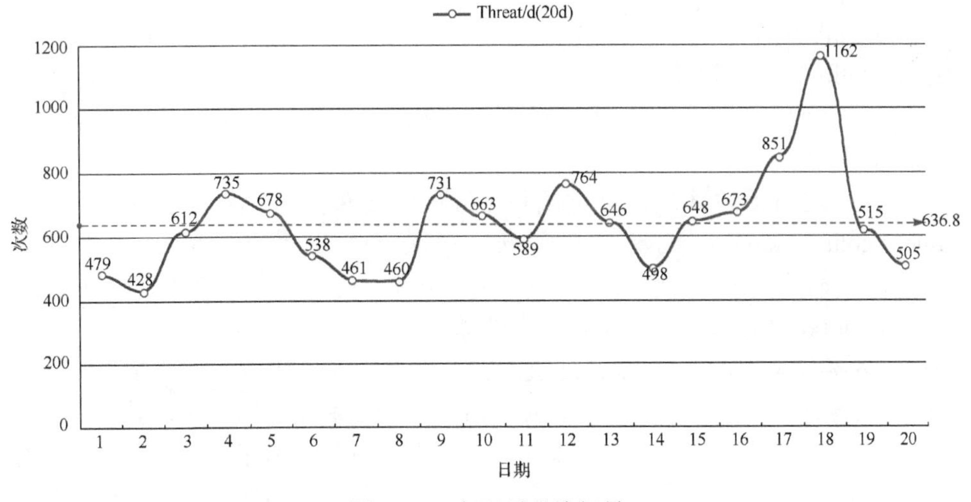

图 14.19 每日异常访问量

根据拟态防御威胁感知日志的数据记录，分析异常访问流量中的访问类别和来源等敏感信息。在拟态构造 Web 服务器记录的异常访问流量中，可将其划分为 6 类：

(1) xss 跨站攻击尝试，包括尝试 javascript 中函数利用的异常访问请求，如“publish/main/9/javascript:history.back ()”等。

(2) Webshell 连接尝试，包括尝试 php、asp、jsp 等类型的异常访问请求，如“/plus/mytag_js.php”“/index.asp”等。

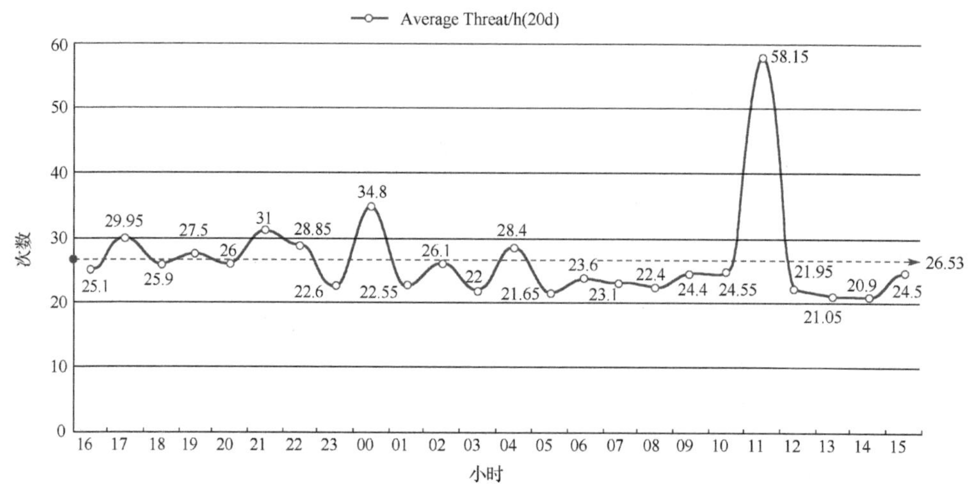

图 14.20 每小时异常访问量

(3) xml 利用尝试，包括尝试外部 xml 文件利用的异常访问请求，如 “rss/bulletin_2_0.xml” 等。

(4) 目录浏览尝试，包括尝试目录爆破的异常访问请求，如 “/yishi/” “/admin/” 等。

(5) 变量利用尝试，包括尝试利用源码中变量操作的异常访问请求，如 “public/column/4664041?type=4&catId=4694378&action=list” 等。

(6) 其他异常访问，包括扫描网站中可能存在的备份文件的异常访问请求，如 “/robot.txt” “/www_cert_org_cn.rar” 等。

在 6 类异常访问中，xss 跨站攻击尝试 29 次、Webshell 连接尝试 237 次、xml 利用尝试 749 次、目录浏览尝试 2839 次、变量利用尝试 237 次其他异常访问 6798 次。拟态构造 Web 服务器威胁分类如图 14.21 所示。其他异常访问的比例明显多于另外 5 类异常访问。针对这些其他异常访问暂时无法给出准确分析结果，需要结合现场快照、文件追踪、数据还原等取证技术做进一步研判分析，这项工作将在未来的产品研发与实践部署中加以应用。

分析 6 类异常访问流量中的敏感词条，共发现威胁敏感词 7114 条；其中，发现 /robots.txt，共计 1304 次；/rss/bulletin_2_0.xml，共计 672 次；/plus/mytag_js.php，共计 308 次；/index.php，共计 304 次；/index.aspx，共计 318 次；/index.asp，共计 294 次。进一步分析敏感词记录中的异常访问来源，发现大多为网络爬虫访问留下的指纹信息。对敏感词记录来源进行分类，共发现异常访问来源 43 类，如图 14.22 所示。

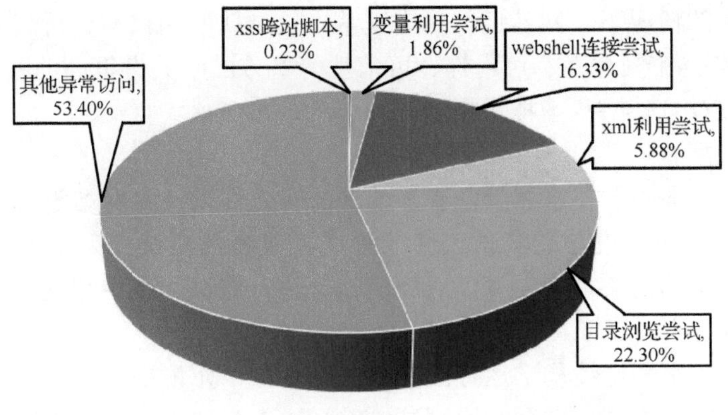

图 14.21 威胁分类

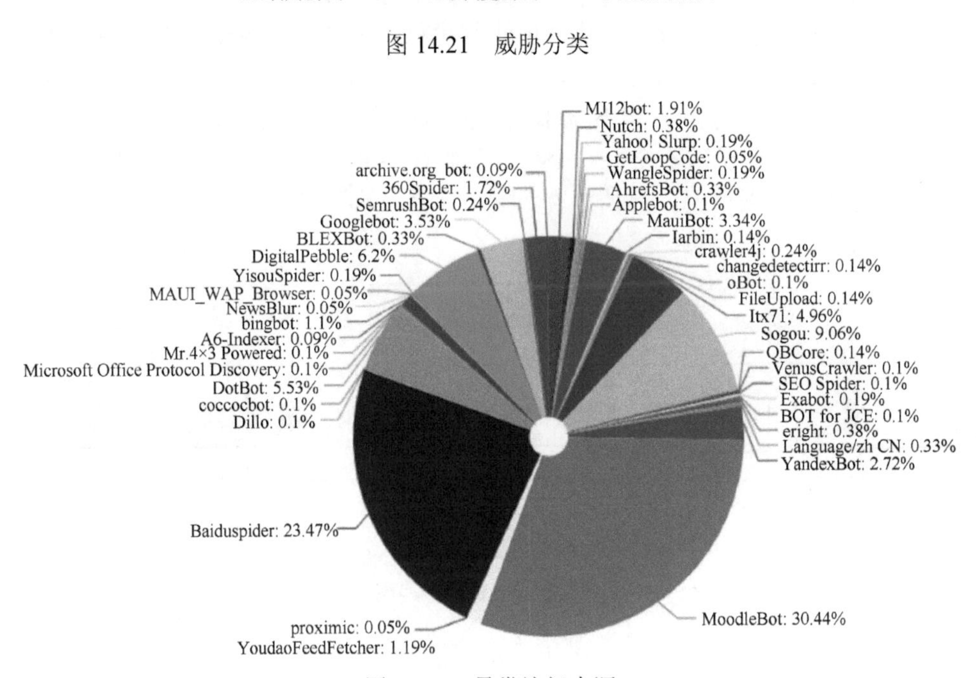

图 14.22 异常访问来源

对记录中异常访问流量的访问类型和访问来源进行分析后，可以得出如下结论：线上运行期间形成的异常访问日志中，并未发现拟态构造 Web 服务器被攻击成功的数据记录。

4) 测试评估

将拟态构造 Web 服务器部署到该网站后，服务功能性能未发生改变，在接入10%流量的情况下，网站运行稳定正常。通过现网测试与分析表明，拟态构造Web服务器在安全性、可用性、可信性等多方面中具有很高的效费比。

2．拟态构造Web虚拟主机测试

1）测试目的

为验证拟态防御技术在景安快云部署的有效性以及对网站正常服务功能的影响程度，依次开展功能测试、性能测试、兼容性测试；为了评估拟态构造Web虚拟主机的防御能力，开展对比测试、注入测试和现网测试。

2）测试方案

在保证云服务持续稳定运行的基础上，测试工作依次按应用功能测试、性能测试、兼容性测试、安全对比测试、安全注入测试、分析评估等阶段展开，如图14.23所示。功能测试、性能测试和兼容性测试主要测试拟态构造Web虚拟主机的功能，能否保证网站服务的正常提供；安全对比测试和安全注入测试主要通过对比方法和注入方法，测试拟态构造Web虚拟主机的防御能力；现网测试主要通过对拟态构造Web虚拟主机的运行情况进行分析，测试评估拟态构造Web虚拟主机现网安全性；分析评估阶段主要分析前期阶段积累的测试结果，量化试点部署情况，评估拟态防御技术在云环境应用的工程可行性，此环节也是试点工作的重点。

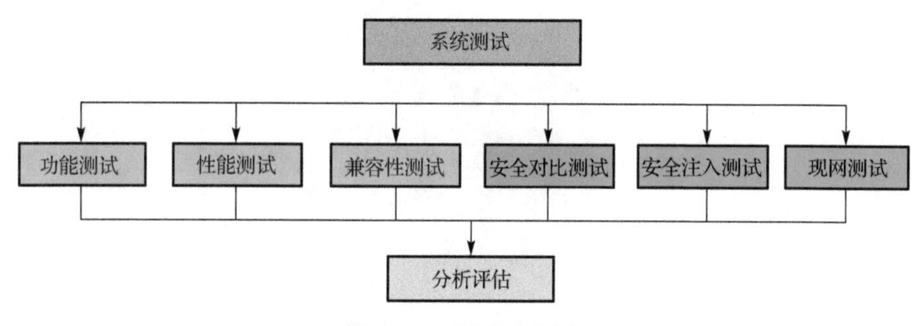

图14.23　测试路线图

3）测试与评估内容

为了评估拟态防御技术在云环境中的部署成本，以及可能带来的防御成效。根据每个测试阶段的目标，确定测试和评估内容，如表14.9所示。

通过对比测试的方法，对拟态Web部署前后的功能进行测试。拟态构造Web虚拟主机HTTP协议、拟态元功能测试按照第13章相关原则和方法进行测试评估。测试结果显示，拟态Web虚拟主机具备原快云Web虚拟主机相同的功能。

表 14.9 测试和评估内容

评估目标	测试阶段	主要内容	评估内容
拟态 Web 虚拟主机的符合性测试	功能测试	(1)测试拟态Web虚拟主机能否正常提供Web服务 (2)测试拟态Web虚拟主机是否符合HTTP1.1协议一致性	评估拟态Web虚拟主机能否正常提供Web服务
	性能测试	(1)测试拟态Web虚拟主机的每秒处理事务数 (2)测试拟态Web虚拟主机的最大并发数 (3)测试拟态Web虚拟主机的吞吐量 (4)测试拟态Web虚拟主机的响应时间	评估拟态Web虚拟主机能否按照景安网络云虚拟主机上线应用标准满足每秒处理事物数、最大并发数、吞吐量和响应时间等指标
	兼容性测试	(1)测试拟态Web虚拟主机的页面显示完整性 (2)测试拟态Web虚拟主机的网页功能完整性 (3)测试拟态Web虚拟主机的网页布局能力 (4)测试拟态Web虚拟主机的持久性连接和非持久性连接转换能力	评估拟态Web虚拟主机能否保证正常的Web服务网页兼容性要求
拟态 Web 虚拟主机的安全防御能力测试	安全对比测试	(1)在现有的防御基础上，测试拟态Web虚拟主机的安全增益 (2)在不采用IDS、黑白名单过滤系统、非法信息排查系统、防火墙等现有防御手段的基础上，测试拟态Web虚拟主机的安全防御能力	通过拟态Web虚拟主机发现的安全威胁，比较现有防御手段与拟态防御技术的防御能力
	安全注入测试	(1)向拟态Web虚拟主机注入后门 (2)测试拟态Web虚拟主机抵御利用注入后门攻击的能力 (3)向拟态Web虚拟主机注入漏洞 (4)测试拟态Web虚拟主机抵御利用注入漏洞攻击的能力	通过测试在不打补丁情况下，防御注入后门和漏洞的效果，评估拟态Web虚拟主机抵御未知威胁的防御能力
	现网测试	在现网环境中测试拟态构造Web虚拟主机的安全性	通过分析在现网环境中拟态构造Web虚拟主机的运行状态，评估拟态构造Web虚拟主机的安全性

拟态构造 Web 虚拟主机性能测试按照第 13 章相关原则和方法进行测试评估，通过对比拟态部署前后，测试评估拟态构造 Web 虚拟主机的性能。测试结果显示，拟态机制的引入并未改变 Web 虚拟主机的性能特性，拟态 Web 虚拟主机的每秒处理事物数、最大并发数、吞吐量和响应时间等性能参数满足景安网络云虚拟主机上线应用标准。

拟态构造 Web 虚拟主机兼容性测试按照第 13 章相关原则与方法进行测试评估，判断是否存在页面显示完整性、页面排版布局、JS 兼容性、不同分辨率下网页布局方面的差异。测试结果显示，引入拟态防御机制不会影响网页兼容性，也不影响用户的访问体验。

拟态构造 Web 虚拟主机安全对比测试按照第 13 章中的方法进行测试评估，

测试和评估拟态防御技术相比普通云服务系统的安全技术的防御有效性。测试结果显示，测试结果表明，拟态 Web 虚拟主机通过表决机制和脚本异构化技术，有效抵御了恶意篡改攻击、Web 应用漏洞攻击、PHP 木马注入攻击和 SQL 注入攻击等，提高了云虚拟主机的安全防御能力。

拟态构造 Web 虚拟主机注入测试按照第 13 章中的方法进行测试评估。测试结果显示，测试结果表明，拟态 Web 虚拟主机具备抵御未知威胁的能力，能够防御基于漏洞/后门的攻击。

4）现网测试

自 4 月 3 日至 6 月 25 日，拟态 Web 虚拟主机承载 300 个网站的总访问量达到 20 416 254 次，日均访问量约为 243 050 次。访问量趋势如图 14.24 所示，拟态构造 Web 虚拟主机能持续稳定的对外提供服务。

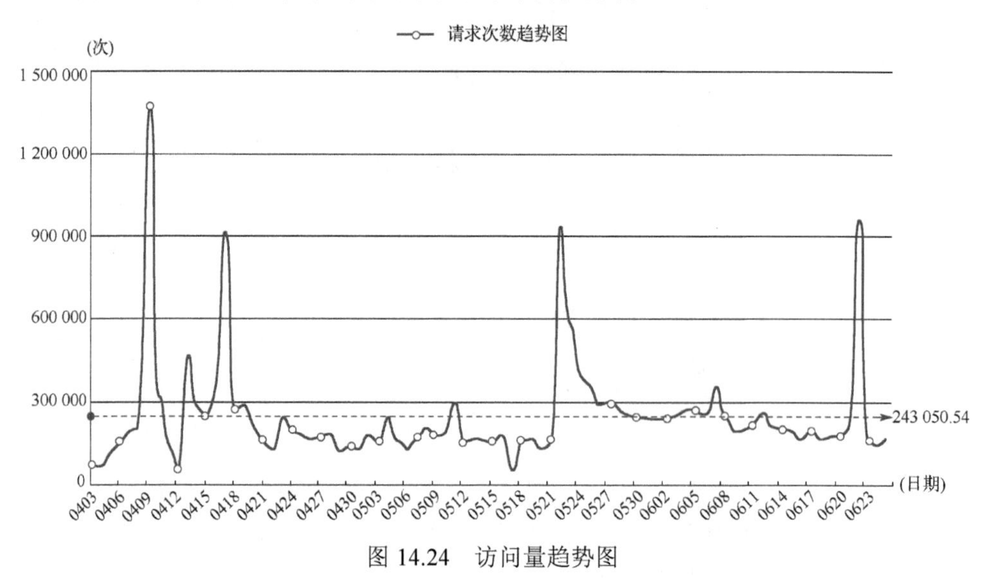

图 14.24 访问量趋势图

为进行有效的评估，随机抽取其中 300 个网站进行运行监控分析。系统在运行过程中共计抵御攻击威胁 171 673 次，日均 2042 次。自动报警并处置的攻击威胁次数占总访问量的 0.9%。威胁感知趋势如图 14.25 所示。

针对访问日志和威胁感知日志进行分析，主要发现以下四类攻击：扫描探测、SQL 注入、溢出攻击、php_shell 攻击，如图 14.26 所示。经统计，拟态构造 Web 虚拟主机共抵御扫描探测威胁约占总威胁的 50%，抵御 SQL 注入威胁约占总威胁的 4%，抵御溢出攻击威胁约占总威胁的 2%，抵御 php_shell 攻击威胁约占总威胁的 35%。另外，拟态 Web 虚拟主机共抵御的攻击威胁中 9%为

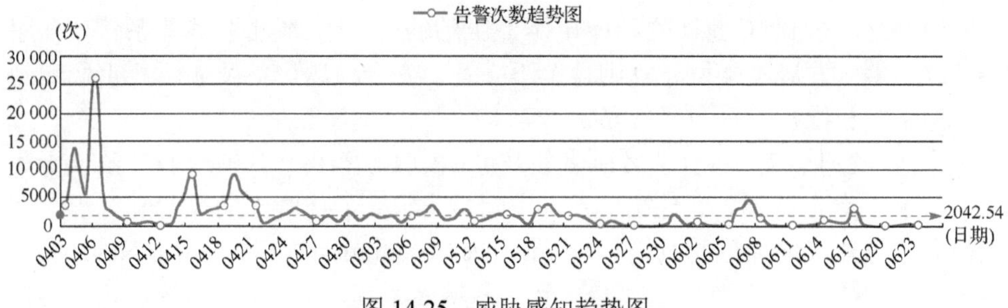

图 14.25 威胁感知趋势图

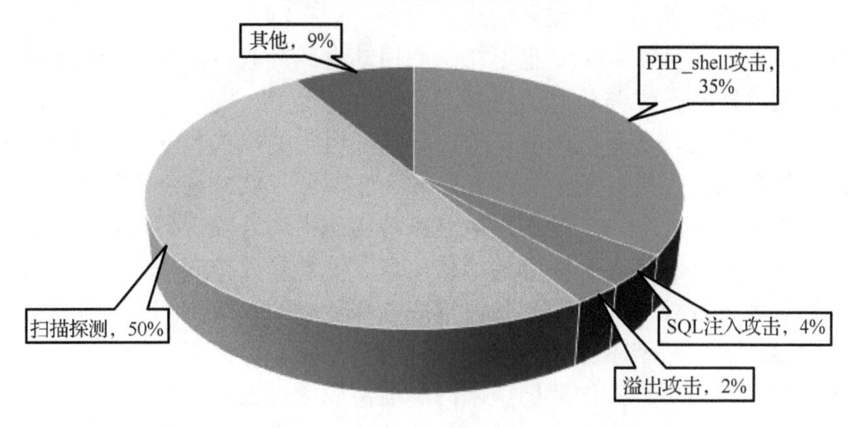

图 14.26 威胁分类图

未知攻击。该部分攻击行为无法通过简单的特征进行分析和分类，需要结合包括网络数据取证、系统数据取证等在内的取证技术对其进一步分析。

5）测试评估

截至目前，采用拟态构造 Web 虚拟主机方式部署的网站数量超过 2 万个，所有网站运行稳定正常。通过测试分析，以较小的投入成本，拟态构造 Web 虚拟主机在安全性、可用性、可靠性等方面都表现出很高的效费比。

14.4 拟态构造域名服务器

14.4.1 应用示范

1. 威胁分析

域名服务系统（Domain Name System，DNS）是互联网的核心基础设施，用于实现网络域名到 IP 地址的翻译转换。由于历史原因，域名服务体系管理秩序不合理、地区发展不平衡、规则规范不完备、安全问题日益凸显，严重影响到国家网络主权维护和社会发展稳定。

当前，全球仅有 13 台域名根服务器，主根服务器和 9 台辅根服务器位于美国，其余 2 台在欧洲，1 台在日本。实际由美国商务部麾下的非营利组织“互联网名称与数字地址分配机构（The Internet Corporation for Assigned Names and Numbers，ICANN）”负责管理全球互联网域名系统。ICANN 无论从理论还是技术上都可以随时关闭相关域名的解析服务，使得特定国家、组织或个人瞬时从互联网空间“蒸发”。当然，也不排除利用劫持或篡改域名的先天优势获取或窥视互联网内敏感数据与信息的可能。

近些年来针对域名系统的网络攻击导致了巨大的损失。一是通过域名的冒名顶替，钓鱼网站大量侵犯公民隐私，成为犯罪分子实施经济诈骗和违法宣传等活动的重要手段之一；二是利用域名系统实施中间人攻击，可以截获任意政府网站、电子邮件和商务社交等的通信信息，能够篡改控制调度、金融交易和物流运输等敏感行业的数据和软件，形成危害巨大的网络空间安全隐患。

域名地址解析系统本身存在难以杜绝的软硬件安全漏洞，也无法彻底阻止恶意代码植入行为所导致的后门、陷门和前门问题，加之人类科技能力尚不能从理论和工程上彻底解决未知漏洞后门等的排查问题。攻击者可以基于域名协议及相关服务或防护系统的脆弱性，利用通信协议和软硬件的未知漏洞后门，通过篡改域名缓存数据或协议报文等技术手段实现域名劫持，冒名顶替包括政府网站在内的任何网站，实施虚假信息发布、木马病毒无感植入和机密数据窃取等恶意攻击。

拟态域名系统面临三种主要威胁，包括冒名顶替威胁（例如由于未知漏洞和后门造成的缓存中毒和域名劫持）、消失性威胁（例如根域名服务器删除.cn 域名记录）和致盲性威胁（例如根域名服务器不解析来自中国的域名解析请求）。上述威胁的根本原因是，由于系统自身软硬件漏洞后门以及域名解析通信机制漏洞被攻击者利用，最终导致域名与 IP 的映射被篡改。为此，拟态域名服务器的拟态界设置在能够影响域名与 IP 的映射关系的域名解析响应报文，可以对各执行体返回的域名解析响应报文进行裁决，能够发现和防御由于系统自身软硬件漏洞后门以及解析通信机制漏洞导致的映射篡改攻击。

综上所述，互联网域名服务体系无论是在自主管理权方面还是相关基础设施安全可信方面，始终是我国网络时代的“发展痛点”问题，也是高悬于国家安全战略之上的“达摩克利斯利剑”，已经到了非解决不可的程度。但是，网络革命从来不是一蹴而就的事情，需要从长计议和发展，而眼下必须以时不我待的精神提出可操作的创新解决方案。

2. 应用场景

河南联通成立于2008年10月，是中国联通在河南省的分支机构，承担着中国联通在河南省的建设和经营工作任务，是河南省主要的电信服务提供商之一。河南联通洛阳域名服务节点，原有配置共7台递归域名服务器，1台权威域名服务器，构成了洛阳城域网本地缓存递归域名服务节点。采用Anycast部署，节点内7台服务器发布全省统一服务IP地址202.102.224.68和202.102.227.68，支持负载均衡，当任何一台或多台故障时，能够自动由节点内的其他机器接管服务，如果节点内设备全部故障或交换机故障时，会自动路由切换到郑州节点提供服务。河南联通洛阳节点域名服务器目前的设计负载能力是单台机器峰值负载3万QPS，节点总负载为21万QPS。河南联通洛阳节点递归域名服务器在性能上已经不满足三倍冗余的设计要求，需要基于拟态域名服务器进行系统扩容。

拟态权威域名服务器计划部署在景安网络郑州机房。拟态权威域名服务器本身就是一个具备权威域名解析功能的DNS系统，可以通过增量方式部署，不需改变现网拓扑、业务服务和管理方式。为稳妥起见，初期拟态权威域名服务器负责新增域名的解析请求，后期可以逐步接替现有域名系统的解析请求。

3. 产品方案

拟态域名系统作为向大众提供互联网业务访问能力的基础设备，不仅需要对本网内授权域名解析，还要同时负责向用户提供非本网授权域名的递归解析能力，拟态域名系统包括拟态权威域名服务器及拟态递归域名服务器，适用于互联网、电信网、工控网和物联网的各种域名解析场景。

拟态域名系统总体架构如图14.27所示。

网元功能描述如下。

(1) 统一管理平台，对全网域名服务进行统一监测与分析，主要包括以下系统。

全网网管监测系统，实现对全网DNS运行指标的统一监测。

全网态势感知系统，对DNS解析日志进行数据挖掘，提供全网用户行为分析和安全态势感知能力。

(2) 域名服务节点，包括以下设备。

拟态权威服务器：基于拟态构造，对于已申请的域具有授权的服务器，负责保存已申请并获得授权的域的原始域名资源记录信息。

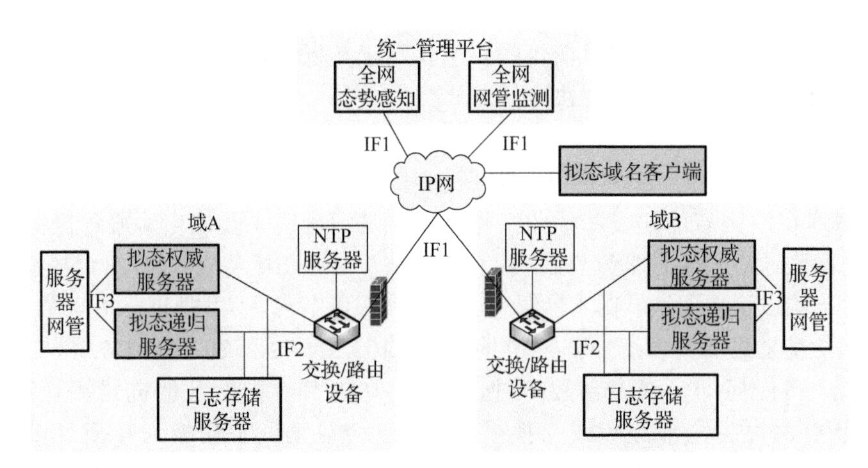

图 14.27　拟态域名系统总体架构图

拟态递归服务器：基于拟态构造，负责接受用户端(解析器)发送的请求，然后通过向各级权威域名服务器发出查询请求获得用户需要的查询结果，最后返回给用户端的解析器。

解析日志存储服务器：独立于权威/递归服务器，用于存储 DNS 解析日志。

网管监测系统：实现对 DNS 运行指标的网络监控。

拟态域名系统包括拟态权威域名服务器(权威服务器)、拟态域名递归服务器(递归服务器)和拟态域名客户端(域名解析器)。为了抵御基于系统自身软硬件漏洞后门的攻击，拟态域名服务器对操作系统层和域名解析应用软件层进行了动态异构冗余设计；为了防御解析通信机制漏洞，拟态域名服务器在时间、地理、频次和物理维度进行了动态异构冗余设计。拟态域名服务器基于拟态构造，通过引入动态异构冗余的执行体，确保各执行体难以产生共模故障；在异构执行体管理环节引入策略分发与调度机制，增强了功能等价条件下目标对象视在结构表征的不确定性，使攻击者探测感知或预测防御行为的难度呈非线性增加；动态异构冗余的可重构、可重组、可重建、可重定义和虚拟化等可收敛的多维动态重构机制，使防御场景变化相对攻击者行为结果更有针对性，颠覆攻击经验的可继承与可复现性，使攻击行动无法产生可规划、可预期的任务效果；动态异构冗余的闭环反馈控制机制，既能够提供不依赖威胁特征获取的非特异性面防御功能，也能实现基于特异性感知的点防御功能，同时还能有效阻断通过目标对象异构执行体的“试错”攻击达成时空维度协同一致逃逸的目的。

拟态域名服务器的结构如图 14.28 所示，在网络架构、系统逻辑、域名解析软件、安全及维护管理多个环节采用分布式部署、高鲁棒控制、执行体异构、域名特异性和非特异性攻击防护、DDOS 攻击防护、安全监控防护、安全自恢复等技术实现了电信运营商域名系统的安全可靠运行。拟态域名服务器采用优化后的高性能商用服务器作为基础平台，并主要基于软件实现拟态构造，具有高可靠性、高可用性和高可信性“三位一体”的电信级域名服务能力。

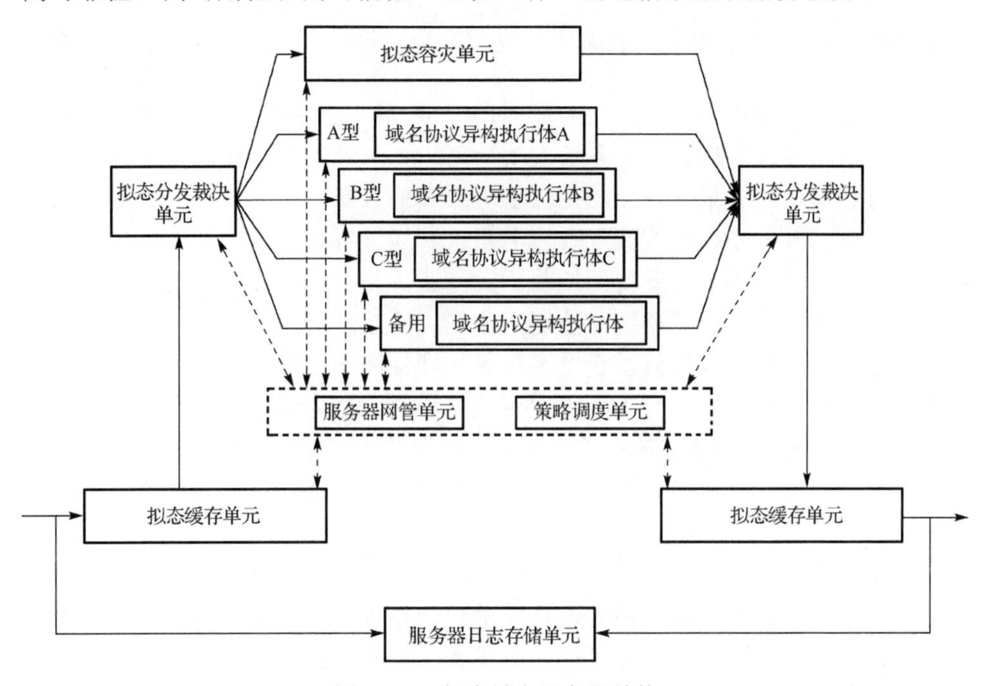

图 14.28 拟态域名服务器结构

拟态构造域名服务器 MD-2100X-GS 基于商用标准服务器研发，具备电信级可靠性，系列产品外型如图 14.29 所示。

图 14.29 拟态构造域名服务器 MD-2100X-GS 外型

4. 应用部署

拟态域名服务器本身是一个具备缓存解析和递归功能的完整的DNS系统，可以通过增量部署方式基于任播机制插入现有的DNS系统，现网拓扑、业务服务和管理方式不需改变。为稳妥起见，初期可以先分流部分解析请求，即分流的请求量为$\frac{1}{N+1}$（N为现网DNS缓存服务器的数量）。在系统异常时，可自动利用拟态域名服务器的健康检查功能退出DNS解析服务，不会影响现网业务。后期将逐步完全接替现有域名系统的解析请求。另外，现有域名系统的全部服务器均可利旧，能够最大限度地保证已有投资的效益。

拟态域名服务器在不改变现有域名协议和地址解析设施的基础上，通过增量方式进行部署，不需改变现网拓扑、业务服务和管理方式，对现网改造工作量小，每套拟态域名服务器现网改造工作量大约2人周。

拟态域名系统可以防御基于域名系统软硬件漏洞后门的攻击。通过拟态域名系统的增量部署，可以在不改变现有域名协议和地址解析设施的基础上，实现国家层面(.cn)等顶级域名权威服务器的安全防御、态势感知和应急响应，以及运营商、服务提供商和企事业单位的域名递归或权威服务器的安全防护和应急恢复。

5. 成本分析

现有的主被动防御理论与方法均以威胁的精确感知为基本前提，遵循“威胁感知，认知决策，问题移除”的防御模式。对于“已知的未知”安全风险或者“未知的未知”安全威胁，除了条件许可情况下的加密认证措施外，几乎不设防。尽管企业正在网络安全方面投入更多资金防御攻击，传统网络安全防御方式无法仅靠花钱保证高等级的安全。例如，规模超过1000人的网络安全团队外加2.5亿美金的预算，也没能够防止美国摩根大通公司在2014年被黑客入侵。基于广义鲁棒控制构造产生内生性安全效应的拟态防御技术，能够在不依赖“附加或外在”防御措施和手段情况下，以一体化鲁棒构造产生的内在安全效应，有效抑制基于拟态界内已知或未知漏洞后门、病毒木马等引起的安全威胁，能够以合理的成本实现传统防御方式无法完成的未知威胁防御功能，这将成为网络空间安全防御的主要发展趋势。

河南联通和景安网络要求以最小的拟态防御部署成本为域名系统提供最大的安全增益。因此，降低部署成本与提高安全性是此次拟态域名服务器试点过程中同等重要的两个目标。下面从硬件购置、安全防护、部署运维这三个方面来分析评估此次试点的部署成本。

1) 硬件购置

为了拟态化升级改造新购置的硬件设备是最直观、最直接的部署成本。与传统域名服务器部署方案相比，单套电信级拟态域名服务器所需的COTS服务器数量由2台增加到5台(每台3.5万元)，相当于总成本增加约6%。改造前，景安网络使用DNSPOD进行权威域名解析，此次数据中心级拟态域名服务器为2万个网站提供域名解析服务所引入的主要硬件开销是每套新增3台COTS服务器(每台2万元)，硬件购置费约为6万元，新增成本小于16%。另外，拟态域名服务器比传统域名服务器性能提升10倍，并且拟态防御团队正在研发能够为海量用户提供基于云的拟态域名解析服务，这将极大地降低用户分摊成本。

2) 安全防护

此次河南联通和景安网络域名服务拟态化升级改造中未增购任何新的安全防护设备和系统，安全防护新增投资为零。运行数据表明，现有防御手段只能够防御已知特征的攻击，而拟态机制却能防御各种基于拟态界内漏洞后门的已知或未知攻击。

3) 部署运维

拟态域名服务器在试点过程中运行维护管理成本包括三部分。一是初始部署的人力成本，河南联通和景安网络各投入1人周，拟态防御团队投入2人周，共计0.6万元。二是运维基本费用，包括电费、机位费、空调制冷费等，经河南联通和景安网络测算，域名服务器拟态化改造后电费和机位费略有增加。三是运维人力成本，采用拟态域名服务器后运维方式不变，但极大地降低了设备补丁升级、故障维护和安全策略维护等运维工作量，因此运维人力成本大幅降低。

从硬件购置、安全防护、部署运维等三个方面的成本分析来看出：无论是初始购置部署，还是在日常管理运维，拟态域名服务器都是一个低投入成本、高安全增益的域名服务器产品。

6. 应用效果

拟态构造域名服务器以较低的成本(拟态化成本增加约6%～16%)，提供高可信、高可用、高可靠的拟态域名解析服务。拟态构造域名服务器采用标准的协议接口，沿用现有的管理和维护机制，现网改造工作量小。自上线以来，在安全设防严密的河南联通，日均解析24.1亿次，系统运行安全可靠。在景安网络，日均解析3亿次，在无任何附加安全设施情况下，累计检测拦截到32万次攻击，包括扫描探测攻击、域名配置篡改攻击等，系统运行安全可靠。两地的试点运行证明，拟态构造域名服务器能够有效地应对或抵御基于目标对象漏洞后门、病毒木马等的已知风险或不确定威胁，对于拟态界内各种已知和未知安全威胁具有普遍而显著的防范功效。

14.4.2 测试评估

为验证拟态防御技术在现网部署的有效性，并检验导入拟态防御技术对域名解析服务正常功能的影响。为评估拟态构造域名服务器的现网运行效果，依次开展功能测试、性能测试、兼容性测试。为了评估拟态域名服务器的安全防御能力，开展安全对比测试、注入测试和现网测试。

根据每个测试阶段的目标，确定测试和评估内容，如表 14.10 所示。

表 14.10 测试和评估内容

评估目标	测试阶段	主要内容	评估内容
评估拟态构造域名服务器的域名解析能力	功能测试	(1) 测试拟态部署前后服务功能是否一致 (2) 测试拟态构造域名服务器请求分发均衡、响应表决等拟态防御元功能 (3) 测试拟态构造域名服务器DNS协议的功能	评估拟态构造域名服务器能否保证正常的域名解析功能要求和拟态防御功能要求
	性能测试	测试拟态构造域名服务器性能	评估拟态构造域名服务器能否保证正常的DNS服务性能要求
	兼容性测试	(1) 协议兼容性 (2) 客户端兼容性 (3) 与其他域名服务器的互联互通	评估拟态构造域名服务器能否保证正常的域名解析服务兼容性要求
评估拟态构造域名服务器安全防御能力	安全对比测试	(1) 在现有的防御基础上，测试拟态构造域名服务器的安全增益 (2) 在不采用IDS、黑白名单过滤系统、非法信息排查系统、安全宝网站漏洞防护等现有防御手段的基础上，测试拟态构造域名服务器的安全防御能力	通过拟态构造域名服务器发现的安全威胁，比较现有防御手段与拟态防御技术的防御能力
	安全注入测试	(1) 向拟态构造域名服务器注入后门，测试拟态构造域名服务器抵御利用注入后门攻击的能力 (2) 向拟态构造域名服务器注入漏洞，测试拟态构造域名服务器抵御利用注入漏洞攻击的能力	通过测试在不打补丁情况下，防御注入后门和漏洞的效果，评估拟态构造域名服务器抵御未知威胁的防御能力
	现网测试	在现网环境中测试拟态构造域名服务器的安全性	通过分析在现网环境中拟态构造域名服务器的运行状态，评估拟态构造域名服务器的安全性

第14章　拟态防御应用示范与现网测试

拟态构造域名服务器安全测试按照第 10 章中的方法进行测试，评估其抵御未知威胁的防御能力。拟态构造域名服务器功能、性能、兼容性测试按照国家和行业标准进行测试评估。测试结果表明，拟态构造域名服务器完全符合相关标准要求。

下面重点就拟态构造域名服务器的现网测试情况进行说明。

1．河南联通

自 2018 年 1 月 23 日，拟态域名服务器正式投入河南联通洛阳分公司运营服务，系统工作稳定可靠。解析总量为 2048 亿次，每日解析总量平均 24.1 亿次，平均每秒为 28 584 次，最大每秒为 39 438 次，最小每秒为 17 605 次。成功解析总量为 1836 亿次，每日成功总量平均 21.6 亿次，平均每秒为 25 183 次，最大每秒为 35 253 次，最小每秒为 15406 次。递归解析总量为 246 亿次，每日递归总量平均 2.9 亿次，平均每秒 3456 次，最大每秒为 6896 次，最小每秒为 1803 次。系统解析成功率为 99.96%。

拟态域名服务器访问流量趋势图如图 14.30 和图 14.31 所示。

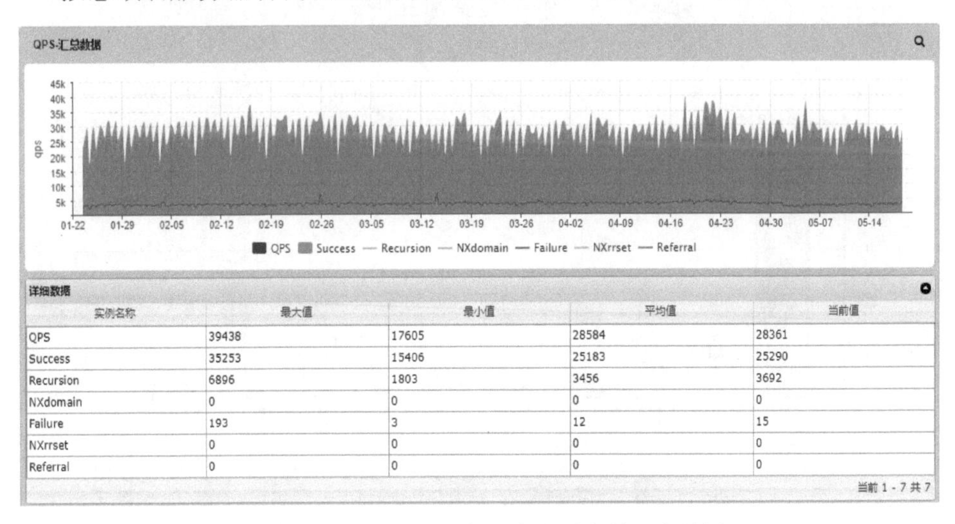

实例名称	最大值	最小值	平均值	当前值
QPS	39438	17605	28584	28361
Success	35253	15406	25183	25290
Recursion	6896	1803	3456	3692
NXdomain	0	0	0	0
Failure	193	3	12	15
NXrrset	0	0	0	0
Referral	0	0	0	0

当前 1 - 7 共 7

图 14.30　拟态域名服务器高速缓存单元流量图

自河南联通洛阳节点拟态域名服务器上线以来，监测到大量投毒攻击、DDOS 攻击、放大攻击和其他攻击等，累计检测并阻断传统安全手段未能发现的安全威胁 837 次，这些安全威胁来源于 114 个 IP。尽管河南联通按照国家网络安全等级保护要求，在域名服务器前部署了严密的安全防护设施，能有效拦截包括扫描探测等在内的攻击，但是仍不能发现拟态域名系统拦截到的攻击。

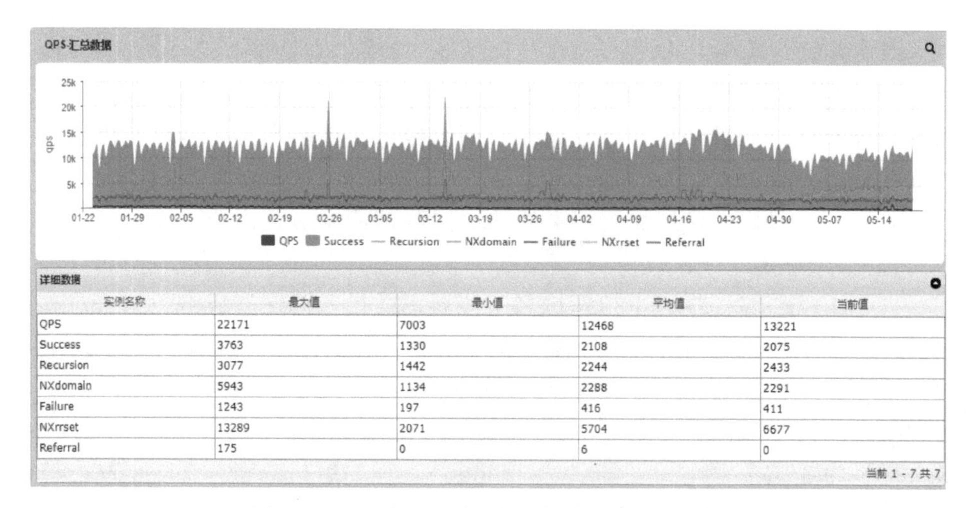

实例名称	最大值	最小值	平均值	当前值
QPS	22171	7003	12468	13221
Success	3763	1330	2108	2075
Recursion	3077	1442	2244	2433
NXdomain	5943	1134	2288	2291
Failure	1243	197	416	411
NXrrset	13289	2071	5704	6677
Referral	175	0	6	0

图 14.31　拟态域名服务器执行体单元流量图

根据运行数据分析，威胁次数排名前 10 的攻击者 IP 及其所属地如图 14.32 所示，所有攻击威胁均被拟态域名服务器发现并阻断。

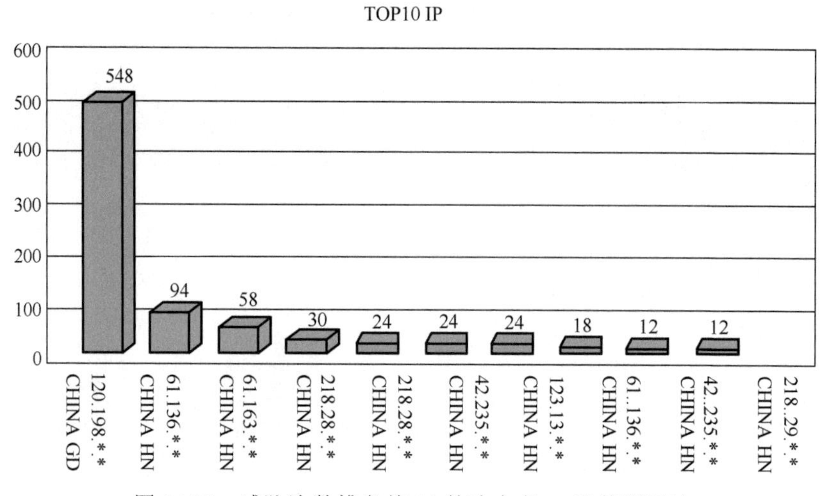

图 14.32　威胁次数排名前 10 的攻击者 IP 及其所属地

为保证域名系统的安全可靠运行，河南联通对域名服务器的服务地理区间进行了限制，洛阳节点的域名服务器仅服务洛阳、濮阳、三门峡等省内地市，所以 DDOS 攻击 IP 来源地址集中于洛阳、濮阳、三门峡等省内城市。投毒攻击者可以来自互联网任何一个地方，从统计结果来看，投毒攻击的 IP 地址主要来自广州、杭州、北京、台北等地。

对上线以来的攻击情况进行分析，共发现 4 类攻击，包括投毒攻击、DDOS 攻击、放大攻击和其他性质不明的攻击，其中以投毒攻击和 DDOS 攻击为主，其分类攻击次数统计如图 14.33 所示。

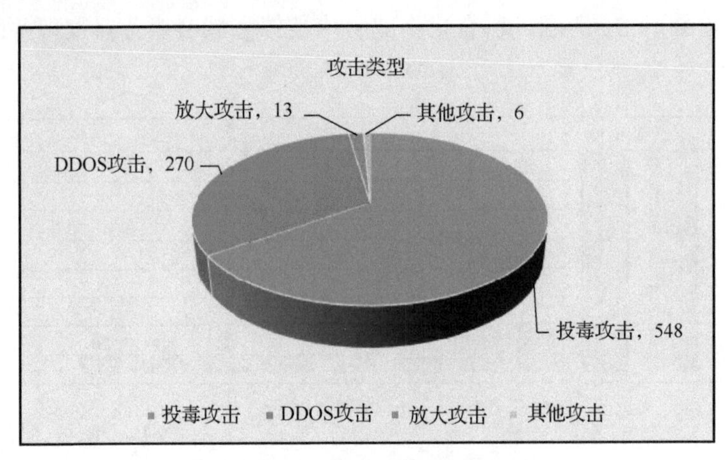

图 14.33 分类攻击次数统计图

2. 景安网络

2018 年 4 月 12 日，拟态域名服务器在景安网络上线应用。自上线以来，系统工作稳定可靠。系统解析总量为 112 亿次，每日解析总量平均 3 亿次，系统解析成功率为 98.4%。在景安网络试点中，景安快云的相关域名采用逐步迁移方式。前期为验证系统稳定性使用大流量请求进行测试，所以前期流量较大，后期已经移除了测试流量。

目前，拟态权威域名服务器为景安网络约 2 万个虚拟网站提供域名解析服务，如图 14.34 所示，拟态权威域名服务器当前请求速率为 3581 次/秒。

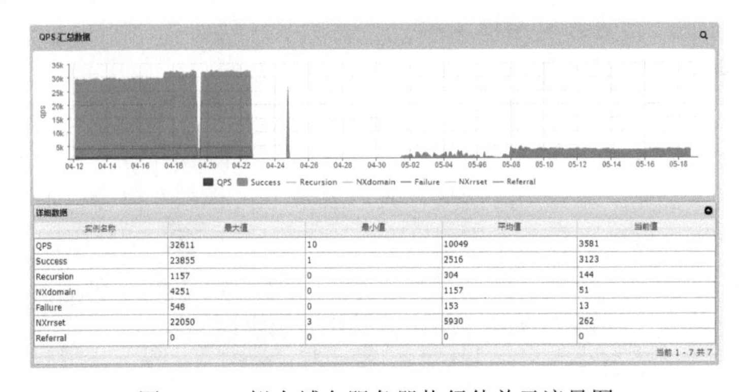

详细数据

实例名称	最大值	最小值	平均值	当前值
QPS	32611	10	10049	3581
Success	23855	1	2516	3123
Recursion	1157	0	304	144
NXdomain	4251	0	1157	51
Failure	548	0	153	13
NXrrset	22050	3	5930	262
Referral	0	0	0	0

当前 1 - 7 共 7

图 14.34 拟态域名服务器执行体单元流量图

在景安网络拟态域名服务器运行过程中，检测到大量攻击行为，以扫描探测攻击为主，共约 32 万次，日均 8687 次。以 2018 年 5 月 24 日数据为例，这些威胁攻击来源于多个国家的 889 个 IP，威胁次数排名前 10 位的攻击者 IP 及其所属地如图 14.35 所示，所有攻击威胁均被拟态域名服务器发现并阻断。

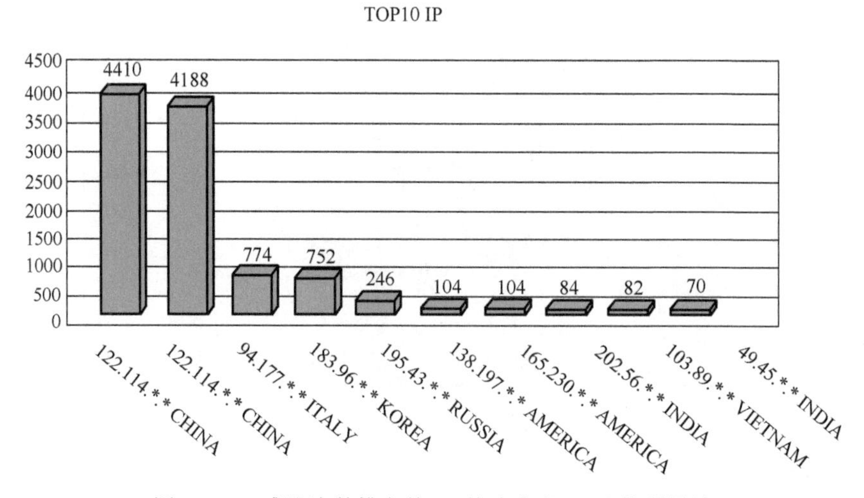

图 14.35　威胁次数排名前 10 的攻击者 IP 及其所属地

自上线以来，拟态构造域名服务器为河南联通洛阳节点 150 万用户提供域名递归解析服务，在景安网络为 2 万个网站提供权威域名解析服务，系统运行安全稳定。拟态构造域名服务器能够有效地应对和抵御基于目标对象漏洞后门、病毒木马等的已知风险与不确定威胁，对于拟态界内各种已知和未知安全威胁具有普遍而显著的防御功效。现网测试表明，拟态构造域名服务器能够三位一体提供“高可靠、高可信、高性价比”域名解析服务。

14.5　总结与展望

拟态防御研究团队邀请三支国内专业安全测试团队针对多款拟态构造设备进行现网测试工作。测试历时两周，先后有十余名测试专家参与不同阶段的现网测试工作。现网测试评估专家组认为：测试方案全面，测试组织有力，测试手段多样，测试记录详细，测试结果真实，能够达到“评估拟态防御在提升现网安全以及防御未知网络攻击方面有效性”的预期目标。

测试分析结论如下：

(1) 在部署成本方面，拟态构造路由器、拟态构造 Web 服务器、拟态构造域名服务器等拟态架构设备采用增量部署方式，拟态架构设备比传统系统的价格增加在 2%～20%，系统部署成本低。在全生命周期中，由于拟态架构设备具有内生的安全特性，不需经常升级攻击特征库、软硬件版本和进行漏洞扫描等维护管理工作，因此全生命周期综合成本将显著低于传统设备。

(2) 在防御成效方面，拟态构造设备能够有效地应对和抵御基于目标对象漏洞后门、病毒木马等的已知风险与不确定威胁，对于拟态界内各种已知和未知安全威胁具有普遍而显著的防范和抵御功效，是一种集“安全防护、可靠性保障、服务提供”三位一体的、具有普适意义的信息系统架构技术。特别是，拟态构造设备具有对未知威胁的感知、学习和防御能力，能够对未知攻击分析提供传统防御方式无法提供的精确数据证据。

(3) 在现网改造工作量方面，拟态构造设备采用标准的协议接口，基于物美价廉的商业现货软硬件设备实现，可以沿用现有的管理和维护机制，现网改造工作量小。

通过本次测试，验证了拟态防御产品在现网应用的可行性和有效性，为拟态架构设备与系统提供了现网参考测试规范，为设立拟态防御标准提供了参考依据，推动了拟态防御产品的开发与应用。

与实验室测试的纯净环境和受控威胁相比，现网环境更加复杂和多变，现网测试不但为进一步优化与完善拟态架构系统的方法和关键技术提供了试验环境，而且为后续发展指明了前进方向。需要强调指出的是，拟态防御在网络空间首次提供了对未知威胁的感知、学习和防御能力，并能够为未知威胁的技术分析提供精确、可复现的证据，有可能颠覆“软硬件代码漏洞后门攻击时代”的防御理念，对全球化环境下实现网络安全和信息化领域“一体两翼、双轮驱动”总目标，具有不可或缺的现实意义和广泛的战略影响。